"十四五"职业教育国家规划教材

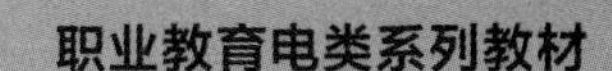

电子技术

第4版 | 附微课视频

黄军辉 冯文希 / 主编

吴楚珊 王赟 李颖琼 / 副主编

ELECTRICITY

人民邮电出版社

北京

图书在版编目（CIP）数据

电子技术 : 附微课视频 / 黄军辉，冯文希主编. --
4版. -- 北京 : 人民邮电出版社，2021.6
职业教育电类系列教材
ISBN 978-7-115-54617-3

Ⅰ. ①电… Ⅱ. ①黄… ②冯… Ⅲ. ①电子技术－职
业教育－教材 Ⅳ. ①TN

中国版本图书馆CIP数据核字(2020)第144875号

内 容 提 要

本书采取项目式教材的编写方法，系统地介绍了电子技术的基本概念、基本理论、基本方法及其在实际中的应用。

本书共 8 个项目，主要内容包括常用半导体器件、直流稳压电源基本知识、分立元件基本放大电路、集成运算放大电路及其应用、振荡电路应用基础、门电路及组合逻辑电路、触发器和时序逻辑电路、数/模与模/数转换电路。本书按照教育部要求，校企“双元”合作开发规划教材，通过新型活页式、工作手册式教材形式为 8 个项目配套对应的实训资源。

本书可作为高职高专院校信息类、电类等专业相关课程的教材，也可作为相关工程技术人员的参考书。

◆ 主 编 黄军辉 冯文希
副 主 编 吴楚珊 王 赟 李颖琼
责任编辑 王丽美
责任印制 彭志环

◆ 人民邮电出版社出版发行 北京市丰台区成寿寺路 11 号
邮编 100164 电子邮件 315@ptpress.com.cn
网址 https://www.ptpress.com.cn
涿州市京南印刷厂印刷

◆ 开本：787×1092 1/16
印张：13 2021 年 6 月第 4 版
字数：440 千字 2024 年 12 月河北第 7 次印刷

定价：59.80 元

读者服务热线：(010)81055256 印装质量热线：(010)81055316
反盗版热线：(010)81055315
广告经营许可证：京东市监广登字 20170147 号

前言

党的二十大报告提出，“全面贯彻党的教育方针，落实立德树人根本任务，培养德智体美劳全面发展的社会主义建设者和接班人。”本书从学生身心特点和思想实际出发，提高教材水平，促进学生健康成长，为培养高质量人才发挥基础支撑作用。

本书是《电子技术（第 3 版）》的修订版。与第 3 版相比，本书突出了以下特色。

（1）落实立德树人根本任务。本书通过精心设计，将敬业爱岗、一丝不苟的职业品格和爱国情怀融入到专业内容中，通过弘扬精益求精的职业精神和工匠精神，培养学生的创新意识，激发爱国热情，在新征程上书写人生华章。

（2）“互联网 + 教育”创新型一体化教材。本书在重要的知识点或操作步骤中嵌入了动画、视频的二维码，读者可以通过手机等移动终端的“扫一扫”功能，直接观看这些动画、视频内容，从而加深对知识及操作的认识和理解，起到课前预习、课后复习的效果。教学配套资源以广东省示范院校建设专业及省一流院校建设专业（电子信息工程技术专业）课程资源库的形式实现共享。

（3）精简教学内容。根据职业教育理论，知识传授应遵循“实用为主，够用为度”的准则，本书在编写时尽量压缩、简化理论知识的推导过程，增加一些实用性较强、与生产实践相近的实例，力求通俗易懂，以适应高职高专学生的学习需求。

（4）校企“双元”合作开发规划教材，使用新型活页式、工作手册式教材并配套开发信息化资源。本书采用项目导向、任务驱动的模式编写，通过项目和任务，培养学生分析问题、解决问题的能力和团队协作精神，围绕项目和任务将各个知识点渗透于教学中，增强课程内容与职业岗位能力要求的相关性。

（5）在任务选材上突出教学重点和难点，增加可操作性。本书精心选择简单易懂的实例和项目以降低教学难度，将近几年成熟的教学实践项目拓展到教学任务中，以突出教学的实用性和趣味性。

本书的参考学时为 90 学时，其中实训环节为 38 学时，各项目的参考学时见下面的学时分配表。

项　目	课程内容（实训内容）	学时分配	
		讲授	实训
项目一	常用半导体器件（半导体器件的认识）	4	2
项目二	直流稳压电源基本知识（直流稳压电源的制作）	6	4
项目三	分立元件基本放大电路（分立元件放大电路的设计）	12	6
项目四	集成运算放大电路及其应用（集成运算放大电路的应用）	8	4

项　目	课程内容（实训内容）	学时分配	
		讲授	实训
项目五	振荡电路应用基础（振荡电路的设计和测量）	2	2
项目六	门电路及组合逻辑电路（组合逻辑电路的设计）	6	4
项目七	触发器和时序逻辑电路（时序逻辑电路的设计）	8	8
项目八	数/模与模/数转换电路（项目综合设计）	6	8
学时总计		52	38

本书由广东农工商职业技术学院黄军辉副教授，华南理工大学博士、广州市标准化研究院高级工程师冯文希任主编，广东农工商职业技术学院吴楚珊、王赟、李颖琼任副主编，参加本书编写工作的还有广东农工商职业技术学院罗旭、符气叶、徐献灵、刘雅婷、韩衡畴，广西电力职业技术学院吴慧芳。全书由黄军辉负责统稿，广州市天河区教育局范丽晖负责全书的校对工作。Labcenter Electronics 公司大中华区总代理广州市风标电子技术有限公司对本书的编写给予了大力支持，在此表示衷心的感谢。

由于编者能力有限，书中若有疏漏与不足之处，敬请广大读者批评指正。

编　者

2023 年 5 月

目录

项目一 常用半导体器件

一、项目分析

用半导体制成的电子器件，统称为半导体器件。半导体器件具有耗电少、寿命长、质量小、体积小、工作可靠、价格低廉等一系列的优点，因此其在电子技术的各个领域中得到了广泛应用。

思维导图

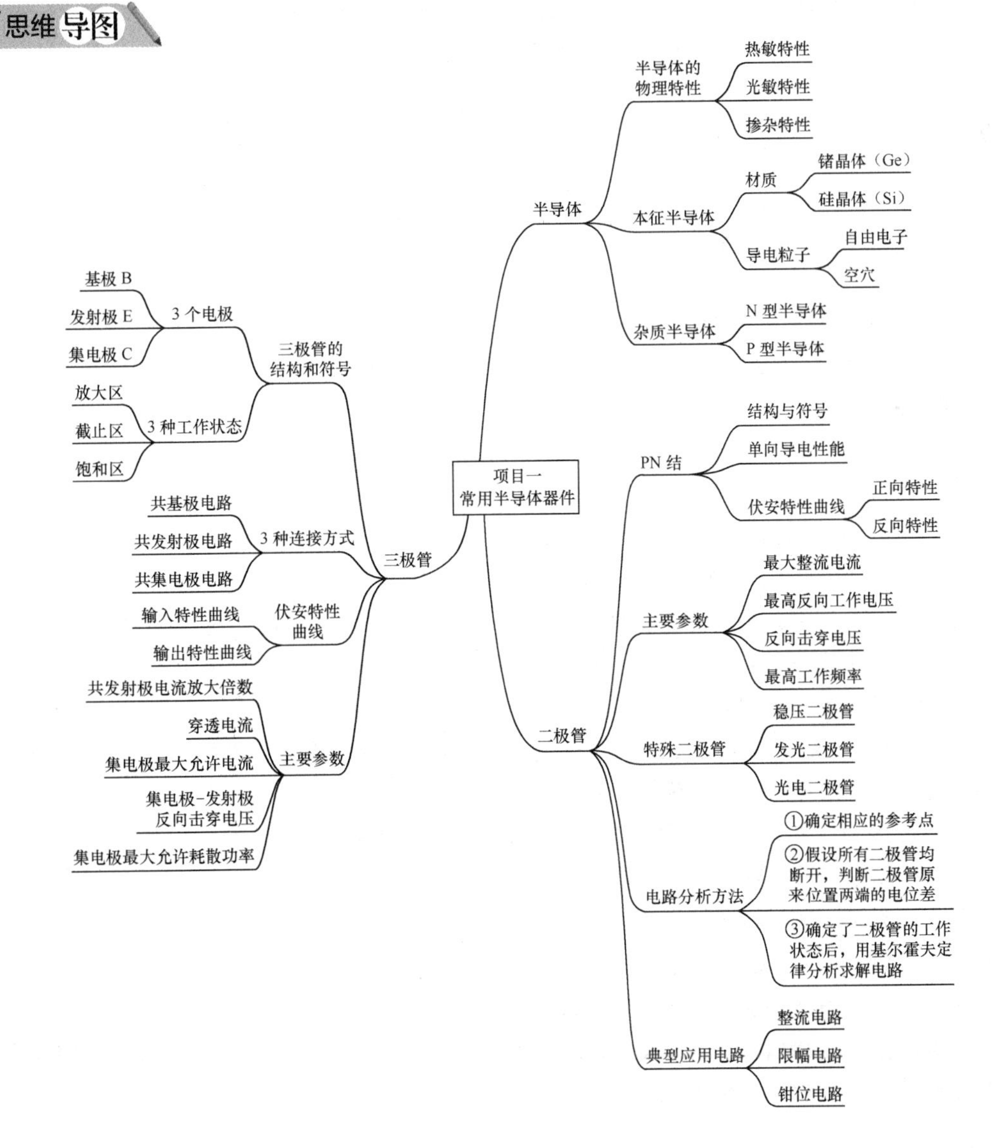

知识点

① 半导体的导电特性和PN结的基本原理；
② 二极管的结构、伏安特性；
③ 三极管的结构、电流分配原理、工作状态和条件。

能力点

① 会识别二极管，能测绘其伏安特性；
② 会识别三极管，能分析其电流分配情况；
③ 能测绘三极管的传输特性曲线；
④ 能熟练应用特殊二极管、绝缘栅型场效应管。

素质点

① 培养爱岗敬业的价值观，建立专业自信、实践创新的工匠精神；
② 培养独立自主意识，具备专业报国的责任感和使命感；
③ 培养诚信、科学、严谨的工作态度和精益求精的精神。

二、相关知识

（一）半导体的基本知识

半导体器件是电子电路的核心部分。近代电子学已经由独立的半导体器件发展到了集成电路，特别是大规模和超大规模集成电路的出现，使科学技术步入了电子、微电子时代。

1. 半导体

自然界的物质按其导电能力可分为导体、绝缘体和半导体。导电能力介于导体和绝缘体之间的物质称为半导体，如硅（Si）、锗（Ge）、砷化镓（GaAs）等。

2. 半导体的物理特性及晶体结构

（1）半导体独特的物理特性

① 热敏特性：半导体的电阻率随着温度变化而显著变化。例如，纯锗当温度从 20℃升高到 30℃时，其电阻率约降低一半。利用这一特性制成的热敏元件，常用于检测温度的变化。热敏特性造成了半导体器件的温度稳定性差。

② 光敏特性：某些半导体材料受到光照时，电阻率迅速下降，导电能力显著增强。例如，常用的硫化镉（CdS）材料，在有光照和无光照的条件下，其电阻率有几十到几百倍的差别。利用光敏特性可制成各种光敏元件，如光敏电阻、光电管等。

③ 掺杂特性：在纯净的半导体材料中掺入某种微量的杂质元素后，其导电能力将猛增几万倍甚至几百万倍。例如，在纯硅中掺入百万分之一的硼，即可使其电阻率从 $2.14\times10^{3}\Omega\cdot m$ 下降到 $4\times10^{-3}\Omega\cdot m$。这是半导体最突出的特性。

正因为半导体有这些独特的物理特性，所以它才成为制造电子元器件的重要材料。热敏电阻、光敏电阻、二极管、三极管、场效应管、晶闸管等都是常见的半导体器件。现在，制造半导体器件的主要材料是锗和硅。

（2）半导体的晶体结构

纯净的、具有完整晶体结构的半导体称为本征半导体。

最常用的本征半导体是锗晶体和硅晶体。锗和硅都是四价元素，其原子最外层轨道上有 4 个价电子。由于晶体中相邻原子的距离很近，原子的 1 个价电子与相邻原子的 1 个价电子容易组合成一个价电子对。这对价电子是相邻原子所共有的，这种组合称为共价键结构。因此，在晶体中，1 个原子的 4 个价电子就会分别与其周围的 4 个原子组成共价键，如图 1-1 所示。

在热力学零度（−273.16℃）下且没有其他外部能量作用时，价电子被共价键紧紧束缚着，使得半导体中没有可以自由移动的带电粒子。此时，晶体中没有载流子，导电能力如同绝缘体。

当半导体温度上升或给半导体施加能量（如光照）时，一些价电子可获得足够的能量从而挣脱共价键的束缚，成为自由电子，此过程称为本征激发。自由电子是一种可以参与导电的带电粒子，即载流子。

价电子脱离共价键束缚成为自由电子的同时，在相应共价键中留下一个空位置，称为空穴。邻近原子上的价电子容易填补这个空穴，这样就会在邻近原子处留下一个新的空穴，如图 1-2 所示。空穴的运动相当于正电荷的运动。

在外加电场的作用下，带负电的自由电子逆着电场方向做定向运动，形成自由电子电流；带正电的空穴则顺着电场方向做定向运动，产生空穴电流（实际上是价电子按反方向依次填补空穴的运动所产生的）。由于所带的电荷不同，虽然它们的运动方向相反，但产生的电流方向却是相同的，因此，总电流是自由电子电流和空穴电流之和。可见，半导体有自由电子和空穴两种载流子参与导电，这是半导体导电方式的最大特点，也是半导体和金属在导电原理上的本质差别。

载流子的数量决定了半导体的导电能力。载流子浓度越高，半导体的导电能力就越强。载流子的数量与温度、光照程度和掺入杂质浓度等因素有关，因此半导体的导电能力也与温度、光照、掺入杂质浓度等因素有关。

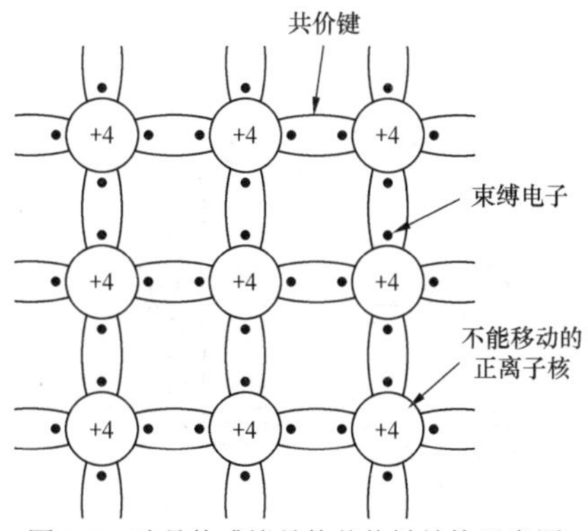

图 1-1 硅晶体或锗晶体共价键结构示意图

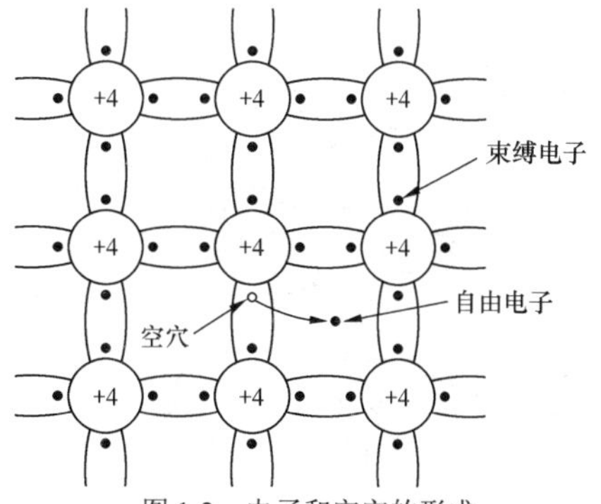

图 1-2 电子和空穴的形成

在本征半导体中，受激后的自由电子和空穴总是成对产生的。同时，自由电子在运动过程中与空穴相遇，自由电子会填补空穴，两者同时消失，这称为复合。在一定温度下，载流子的产生与复合达到动态平衡，使得载流子维持在一定的数目上。当温度升高或本征半导体受到光照时，更多的价电子被激发而挣脱共价键的束缚，产生的自由电子-空穴对的数量将增多，复合也会增多。最终，激发和复合在此温度下再次达到平衡，载流子数量增多。

在常温下，本征半导体的导电能力极差。

3. 杂质半导体的导电原理

在本征半导体中掺入微量杂质形成的半导体称为杂质半导体，按掺入杂质的不同，杂质半导体可分为N型半导体和P型半导体。

（1）N型半导体

在纯净的半导体中掺入微量的五价元素，如砷（As）或磷，可使半导体中自由电子的浓度大大增加，形成N型半导体（或称为电子半导体）。如图1-3所示，在纯净半导体中掺入五价的磷元素，磷原子有5个价电子，其中4个价电子与相邻的硅原子形成共价键，多余的1个价电子很容易挣脱磷原子的束缚而成为自由电子，磷原子失去1个价电子成为不能移动的正离子。磷原子的数量虽然很少，但由此产生的自由电子数量却远远大于本征激发产生的空穴数量。N型半导体中，自由电子的浓度大于空穴的浓度，自由电子为多数载流子，简称“多子”；本征激发产生的少量空穴为少数载流子，简称“少子”。如此掺杂以后，N型半导体中的自由电子浓度远大于本征半导体中的自由电子浓度。可见，掺杂可以大大提高半导体的导电能力。

（2）P型半导体

在本征半导体中掺入微量的三价元素，如硼（B）或铟（In），可使半导体中空穴（带正电的粒子）浓度大大增加，形成P型半导体（或称为空穴半导体）。如图1-4所示，在纯净半导体中掺入三价的硼元素，硼原子有3个价电子，在与相邻的硅原子形成共价键时，将因缺少1个价电子而形成1个空穴，这个空穴容易吸引邻近共价键上的价电子来填补，使得硼原子得到1个价电子成为不能移动的负离子。硼原子的数量很少，但由此产生的空穴数量却远远大于本征激发所产生的自由电子数量。在P型半导体中，空穴是多子，自由电子是少子。P型半导体中，空穴浓度远远大于自由电子浓度。

综上所述，多子是由掺杂产生的，多子数目取决于掺杂浓度，杂质半导体主要靠多子导电。少子是本征激发产生的，因此少子数目对温度非常敏感，所以在高温下，半导体器件中的少子数目增多，器件的稳定性将受到影响。掺入少量的杂质可以使晶体中的自由电子或空穴的数目激增，大大提高半导体的导电能力。也就是说，通过改变掺入杂质的浓度可以控制半导体的导电能力。

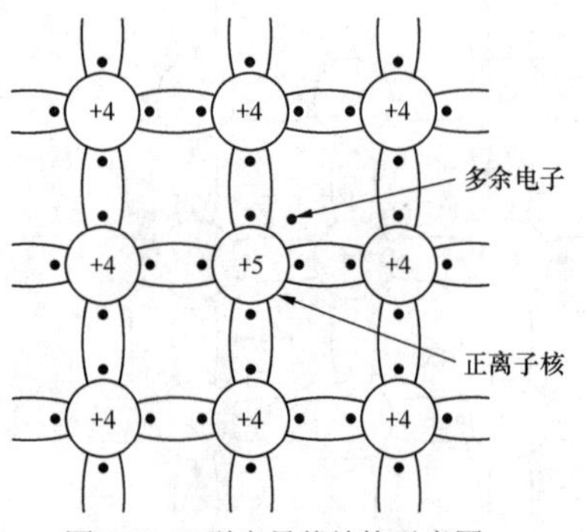

图1-3 N型半导体结构示意图

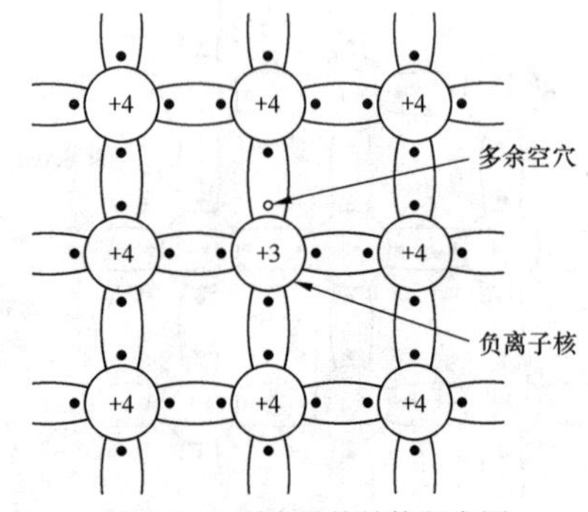

图1-4 P型半导体结构示意图

（3）半导体PN结

① PN结的形成。利用掺杂工艺，可以在一块本征硅片的不同区域分别形成P型半导体和N型半导体，两者的交界面处就形成了PN结，如图1-5所示。

P型半导体中，空穴很多而自由电子很少；N型半导体中，自由电子很多而空穴很少。因此形成PN结时，P区的多子（空穴）扩散到N区，并与N区交界面处的自由电子复合；N区多子（自由电子）扩散到P区，并与P区交界面处的空穴复合，如图1-5（a）所示。这样，在 P 区一侧留下不能移动的负离子，在 N 区一侧留下不能移动的正离子。PN 交界面处形成了一边带负电荷、一边带正电荷的空间电荷区，同时产生了方向由正电荷区指向负电荷区（即由 N 区指向 P 区）的电场，称为内电场，如图 1-5（b）所示。在内电场的作用下，P 区的少子（电子）向 N 区漂移，N 区的少子（空穴）向 P 区漂移。内电场的出现对两区多子的扩散运动起阻碍作用，却推动了两区少子的漂移运动，使得两区少子越过空间电荷区进入对方区内。很显然，多子的扩散运动方向和少子的漂移运动方向是相反的。

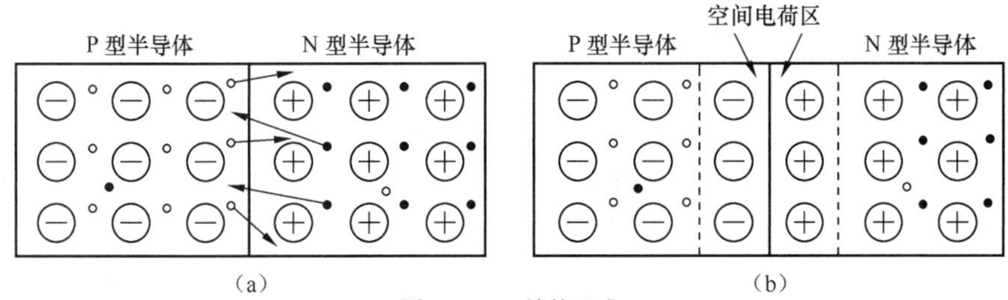

图 1-5 PN 结的形成

PN 结形成之初，多子的扩散运动占绝对优势。随着扩散的进行，空间电荷区将逐渐变宽，内电场逐渐增强；多子的扩散运动将逐渐减弱，少子的漂移运动却逐渐增强。最终实现了多子扩散运动和少子漂移运动的动态平衡，空间电荷区不再扩展，保持一定的宽度。此时，多子的扩散载流子数目和漂移载流子数目相等，所以流过 PN 结的净电流为零。这个空间电荷区就称为 PN 结。

PN 结的宽度一般为几微米到几十微米。PN 结内电场的电位差约为零点几伏。

② PN 结的特性。在没有外电场的作用时，PN 结是不会导电的；而在外电场的作用下，PN 结显示单向导电特性。

如图 1-6（a）所示，给 PN 结外加直流电压 U_F，即 P 型半导体接正极，N 型半导体接负极，且仅当 U_F 大于 PN 结的内电场时，PN 结处于导通状态，可得图 1-6（b）所示的正向伏安特性曲线。此时的 U_F 定义为正向电压，也称为正向偏置电压，简称“正向偏压”。PN 结的这种状态称为正向导通状态，即正向导通。

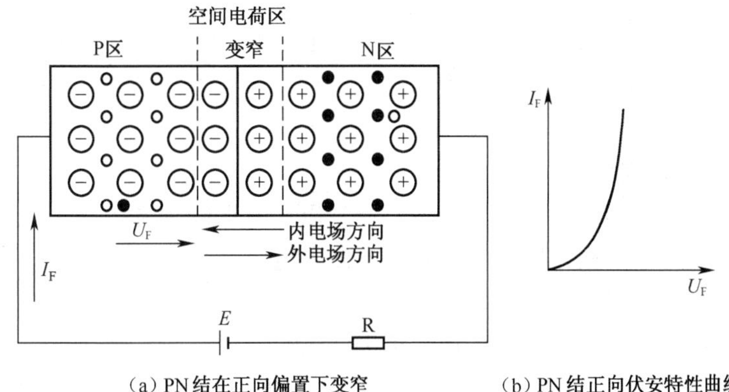

（a）PN 结在正向偏置下变窄 （b）PN 结正向伏安特性曲线

图 1-6 PN 结外加正向电压

如图 1-7 所示，给 PN 结外加直流电压 U_R，即 P 型半导体接负极，N 型半导体接正极。在外加电场作用下，PN 结电子势垒数量增加，电阻增大，PN 结处于截止状态，此时的 U_R 定义为反向电压，也称为反向偏置电压，简称“反向偏压”，即人们常说的反向截止。

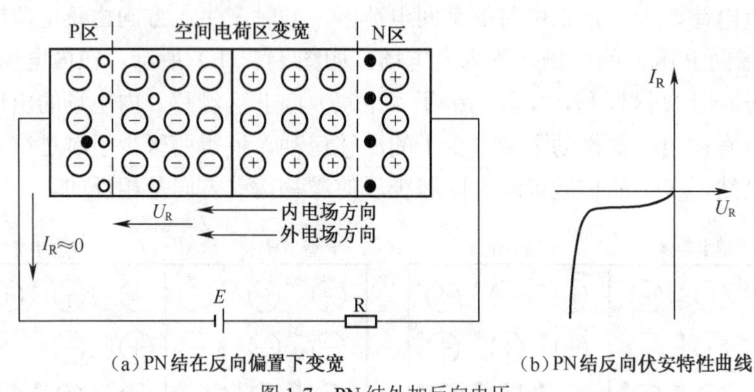

（a）PN结在反向偏置下变宽　　（b）PN结反向伏安特性曲线

图 1-7　PN 结外加反向电压

必须指出，当PN结的反向电压过大时，反向电流急剧增大，PN结会发生反向击穿现象，单向导电性被破坏。PN 结内的正、负离子层，相当于存储的正、负电荷，与极板电容器带电的作用相似，因此 PN 结具有电容效应，这种电容称为结电容或极间电容。

PN 结反向偏置

综上所述，PN 结正向偏置时，PN 结导通，正向电阻很小，正向电流 I_F 较大；PN 结反向偏置时，PN 结截止，反向电阻很大，反向电流 I_R 很小。半导体 PN 结的这种正向导通和反向截止的特性被定义为单向导电特性，这是 PN 结的一种非常重要的特性，是构成半导体器件的基本理论基础和关键依据，也是半导体器件在电子技术中得到广泛应用的重要原因。

（二）二极管

1. 二极管的结构和符号

二极管是由一个 PN 结加上电极引线封装构成的。PN 结两端引出两个电极，P 型半导体端为正极，N 型半导体端为负极，图 1-8 所示为二极管电路符号，VD 是二极管文字符号。二极管按材料分，有硅二极管和锗二极管；按结构分，有点接触型、面接触型和平面型；按用途分，有普通二极管、整流二极管、检波二极管、开关二极管、稳压二极管、发光二极管、光敏二极管、变容二极管等。

二极管的单向导电性

2. 二极管的单向导电性

图 1-9 所示为二极管单向导电实验电路。若二极管的正极接电源正端，负极接电源负端，则二极管所加电压为正向偏置电压，简称“正向偏置”，这种连接称为正向连接，灯亮，如图 1-9（a）所示，表示二极管正向导通。若二极管的正极接电源负端，负极接电源正端，则二极管所加电压为反向偏置电压，简称“反向偏置”，灯灭，如图 1-9（b）所示，表示二极管反向截止。

二极管工作原理

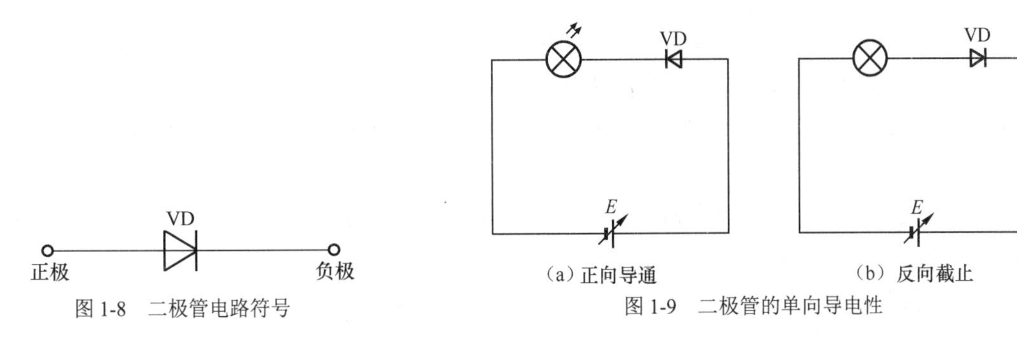

图 1-8　二极管电路符号

(a) 正向导通　(b) 反向截止

图 1-9　二极管的单向导电性

结论：二极管这种正向导通、反向截止的特性称为二极管的单向导电性。二极管在电子技术中的应用是基于这一特性的；对二极管的电路分析，也同样是根据这样的单向导电性来进行的。

3. 二极管的伏安特性曲线及其特征分析

（1）伏安特性曲线

由二极管的单向导电实验图及 PN 结特性可知，二极管的伏安特性曲线是描述二极管两端所加电压与流过管子电流的关系曲线，图 1-10 所示为二极管的伏安特性。

（2）伏安特性曲线特征分析

① 正向特性曲线。当外加正向电压较小时，二极管不能导通，这一段区域所加电压为死区电压，硅二极管的死区电压小于 0.5V，锗二极管的死区电压小于 0.1V。当外加正向电压超过死区电压后，二极管中的电流开始增大，继续增加电压直至只要电压略有增大电流便开始急剧增大时，二极管进入导通状态。导通时二极管的正向电压降：硅二极管为 0.6～0.8V（一般取 0.7V），锗二极管为 0.2～0.3V（一般取 0.3V）。二极管的这种由正向死区电压不导通到正向导通的现象称为正向特性，如图 1-10 所示的曲线①。

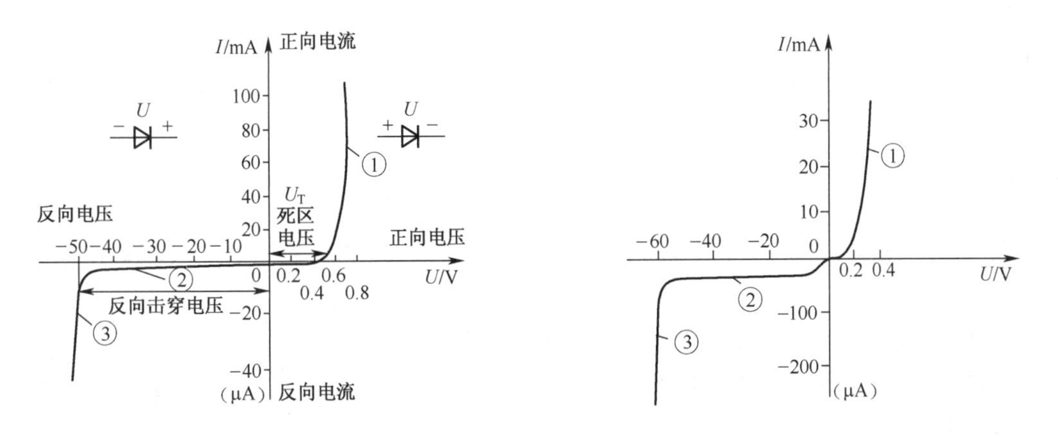

(a) 硅二极管的伏安特性曲线　(b) 锗二极管的伏安特性曲线

图 1-10　二极管的伏安特性曲线

② 反向特性曲线。在二极管两端加额定反向电压时，二极管并不是理想截止状态（见图 1-10 的曲线②），仍然会有微小电流通过二极管，其通过电流的大小基本不随电压大小改变，呈现固定值，这称为二极管的反向截止漏电流，简称“反向电流”，记作 I_s。一般硅管的 I_s 约为几微安，锗管的 I_s 约为几十微安。这时加在二极管两端的反向电压 U_R 称为最高反向工

作电压 U_{RM}。当反向电压增大到一定值时（见图 1-10 中曲线②和曲线③的交接处），反向电流急剧增加，呈直线上升，二极管单向导通特性被破坏，即造成二极管的永久性损坏。这种现象称为二极管反向击穿，此时的电压值 U_R 为二极管的反向击穿电压。这种现象在使用二极管时应该避免。

二极管的这种由反向截止到反向击穿的现象称为二极管的反向特性，图 1-10 所示曲线②和曲线③可以说明该特性。

4. 二极管的主要参数

（1）最大整流电流 I_{FM}

最大整流电流 I_{FM} 是指二极管在长期工作时允许通过的最大正向平均电流。使用中电流超过此值，二极管会因过热而损坏。

（2）最高反向工作电压 U_{RM}

最高反向工作电压 U_{RM} 是指二极管在长期运行时所能承受的最大反向工作电压。为保证二极管能安全工作，一般取 U_R 为 U_{RM} 的二分之一。

（3）反向击穿电压

反向击穿电压是指二极管能承受的最大反向工作电压。外加电压超过该值时，PN 结会损坏。

（4）最高工作频率 f_M

最高工作频率 f_M 是保证二极管正常工作时所加信号的最高频率，超过最高工作频率会使二极管失去单向导电特性。

5. 二极管的应用及电路分析方法

二极管虽然是很简单的半导体器件，但它的应用范围却很广，这主要是利用了二极管的单向导电性。二极管常用于整流、检波、钳位、限幅等，或在脉冲与数字电路中作为开关元件。

（1）二极管应用电路的分析步骤

在分析二极管的应用电路时，常假设它为理想二极管，即外加正向电压时导通，且正向压降为零；外加反向电压时截止，且反向电流为零。

具体的分析步骤如下。

① 确定相应的参考点。

② 假设二极管全部断开，判断二极管原来位置两端（P 端电压为 U_P，N 端电压为 U_N）的电位差。

a．如果 $U_P>U_N$，则二极管导通；否则截止。

b．如果同时有多个二极管符合 $U_P>U_N$，则让 U_P-U_N 最大的二极管先导通，再分析其他的二极管是否导通。

③ 确定了二极管的工作状态后，用基尔霍夫定律分析求解电路。

（2）常见的二极管应用电路

下面以整流电路、限幅电路和钳位电路为例说明常见的二极管应用电路。

① 整流电路。二极管最基本的应用是整流，即把交流电转换成脉动的直流电，图 1-11（a）所示为半波整流电路。若忽略二极管的死区电压和

单相半波整流电路

反向截止电流，则可把二极管看成理想二极管，即把二极管作为一个开关。当输入电压为正半周时，二极管导通（相当于开关闭合），$u_o=u_i$；当输入电压为负半周时，二极管截止（相当于开关断开），$u_o=0$。其输入、输出波形如图 1-11（b）所示。

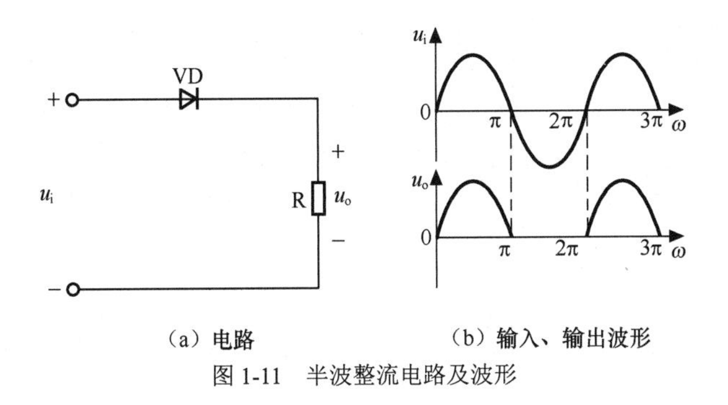

（a）电路　　（b）输入、输出波形

图 1-11　半波整流电路及波形

② 限幅电路。限幅电路的作用是把输出电压的幅度限制在一定的范围内，如图 1-12 所示，$u_i = U_m \sin \omega t$。

当 $-E_2 < u_i < E_1$ 时，VD_1 和 VD_2 均承受反压而截止，$u_o = u_i$；当 $u_i < -E_2$ 时，VD_2 承受正向电压而导通，$u_o = -E_2$；当 $u_i > E_1$ 时，VD_1 承受正向电压而导通，$u_o = E_1$。图 1-12（b）所示实线部分为输入 u_i 的波形，虚线部分为输出 u_o 的波形。

这个电路将 u_o 的幅值限制在 $-E_2$ 和 E_1 之间。限幅电路也称为削波电路。

③ 钳位电路。当二极管正向导通时，正向压降很小，可以忽略不计，所以可以强制使其阳极电位与阴极电位基本相等，这种作用称为二极管的钳位作用。当给二极管加反向电压时，二极管截止，相当于断路，阳极和阴极被隔离，称为二极管的隔离作用。

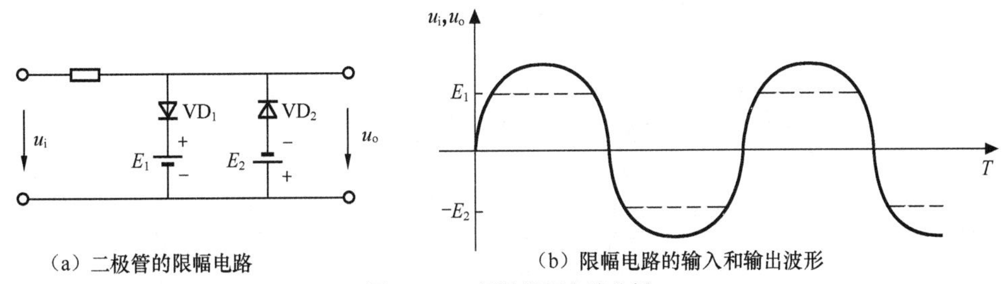

（a）二极管的限幅电路　　（b）限幅电路的输入和输出波形

图 1-12　二极管限幅电路分析

二极管钳位电路如图1-13 所示。先把两个二极管的两端断开，输入端 A 的电位为 $U_A = +3V$，则 $U_{D1} = U_{D1P} - U_{D1N} = U_A - (-12V) = 15V$；输入端 B 的电位为 $U_B = 0V$，则 $U_{D2} = U_{D2P} - U_{D2N} = U_B - (-12V) = 12V$。因为 $U_{D1}>U_{D2}$，所以 VD_1 优先导通，则输出 $U_F \approx +3V$。当 VD_1 导通后，VD_2 因承受反向电压而截止。在此电路中，VD_1 起钳位作用，把输出端 F 的电位钳制在+3V；VD_2 起隔离作用，把输入端 B 和输出端 F 隔离开。

6. 半导体器件型号命名方法

半导体器件的型号由 5 个部分组成，如图 1-14 所示。如 2AP9，“2”表示电极数为 2，“A”表示 N 型锗材料，“P”表示普通管，“9”表示序号（摘自国家标准 GB/ T 249—2017）。详细内容，参见附录一。

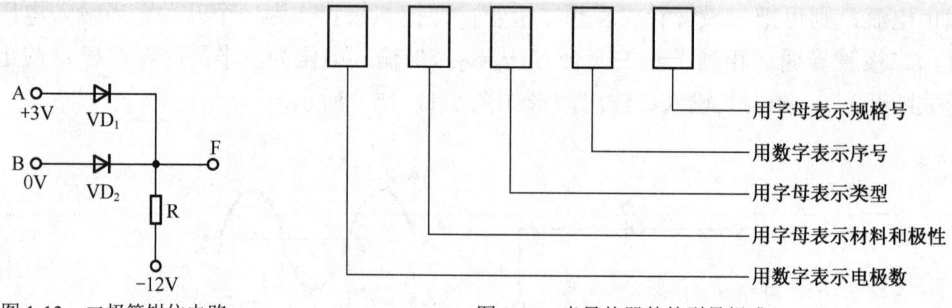

图1-13　二极管钳位电路　　　　图1-14　半导体器件的型号组成

（三）三极管

1. 三极管的基本知识

（1）三极管的结构和符号

三极管又称晶体管或双极型三极管（Bipolar Junction Transistor，BJT）。它是通过一定的工艺将两个PN结结合在一起而构成的一种具有电流放大作用的半导体器件，其外形如图1-15所示。三极管分为NPN型和PNP型两种，其结构和电路符号如图1-16所示。由图1-16可知，两种类型的三极管都有3个区（发射区、基区和集电区）、2个PN结（发射结和集电结）和3个电极（基极B、发射极E和集电极C），故称为“三极管”。三极管工作时，有两种载流子参与导电，故也称为双极型三极管。

NPN型和PNP型三极管电路符号的区别是发射极的箭头方向不同，如图1-16所示。按PN结的半导体材料不同，三极管可分为锗（Ge）三极管和硅（Si）三极管两种；按频率特性可分为高频管和低频管；按功率大小可分为大功率管、中功率管、小功率管等。

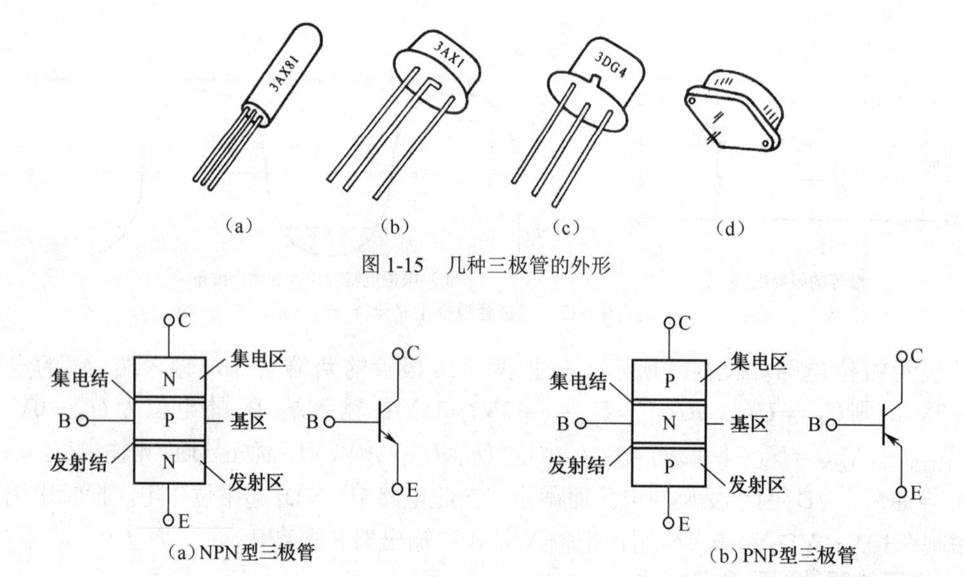

图1-15　几种三极管的外形

图1-16　三极管的结构和电路符号

三极管的特点：基区很薄（一般仅有1μm到几十微米厚），掺杂浓度最低；发射区掺杂浓度很高；集电区的面积最大。

（2）三极管的 3 种连接方式

三极管的主要特点是具有电流放大作用，可以利用它组成所谓的“放大器”。放大器是一个四端网络，因三极管只有 3 个电极，要组成四端网络，必须有一个公共端，故根据公共端不同，三极管可有 3 种不同接法，因此三极管放大器分为共基极电路、共发射极电路和共集电极电路。无论哪种电路，都可将四端网络看成输入回路和输出回路，电路中都会形成基极电流 I_B、发射极电流 I_E 和集电极电流 I_C，如图 1-17 所示。常用的是共发射极电路，本项目只研究该电路。

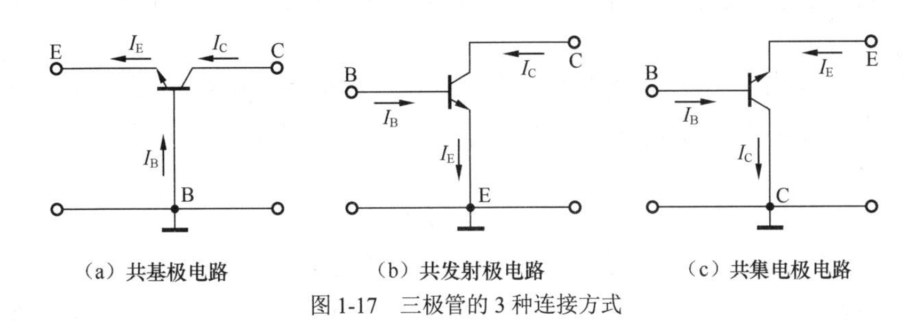

图 1-17　三极管的 3 种连接方式

（3）三极管电流放大原理

为了定量了解三极管的电流分配关系和放大原理，下面以图 1-18 所示电路进行实验。

① 三极管放大电路的偏置电压。实验时，加电源 U_{BB}，让发射结正偏，并加一个集电结电源 U_{CC}，且 $U_{CC}>U_{BB}$，使得集电结反偏，以满足三极管放大电路实现电流放大的条件。

② 三极管放大电路的电流分配。通过改变电阻 R_B，让基极电流 I_B 在不同的情况下测得集电极电流 I_C 和发射极电流 I_E 都不一样，表 1-1 所示为一组实验所得数据。

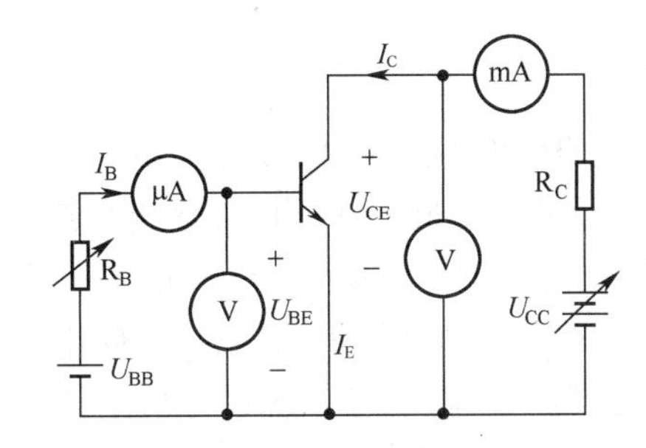

图 1-18　测试三极管放大电路电流分配关系及放大作用的实验电路

表 1-1　实验数据

I_B/μA	0	0.02	0.04	0.06	0.08	0.10
I_C/μA	<0.001	0.7	1.50	2.30	3.10	3.95
I_E/μA	<0.001	0.72	1.54	2.36	3.18	4.05

分析表 1-1 的所得数据，可有如下结论：

a．三电极电流关系：$I_E = I_B + I_C$；

b．$I_C \gg I_B$ ，$I_C \approx I_E$；

c．$\Delta I_C \gg \Delta I_B$，$\Delta I_C/\Delta I_B = \beta$（$\beta$ 为常数，为三极管的电流放大倍数）。

③ 三极管放大电路的直流电流放大原理。图 1-18 所示的共发射极放大电路的基极输入电流 I_B 及输出回路中的电流 I_C 和 I_E 都是直流电流，下面讨论直流放大原理。

由表 1-1 的实验数据可以看出，I_C 和 I_B 的比值近似是一常数，这里用 $\overline{\beta}$ 表示，即

$$\overline{\beta} = I_C/I_B$$

$\overline{\beta}$ 表示输出集电极直流电流 I_C 比输入的基极直流电流 I_B 放大了 $\overline{\beta}$ 倍，因此 $\overline{\beta}$ 称为直流放大系数。

④ 交流放大作用。由电流放大实验数据可知，基极电流的微小变化（用ΔI_B 表示），能引起集电极电流 I_C 发生很大变化，用 ΔI_C 表示。ΔI_B 与ΔI_C 之间的关系也可以用比例式表示，即

$$\beta = \Delta I_C / \Delta I_B$$

这种ΔI_B 与ΔI_C 之间的变化关系表示交变电流之间的变化，因此 β 称为交流放大系数。β 与 $\overline{\beta}$ 是表示三极管放大电路的特性参数，是表示三极管的主要特征参数，一般三极管的 $\overline{\beta} \approx \beta$，可通用。

2. 三极管的伏安特性曲线

为了描述三极管的工作状态，即电流放大特性，常根据共发射极放大电路，分别将输入和输出回路的伏安特性变化绘成曲线，即为三极管的伏安特性曲线。不同类型与型号的三极管的伏安特性曲线不同，生产厂家将特性曲线及特征参数以手册的形式提供，供设计者和使用者查阅。

（1）输入特性曲线

当集电极电压 U_{CE} 一定时，基极电流 I_B 与基极电压 U_{BE} 的关系为

$$I_B = f(U_{BE})\big|_{U_{CE}=\text{常数}}$$

由此关系画出的曲线称为三极管的输入特性曲线，如图 1-19（a）所示。由曲线可知，U_{BE} 有一段死区电压，硅三极管的死区电压约为 0.5V，锗三极管的死区电压约为 0.1V。这时的基极电流为 I_B=0，三极管处于截止状态。若 U_{BE} 大于死区电压，当发射结导通后，U_{BE} 的变化很小，这时的 U_{BE} 称为导通电压，硅三极管的导通电压为 0.6～0.8V，锗三极管的导通电压为 0.2～0.3V。当 U_{CE} 增大时，输入特性曲线将右移，但当 U_{CE} ≥1V 后，输入特性曲线基本不变而趋于重合。

三极管的输入特性曲线

（2）输出特性曲线

当基极电流 I_B 一定时，集电极电流 I_C 与集电极电压 U_{CE} 的关系曲线，称为输出特性曲线，如图 1-19（b）所示。其函数式为

$$I_C = f(U_{CE})\big|_{I_B=\text{常数}}$$

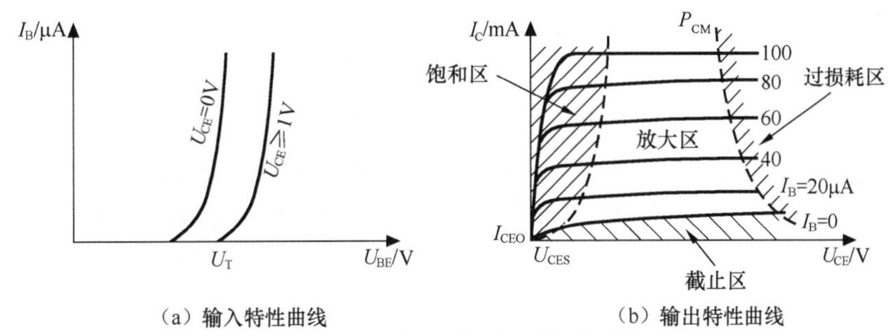

图 1-19 三极管共射极电路的特性曲线

由图 1-19（b）可知，三极管的输出特性曲线可以划分为 3 个工作区域，即放大区、饱和区和截止区，下面分别讨论这 3 个区的工作特性。

① 放大区。I_B>0 和 U_{CE}>1V 的曲线平坦区域为放大区，此时发射结正偏，集电结反偏（对于 NPN 型管，$U_C>U_B$、$U_B>U_E$；对于 PNP 型管，$U_C<U_B$、$U_B<U_E$）。在这个区域，I_C 仅决定于 I_B，与 U_{CE} 无关，这时

$$I_B>0，I_C=\beta I_B，U_{CE}=U_{CC}-I_CR_C$$

由分析可知，这时三极管具有电流放大作用，处于放大工作状态。

② 饱和区。I_{CE} 随 U_{CE} 增大的区域为饱和区。饱和时，C-E 间压降很小，称为饱和压降，记为 U_{CES}（此值基本为常量，硅管的 U_{CES} 约为 0.3V，锗管的 U_{CES} 约为 0.1V），此时发射结和集电结均正偏，$U_{CE}=U_{CES}$，很小。此时 I_C 不受 I_B 控制，I_C 不再随 I_B 的增大而增大，而是由外电路决定。

由分析可知，这时三极管失去电流放大作用，处于饱和工作状态，C-E 之间相当于一个接通的开关。

③ 截止区。在 I_B=0 这条特性曲线以下的区域为截止区，此时发射结和集电结均反偏。这时

$$I_B\approx0，I_C\approx0，U_{CE}=U_{CC}-I_CR_C$$

由分析可知，这时三极管处于截止状态，失去电流放大作用，C-E 间相当于断开的开关。

综上所述，三极管可工作在 3 种状态，若应用于电流放大时，应工作在放大区；若作为开关使用时，应工作在饱和区和截止区。

3. 三极管的主要参数

（1）共发射极电流放大倍数 β

$\beta=\Delta I_C/\Delta I_B\big|_{U_{CE}=常数}$，它是用来衡量电流放大能力的。由于三极管的制作工艺和导体材料不同，即使是同一型号的三极管，其 β 差别也较大，一般小功率三极管的 β 值为 20～50。β 值越大，管子稳定性越差；β 值越小，电流放大能力越差。

（2）穿透电流 I_{CEO}

I_{CEO} 是基极开路时，集电极-发射极间的电流，其值的大小受温度影响较大，该电流值越小，三极管的质量越好。

（3）集电极最大允许电流 I_{CM}

I_{CM} 是三极管工作电流 I_C 允许的最大极限值。若 I_C 超过 I_{CM} 值，则三极管可能损坏。

（4）集电极-发射极反向击穿电压 U_{CEO}

U_{CEO} 是基极开路时加在集电极-发射极之间的最大允许电压值。三极管的工作电压 U_{CE}

应小于此值，否则会击穿。

（5）集电极最大允许耗散功率 P_{CM}

P_{CM} 表示集电结上允许损耗功率的最大值。集电极损耗功率超过 P_{CM} 就会使管子性能变坏或烧毁。P_{CM} 的大小与散热条件有关，通过加散热片，可以提高 P_{CM} 的值。

了解元器件的参数，主要是为了保证元器件安全工作，图 1-20 所示为一个三极管的安全工作区域。

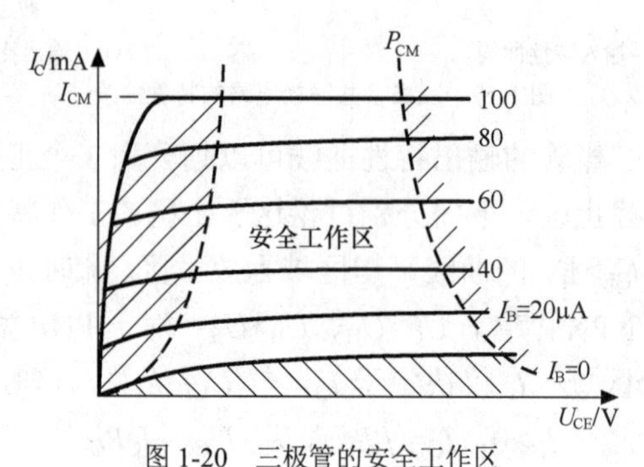

图 1-20　三极管的安全工作区

三、拓展知识

随着电子技术的不断发展，对电子元器件的要求也越来越高，因此电子元器件也在不断发展和更新。在本项目中只用二极管和三极管等器件的相关内容来引导学习者学习电子元器件，在这些基础上，学习者可以根据自己的知识结构需要，拓展学习特殊二极管、场效应管、晶闸管以及集成电路（模拟集成电路和数字集成电路）模块，以便将自身的电子技术知识系统化，进一步提升对电子技术的综合应用能力。

（一）特殊用途的二极管

1. 稳压二极管

这里的稳压是指在输入电压 U_i 和负载电流 I_R 变化时，输出电压 U_o 保持稳定不变，如图 1-21 所示，这称为直流电压的稳压。

（1）二极管的稳压功能

稳压二极管实际上是一种面接触型硅二极管，简称“稳压管”，其伏安特性曲线及符号如图 1-22 所示。和普通二极管相似，当它工作在反向击穿区时，工作电流在很大范围内变化，而二极管两端的电压几乎不变，这就是二极管实现直流稳压功能的特点。稳压二极管是在普通二极管的基础上将 PN 结做成面接触型（即 P 区与 N 区的接触面变大），工作时让二极管工作在反向击穿区，而控制工作电流在不损坏 PN 结的允许范围内，取反向击穿电压直流电输出，稳定电压。稳压二极管的参数有两个：一个是稳定电压，即二极管反向击穿时二极管两端的电压值；另一个是最大稳压电流，即输出稳定电压时允许的工作电流。

（2）稳压二极管的应用

为了和普通二极管区别，稳压二极管的电路符号采用图 1-22（b）所示的形式。应用时，它和普通二极管也有不同：①稳压二极管的正极接低电位，负极接高电位，保证其工作在反向击穿区；②为防止稳压二极管的工作电流超过其最大稳定电流 I_{Zmax} 而引起管子被破坏性击穿，应串接限流电阻 R；③稳压二极管不能并联使用，以免因稳定值不同造成管子电流不均而过载损坏。其应用电路如图 1-23 所示。

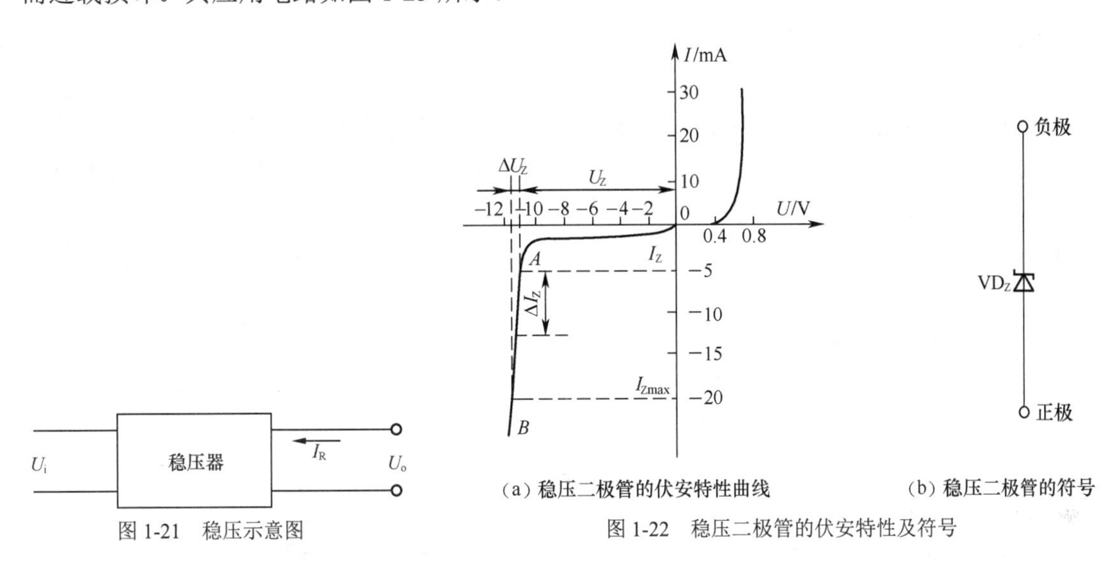

图 1-21　稳压示意图

图 1-22　稳压二极管的伏安特性及符号

例 1.1　在图 1-23 所示的稳压二极管稳压电路中，已知输入电压 $U_i = 10V$，稳压二极管的稳定电压 $U_Z = 6V$，最小稳定电流 $I_{Zmin} = 4mA$，最大稳定电流 $I_{Zmax} = 24mA$，负载电阻 $R_L = 600\Omega$。求解限流电阻 R 的取值范围。

解：从图 1-23 所示电路可知，电阻 R 上的电流 I_R 等于稳压二极管电流 I_{DZ} 和负载电流 I_L 之和，即 $I_R = I_{DZ} + I_L$。其中，$I_{DZ} = 4\sim24$ mA，$I_L = U_Z/R_L = 6/600 = 0.01(A) = 10(mA)$，所以，$I_R = 14\sim34$ mA。R 上的电压 $U_R = U_i - U_Z = 10 - 6 = 4$(V)，因此

$$R_{max} = \frac{U_R}{I_{Rmin}} = \frac{4}{14\times10^{-3}} \approx 286(\Omega)$$

$$R_{min} = \frac{U_R}{I_{Rmax}} = \frac{4}{34\times10^{-3}} \approx 118(\Omega)$$

故限流电阻 R 的取值范围为 $118\sim286\Omega$。

2. 发光二极管

发光二极管（LED）是一种将电能转化为光能的发光器件，其电路符号如图 1-24（a）所示。它的内部也是由 PN 结构成的，也具有单向导电性。只是它是由特殊工艺做成的，在给它加正向电压时能发出一定波长的光，它的正向工作电流为 10～30mA，正向导通电压为 1.5～3V。

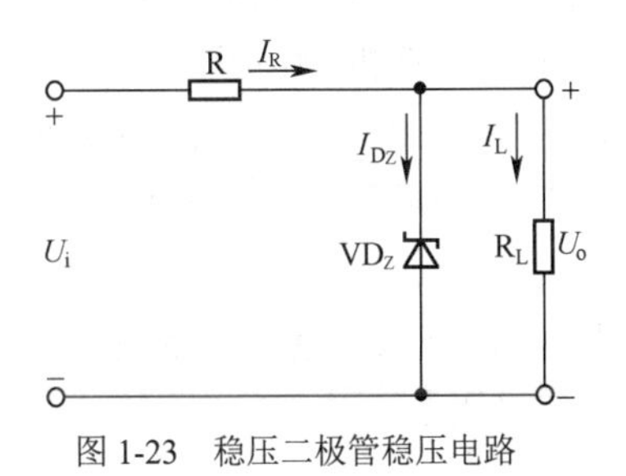

图 1-23　稳压二极管稳压电路

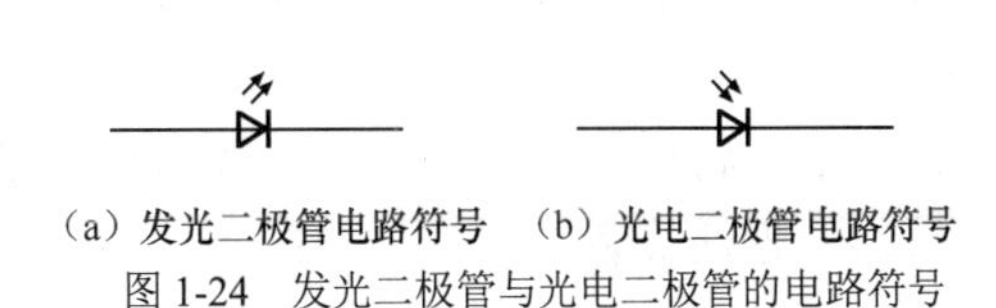

（a）发光二极管电路符号　（b）光电二极管电路符号

图 1-24　发光二极管与光电二极管的电路符号

3．光电二极管

光电二极管又称光敏二极管，是利用半导体的光敏特性制成的。当光线照射 PN 结时，其反向电流随光照强度的增大而增大，因此可用光电二极管作为光控元件，将光能转化为电能。它的电路符号如图 1-24（b）所示。

（二）场效应管

场效应管（Field Effect Transistor，FET）是一种电压控制型器件。它在工作过程中，只有一种载流子参与导电，因此，它是单极型三极管。根据结构和工作原理的不同，FET 可以分为两类：一类是绝缘栅型场效应管（IGFET），另一类是结型场效应管（JFET）。由于 FET 具有制造工艺简单、输入阻抗高、功耗低、便于集成、受温度影响小等众多优点，因此得到了广泛应用。

1．绝缘栅型场效应管

绝缘栅型场效应管有若干种类型，应用最广泛的是以二氧化硅（SiO_2）作为栅极与半导体材料间的绝缘层的 FET，简称 MOSFET 或 MOS 管。MOS 管按照所使用的半导体材料的极性不同，有 N 沟道和 P 沟道两种，分别称为 NMOS 管和 PMOS 管，每一种还有增强型和耗尽型之分。下面以增强型 MOS 管为例，介绍绝缘栅型场效应管的工作原理及其伏安特性。

（1）基本结构

图 1-25 所示为 N 沟道增强型绝缘栅型场效应管的结构和符号。用一块低杂质浓 P 型膜片作衬底，在上面扩散两块高杂质浓度的 N^+区，分别引入电极作为源极 S 和漏极 D，并在硅片表面生成一层薄薄的二氧化硅绝缘层，衬底与源极相连接。从图 1-25 中可以看到栅极与其他电极及硅片之间是绝缘的，这样制得的场效应管就为绝缘栅型场效应管。

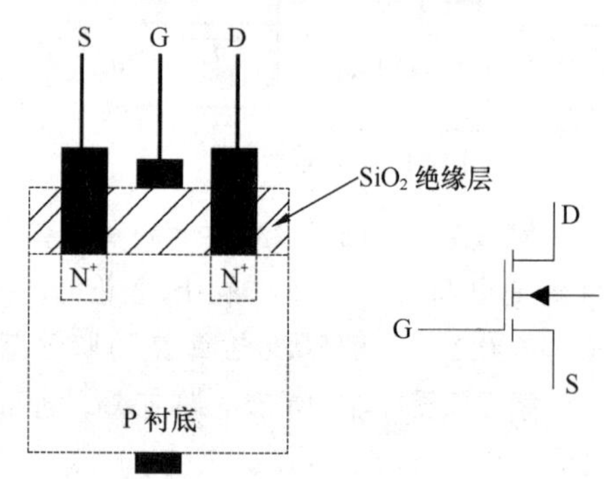

G—栅极（也称门极）；D—漏极；S—源极

图 1-25　N 沟道增强型绝缘栅型场效应管的结构和电路符号

（2）工作原理

首先，栅极-源极间电压为 0（$U_{GS}=0$）时，在此状态下，漏极-源极间电压 U_{DS} 从 0 开始增加，漏极电流 I_D 几乎与 U_{DS} 成比例增加，将此区域称为非饱和区。U_{DS} 达到某值以后，漏极电流 I_D 的变化变小，几乎达到一定值，此时的 I_D 称为饱和漏极电流（有时也称漏极电流，用 I_{DSS} 表示），与此 I_{DSS} 对应的 U_{DS} 称为夹断电压 U_P，此区域称为饱和区。

其次，在漏极-源极间加一定的电压 U_{DS}（例如 0.8V）时，U_{GS} 从 0 开始向负方向增加，I_D 的值从 I_{DSS} 开始慢慢地减小，对某 U_{GS} 值，$I_D=0$，将此时的 U_{GS} 称为栅极-源极间遮断电压或者截止电压，用 $U_{GS(off)}$ 表示。N 沟道 JFET 的情况下，$U_{GS(off)}$ 值带有负的符号，测量实际的 JFET 对应 $I_D=0$ 的 U_{GS} 很困难，所以在放大器使用的小信号 JFET 时，一般将达到 $I_D=0.1\sim10\mu A$ 时的 U_{GS} 定义为 $U_{GS(off)}$。

场效应管的特性曲线有转移特性和输出特性两组，图 1-26 所示为增强型 NMOS 管特性曲线。转移特性曲线表征了在一定的 U_{DS} 下，I_D 与 U_{GS} 之间的关系。

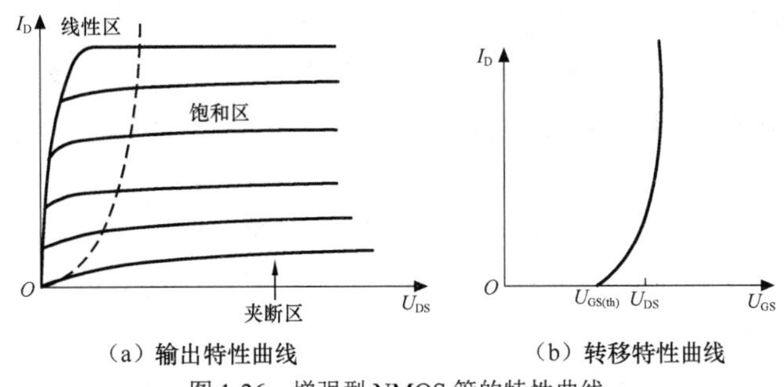

（a）输出特性曲线　　（b）转移特性曲线

图 1-26　增强型 NMOS 管的特性曲线

图 1-26（b）所示为 U_{GS} 对漏极电流 I_D 控制作用的体现。输出特性又称漏极特性，表征了在一定的 U_{GS} 下，输出电流 I_D 与输出电压 U_{DS} 的关系，增强型 NMOS 管的输出特性可分为线性区、饱和区和夹断区 3 部分，如图 1-26（a）所示。在曲线图中虚线左侧部分 U_{DS} 较低，I_D 随 U_{DS} 线性变化，故称线性区。改变 U_{GS} 可改变导电沟道的宽度，即改变其导通电阻的大小，体现在特性曲线上为改变曲线的斜率。这时管子漏极和源极之间可看成一个由电压 U_{GS} 控制的可变电阻，故线性区也称为可变电阻区。在虚线右侧部分是饱和区，又称恒流区。饱和区内，在一定的 U_{DS} 下，I_D 几乎不随 U_{DS} 变化，其值达到饱和恒定，曲线平坦，I_D 只随 U_{GS} 改变，U_{GS} 增大，I_D 上升，曲线上移。饱和区也就是场效应管的放大区。在曲线的下部，在 $U_{GS}<U_{GS(th)}$ 的区域内，由于 N 沟道被夹断，$I_D \approx 0$，故为夹断区，或称截止区。

另外，常用的还有 N 沟道耗尽型绝缘栅型场效应管（耗尽型 NMOS 管）、P 沟道绝缘栅型场效应管（PMOS 管），在此不再一一分析。

结型场效应管的结构

2. 结型场效应管

在一块 N 型半导体材料的两侧，形成两个高浓度 P 区，就产生了两个耗尽区（PN 结）。而 N 型半导体的中间就是导电的通道，称为 N 沟道；将两个 P 区连接在一起，引出电极——栅极 G，而在 N 型半导体两端分别引出电极——源极 S 和漏极 D，于是就形成了 N 沟道结型场效应管。

结型场效应管的工作原理

N 沟道的左右两侧与栅极分别形成 PN 结，它们始终处于反向偏置状态。改变反向偏置电压大小，就可以改变耗尽区的宽度，从而改变导电沟道的宽度和沟道内电流的大小，这就是利用电压所产生的电场效应对输出电流的控制作用。此外，结型场效应管在放大工作时，栅极和源极间 PN 结始终是反向偏置的，所以 $I_G=0$，信号源基本上不提供电流，管子的输入电阻可高达 $10^7\Omega$，表现出控制信号能量消耗很小的优点。

结型场效应管的特性曲线

结型场效应管和绝缘栅型场效应管都是以 U_{GS} 来控制漏极电流的，但控制的方法有所不同。结型场效应管通过改变 U_{GS} 来改变耗尽区的宽窄，从而改变导电沟道的宽窄，达到控制漏极电流 I_D 的目的；而绝缘栅型场效应管则是通过改变沟道的宽窄，来达到控制 I_D 的目的。绝缘栅型场效应管较结型场效应管输入电阻更高，也更便于高度集成。

3. 场效应管的主要参数及使用注意事项

（1）主要参数

① 直流参数。

a．夹断电压 $U_{GSA(off)}$：当 U_{DS} 为某一定值时，使 I_D 为某微小电流（50μA），栅极上所加

偏置电压 U_{GS} 的值就是夹断电压 $U_{GSA(off)}$。

b．开启电压 $U_{GS(th)}$：当 U_{DS} 为某一定值时，能产生 I_D 所需要的最小的 U_{GS} 值。

c．饱和漏极电流 I_{DSS}：耗尽型绝缘栅型场效应管在 $U_{GS}=0$ 的条件下，管子将要夹断时的漏极电流。

d．直流输入电阻 R_{CS}：栅极-源极电压与栅极电流的比值。

② 交流参数。这里主要介绍常用的低频跨导 g_m。它是表征 U_{GS} 对 I_D 的控制能力大小的参数，其意义为：在 U_{DS} 为某一定值的条件下，I_D 的微小变化量与引起的 U_{GS} 的微小变化量的比值。g_m 的单位是西门子（S），它是衡量放大作用的重要参数。

③ 极限参数。极限参数有最大漏极电流 I_{DM}、最大耗散功率 P_{DM}、漏源击穿电压 $U_{(BR)DS}$ 及栅源击穿电压 $U_{(BR)GS}$ 4 种。使用场效应管时应注意不得超过极限参数，且留有一定余量。

（2）场效应管的使用注意事项

① 使用时应注意不要超过各极限参数的限制。

② 对于 MOS 管，由于其输入电阻很大，又极易感应电荷，若感应电荷后无放电回路，很容易将绝缘层击穿而损坏，所以，任何情况下都要特别注意不要使 MOS 管的栅极悬空。工作时，应使栅极-源极之间必须保持直流通路；存放时应将 3 个电极短路。

③ 焊接场效应管时，电烙铁应良好接地，不能漏电，或焊接时先拔下电源插头。

④ 对于结型场效应管，使用时应注意栅极和源极的极性不能接反（保证 PN 结反偏），否则，较高的正偏电压可能烧坏 PN 结。

⑤ 4 个引脚的场效应管，其衬底（B 脚）应良好接地。场效应管使用时应避免靠近热源。

小　结

1．半导体材料中有两种载流子，即带负电荷的电子和带正电荷的空穴。空穴是半导体不同于金属的重要特点。在纯净的半导体中掺入不同种类的杂质元素，可以分别得到 P 型半导体和 N 型半导体。

2．采用一定的工艺措施，使 P 型半导体和 N 型半导体结合在一起，就形成了 PN 结。PN 结的基本特点是具有单向导电性。PN 结两端的电压与流过 PN 结的电流之间的关系可以用 PN 结的伏安特性来描述。如果 PN 结外加的反向电压大到一定程度，将会反向击穿 PN 结。

3．半导体二极管是由 PN 结构成的。二极管的伏安特性与 PN 结大体相似但又不尽相同。二极管的特性和性能可以用其伏安特性曲线与系列参数来描述。在研究二极管构成的电路时，可以根据不同情况使用不同的二极管模型进行电路分析。

4．三极管（BJT）是由两个 PN 结构成的三端器件。BJT 工作时，有两种载流子参与导电，故也称为双极型三极管。BJT 是一种电流控制电流型的器件，改变基极电流就可以控制集电极电流。在一定条件下，集电极电流与基极电流满足线性放大的关系，这是 BJT 放大电路的物理基础。

5．BJT 的特性主要用输入特性曲线和输出特性曲线来描述，其性能可以用一系列参数来表征。在输出特性曲线上可以看出，BJT 有 3 个工作区：饱和区、放大区和截止区。

6．FET 分为 JFET 和 MOSFET 两种。工作时，其只有一种载流子参与导电。FET 是一种电压控制电流型器件。改变其栅源电压就可以改变其漏极电流，在一定条件下，它们之间是一种线性放大关系。

7．表征 FET 特性的曲线主要有转移特性曲线和输出特性曲线，其中最重要的是输出特性曲线。FET 的特性和性能可以用一系列参数来加以描述。

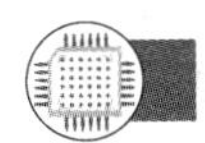

习题及思考题

1．填空题

（1）N 型半导体中多数载流子是________；P 型半导体中少数载流子是________。

（2）PN 结中 P 区的电位________N 区的电位（①高于；②低于；③等于）。其扩散电流的方向_______；漂移电流的方向_______（①由 N 区指向 P 区；②由 P 区指向 N 区）。

（3）PN 结反向偏置时，PN 结的内电场_____。PN 具有____________特性。

（4）二极管正向偏置时，其正向导通电流由________载流子的________运动形成。

（5）因掺入杂质性质不同，杂质半导体可为________半导体和________半导体两大类。

（6）PN 结的正向接法是 P 区接电源_______极，N 区接电源_______极。

（7）在使用稳压二极管时，其与负载并联，稳压二极管与输入电源之间必须加入一个__________。

（8）二极管构成的限幅电路如图 1-27 所示，R=1kΩ，输入信号为 U_i=4V，二极管的导通电压 U_D=0.7V。若 U_{REF}=2V，则 U_o=________；若 U_{REF}= –2V，则 U_o=________。

（9）如图 1-28 所示，VD_1、VD_2 均为理想二极管，若输入信号为 U_i=4V，U_1=2V，U_2=3V，则 VD_1__________（导通/截止），VD_2___________（导通/截止），输出电压 U_o=________。

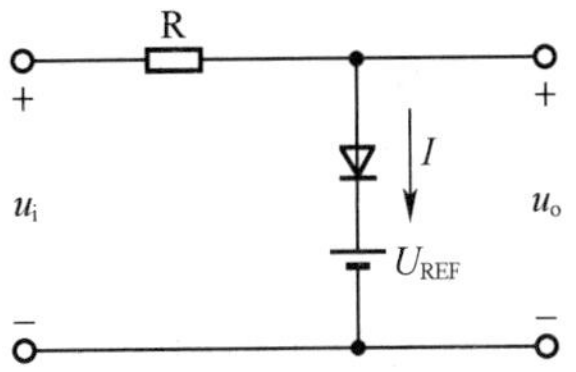

图 1-27　题 1（8）图

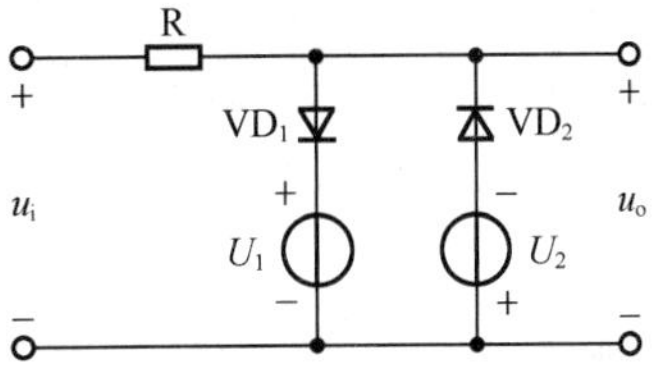

图 1-28　题 1（9）图

2．判断题

（1）二极管的内部结构实质就是一个 PN 结。（　　）

（2）如果在 N 型半导体中掺入足够量的三价元素，可将其改型为 P 型半导体。（　　）

（3）因为 N 型半导体的多数载流子是自由电子，所以它带负电。（　　）

（4）PN 结在无光照、无外加电压时，结电流为零。（　　）

（5）硅二极管的热稳定性比锗二极管好。（　　）

（6）普通二极管正向使用时也有稳压作用。（　　）

（7）P 型半导体带正电，N 型半导体带负电。（　　）

（8）二极管仅能通过直流，不能通过交流。（　　）

（9）对于实际的二极管，当加上正向电压时它立即导通，当加上反向电压时，它就立即截止。（　　）

（10）二极管在一定条件下可以双向导通。（　　）

3．选择题

（1）本征半导体又叫（   ）。

A. 普通半导体　　B. P型半导体　　C. 掺杂半导体　　D. 纯净半导体

（2）在杂质半导体中，多数载流子的浓度主要取决于（   ）。

A. 温度　　B. 掺杂工艺　　C. 杂质浓度　　D. 晶体缺陷

（3）本征半导体（   ）；P型半导体（   ）；N半导体（   ）。

A. 带正电　　B. 带负电　　C. 呈中性

（4）锗二极管的导通电压为（   ）。

A. 0.3V　　B. 0.5V　　C. 0.7V　　D. 1V

（5）PN结外加正向电压时，其扩散电流（   ）漂移电流。

A. 大于　　B. 小于　　C. 等于

（6）稳压二极管利用的是PN结的（   ）。

A. 单向导电性　　B. 反向击穿性　　C. 电容特性　　D. 正向工作特性

（7）硅二极管的导通电压为（   ）。

A. 0.3V　　B. 0.5V　　C. 0.7V　　D. 1V

（8）二极管的伏安特性反映了（   ）。

A. I_D与U_D之间的关系　　B. 单向导电性　　C. 非线性

（9）二极管两端加上正向电压时（   ）。

A. 一定导通　　C. 超过 0.3V 才导通

B. 超过死区电压才导通　　D. 超过 0.7V 才导通

（10）工作在反向击穿状态的二极管是（   ）。

A. 一般二极管　　B. 稳压二极管　　C. 发光二极管　　D. 光敏二极管

（11）硅稳压二极管并联型稳压电路中，硅稳压二极管必须与限流电阻串接，此限流电阻的作用是（   ）。

A. 提供偏流　　B. 仅限制电流　　C. 兼有限制电流和调压两个作用

4．分析计算题

（1）电路如图1-29所示，已知u_i=5sinωt（V），二极管导通电压U_D=0.7V。试画出u_i与u_o的波形，并标出幅值。

（2）图1-30电路中，设二极管VD$_1$、VD$_2$和VD$_3$均为理想二极管，R=1kΩ，求输出电压U_o下各个二极管中的电流。

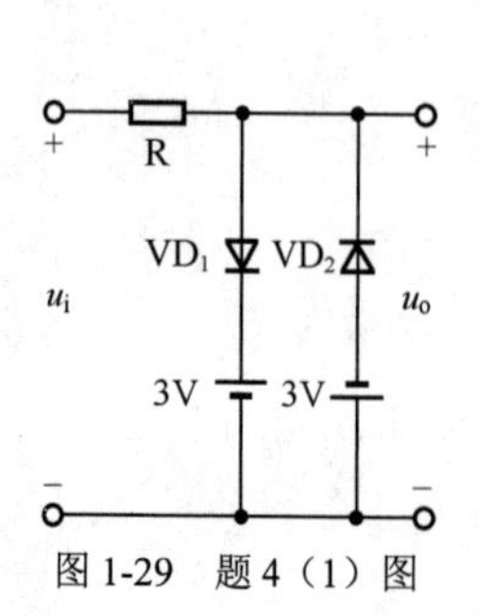

图1-29　题4（1）图

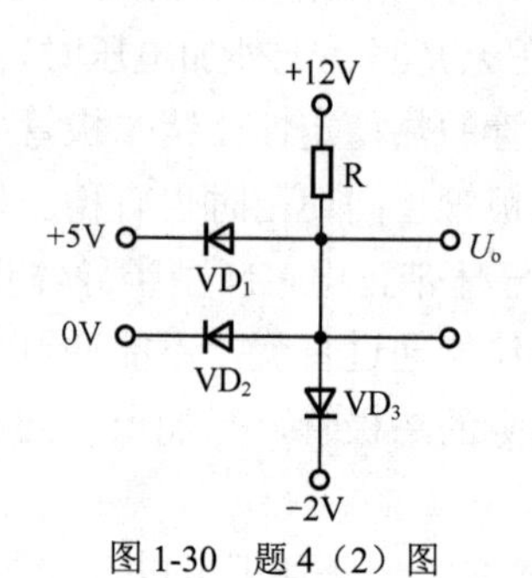

图1-30　题4（2）图

（3）图 1-31 中，设 VD_1、VD_2 都是理想二极管，求流过电阻 R 的电流和它两端的电压。已知 R=6kΩ，U_1=6V，U_2=12V。

（4）图 1-32 中，设 VD_1、VD_2 均为理想二极管，直流电压 $U_1 > U_2$ ，u_i、u_o 是交流电压信号的瞬时值。试求：

① 当 $u_i > U_1$ 时，u_o 的值；

② 当 $u_i < U_2$ 时，u_o 的值。

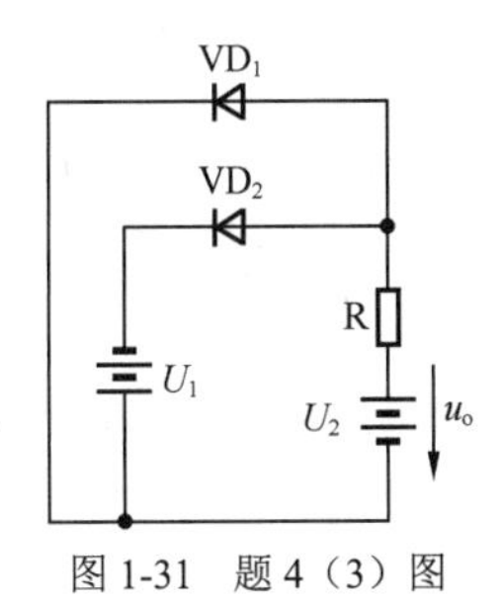

图 1-31　题 4（3）图

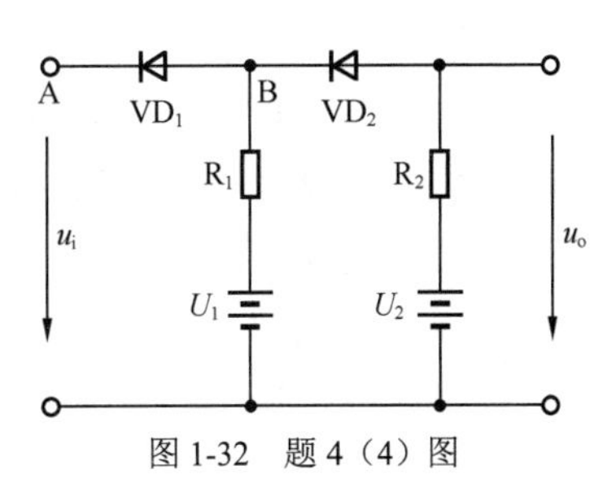

图 1-32　题 4（4）图

（5）在图 1-33 所示电路中，设 U=5 V，$u_i=10\sin\omega t$（V），VD 为理想二极管，试画出电压 u_o 的波形。

（6）已知两个稳压二极管 VD_A 和 VD_B 的稳压值分别为 8.6 V 和 5.4 V，正向压降均为 0.6 V，设输入电压 u_i 和 R 均满足稳压要求。

① 要得到 6 V 和 14 V 电压，试画出稳压电路；

② 若将两个稳压二极管串联连接，可有几种形式？各自的输出电压是多少？

（7）已知稳压二极管的稳定电压 U_Z=6V，稳定电流的最小值 I_{Zmin}=5mA，最大功耗 P_{ZM}=150mW。试求图 1-34 所示电路中电阻 R 的取值范围。

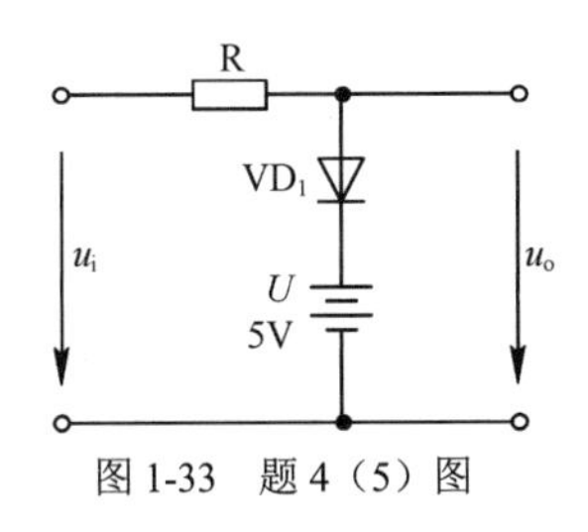

图 1-33　题 4（5）图

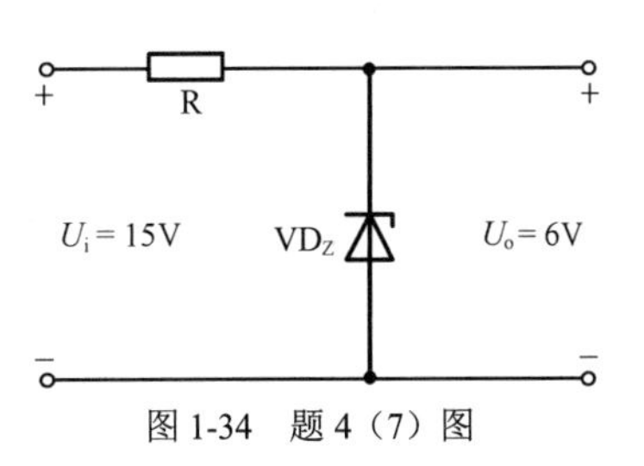

图 1-34　题 4（7）图

（8）已知两只三极管的电流放大系数β分别为 50 和 100，现测得放大电路中这两只三极管两个电极的电流如图 1-35 所示。分别求另一电极的电流，标出其实际方向，并在圆圈中画出三极管。

（9）放大电路如图 1-36 所示，三极管的 β=50，R_C=1.5kΩ，U_{BE}=0.6V。

① 为使电路在 R_P=0 时，三极管刚好进入饱和状态（饱和压降 U_{CES}=0），求电阻 R 的值；

② 若 R_P 的滑动端因接触不良而断路，此时测得 U_{CE}=7.5V，求 R_P 的大小。

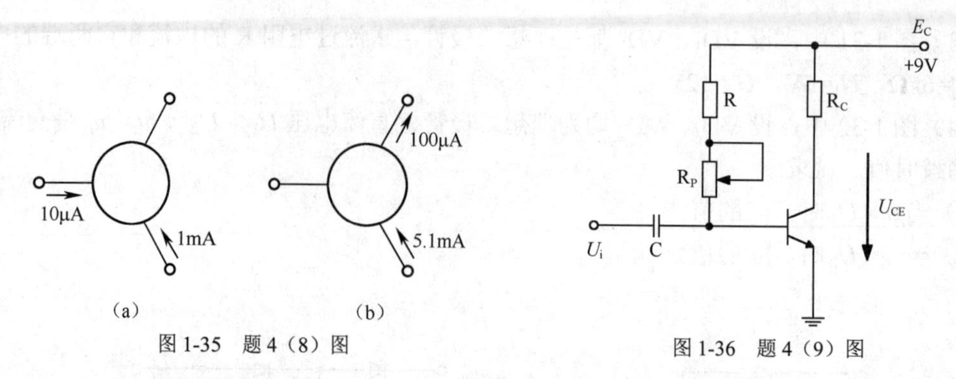

图 1-35　题 4（8）图

图 1-36　题 4（9）图

（10）分别画出 NPN 型和 PNP 型三极管的电路符号，在图中注明 3 个电极的名称；画出用 NPN 型三极管接成共发射极电路形式的电路图，并在图中注明各极电流 I_C、I_E 和 I_B。

（11）由三极管共发射极电路的输出特性曲线（见图 1-37）可知三极管分为哪 3 个区？说明每个区的各极电压与电流的变化关系和工作特点。放大倍数 β 是什么含义？若基极电流 I_B 为 0.05mA，放大倍数 β 为 50，则输出集电极电流 I_C 为多少？

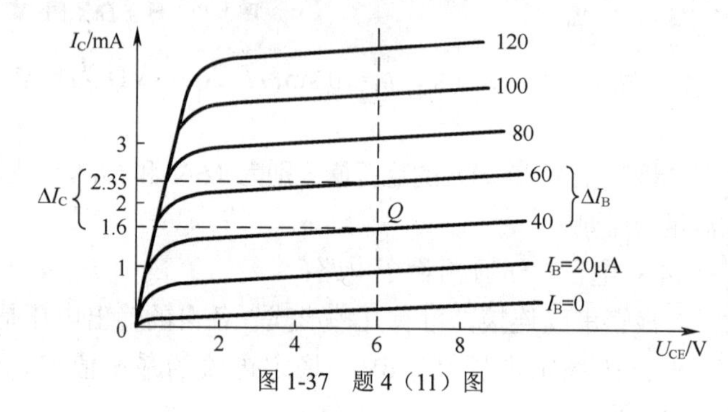

图 1-37　题 4（11）图

项目二 直流稳压电源基本知识

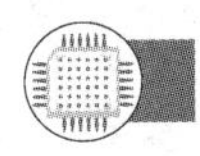

一、项目分析

生活中经常用到的电器，如计算机、手机、随身听、剃须刀等，包括将要制作的音频放大器，基本都是使用直流电源作供电电源，但家用电网供电一般都是220V交流电，这就需要通过一定的装置把220V的单相交流电转换为只有几伏或几十伏的直流电，能完成这个转换的装置就是直流稳压电源。

思维导图

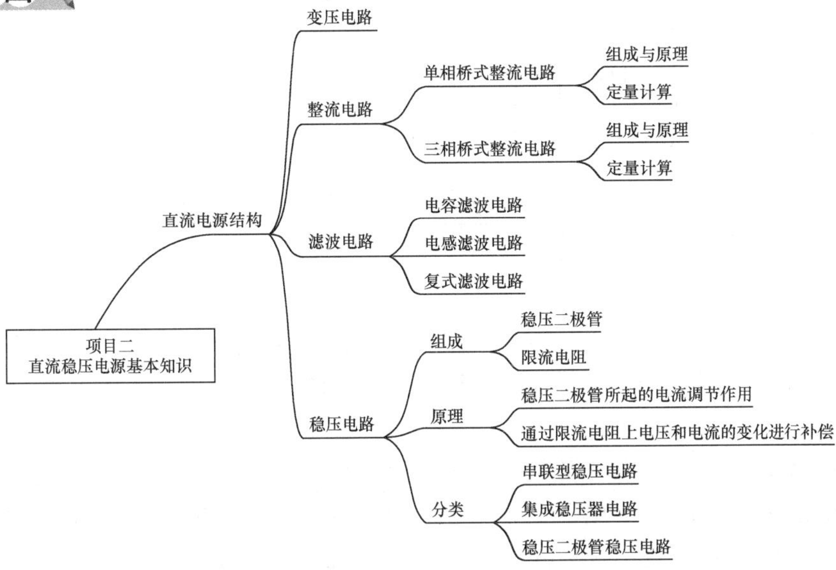

知识点

① 桥式整流电路、滤波电路、稳压电路的性能分析、参数计算；

② 电子产品的制作流程；

③ 元件检测、电路装配和调试的方法和技巧。

能力点

① 能根据所学知识，完成对稳压电源电路的电路原理及元件作用的分析；

② 能按照装配图完成电路的装配、焊接；

③ 能利用示波器、万用表等工具调测电路；

④ 能实现电路功能并强化对原理的分析和表述。

① 培养职业规范意识，严格遵守设备操作规程；

② 培养全方位思考，综合分析问题、解决问题的能力；

③ 养成严谨的工作态度和精益化工程设计意识。

二、相关知识

在生产、科学试验和日常生活中，广泛使用交流电。但在某些场合，如电解、电镀和直流电动机等，都需要直流电源进行供电；在电子电路和自动控制装置中一般也需要电压非常稳定的直流电源。在某些情况下可以利用直流发电机或化学电池作为直流电源，但在大多数情况下，是采用各种半导体直流稳压电源，将电网提供的交流电压转换成直流电压的。

小功率半导体直流电源通常由变压电路、整流电路、滤波电路和稳压电路4部分组成，其原理图如图2-1所示。图中各环节的作用说明如下。

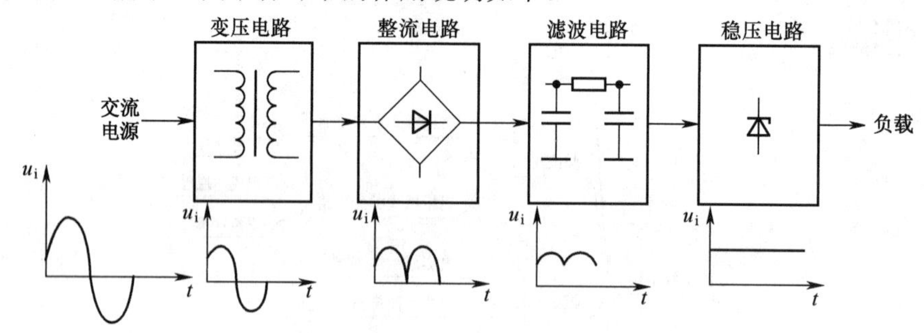

图2-1　小功率半导体直流电源原理方框图

① 变压电路：将电网220V或380V的工频交流电压转换成符合整流电路需要的交流电压。

② 整流电路：利用具有单向导电性的整流器件（如二极管、晶闸管等）将交流电压转换成单向脉动直流电压。

整流后的脉动直流电压中不仅含有有用的直流分量，还含有有害的交流分量。

③ 滤波电路：利用电容、电感等电路元件的储能特性，滤去单向脉动直流电压中的交流分量，保留其中的直流分量，减小脉动程度，得到比较平滑的直流电压。

当电网电压波动或负载变化时，滤波电路输出的直流电压会随着电网波动或负载的变化而变化。

④ 稳压电路：稳压电路的功能是维持直流电压的稳定输出，使得输出电压基本不受电网波动和负载变化的影响而维持不变。

对于输出电压稳定性要求不高的电子电路，整流滤波后的直流电压可以作为供电电源。

（一）单相桥式整流电路

1. 电路组成及整流原理

图2-2（a）所示为单相桥式整流电路，由4只二极管接成桥式电路。图2-2（b）所示为单相桥式整流电路的习惯画法。

在变压器副边电压u_2的正半周，变压器副边的极性为上正下负，即点A的电位高于点B的电位，此时VD_1、VD_3导通，VD_2、VD_4承受反压截止。电流i_o经由A→VD_1→R_L→VD_3→B形成通路，此时电源电压全部加在负载电阻R_L上，即$u_o = u_2$。

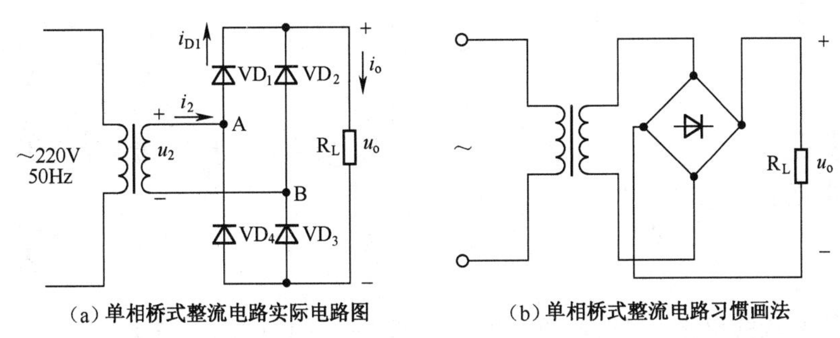

（a）单相桥式整流电路实际电路图　　（b）单相桥式整流电路习惯画法

图 2-2　单相桥式整流电路

在变压器副边u_2的负半周，变压器副边的极性为上负下正，即点B的电位高于点A的电位，此时VD_2、VD_4导通，VD_1、VD_3承受反压截止。电流i_o经由B→VD_2→R_L→VD_4→A形成通路，此时电源电压全部加在负载R_L上，即$u_o = -u_2$。

可见，尽管u_2的方向是交变的，但通过负载R_L的电流i_o及其两端电压u_o的方向都不变，负载上得到大小变化而方向不变的脉动直流电流和电压。

综上所述，可画出电路中各电压、电流的波形，如图2-3所示。

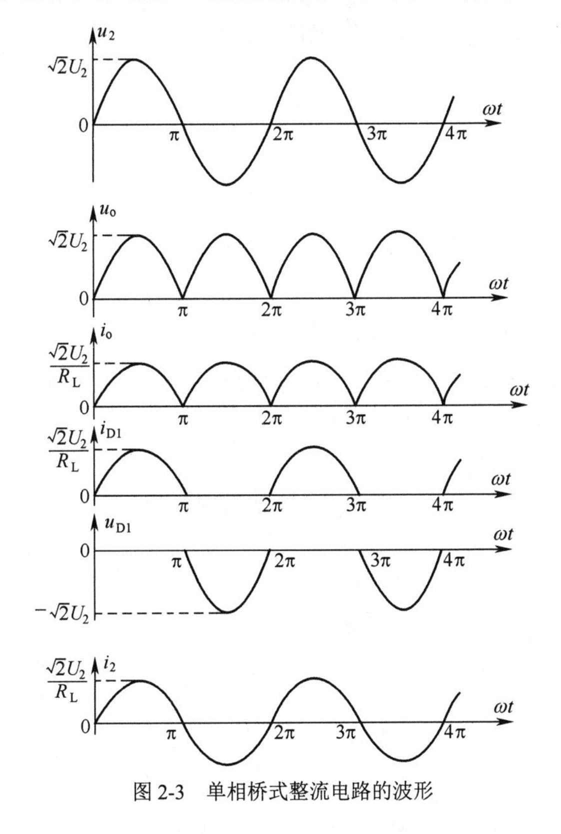

图 2-3　单相桥式整流电路的波形

2. 定量计算

根据负载电压u_o的波形可求得其平均值为

$$U_o = \frac{1}{\pi}\int_0^{\pi}\sqrt{2}U_2 \sin\omega t = \frac{2\sqrt{2}}{\pi}U_2 \approx 0.9U_2 \qquad (2\text{-}1)$$

式中，U_2——变压器副边电压u_2的有效值。

因此，负载电流i_o的平均值为

$$I_o = \frac{U_o}{R_L} \approx \frac{0.9U_2}{R_L} \qquad (2\text{-}2)$$

单相桥式整流电路中，每个二极管只导通半个周期，所以每只二极管的平均电流是负载电阻上的平均电流值的一半，即

$$I_D = \frac{I_o}{2} \approx \frac{0.45U_2}{R_L} \qquad (2\text{-}3)$$

根据二极管两端的电压u_D的波形可知，二极管承受的最大反向电压为

$$U_{DRM} = \sqrt{2}U_2 \qquad (2\text{-}4)$$

I_D和U_{DRM}是选择整流二极管的主要依据。

变压器副边电流i_2仍为正弦电流，其有效值为

$$I_2 = \frac{I_m}{\sqrt{2}} = \frac{U_2}{R_L} = \frac{U_o}{0.9R_L} \approx 1.11I_o \qquad (2\text{-}5)$$

考虑到电网电压的波动范围为±10%，因此在实际选用二极管时，应至少有10%的余量，选择最大整流平均电流I_F和最高反向工作电压U_R分别为

$$I_F > 1.1I_D = 1.1\frac{\sqrt{2}U_2}{\pi R_L} \qquad (2\text{-}6)$$

$$U_R > 1.1\sqrt{2}U_2 \qquad (2\text{-}7)$$

例 2.1 在图2-2（a）所示的路中，已知变压器副边电压有效值$U_2 = 40\text{V}$，负载电阻$R_L = 60\Omega$。试问：

① 输出电压平均值与输出电流平均值各为多少？

② 当电网电压波动范围为±10%时，二极管的最大整流平均电流I_F与最高反向工作电压U_R至少应选取多少？

解： ① 输出电压平均值为

$$U_o \approx 0.9U_2 = 0.9\times 40 = 36(\text{V})$$

输出电流平均值为

$$I_o = \frac{U_o}{R_L} \approx \frac{36}{60} = 0.6(\text{A})$$

② 二极管的最大整流平均电流I_F与最高反向工作电压U_R分别应满足：

$$I_F > 1.1\frac{I_o}{2} \approx 1.1\times\frac{0.6}{2} = 0.33(\text{A})$$

$$U_R > 1.1\sqrt{2}U_2 = 1.1\times\sqrt{2}\times 40 \approx 62.2(\text{V})$$

（二）滤波电路

1. 电容滤波电路

整流电路的输出电压为单向脉动直流电压，其中既有直流分量也有交流分量。这种脉动直流电压只适用于电解、电镀等对直流电压平滑度要求不高的负载，而不适用于大多数电子线路和设备。因此，一般在整流之后还需利用滤波电路，滤去脉动直流电压中的交流分量，保留直流分量，得到较平滑的直流电，改善输出电压的脉动程度。常用的滤波元件有电容和电感，常用的滤波电路有电容滤波电路、电感滤波电路和由电容、电感组成的复式滤波电路（如π形滤波电路）。

如图 2-4 所示，在整流电路的输出端（即负载电阻两端）并联一个电容即构成电容滤波电路。

当变压器副边电压u_2处于正半周并且数值大于电容两端电压u_c时，二极管 VD_1 和 VD_3 导通，电流一路流经负载电阻R_L，另一路对电容 C 充电。在理想状态下，可以认为$u_c(u_o)$与u_2相等，如图 2-5 所示的 ab 段。当u_2上升到峰值后开始下降，电容通过负载电阻R_L放电，其电压u_c也开始下降，趋势与u_2基本相同，如图 2-5 所示的 bc 段。但由于电容按指数规律放电，所以当u_2下降到一定数值后，u_c的下降速度小于u_2的下降速度，使u_c大于u_2，从而导致 VD_1 和 VD_3 由反向偏置变为截止。此后，电容 C 继续通过R_L放电，u_c按照指数规律缓慢下降，如图 2-5 所示的 cd 段。当u_2的负半周幅值变化到恰好大于u_c时，VD_2 和 VD_4 因加正向电压变为导通状态，u_2再次对电容 C 充电，u_c上升到u_2峰值后又开始下降，下降到一定数值时 VD_2 和 VD_4 变为截止，电容 C 通过R_L放电，u_c按照指数规律下降。如此周而复始。

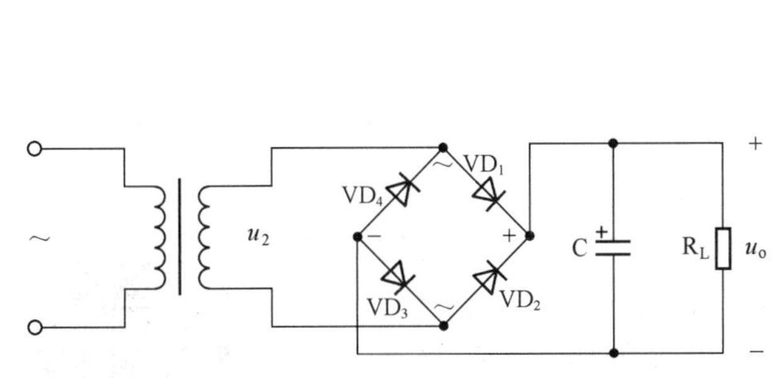

图 2-4　单相桥式整流电容滤波电路

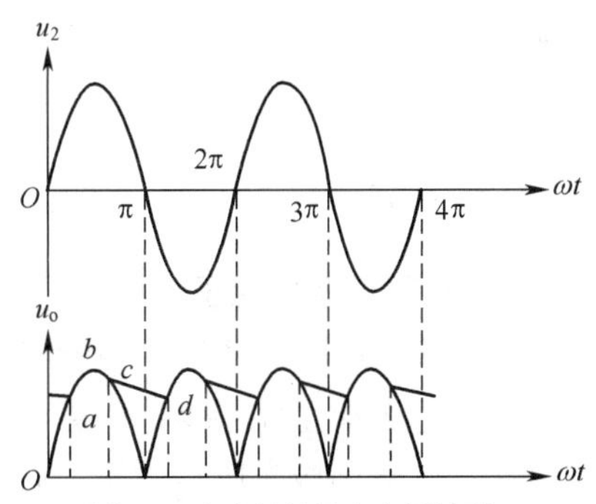

图 2-5　电容滤波输出电压波形

从图 2-5 中可以看到，经滤波后输出的电压不仅变得平滑，而且平均值也得到提高。

在实际应用中，为了获得较好的滤波效果，在选择滤波电容的容量时应满足 $R_L C \geqslant (3\sim5)\dfrac{T}{2}$。其中，$T$ 为电网电压的周期。电容滤波电路输出电压的平均值为

$$U_o \approx 1.2U_2 \tag{2-8}$$

电容滤波电路简单，输出电压平均值高，适用于负载电流较小且变化也较小的场合。另外，当电容滤波后输出的平均电流增大时，二极管的导通角反而会减小，所以整流二极管所

受到的冲击电流较大，因此必须选择较大容量的整流二极管。

2. 电感滤波电路

在整流电路与负载之间串联一个电感线圈就构成了电感滤波电路，如图 2-6 所示。

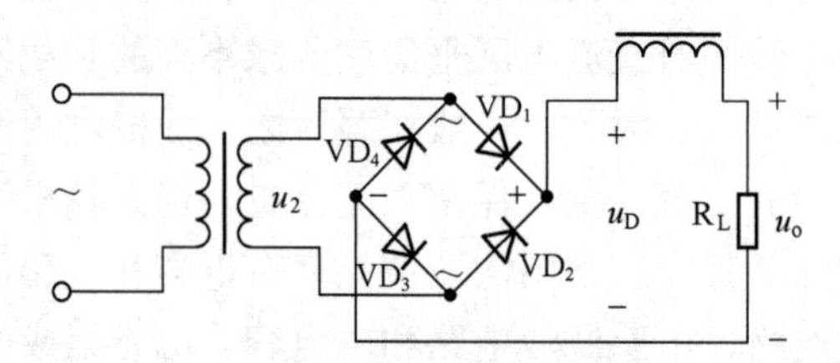

图 2-6 单相桥式整流电感滤波电路

电感滤波可以从以下两个方面来理解。

① 当通过电感的电流发生变化时，电感线圈中产生的自感电动势将阻碍电流的变化，使得脉动减小。当通过电感的电流增大时，电感线圈产生的自感电动势与电流方向相反，阻碍电流增加，同时将一部分电能存储起来，使得电流增加缓慢；当通过电感的电流减小时，自感电动势方向与电流方向相同，阻碍电流减小，同时释放出能量，使电流减小缓慢。可见，经电感滤波后，负载电压和电流的脉动都减小了，波形变得平滑，而且整流二极管的导通角也增大了。

电感滤波电路

② 电感线圈对交流分量呈现出大阻抗，而对直流分量表现出很小的阻抗。因此交流分量几乎全都加在电感的两端，而直流分量几乎全加在负载两端。因此，输出电压较平滑。在全波整流中，电感滤波后，输出电压为

$$u_o \approx 0.9U_2 \tag{2-9}$$

只有 R_L 远远小于 ωL 时，才能获得较好的滤波效果。L 越大，滤波效果越好。电感滤波适合负载电流大（负载电阻小）的场合。滤波电感电动势的作用，使得二极管的导通角接近π，减小了二极管的冲击电流，使流过二极管的电流更加平稳，从而延长了整流二极管的寿命。

（三）稳压电路

1. 稳压二极管稳压电路

虽然整流电路、滤波电路能将正弦交流电压转换成比较平滑的直流电压，但这个电压并不稳定。原因有两点：首先，交流电网电压发生波动引起变压器副边电压 u_2 波动，输出电压会随之波动；其次，整流电路、滤波电路存在着一定的内阻，负载 R_L 变化会引起负载电流变化，而整流电路、滤波电路的内阻上的压降变化，会使输出电压随之变化。因此为了获得稳定性好的直流电源，必须采取稳压措施。

硅稳压管稳压电路

在小功率电源设备中，用得比较多的稳压电路有两种：一种是用稳压二极管与负载并联的并联型稳压电路，另一种是三极管与负载串联的串联型稳压电路。这里介绍稳压二极管稳压电路的组成和稳压原理。

（1）稳压二极管稳压电路的组成

如图 2-7 所示，稳压二极管稳压电路由稳压二极管 VD_Z 和限流电阻 R 组成。其输入电压 U_i

是整流滤波后的电压，输出电压U_o就是稳压二极管的稳定电压U_Z，R_L是负载电阻。

从稳压二极管稳压电路可以得到两个基本关系式：

$$U_i = U_R + U_o \tag{2-10}$$

$$I_R = I_{D_Z} + I_L \tag{2-11}$$

从图 2-8 所示的稳压二极管的伏安特性中可以看到，在稳压二极管稳压电路中，只要能使稳压二极管始终工作在稳压区，即保证稳压二极管电流$I_{Zmin} \leqslant I_{Dz} \leqslant I_{Zmax}$，输出电压$U_o$就基本稳定。

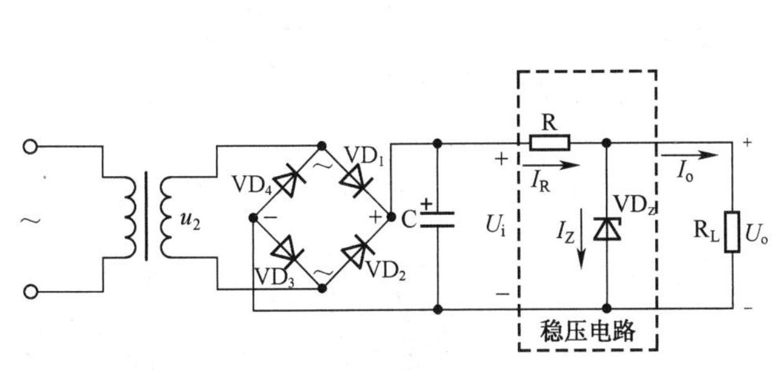

图 2-7　稳压二极管稳压电路

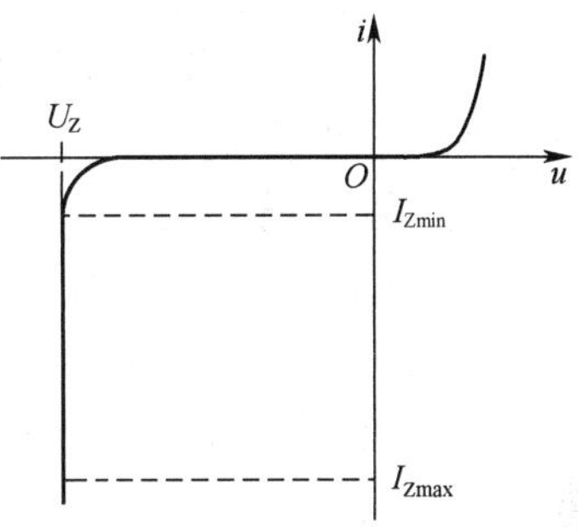

图 2-8　稳压二极管的伏安特性

（2）稳压原理

稳压电路稳定电压的工作原理如下。

① 电网波动情况下，如果电网电压升高，整流滤波后的U_i随之增大，稳压电路输出电压U_o（即稳压二极管两端的电压）也随之增大。根据稳压二极管的伏安特性，U_o稍有增大，I_Z就会显著增大，I_R必然随I_Z增大，限流电阻 R 两端的压降U_R会随着I_R的增大而增大。只要选择参数适合的限流电阻 R，使得限流电阻上的电压增量与U_i的增量近似相等，那么输出电压U_o就会基本维持不变。上述过程可以简单描述如下：

电网电压↑→U_i↑→$U_o(U_Z)$↑→I_Z↑→I_R↑→U_R↑

U_o↓←

如果电网电压下降，调节过程与上述过程相反：

电网电压↓→U_i↓→$U_o(U_Z)$↓→I_Z↓→I_R↓→U_R↓

U_o↑←

由此可见，当电网电压变化时，稳压电路通过限流电阻 R 上的电压的变化来抵消U_i的变化，即$\Delta U_R \approx \Delta U_i$，从而使$U_o$保持不变。

② 负载变化的情况下，当负载电阻R_L减小时，负载电流I_o增大，限流电阻 R 两端的电压增大。这必然会引起稳压二极管两端输出电压U_o减小，I_Z会显著减小。如果参数选择适合，使得$\Delta I_Z \approx -\Delta I_o$，即用$I_Z$的减少量补偿$I_o$的增量，可以使得$I_R$基本保持不变，输出电压$U_o$基本维持不变。上述过程可以简单描述如下：

$R_L\downarrow\rightarrow U_o(U_Z)\downarrow\rightarrow I_Z\downarrow\rightarrow I_R\downarrow\rightarrow\Delta I_Z\approx-\Delta I_o\rightarrow I_R$ 基本保持不变 $\rightarrow U_o$ 基本不变

$\quad\longrightarrow I_o\uparrow\rightarrow I_R\uparrow\longrightarrow$

反之，当负载电阻 R_L 增大时，调节方向相反。总之，只要电路中 $\Delta I_Z\approx-\Delta I_o$，使得 I_R 基本保持不变，就可以使输出电压 U_o 基本维持不变。

综上所述，在稳压二极管组成的稳压电路中，利用稳压二极管所起的电流调节作用，通过限流电阻 R 上电压和电流的变化进行补偿，可以达到稳压的目的。限流电阻是必不可少的元件，它既限制稳压二极管中的电流使其正常工作，又与稳压二极管配合以达到稳压的目的。

稳压二极管稳压电路的优点是电路简单，所用元件数量少。缺点是一方面受稳压二极管最大稳定电流限制，其输出电流较小；另一方面输出电压不可调节，电压稳定度不够高。因此它只适用于负载电流较小、负载电压不变且稳定度要求不高的场合。

2. 串联型稳压电路

稳压管稳压电路输出电流较小且不可调，不能满足很多场合的应用。而串联型稳压电路以稳压二极管稳压电路为基础，利用三极管的电流放大作用，增大负载电流；在电路中引入深度电压负反馈使输出电压稳定，并且通过改变反馈网络参数实现输出电压可调。

（1）基本调整管稳压电路

在图 2-9（a）所示的稳压二极管稳压电路中，负载电流最大变化范围为稳压二极管的最小稳定电流值至最大稳定电流值，即（$I_{Zmin}\sim I_{Zmax}$）。扩大负载电流最简单的方法是利用三极管的电流放大作用将其放大后，再作为负载电流。电路采用发射极输出形式，因而引入电压负反馈，可以稳定输出电压，如图 2-9（b）所示，三极管 VT 即为调整管。图 2-9（c）所示为常见画法。

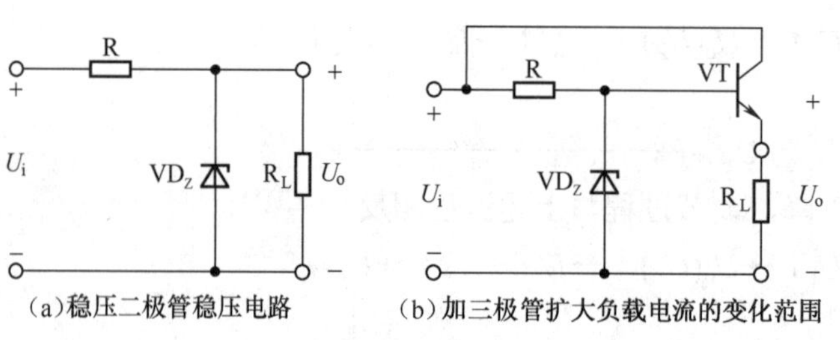

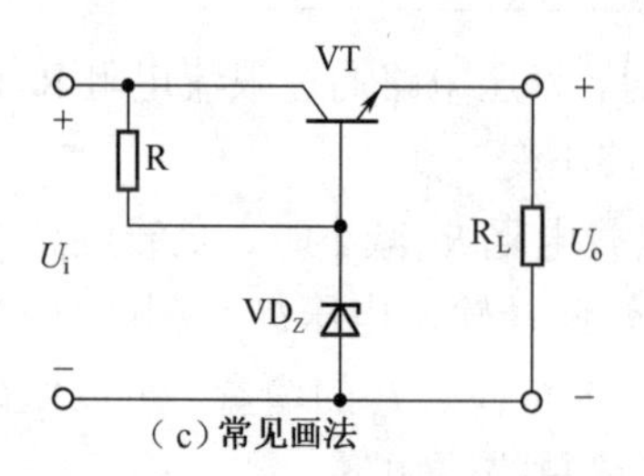

图 2-9　基本调整管稳压电路

稳定电压的原理如下所述。

当电网电压U_i增大，或负载电阻R_L增大时，输出电压U_o将随之增大，即三极管发射极电位U_E升高；稳压管端电压基本不变，即三极管基极电位U_B基本不变，故三极管的$U_{BE}(=U_B-U_E)$减小，导致$I_B(I_E)$减小，从而使U_o减小，因此可以保持U_o基本不变。

根据稳压二极管稳压电路输出电流的分析可知，流经三极管基极的最大工作电流为$(I_{Zmax}-I_{Zmin})$。由于三极管的放大作用，图 2-9（b）所示的最大负载电流为

$$I_{Lmax}=\left(1+\overline{\beta}\right)\left(I_{Zmax}-I_{Zmin}\right) \tag{2-12}$$

这就大大提高了负载电流的调节范围。输出电压为

$$U_o=U_Z-U_{BE} \tag{2-13}$$

从上述稳压过程可知，要想使调整管起到调整作用，必须使之工作在放大状态，因此其管压降应大于饱和管压降U_{CES}；换言之，电路应满足$U_i\geqslant U_o+U_{CES}$的条件。由于调整管与负载相串联，故称这类电路为串联型稳压电源；由于调整管工作在线性区，故称这类电路为线性稳压电源。

（2）具有放大环节的串联型稳压电路

基本调整管稳压电路的输出电压仍然不可调，且输出电压将因U_{BE}的变化而变化，稳定性较差。为了使输出电压可调，也为了加深电压负反馈，可在基本调整管稳压电路的基础上引入放大环节。

该型电路包括以下 4 个部分：三极管 VT 为调整管，电阻 R 和稳压二极管 VD_Z 组成基准电压电路，电阻 R_1、R_3 和电位器 R_2 组成输出电压采样电路，集成运放 A 组成比较放大电路。

如图 2-10 所示，集成运放在此电路中组成了同相比例放大电路，输入为稳压二极管两端压降U_Z；比例系数可通过电位器 R_2 进行调节，则输出电压U_o也可调；集成运放输出端加三极管构成发射极跟随器形式，其作用是对输出电流进行放大。

输出电压为

$$U_o=\left(1+\frac{R_1+R_2'}{R_2''+R_3}\right)U_Z \tag{2-14}$$

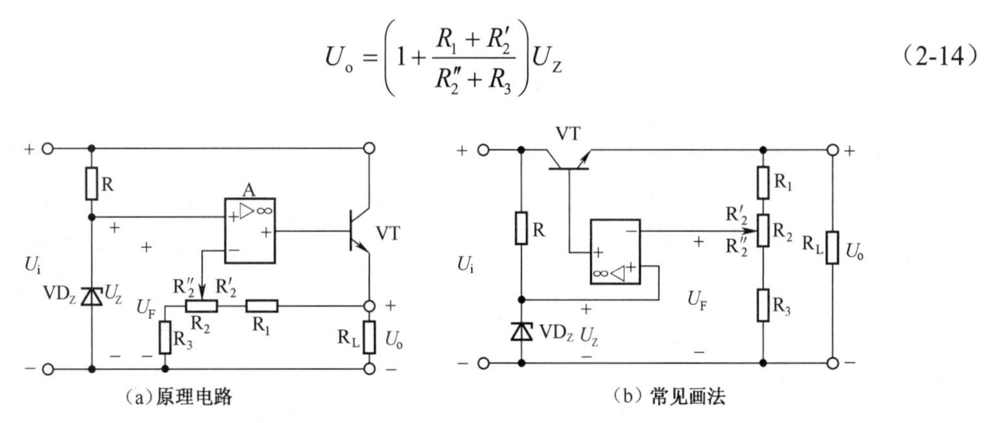

图 2-10　具有放大环节的串联型稳压电路

稳定电压的原理如下。

当由于某种原因（如电网电压波动或负载电阻变化）使得输出电压U_o升高（或降低）时，采样电路会将这一变化量送到集成运放 A 的反相输入端，并与正相输入端的U_Z进行比较放大；A 的输出电压（即调整管的基极电位）降低（或升高），由于电路采用了发射极跟随输出

形式，所以输出电压 U_o 随之降低（升高），从而使 U_o 得到稳定。可见，电路是靠引入深度电压负反馈来稳定输出电压的。

输出电压 U_o 的大小可以通过调节电位器 R_2 的位置进行调节。

当电位器 R_2 的滑动端向右滑动时，输出电压 U_o 减小。当电位器 R_2 的滑动端处于最右端时，输出电压最小，为

$$U_{omin} = \frac{R_1 + R_2 + R_3}{R_2 + R_3} U_Z \tag{2-15}$$

当电位器 R_2 的滑动端向左滑动时，输出电压 U_o 增大。当电位器 R_2 的滑动端处于最左端时，输出电压最大，为

$$U_{omax} = \frac{R_1 + R_2 + R_3}{R_3} U_Z \tag{2-16}$$

综上所述，串联型稳压电路可以得到稳定度很高的输出电压，并且输出电压可调。此外，其输出电流也较大，因此应用广泛。

（3）串联型稳压电路的方框图

实用的集成串联型稳压电路至少包括调整管、基准电压电路、取样电路和比较放大电路 4 个部分。此外，为了使电路安全工作，还常在电路中加保护电路，所以串联型稳压电路的方框图如图 2-11 所示。

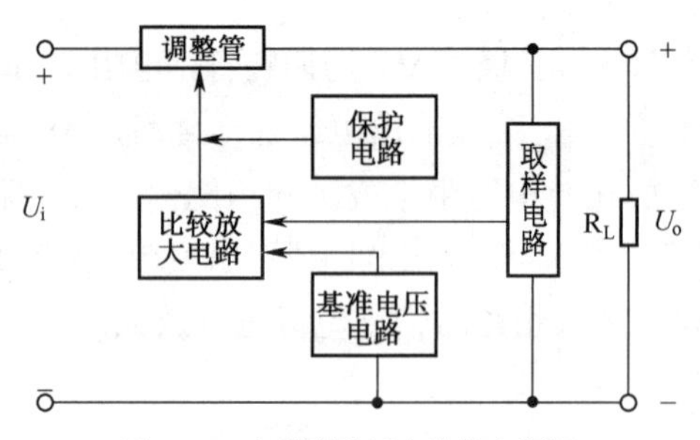

图 2-11　串联型稳压电路的方框图

保护电路主要包括过流保护、短路保护、调整管安全工作区保护、芯片过热保护等，使集成稳压电源在出现问题时不至于损坏。

3. 集成稳压器电路

目前，大多数的集成稳压电源采用串联型稳压电路（又称为集成稳压器）。它是把稳压电路中的大部分元件或全部元件制作在一片硅片上的一个完整的稳压电路。从外形上看，它有 3 个引脚，分别为输入端、输出端和公共端，因而称为三端稳压器。它具有体积小、质量轻、可靠性高、使用灵活、价格低廉等特点。

集成串联型稳压电路按功能可分为固定式稳压电路和可调式稳压电路，前者输出电压不可调节，后者可通过外接元件使输出电压有很宽的调节范围。

型号为 W7800 系列的三端稳压器为固定式稳压电路，其输出电压有 5V、9V、12V、15V、18V、24V 等，型号后面的两个数字表示输出电压值，输出电流有 1.5A（W7800）、0.5A（W78M00）、0.1A（W78L00）。例如，W78L09 表示输出电压为 9V，最大输出电流为 0.1A。

W7900 系列的三端稳压器是一种输出负电压的固定式稳压电路，其输出电压有−5V、−6V、−9V、−12V、−15V、−18V、−24V 共 7 个挡，输出电流有 1.5A、0.5A、0.1A 共 3 个挡，其使用方法和 W7800 系列稳压器相同，只是要特别注意输入电压和输出电压的极性。W7800 系列稳压器与 W7900 系列相配合，可以得到正、负输出的稳压电路。W7800 系列三端稳压器的外形及电路符号如图 2-12 所示。下面介绍 W7800 系列三端稳压器的一些应用电路。

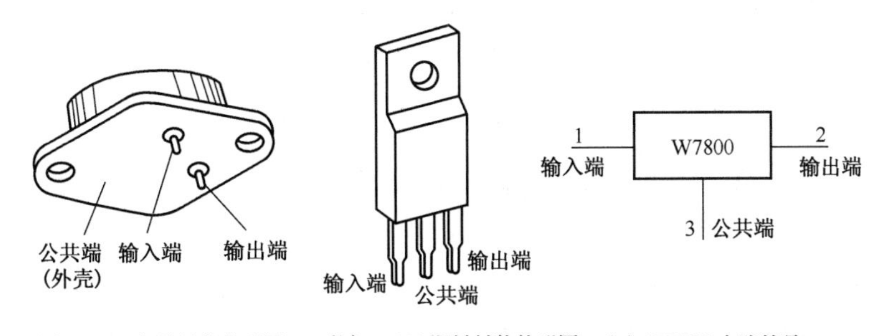

图 2-12　W7800 系列三端稳压器的外形图和电路符号

（1）基本应用电路

W7800 系列三端稳压器的基本应用电路如图 2-13 所示，输出电压和最大输出电流由所选的三端稳压器决定。电容 C_i 用于抵消输入线较长时的电感效应，以防止电路产生自激振荡，其容量较小，一般小于 1μF。电容 C_o 用于消除输出电压中的高频噪声，可取几微法或几十微法，以便输出较大的脉冲电流。若 C_o 容量较大，一旦输入端断开，C_o 将从稳压二极管输出端向稳压器放电，这样容易使稳压器损坏。因此，可在稳压器的输入端和输出端之间跨接一个二极管，如图 2-13 中虚线所示，起保护作用。

（2）扩大输出电流的稳压电路

如果所需的输出电流大于稳压器标称值时，可以采用外接电路来扩大输出电流。在图 2-14 所示电路中，$U_o = U'_o + U_D - U_{BE}$，$U'_o$ 为稳压器的输出电压。在理想情况下，即 $U_D = U_{BE}$，$U_o = U'_o$，可见二极管用于消除 U_{BE} 对输出电压的影响。假设三端稳压器的最大输出电流为 $I_{o\max}$，则三极管的最大基极电流为 $I_{B\max} = I_{o\max} - I_R$，因而负载电流的最大值为 $I_{L\max} = (1+\beta)(I_{o\max} - I_R)$。

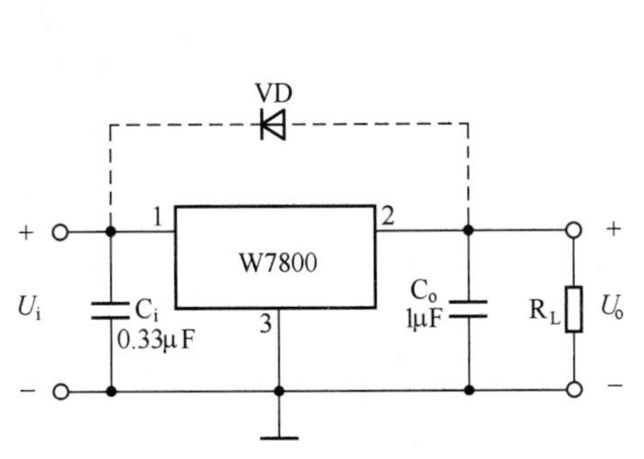

图 2-13　W7800 的基本应用电路

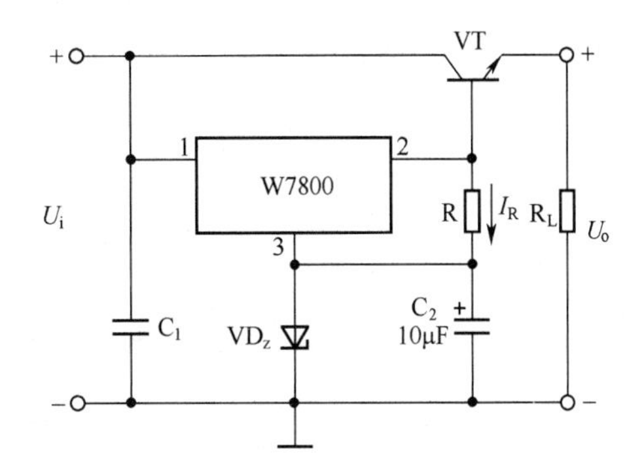

图 2-14　W7800 的输出电流扩展电路

（3）输出电压可调的稳压电路

图 2-15 所示电路为利用三端稳压器构成的输出电压可调的稳压电路。图中，流过电阻 R_2 的电流为 I_{R2}，流过电阻 R_1 的电流为 I_{R1}，流过稳压器的电流为 I_W，则

$$I_{R2}=I_{R1}+I_W \tag{2-17}$$

由于电阻 R_1 上的电压为稳压器的输出电压 U_o'，$I_{R1}=\dfrac{U_o'}{R_1}$，输出电压 U_o 等于 R_1 上的电压和 R_2 上的电压之和，所以输出电压为

$$U_o=U_o'+\left(\frac{U_o'}{R_1}+I_W\right)R_2 \tag{2-18}$$

即

$$U_o=\left(1+\frac{R_2}{R_1}\right)U_o'+I_WR_2 \tag{2-19}$$

改变 R_2 滑动端的位置，可调节输出电压 U_o 的值。如图 2-16 所示，实用电路中，常采用电压跟随器将稳压器与取样电阻隔离。输出电压为

$$U_o=\frac{R_1+R_2+R_3}{R_1+R_2'}U_o' \tag{2-20}$$

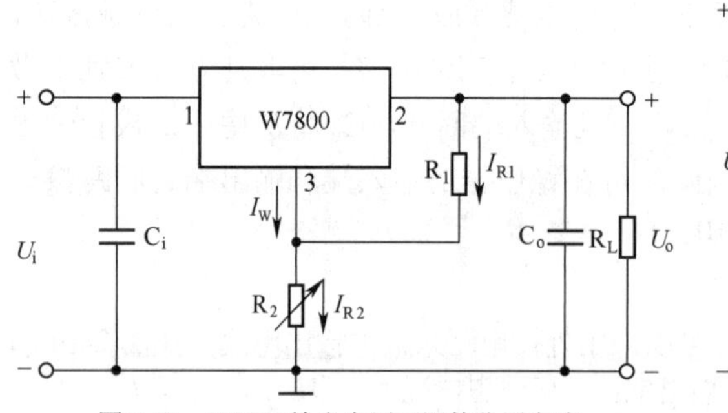

图 2-15　W7800 输出电压可调的稳压电路

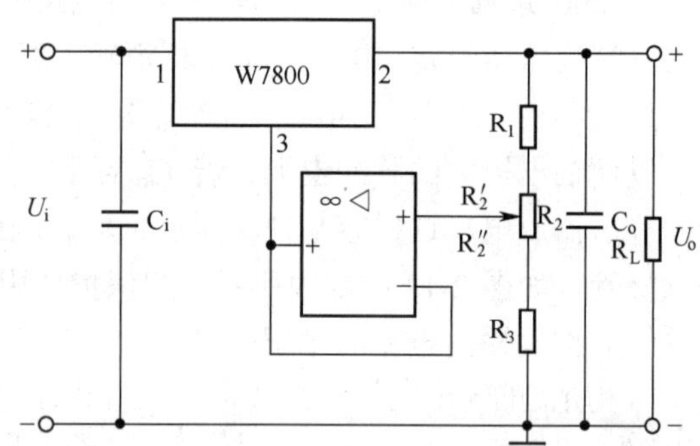

图 2-16　W7800 输出电压可调的实用稳压电路

改变电位器 R_2 的滑动端位置，可调节输出电压。

（4）正、负输出稳压电路

W7900 和 W7800 系列相配合，可以得到正、负输出的稳压电路，如图 2-17 所示。

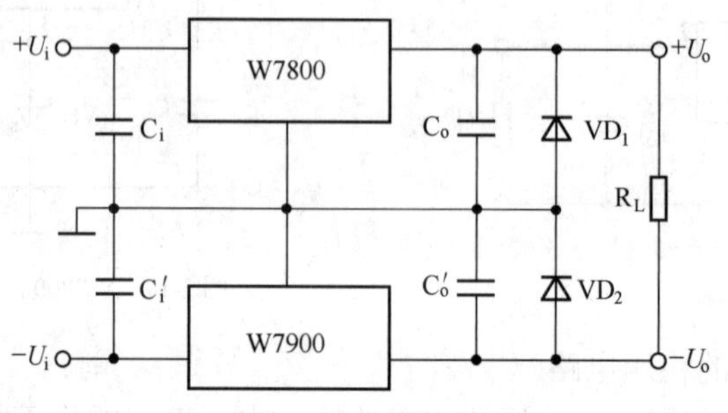

图 2-17　正、负输出稳压电路

在图 2-17 所示电路中，两只二极管起保护作用，正常工作时均处于截止状态。若 W7900 的输入端未接入输入电压，W7800 的输出电压将通过负载电阻接到 W7900 的输出端，使 VD_2 导通，从而将 W7900 的输出端钳位在 0.7V 左右，保护其不被损坏；同理，VD_1 可在 W7800 的输入端未接入时保护其不被损坏。

应用实例：扩音机电路中的电源电路，如图 2-18 所示。

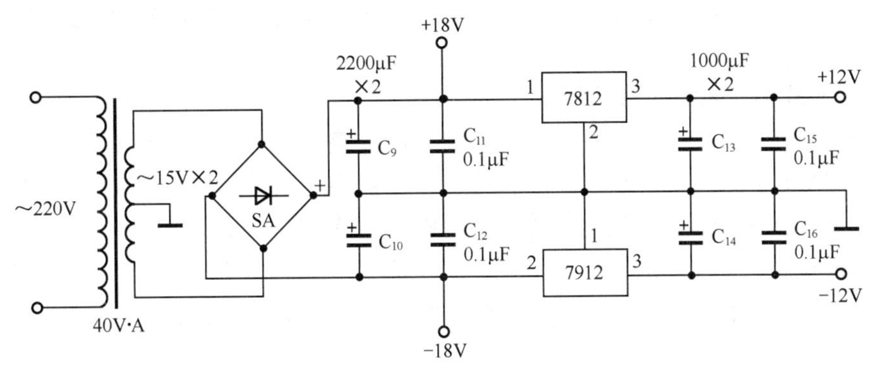

图 2-18　扩音机电路中的电源电路

该电路工作过程分析如下。

带中心抽头的变压器将 220V 交流电降压为两路 15V 交流电输出，经桥堆整流、电容 C_9、C_{10} 滤波，转换为直流电分别送入稳压管 7812、7912，分别输出+12V、−12V 的直流电。

元件作用介绍如下。

变压器：降压，将 220V 的交流电降为 15V 输出（注：选择带中心抽头的变压器）。

桥堆：整流，将交流电转换为脉动的直流电。

电容 C_9、C_{10}：滤波，将脉动直流电变为平滑的直流电。

电容 C_{11}、C_{12}：保护稳压二极管，防止自激振荡。

电容 C_{13}、C_{14}：低频滤波，滤除低频干扰信号。

电容 C_{15}、C_{16}：高频滤波，滤除高频干扰信号。

稳压管 7812：稳压输出+12V 的直流电。

稳压管 7912：稳压输出−12V 的直流电。

三、拓展知识

（一）三相整流电路

单相整流电路一般应用在小功率（输出功率在几瓦到几百瓦）场合。当要求整流电路输出功率较大（数千瓦）时，如果仍采用单相整流会造成三相电网负载不平衡，影响供电质量。这种情况常采用三相整流电路。有些场合，虽然整流功率不大，但为了减小整流电压的脉动程度，也可采用三相整流电路。三相整流电路分为三相半波整流电路和三相桥式整流电路。下面介绍三相桥式整流电路的相关知识。

1. 三相桥式整流电路的组成

如图 2-19 所示，三相桥式整流电路由三相变压器和 6 只二极管 VD_1～VD_6 组成。三相变压器的原边绕组接成三角形（△），然后接在三相交流电源上；副边接成星形（Y）。6 只二极管中，VD_1、VD_3、VD_5 的阴极连接在一起，成为整流器输出电压的正端；VD_4、VD_6、VD_2 的阳极连接在一起，成为整流器输出电压的负端。VD_1、VD_3、VD_5 的阳极，VD_4、VD_6、VD_2 的阴极分别接在变压器副边各相绕组的端点 u、v、w 上。可见，共阴极组与共阳极组串联，构成三相桥式整流电路。

2. 三相桥式整流电路的整流原理

共阴极组中，VD_1、VD_3、VD_5 3 只二极管的阴极接在一起，阴极电位相同，阳极电位最高的二极管将导通，其余两只二极管将承受反向电压而截止；共阳极组中，VD_2、VD_4、$VD_6$3 只二极管的阳极接在一起，阳极电位相同，阴极电位最低的二极管将导通，其余两只二极管将承受反压而截止。如图 2-20 所示，在 t_1～t_2 时间内，u 相电位最高，VD_1 导通，VD_3、VD_5 承受反压而截止；v 相电位最低，VD_2 导通，VD_4、VD_6 承受反压而截止，在此期间，电流的通路为

$$\mathrm{u} \rightarrow \mathrm{VD}_1 \rightarrow \mathrm{R}_\mathrm{L} \rightarrow \mathrm{VD}_2 \rightarrow \mathrm{w}$$

此时加在负载上的电压为 $u_\mathrm{o} = u_\mathrm{u} - u_\mathrm{v} = u_\mathrm{uv}$，可见负载两端的输出电压为线电压。其余时间的导通情况依此类推为（可从表 2-1 中观察每段时间内二极管的导通规律）：

$$\mathrm{VD}_1\mathrm{VD}_2 \rightarrow \mathrm{VD}_2\mathrm{VD}_3 \rightarrow \mathrm{VD}_3\mathrm{VD}_4 \rightarrow \mathrm{VD}_4\mathrm{VD}_5 \rightarrow \mathrm{VD}_5\mathrm{VD}_6 \rightarrow \mathrm{VD}_6\mathrm{VD}_1 \rightarrow \mathrm{VD}_1\mathrm{VD}_2$$

二极管按上述的规律轮流导通。在一个周期内，每组组合导通 60°。在一个周期内，共阴极组中，每只二极管各轮流导通 120°。同理，在一个周期内，共阳极组中，每只二极管也各轮流导通 120°。

可见，三相桥式整流电路在任何时刻都必须有两只二极管导通，才能形成导电回路，其中一只二极管是共阴极组的，另一只二极管是共阳极组的。表 2-1 列出了各二极管的导通规律。所以，负载上的输出电压是两相之间的线电压。三相桥式整流电路实质上是三相线电压的整流。图 2-20 所示为三相桥式整流电路输出电压的波形。

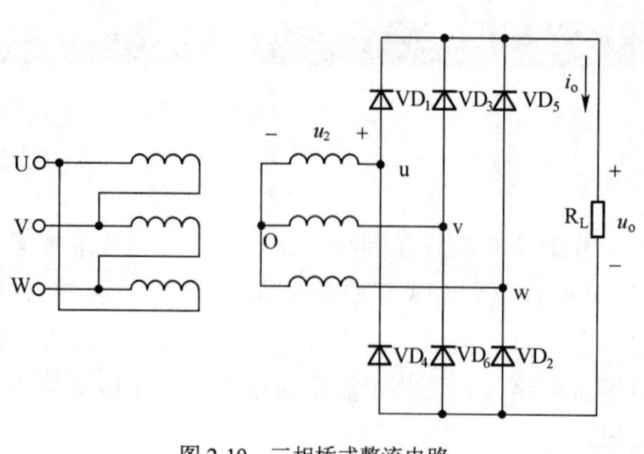

图 2-19　三相桥式整流电路

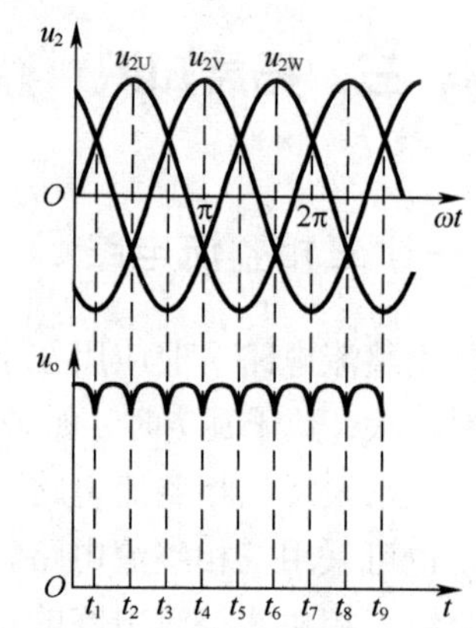

图 2-20　三相桥式整流电路输出电压的波形

表 2-1　　三相桥式整流电路的二极管导通规律

时　间　段	$t_1 \sim t_2$	$t_2 \sim t_3$	$t_3 \sim t_4$	$t_4 \sim t_5$	$t_5 \sim t_6$	$t_6 \sim t_7$
导通管（共阴极组）	VD_1	VD_3	VD_3	VD_5	VD_5	VD_1
导通管（共阳极组）	VD_2	VD_2	VD_4	VD_4	VD_6	VD_6

3. 定量关系

下面分析三相桥式整流电路的定量关系。

负载上的输出电压为脉动电压，脉动较小，其平均值为

$$U_o \approx 2.34U_2 \approx 1.35U_{2L} \tag{2-21}$$

式中，U_2——变压器副边相电压的有效值；

U_{2L}——变压器副边线电压的有效值。

负载中电流 i_o 的平均值为

$$I_o = \frac{U_o}{R_L} \approx 2.34\frac{U_2}{R_L} \approx 1.35\frac{U_{2L}}{R_L} \tag{2-22}$$

由于在每一个周期内，每只二极管均导通 120º，因此，每只二极管流过的电流为

$$I_D = \frac{1}{3}I_o \approx 0.78\frac{U_2}{R_L} \tag{2-23}$$

每只二极管所承受的最高反向电压为变压器副边线电压的幅值，即

$$U_{DRM} = \sqrt{3}U_{2m} = \sqrt{3}\sqrt{2}U_2 \approx 2.45U_2 \tag{2-24}$$

三相桥式整流电路与单相桥式整流相比，其优点是输出电压脉动小和三相负载平衡。

（二）复式滤波电路

当单独使用电容或电感进行滤波，效果仍不理想时，可采用复式滤波电路，如图 2-21 所示。

图 2-21（a）所示为 LC 滤波电路。电感 L 将整流后的直流成分送给负载 R_L，对交流成分有很大的阻碍作用；电容 C 进一步将通过电感的交流成分滤除，使负载两端基本保留直流电压。电感滤波适用于负载电流大的场合，电容滤波适用于负载电流小的场合，两者的组合使得输出电流可以有较大的变化范围，因而具有较好的滤波效果，并且对负载有较强的适应性。LC 滤波电路的直流输出电压和电感滤波电路一样，约为 $0.9U_2$。

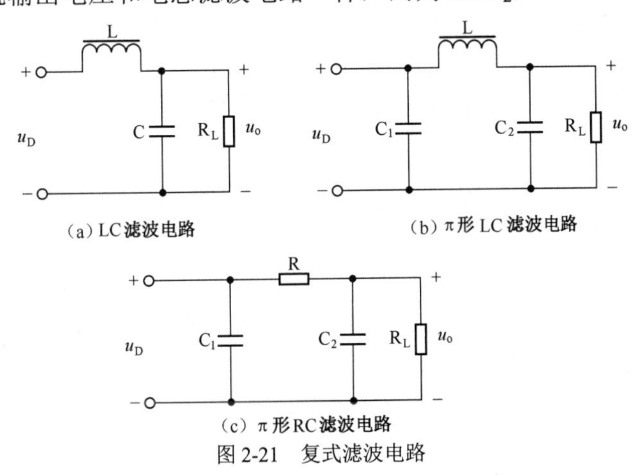

（a）LC 滤波电路　（b）π形 LC 滤波电路

（c）π形 RC 滤波电路

图 2-21　复式滤波电路

在LC滤波器的前面再并联一个电容，就是π形LC滤波电路。先由电容C_1对整流后的输出电流进行电容滤波，再经LC_2电路重复滤波，波形更为平滑，滤波效果更好，但流过整流二极管的冲击电流较大。由于电容C_1接在整流电路的输出端，因而输出直流电流得到提高。

由于电感线圈的体积大、成本高，所以在小型电子设备中常用电阻代替电感，这就是π形RC滤波电路。由于C_2的高频容抗较小，所以高频交流成分将主要降在电阻R上，输出电压中的交流成分将大为减少，从而起到了滤波的作用。但电阻R阻值过大，将使得输出直流压降损失过多，所以这种电路只适用于负载电流较小且要求输出电压脉动较小的场合。

小　结

1．直流稳压电源由变压电路、整流电路、滤波电路和稳压电路4部分组成。

2．单相桥式整流电路中的二极管在选用时应充分考虑电压、电流的余量。

3．滤波电路中电解电容容量越大越好，同时应考虑耐压值。

4．稳压电路中的稳压二极管是二极管中的一种，在反向击穿后电压变化很小，可利用这个特点通过电路来实现输出电压的稳定。它属于分立器件，且根据功率不同，其选择范围较广。三端稳压器（三端稳压管）是一种集成电路，它是通过电路的线性放大原理来实现稳压的，一般适用于中小功率的电路稳压。

5．强化学生安全操作意识，严格遵守电气设备安全操作规程，在工作中保持高度责任感，以严谨、认真、细心的态度对待工作，杜绝违章作业，消除事故隐患。

习题及思考题

1. 填空题

（1）单相桥式整流电路中，若输入电压U_2=30V，则输出电压U_o=______V；若负载电阻R_L=100Ω，整流二极管平均电流$I_{D(AV)}$=______A。

（2）单相桥式整流电路中，负载电阻为100Ω，输出电压平均值为10V，则流过每只整流二极管的平均电流为__________A。

（3）由理想二极管组成的单相桥式整流电路（无滤波电路），其输出电压的平均值为9V，则输入正弦电压有效值应为__________。

（4）单相桥式整流电路（无滤波电路）输出电压的平均值为27V，则变压器副边的电压有效值为______V。

（5）单相桥式整流电路中，流过每只整流二极管的平均电流是负载平均电流的______。

（6）单相桥式整流电路变压器副边电压为10V(有效值)，则每只整流二极管所承受的最大反向电压为____________。

（7）整流滤波电路如图2-22所示，变压器副边电压的有效值U_2=20V，滤波电容C足够大。则负载上的平均电压U_L约为_________V。

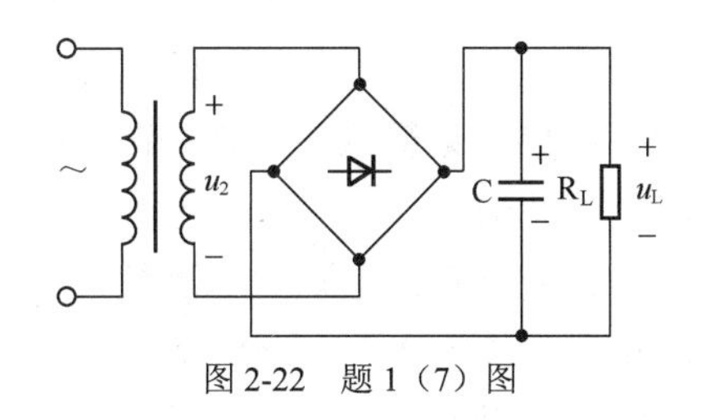

图 2-22　题 1（7）图

2. 判断题

（1）稳压电源中的稳压电路有并联型和串联型两种，这是按电源调整元件与负载连接方式的不同来区分的。（　　）

（2）直流电源是一种将正弦信号转换为直流信号的波形转换电路。（　　）

（3）直流电源是一种能量转换电路，它将交流能量转换为直流能量。（　　）

（4）当输入电压 U_i 和负载电流 I_L 变化时，稳压电路的输出电压是绝对不变的。（　　）

（5）整流电路可将正弦电压变为脉动的直流电压。（　　）

（6）电容滤波电路适用于小负载电流，而电感滤波电路适用于大负载电流。（　　）

3. 选择题

（1）稳压二极管的稳压区是工作在（　　）。

A. 反向击穿区　　B. 反向截止区　　C. 正向导通区

（2）整流滤波后的直流电压不稳定的原因是（　　）。

A. 电网电压波动　　B. 负载电流变化

C. 电网电压波动和负载电流变化两方面

（3）稳压二极管两端电压的变化量与流过电流的变化量比值称为稳压二极管的动态电阻。稳压性能好的稳压二极管动态电阻值（　　）。

A. 较大　　B. 较小　　C. 不定

（4）在电源变压器副边电压相同的情况下，桥式整流电路输出电压是半波整流电路的（　　）倍。

A. 2　　B. 0.45　　C. 0.5　　D. 1

（5）在电阻性负载单相桥式整流电容滤波电路中，如果电源变压器副边感应电压为 100V，则负载电压为（　　）。

A. 100V　　B. 120V　　C. 90V　　D. 140V

（6）在电阻性负载单相桥式整流电容滤波电路中，设电源变电压器副边电压的有效值为 E_2，则每只整流二极管所承受的最高反相电压为（　　）。

A. 2 E_2　　B. 1.414 E_2　　C. E_2　　D. $E_2/2$

（7）W7900 系列三端稳压器引脚 1 表示（　　）端。

A. 输入　　B. 输出　　C. 接地　　D. 调整

（8）有两只 2CW15 稳压二极管，一只稳压值是 8V，另一只稳压值为 7.5V，若将两管的正极并接，再将负极并接，组合成一个稳压管接入电路，这时组合的稳压值是（　　）。

A. 8V　　B. 7.5V　　C. 15.5V

（9）在单相桥式整流电路中，如果某只整流二极管极性接反，则会出现（　　）现象。

A. 输出电压升高　　B. 输出电压降低

C. 短路无输出　　　　　　　　　　　　D. 输出电压不变

（10）单相桥式整流电路中，如果某只整流二极管开路，则输出（　　）。

A. 只有半波波形　　B. 全波波形　　C. 无波形且变压器烧坏

（11）在单相桥式整流电路中，流过负载电阻的电流是（　　）。

A. 交流电流　　B. 平滑直流　　C. 脉动直流　　D. 纹波电流

（12）已知变压器副边电压为20V，则桥式整流电容滤波电路接上负载时的输出电压平均值为（　　）。

A. 28.28V　　B. 20V　　C. 24V　　D. 18V

4. 分析题

（1）在线路板上，分别由4只二极管组成单相桥式整流电路，元件排列如图2-23所示。如何在该图的端点上接入交流电源和负载电阻 R_L？要求画出最简接线图。

（2）在图2-24所示的电路中，变压器副边电压最大值 U_{2M} 大于电池电压 U_{GB}，试画出 u_o 及 i_o 的波形。

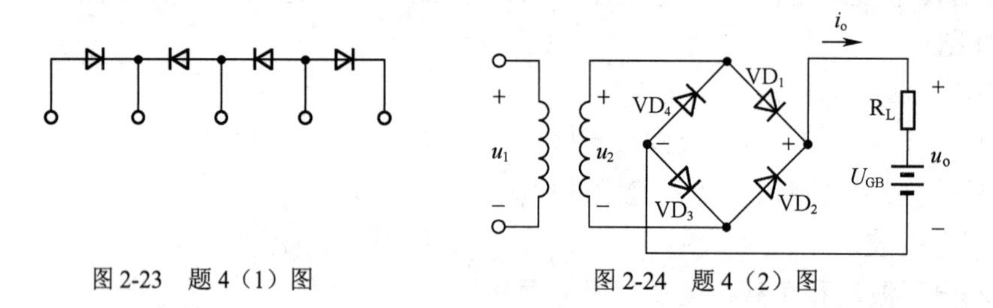

图2-23　题4（1）图　　图2-24　题4（2）图

（3）电路如图2-25所示。合理连线，以构成5V的直流稳压电源。

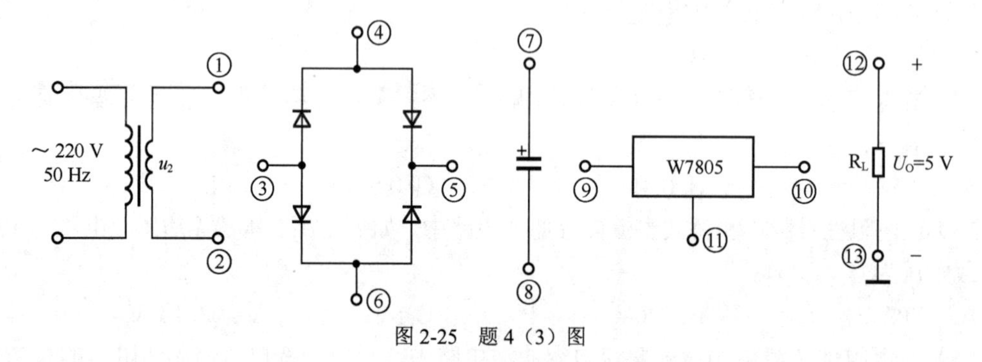

图2-25　题4（3）图

（4）分析图2-26所示电路中直流稳压电源由哪4部分组成。并在图中标出 U_I 和 U_O 的极性，求出 U_I 和 U_O 的大小。

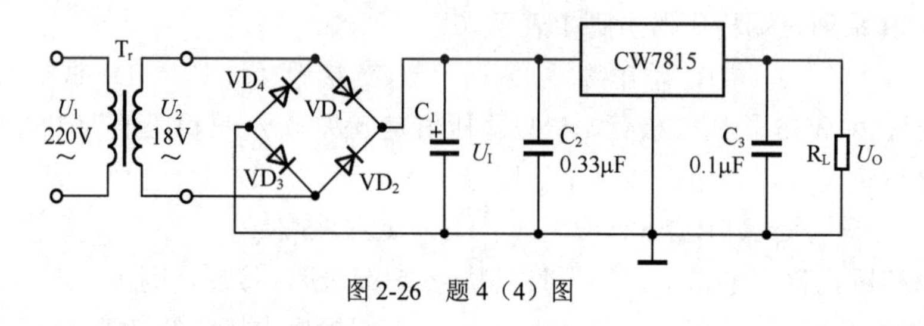

图2-26　题4（4）图

（5）电路如图 2-27 所示。合理连线，以构成±12V 的直流稳压电源。

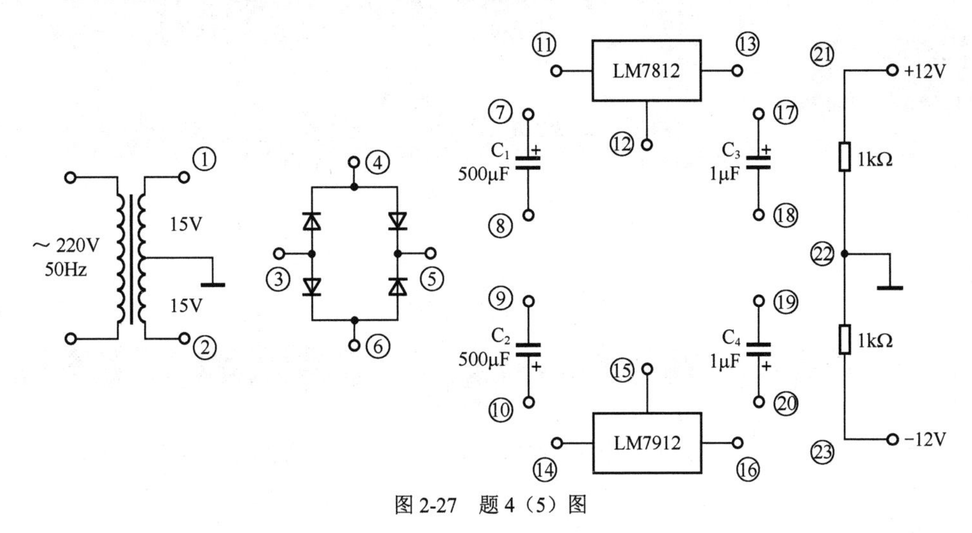

图 2-27　题 4（5）图

项目三　分立元件基本放大电路

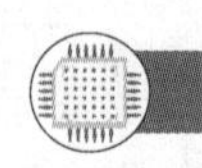

一、项目分析

放大就是将微弱的电信号通过三极管或场效应管等有源器件组成的电路进行处理，得到较大的输出信号。用来对电信号进行放大的电路称为放大电路，放大电路的实质就是用较小的能量控制较大的能量；或者说用一个能量较小的输入信号对直流电源的能量进行控制和转换，使之转换成较大的交流电能输出，以便驱动负载工作。

思维导图

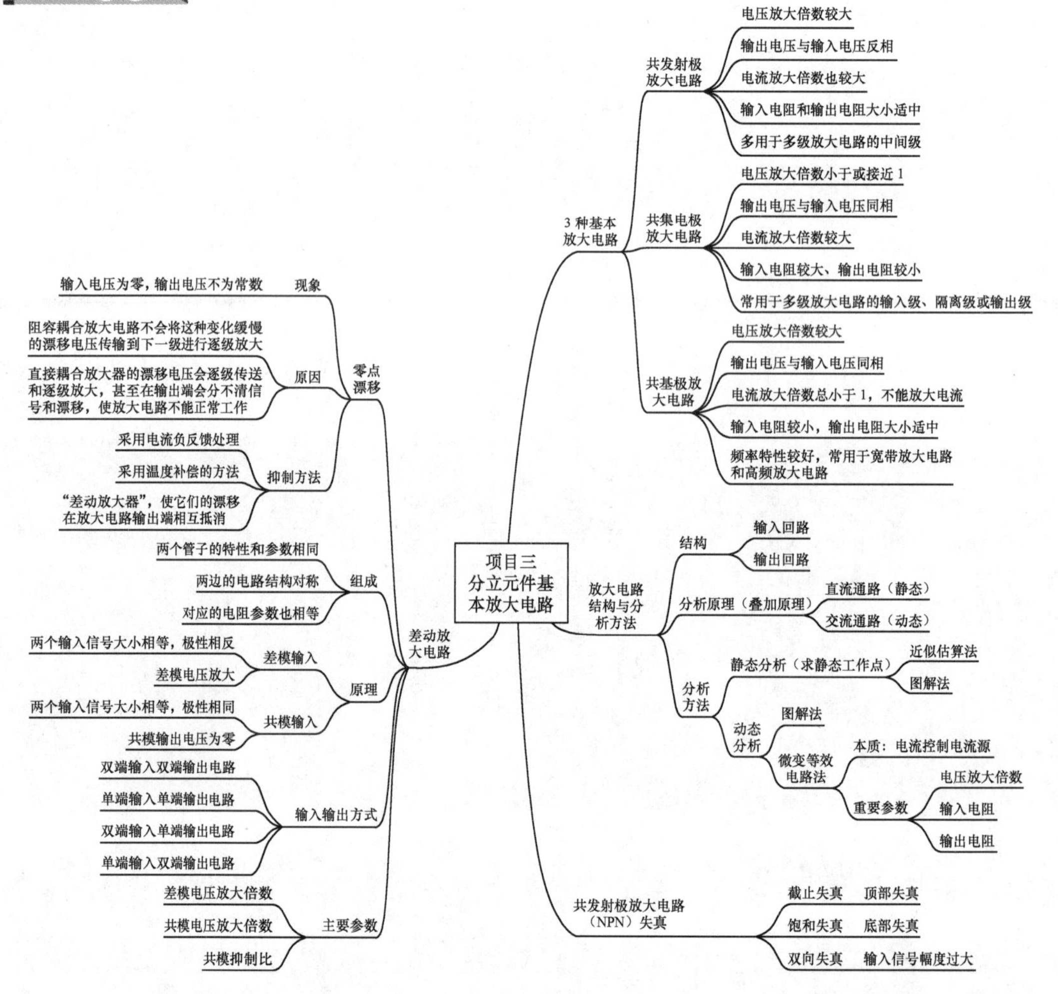

知识点

① 共发射极、共基极、共集电极 3 种放大电路的结构、工作原理；
② 差动放大电路的组成、工作原理和分析方法；
③ 多级放大电路的级间耦合方式和分析方法。

能力点

① 能认识共发射极、共基极、共集电极 3 种放大电路；
② 能分析差动放大电路、多级放大电路；
③ 能熟练运用组合逻辑部件实现相关功能（会用 Proteus 软件进行仿真）；
④ 能使用 Multisim 软件测试各种放大电路的特性。

素质点

① 培养利用互联网进行资料查阅、检索的能力。
② 培养优化设计、追求质量品质和匠心铸魂的精神。
③ 培养环保意识，养成遵守国家法规、行业规程和标准的习惯。

二、相关知识

（一）共发射极放大电路

放大电路是使用最广泛的电路，它利用三极管的电流控制作用把微弱的信号增强到所要求的数值。这里所说的“放大”有两层重要含义：一是放大变化量，放大的是输入信号的变化量；二是能量转换要实现放大。能量不会凭空而来，放大电路可将直流电源的能量转换为输出量的变化，而这一输出量的变化是与输入量的变化成比例的，或者说是受输入量变化控制的，所以说“放大”实质上是一种能量控制作用。具有能量控制作用的器件称为有源器件，三极管、场效应管为有源器件，而电阻、电容、电感、二极管等为无源器件。

一个基本放大电路必须由输入信号源、三极管、输出负载以及直流电源和相应的偏置电路组成，如图 3-1 所示。其中，直流电源和相应的偏置电路用来为三极管提供静态工作点，以保证三极管工作在放大区。就双极型三极管而言，则应保证发射结正偏、集电结反偏。输入信号源一般是将非电量转换为电量的换能器，例如，将声音转换为电信号的话筒，将图像转换为电信号的摄像管等，它们所提供的电压信号或电流信号就是基本放大电路的输入信号。

共发射极放大电路的组成

放大电路有 3 种基本组态，即共发射极、共基极和共集电极，先介绍最常用的共发射极放大电路。

1. 共发射极放大电路的组成及各元器件的作用

共发射极放大电路如图 3-2 所示。该电路由三极管 VT、电阻 R_C 和 R_B、电容 C_1 和 C_2、电源 U_{CC} 和 U_{BB} 组成。基极与发射极之间的电路称为输入回路，发射极与集电极之间的电路称为输出回路，发射极位于输入回路与输出回路的公共端，因此这个电路称为共发射极电路。基极是信号的输入端，集电极是信号的输出端。

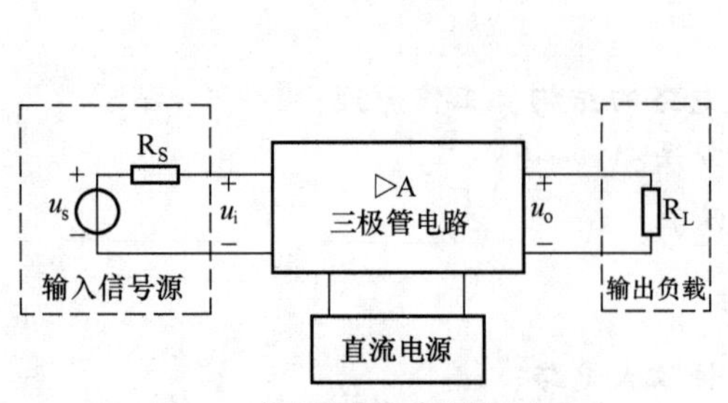

图 3-1　基本放大电路的组成部分

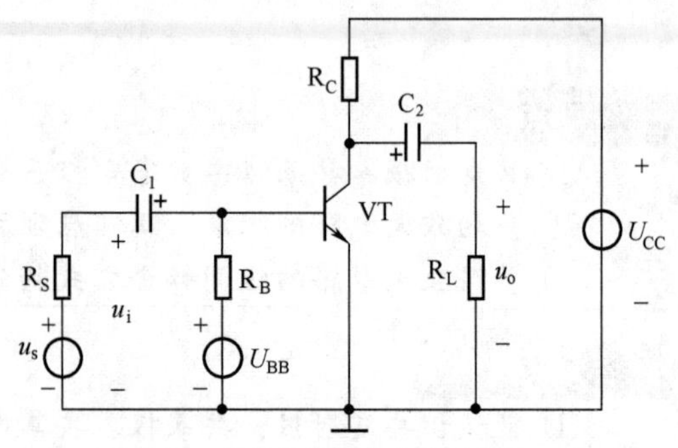

图 3-2　共发射极放大电路原理图

u_s 与 R_s 是交流信号的电压和内阻，u_i 是输入电压，R_L 是负载，R_L 的端电压即是输出电压 u_o。

U_{BB} 是基极电源，其作用是使三极管的发射结处于正向偏置。

U_{CC} 是集电极电源，其作用是为三极管和负载提供能量，使三极管集电结处于反向偏置，以满足三极管工作在放大状态，U_{CC} 一般为几伏至几十伏。

R_B 是基极电阻，在输入回路中，U_{BB} 通过 R_B 向三极管提供基极电流，并且调整基极电流大小，使三极管工作于合适的工作点。它的阻值一般为几十千欧至几百千欧。

R_C 是集电极电阻。当三极管的集电极电流受基极电流控制而发生变化时，它在集电极电阻 R_C 上的电压降也随着变化。R_C 的值与输出电压以及电压放大倍数有直接关系，一般为几千欧至几十千欧。

C_1 和 C_2 是耦合电容，其作用在于传递交流信号，起耦合作用，使信号源与放大电路及负载形成交流通路。除此之外，它们还起到隔离直流的作用，C_1 隔断信号源与放大电路的直流通路，C_2 隔断负载 R_L 与放大电路之间的直流联系。为了减小传递信号的电压损失，其电容量 C_1、C_2 应选得足够大，一般为几微法至几十微法，通常采用电解电容器。

VT 是 NPN 型三极管，是放大电路的核心组成部分。它的作用是按照输入信号的变化规律控制直流电源给出电流，以便在负载电阻 R_L 上获得较大的电压或功率。三极管本身并没有增强微弱电信号的能力。

在实际电路中，去掉基极电源 U_{BB}，由集电极电源 U_{CC} 提供基极偏置电流和发射结正向偏置电压。则电路图（见图 3-2）可简化成图 3-3 所示的电路。

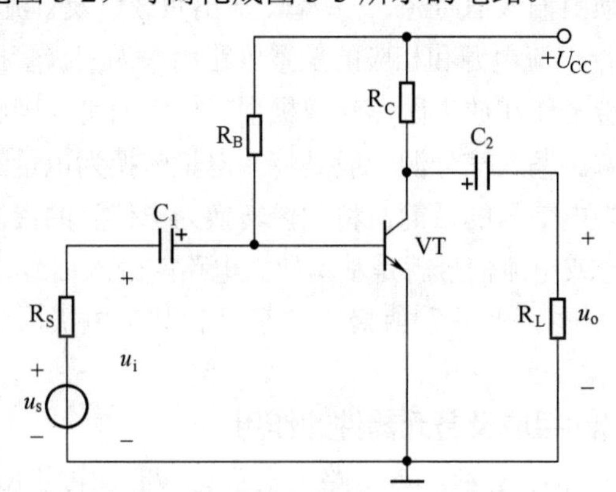

图 3-3　共发射极放大电路简化电路图

2. 共发射极放大电路的直流通路和交流通路

在输入信号等于零（$u_s=0$）时，放大电路中各处的电压、电流都是恒定不变的直流量，放大电路处于直流工作状态或静止状态，简称“静态”。

静态时，三极管各电极的直流电流及各电极间的直流电压分别用 I_B、I_C、I_E、U_{BE} 和 U_{CE} 表示。由于上面这些电流、电压数值可用三极管特性曲线上的一个确定的点来表示，故称此点为静态工作点，用 Q 表示。

静态工作点可以由放大电路的直流通路用近似估算法求得。由于电容具有隔离直流的作用，对直流来说相当于开路，因此，图 3-4（a）所示为共发射极放大电路的直流通路。

在输入信号不等于零时，放大电路的工作状态称为动态。这时，电路中既有直流量，又有交流量，各电极的电流和各极间的电压都在静态值的基础上随输入信号的变化而变化。一般用放大电路的交流通路来研究交流量及放大电路的动态性能。

由放大电路绘制其交流通路的原则为：①固定不变的电压源都视为短路；②固定不变的电流源都视为开路；③电容视为短路。根据这个原则，可画出图 3-4（b）所示的共发射极放大电路的交流通路。

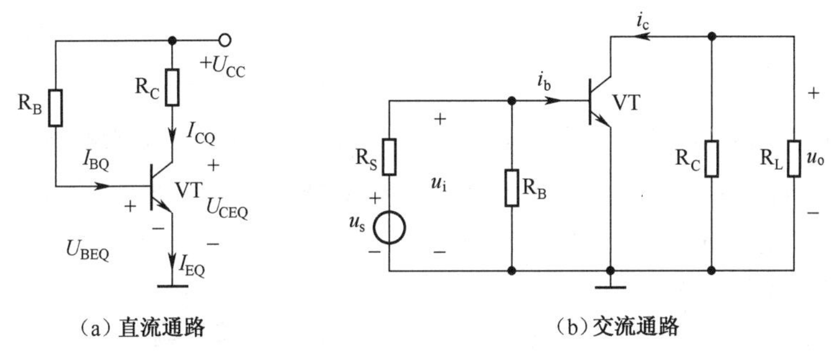

图 3-4 共发射极放大电路的直流通路和交流通路

3. 共发射极放大电路的静态分析

对共发射极放大电路进行静态分析，就是确定放大电路中的静态工作点 Q 的值（I_{BQ}、I_{CQ}、I_{EQ}、U_{BEQ} 和 U_{CEQ}）。这些值既可以采用近似估算法，也可以采用图解法来确定，下面对这两种方法分别加以介绍。

（1）近似估算法

由图 3-4（a）所示共发射极放大电路的直流通路可知，静态时的基极电流为

$$I_{BQ}=\frac{U_{CC}-U_{BEQ}}{R_B} \tag{3-1}$$

式中，U_{BEQ} 近似为常数，硅三极管的 U_{BEQ} 为 0.6～0.7V，锗三极管的 U_{BEQ} 为 0.2～0.3V。

通常，$U_{CC} \gg U_{BEQ}$，故式（3-1）又可改为

$$I_{BQ}\approx\frac{U_{CC}}{R_B} \tag{3-2}$$

当 U_{CC} 和 R_B 确定后，I_{BQ} 即为固定值，故此放大电路又称为固定偏置式放大电路。

对应于 I_{BQ} 的集电极电流为

$$I_{CQ}=\beta I_{BQ} \tag{3-3}$$

由集电极回路可得

$$U_{CEQ}=U_{CC}-I_{CQ}R_C \tag{3-4}$$

发射极电流为

$$I_{EQ}=I_{BQ}+I_{CQ} \tag{3-5}$$

至此，静态工作点的各个电流、电压值都已得到。

（2）图解法

在三极管的输入、输出特性曲线上，通过作图的方法来分析放大电路的工作情况，这种方法称为图解法。

用图解法确定共发射极放大电路的静态工作点的步骤如下所述。

① 先用近似估算法求出基极电流I_{BQ}（如40μA），也可以在输入特性曲线上用作图的方法确定。

② 根据I_{BQ}，在输出特性曲线中找到对应的曲线。

③ 作直流负载线。

图3-5所示电路是图3-4（a）所示直流通路的输出回路。它由两部分组成，左边是非线性部分，由三极管组成；右边是线性部分，是由电源U_{CC}和R$_C$组成的外部电路。由于三极管和外部电路一起构成输出回路的整体，因此这个电路中的I_C和U_{CE}，既要满足三极管的输出特性：

$$I_C=f(U_{CE})\Big|_{I_B=常数}$$

又要满足外部电路的伏安关系：$U_{CE}=U_{CC}-I_CR_C$，因而它只能工作在两者的交点。

根据关系式$U_{CE}=U_{CC}-I_CR_C$，可在三极管的输出特性曲线上画出一条直线，该直线在纵轴上的截距为U_{CC}/R_C，在横轴上的截距为U_{CC}，其斜率为$-1/R_C$，只与集电极负载电阻R$_C$有关，称为直流负载线，如图3-6所示。

④ 求静态工作点Q。直流负载线与I_B（40μA）对应的那条输出特性曲线的交点Q，即为静态工作点。点Q的横坐标值是静态电压U_{CEQ}，纵坐标值是静态电流I_{CQ}。

例3.1 试分别用近似估算法和图解法求图3-7（a）所示共发射极放大电路的静态工作点，已知该电路中的三极管的$\beta=37.5$，电路的直流通路如图3-7（b）所示，其输出特性曲线如图3-7（c）所示。

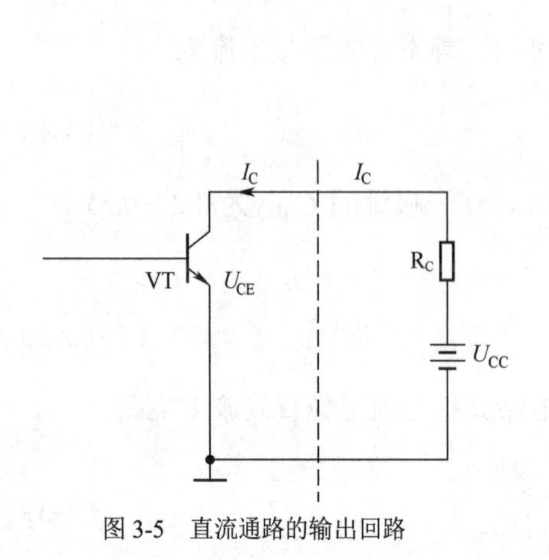

图3-5 直流通路的输出回路

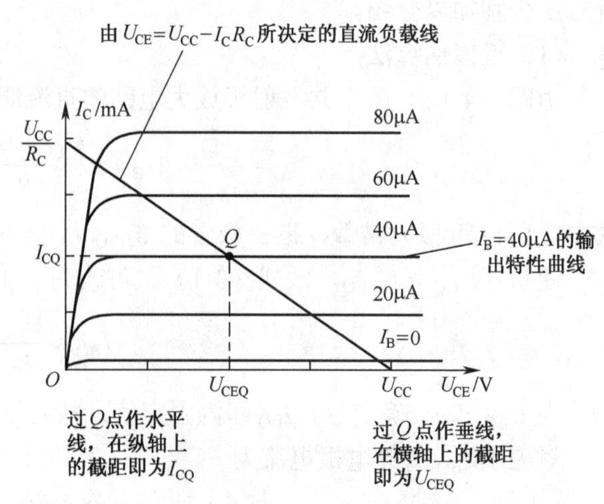

图3-6 图解法求共发射极放大电路的静态工作点Q

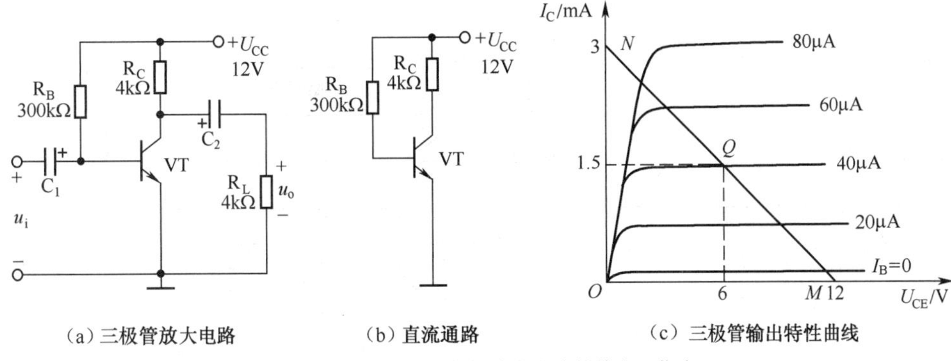

图 3-7　图解法求共发射极放大电路的静态工作点 Q

解：① 用近似估算法求静态工作点。

由式（3-2）~式（3-4）得

$$I_{BQ} \approx \frac{U_{CC}}{R_B} \approx 0.04\text{（mA）}=40\text{（μA）}$$

$$I_{CQ}=\beta I_{BQ}=37.5\times 0.04=1.5\text{（mA）}$$

$$U_{CEQ}=U_{CC}-I_{CQ}R_C=12-1.5\times 4=6\text{（V）}$$

② 用图解法求静态工作点。

由直流负载线 $U_{CE}=U_{CC}-I_CR_C$，得

$$U_{CE}=12-4I_C$$

可求得直线和坐标轴的交点：M（12，0）和 N（0，3）。

直线 MN 与 I_B= 40μA 的那条输出特性曲线的交点，即静态工作点 Q。从曲线上可查出：I_{CQ}= 1.5mA，U_{CEQ}= 6V。这与近似估算法所得结果一致。

4. **共发射极放大电路的动态分析**

共发射极放大电路加上交流输入信号 u_i 后，u_i 和直流电源 U_{CC} 共同作用，因此，电路中既有直流量（由 U_{CC} 产生），又有交流量（由 u_i 产生）。各电压、电流都是在静态工作点 I_{BQ}、I_{CQ}、U_{BEQ}、U_{CEQ} 的基础上再叠加一个随着 u_i 变化的交流分量得到的（交流分量以小写字母为下脚表示）。对放大电路进行动态分析，既可以采用图解法，也可以采用微变等效电路法。

（1）图解法

① 根据输入电压 u_i，在输入特性曲线上求 i_B 和 u_{BE}。

设输入信号为正弦电压 $u_i=U_{im}\sin\omega t$，则三极管发射结上的总电压为

$$u_{BE}=U_{BEQ}+u_i=U_{BEQ}+U_{im}\sin\omega t \tag{3-6}$$

如图 3-8（a）中曲线①所示，在三极管输入特性曲线上可以画出对应的 i_B 的波形（曲线②），i_B 也随着输入信号按正弦规律变化，即

$$i_B=I_{BQ}+i_b=I_{BQ}+I_{bm}\sin\omega t \tag{3-7}$$

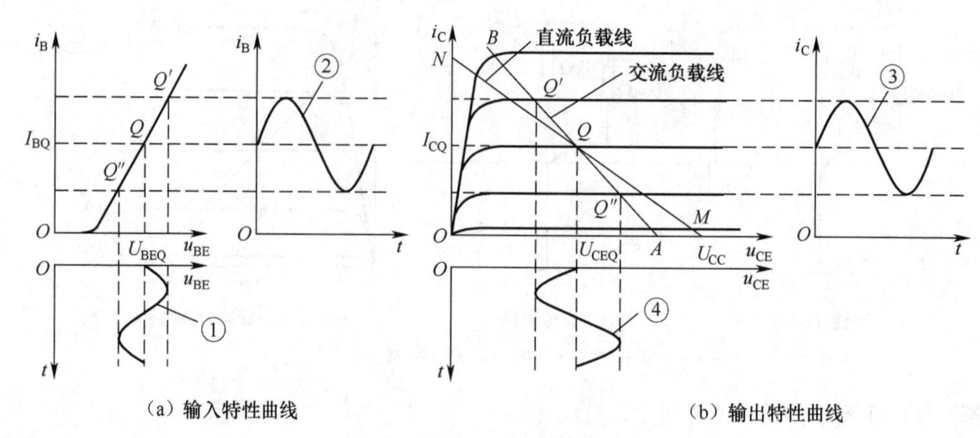

图 3-8　共发射极放大电路的动态分析

② 根据输出端负载，在输出特性曲线上求 i_C 和 u_{CE}。

由图 3-4（b）所示放大电路的交流通路可以看出，输出回路电压与电流的关系为

$$u_{ce} = -i_c R'_L \tag{3-8}$$

式中，$u_{ce} = u_{CE} - U_{CEQ}$，$i_c = i_C - I_{CQ}$，$R'_L = R_C // R_L$，$R'_L$ 为输出端交流等效负载电阻。

在三极管输出特性曲线上，过点 Q 作式（3-8）对应的直线 AB，直线 AB 的斜率为 $-1/R'_L$。直线 AB 称为交流负载线。

由 i_B 的变化在输出特性曲线上作出 i_C 和 u_{CE} 的波形（曲线③和④），可得集电极总电流

$$i_C = I_{CQ} + i_c = I_{CQ} + I_{cm}\sin\omega t \tag{3-9}$$

总的管压降

$$u_{CE} = U_{CEQ} + u_{ce} = U_{CEQ} + U_{cem}\sin(\omega t - \pi) \tag{3-10}$$

③ 共发射极放大电路的非线性失真分析。

所谓失真，是指输出信号的波形与输入信号波形不一致。这种由于三极管特性的非线性造成的失真称为非线性失真。下面分析两种非线性失真。

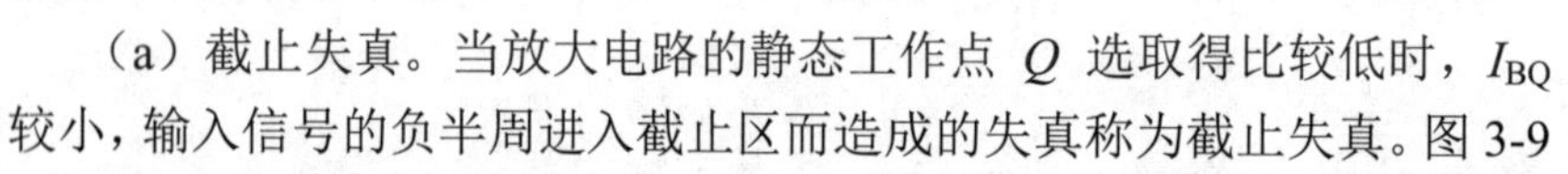

（a）截止失真。当放大电路的静态工作点 Q 选取得比较低时，I_{BQ} 较小，输入信号的负半周进入截止区而造成的失真称为截止失真。图 3-9（a）所示为共发射极放大电路的截止失真。u_i 负半周进入截止区造成 i_b 失真，从而引起 i_c 失真，最终使 u_o 失真。

（b）饱和失真。当放大电路的静态工作点 Q 选取得比较高时，I_{BQ} 较大，U_{CEQ} 较小，输入信号的正半周进入饱和区而造成的失真称为饱和失真。图 3-9（b）所示为共发射极放大电路的饱和失真。u_i 正半周进入饱和区造成 i_c 失真，从而使 u_o 失真。

假如输入信号幅度过大，即使静态工作点 Q 的位置适中，也可能同时出现截止失真和饱和失真（双向失真）。

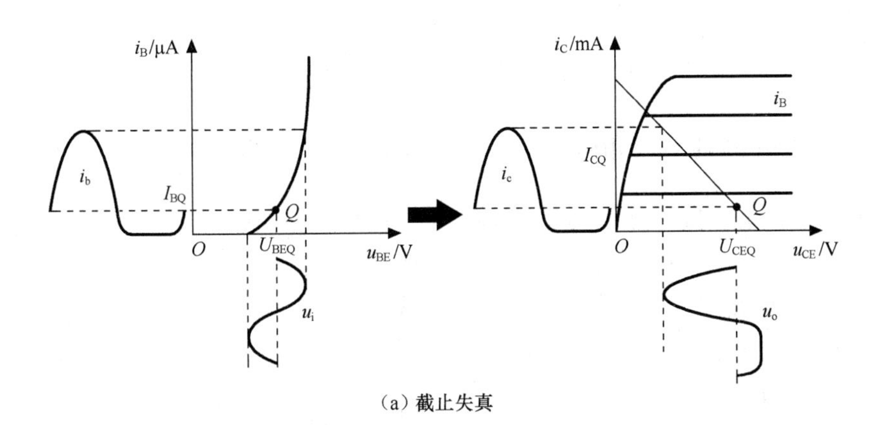

（a）截止失真

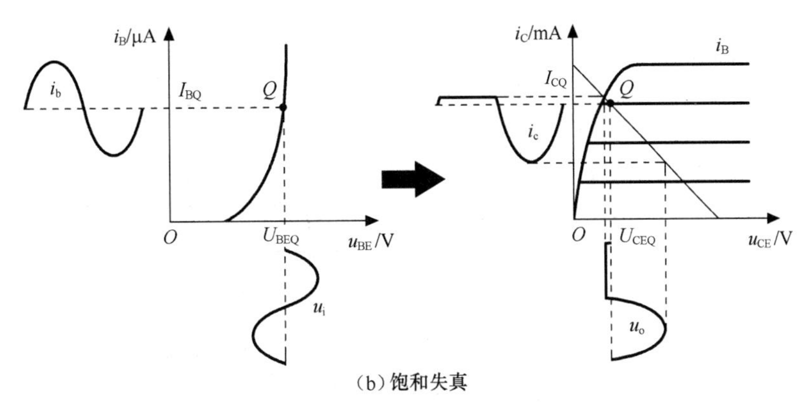

（b）饱和失真

图 3-9　共发射极放大电路的非线性失真

通常可以通过示波器观察 u_o（u_{ce}）的波形来判别失真的类型，当正半周出现了平顶（顶部失真）时是截止失真，当负半周出现了平顶（底部失真）时是饱和失真。

需要指出，对于 PNP 管，由于是负电源供电，失真的表现形式与 NPN 管正好相反。

由以上分析可知，为了减小和避免非线性失真，必须合理地选择静态工作点的位置，并适当限制输入信号的幅度。一般情况下，静态工作点应大致选在交流负载线的中点，当 u_i 幅值较小时，为了减小管子的功率损耗和噪声，点 Q 可适当选取得低些。若出现了截止失真，通常可以采用提高静态工作点 Q 的办法来消除它，这可以通过减小基极偏置电阻 R_B 值来实现。若出现了饱和失真，则应将 R_B 值增大，使点 Q 适当地离开饱和区。

（2）微变等效电路法

① 基本思路。把非线性元件三极管所组成的放大电路等效成一个线性电路，即为放大电路的微变等效电路，然后用线性电路的分析方法来分析，这种方法称为微变等效电路法。等效的条件是三极管在小信号（微变量）情况下工作。这样就能在静态工作点附近的小范围内，用直线段近似地代替三极管的特性曲线。

② 三极管微变等效电路。三极管输入特性曲线在点 Q 附近的微小范围内可以认为是线性的［见图 3-10（a）］。当 u_{BE} 有一微小变化 Δu_{BE} 时，基极电流变化为 Δi_B，两者的比值称为三极管的动态输入电阻，用 r_{be} 表示，即

$$r_{be}=\frac{\Delta u_{BE}}{\Delta i_B}=\frac{u_{be}}{i_b}$$

对于低频小功率三极管，可用下式估算

$$r_{\text{be}} = 300\Omega + (1+\beta)\frac{26\text{mV}}{I_{\text{EQ}}} \tag{3-11}$$

式中，300Ω 为三极管的基区体电阻；$(1+\beta)\dfrac{26\text{mV}}{I_{\text{EQ}}}$ 为三极管发射极电阻；I_{EQ} 是三极管的静态发射极电流（mA），可近似用三极管的静态集电极电流 I_{CQ} 代替。r_{be} 值与点 Q 密切相关，点 Q 位置越高，I_{EQ} 越大，r_{be} 值越小。r_{be} 的值一般为几百欧到几千欧。

同样，三极管输出特性曲线在放大区域内可认为是水平线[见图 3-10（b）]，集电极电流的微小变化 Δi_{C} 仅与基极电流的微小变化 Δi_{B} 有关，而与电压 u_{CE} 无关，故集电极和发射极之间可等效为一个受 i_{b} 控制的电流源，即

$$i_{\text{c}} = \beta i_{\text{b}}$$

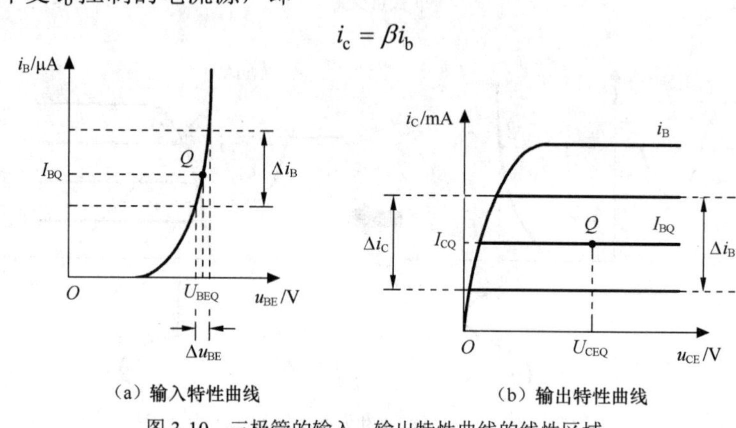

（a）输入特性曲线　　（b）输出特性曲线

图 3-10　三极管的输入、输出特性曲线的线性区域

因此，三极管的微变等效电路如图 3-11 所示。

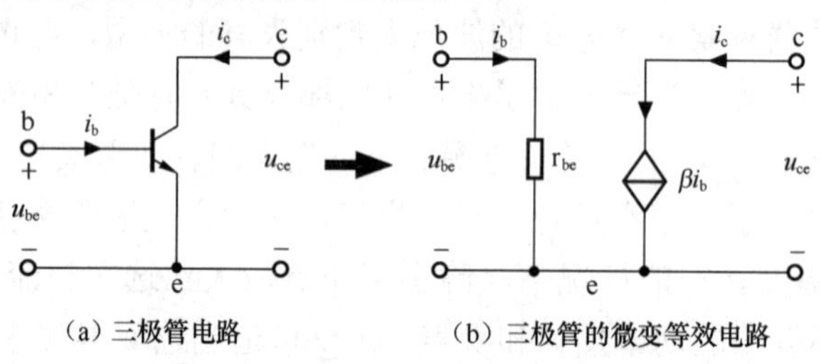

（a）三极管电路　　（b）三极管的微变等效电路

图 3-11　三极管电路及其微变等效电路

③ 共发射极放大电路的微变等效电路分析。在共发射极放大电路的交流通路中将三极管用微变等效电路代替，就得到该放大电路的微变等效电路，如图 3-12 所示。一般情况下，输入信号是正弦量，电路中的各电压、各电流也都是正弦量，因此，微变等效电路中的各电量均用相量表示。用微变等效电路法可以求解电路的动态参数，包括电压放大倍数 $\dot{A}_u$、输入电阻 R_{i}、输出电阻 R_{o} 等。

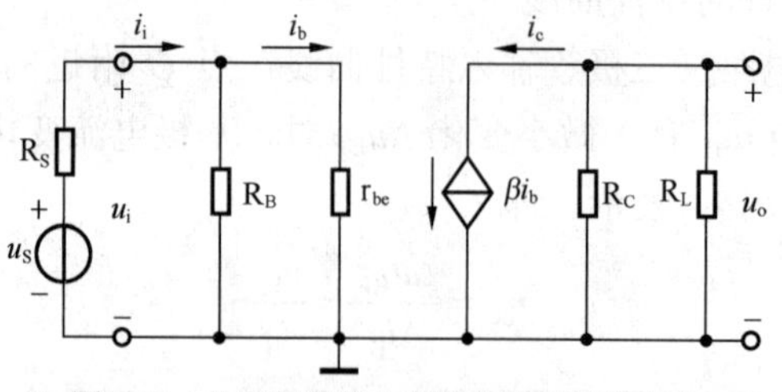

图 3-12　共发射极放大电路的微变等效电路

（a）电压放大倍数 $\dot{A}_u$ 。放大电路的电压放大倍数 $\dot{A}_u$ 定义为输出电压的相量与输入电压的相量的比值，即

$$\dot{A}_u = \frac{\dot{U}_o}{\dot{U}_i} \tag{3-12}$$

由图 3-12 可得

$$\dot{A}_u = \frac{\dot{U}_o}{\dot{U}_i} = \frac{-R'_L \dot{I}_c}{r_{be}\dot{I}_b} = \frac{-R'_L \beta \dot{I}_b}{r_{be}\dot{I}_b} = -\frac{\beta R'_L}{r_{be}} \tag{3-13}$$

式中，$R'_L = R_C // R_L$，为输出端的交流等效负载电阻；负号表示输出电压 u_o 与输入电压 u_i 的相位相反。

当负载电阻开路（$R_L = \infty$）时，有

$$\dot{A}_u = -\frac{\beta R_C}{r_{be}} \tag{3-14}$$

可见，接上负载电阻后，$R'_L < R_L$，其电压放大倍数下降。

（b）输入电阻 R_i。共发射极放大电路的输入电阻 R_i 是从放大电路的输入端看进去的等效电阻，它定义为输入电压的相量与输入电流的相量的比值，从图 3-13 可以得到

$$R_i = \frac{\dot{U}_i}{\dot{I}_i} = R_B // r_{be} \tag{3-15}$$

通常基极偏置电阻 R_B 为几十千欧至几百千欧，$R_B \gg r_{be}$，所以 R_i 近似等于 r_{be}。但应注意，两者的概念是不同的，R_i 是放大电路的输入电阻，而 r_{be} 是三极管的输入电阻。

图解法确定共发射极放大电路的电压放大倍数

（c）输出电阻 R_o。共发射极放大电路的输出电阻 R_o 定义为从放大电路的输出端看进去的等效电阻。图 3-14 所示为求解输出电阻的等效电路，故

$$R_o = \left.\frac{\dot{U}_T}{\dot{I}_T}\right|_{u_S=0,\ R_L \to \infty} \approx R_C \tag{3-16}$$

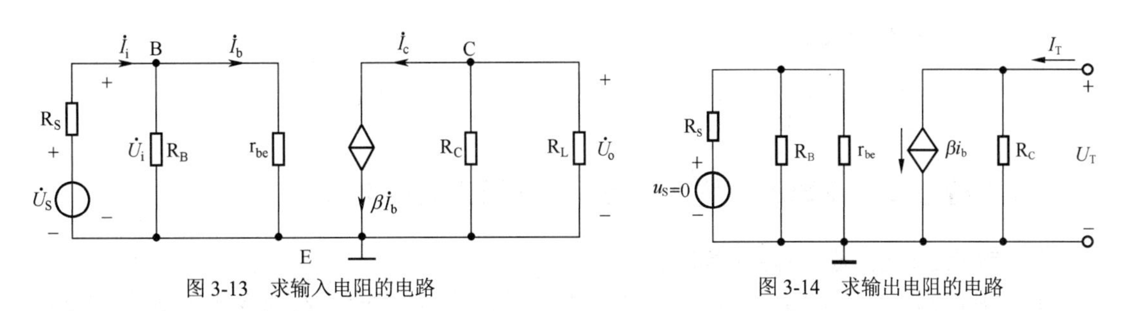

图 3-13　求输入电阻的电路　　　　图 3-14　求输出电阻的电路

对于负载而言，放大器的输出电阻 R_o 越小，负载电阻 R_L 的变化对输出电压的影响就越小，表明放大器带负载能力越强，因此总希望 R_o 越小越好。式（3-16）中 R_o 的值在几千欧到几十千欧，是比较大的，并不理想。

例 3.2　在图 3-7 所示的电路中，已知 $U_{CC} = 12\text{V}$，$R_B = 300\,\text{k}\Omega$，$R_C = 3\,\text{k}\Omega$，$R_L = 3\,\text{k}\Omega$，

$R_s = 3\,\text{k}\Omega$，$\beta = 50$，试求：

① 静态工作点；

② R_L接入和断开两种情况下电路的电压放大倍数$\dot{A}_u$；

③ 输入电阻R_i和输出电阻R_o；

④ 输出端开路时的源电压放大倍数$\dot{A}_{us} = \dfrac{\dot{U}_o}{\dot{U}_s}$。

解：① 静态工作点

$$I_{BQ} = \frac{U_{CC} - U_{BEQ}}{R_B} \approx \frac{U_{CC}}{R_B} = \frac{12}{300} = 40\,(\mu\text{A})$$

$$I_{CQ} = \beta I_{BQ} = 50 \times 0.04 = 2(\text{mA})$$

$$U_{CEQ} = U_{CC} - I_{CQ}R_C = 12 - 2 \times 3 = 6(\text{V})$$

故静态工作点Q的坐标为（6，2）。

② 先求三极管的动态输入电阻

$$r_{be} = 300\Omega + (1+\beta)\frac{26\text{mV}}{I_{EQ}} = 300\Omega + (1+50)\frac{26\text{mV}}{2\text{mA}} = 963\Omega = 0.963\text{k}\Omega$$

R_L接入时的电压放大倍数$\dot{A}_u$为

$$\dot{A}_u = -\frac{\beta R_L'}{r_{be}} = -\frac{50 \times \dfrac{3 \times 3}{3+3}}{0.963} \approx -78$$

R_L断开时的电压放大倍数$\dot{A}_u$为

$$\dot{A}_u = -\frac{\beta R_C}{r_{be}} = -\frac{50 \times 3}{0.963} \approx -156$$

③ 输入电阻R_i为

$$R_i = R_B // r_{be} = 300 // 0.963 \approx 0.96(\text{k}\Omega)$$

输出电阻R_o为

$$R_o = R_C = 3\text{k}\Omega$$

④ 源电压放大倍数：

$$\dot{A}_{us} = \frac{\dot{U}_o}{\dot{U}_s} = \frac{\dot{U}_i}{\dot{U}_s} \times \frac{\dot{U}_o}{\dot{U}_i} = \frac{R_i}{R_s + R_i}\dot{A}_u \approx \frac{1}{3+1} \times (-156) = -39$$

（二）静态工作点稳定的放大电路——分压式偏置电路

1．温度变化对静态工作点的影响

共发射极基本放大电路（见图3-2）的偏置电流I_B与偏置电阻R_B成反比［见式（3-2）］，当R_B不变时，I_B也不变，故称其为固定偏置电路。它虽然结构简单、易于调整，但电路的静态工作点极易受到外界环境因素（如电源电压的波动和温度变化等）的影响。温度变化引起三极管参数的变化，在导致点Q不稳定的诸多因素中是最主要的。

当环境温度升高时，三极管的电流放大系数β和穿透电流I_{CEO}将随之变大。而外加发射结电压U_{BE}不变时，基极电流也会变大，这些均可归结为集电极电流I_C变大，如图3-15所示。所以，虽然电路结构和参数都不变，但静态工作点 Q 向左上方移动至 Q'，严重时甚至接近饱和区。显然在这种情况下，要将点 Q 移回到原来的位置，应适当减小偏置电流 I_B。因此，稳定静态工作点的实质是在环境温度变化时，利用直流负反馈或温度补偿的方法，使 I_B 的变化与 I_C 的变化方向相反，即用 I_B 的变化抵消 I_C 的变化，从而维持点 Q 基本不变。这通常采用分压式偏置电路来实现。

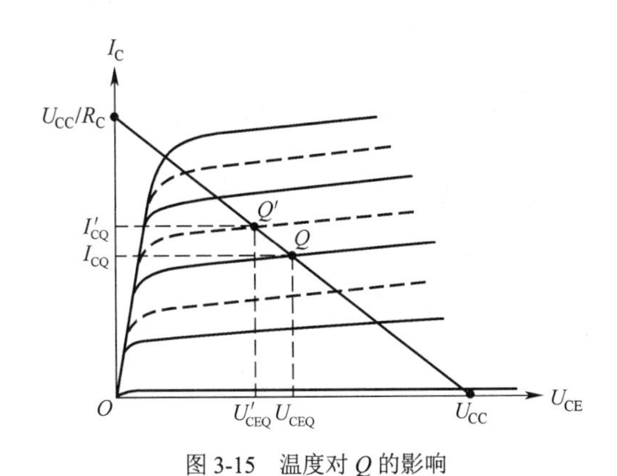

图 3-15　温度对 Q 的影响

2. 分压式偏置电路的基础知识

（1）电路的组成

稳定静态工作点的典型电路——分压式偏置电路如图 3-16（a）所示，与固定偏置放大电路相比，分压式偏置电路增加了下偏置电阻 R_{B2}、发射极电阻 R_E 和旁路电容 C_E。由于基极回路采用电阻 R_{B1} 和 R_{B2} 构成分压电路，故而得名。

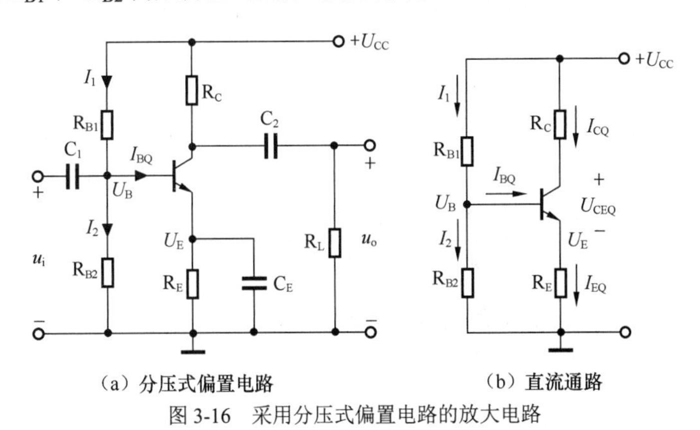

（a）分压式偏置电路　　（b）直流通路

图 3-16　采用分压式偏置电路的放大电路

（2）稳定静态工作点的原理

分压式偏置电路的直流通路如图 3-16（b）所示。对于点 B，可写出基尔霍夫第一定律（KCL）方程 $I_1 = I_{BQ} + I_2$。为了稳定静态工作点，应适当选取参数，使 $I_1 = I_2 \gg I_B$，因而有基极对地电位

$$U_B \approx \frac{R_{B2}}{R_{B1}+R_{B2}} U_{CC} \tag{3-17}$$

式（3-17）表明，U_B 基本取决于电路参数，而与温度无关，即当上、下偏置电阻和电

源电压 U_{CC} 确定以后，U_B 保持基本不变。当 $U_B \gg U_{BE}$ 时，电路的发射极静态电流可用下式估算：

$$I_{EQ} = \frac{U_B - U_{BE}}{R_E} \approx \frac{U_B}{R_E} \tag{3-18}$$

当 U_B、R_E 一定时，$I_{CQ} \approx I_{EQ}$，也保持基本稳定，不仅受温度影响很小，而且与三极管参数几乎无关。当换用参数不同的三极管时，也可以保持静态工作点基本不变。

当温度 T 升高时，分压式偏置电路稳定静态工作点的物理过程可表示如下：

$$T\uparrow \rightarrow I_{CQ}\uparrow \rightarrow I_E\uparrow \rightarrow U_E\uparrow \xrightarrow{U_B=常数} U_{BE}\downarrow \rightarrow I_{BQ}\downarrow \rightarrow I_{CQ}\downarrow$$

其中，$U_{BE} = U_B - U_E$。在 U_B 基本不变时，I_{CQ}、U_{EQ} 的增加，使发射结电压 U_{BE} 减小，进而引起 I_{BQ}、I_{CQ} 的减小，使 I_{CQ} 的增加得到了抑制。在这个电路中，通过电阻 R_E 将 I_{EQ}（I_{CQ}）的变化送回了输入端，从而稳定了电路的静态工作点。故也将该电路称为分压式电流负反馈偏置电路。

（3）静态分析

这里采用估算法对分压式偏置电路进行静态分析。

由式（3-18）可估算出集电极电流为

$$I_{CQ} \approx I_{EQ} = \frac{U_B - U_{BE}}{R_E} \tag{3-19}$$

$$I_{BQ} = I_{CQ}/\beta$$

进而有

$$U_{CEQ} = U_{CC} - I_{CQ}R_C - I_{EQ}R_E \approx U_{CC} - I_{CQ}(R_C + R_E) \tag{3-20}$$

（4）动态分析

图 3-16（a）所示电路的微变等效电路如图 3-17（b）所示。若将 R_{B1}、R_{B2} 等效成一个电阻 R_B，则 $R_B = R_{B1} // R_{B2}$，与图 3-12 对比则可看出，分压式偏置电路与固定偏置电路的微变等效电路是完全相同的，所以其电压放大倍数、输入电阻和输出电阻分别为

$$\dot{A}_u = \frac{\dot{U}_o}{\dot{U}_i} = -\frac{\beta R_L'}{r_{be}} = -\frac{\beta(R_C // R_L)}{r_{be}} \tag{3-21}$$

$$r_i = \frac{\dot{U}_o}{\dot{I}_i} = R_{B1} // R_{B2} // r_{be}，\ r_o = R_C \tag{3-22}$$

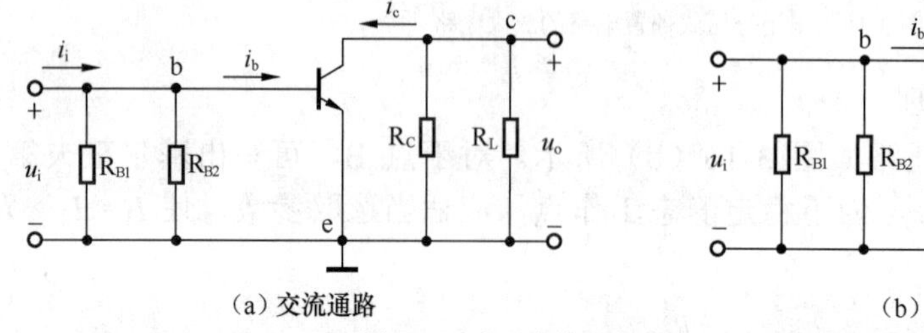

（a）交流通路　　（b）微变等效电路

图 3-17　分压式偏置电路的交流通路及微变等效电路

若将放大电路中发射极旁路电容 C_E 开路，由图 3-16 和图 3-17 可知，输入电压和输出电

压为

$$\dot{U}_{\mathrm{i}}=\dot{I}_{\mathrm{b}}r_{\mathrm{be}}+\dot{I}_{\mathrm{e}}R_{\mathrm{E}}=\dot{I}_{\mathrm{b}}r_{\mathrm{be}}+(1+\beta)\dot{I}_{\mathrm{b}}R_{\mathrm{E}}$$

$$\dot{U}_{\mathrm{o}}=-\beta\dot{I}_{\mathrm{b}}R_{\mathrm{L}}'$$

所以有

$$\dot{A}_u=\frac{\dot{U}_{\mathrm{o}}}{\dot{U}_{\mathrm{i}}}=-\frac{-\beta\dot{I}_{\mathrm{b}}R_{\mathrm{L}}'}{\dot{I}_{\mathrm{b}}[r_{\mathrm{be}}+(1+\beta)R_{\mathrm{E}}]}=-\frac{\beta R_{\mathrm{L}}'}{r_{\mathrm{be}}+(1+\beta)R_{\mathrm{E}}} \tag{3-23}$$

$$r_{\mathrm{i}}=\frac{\dot{U}_{\mathrm{i}}}{\dot{I}_{\mathrm{i}}}=R_{\mathrm{B1}}//R_{\mathrm{B2}}//(r_{\mathrm{be}}+R_{\mathrm{E}}),\quad r_{\mathrm{o}}=R_{\mathrm{C}} \tag{3-24}$$

对比式（3-21）和式（3-23）以及式（3-22）和式（3-24）可看出，当去掉旁路电容 C_E 时，发射极电阻 R_E 对电压放大倍数的影响很大，它使 $\dot{A}_u$ 大大下降，但却提高了输入电阻，改善了放大电路的性能。因为当信号源为电压源时，放大电路的输入电阻高，这将使其从信号源得到更大的输入电压，而输入电流则较小，即减小了放大电路对信号源的影响。

例 3.3 图 3-16 所示电路中，已知 $U_{CC}=12V$，U_{BEQ} 取 0.7V，$R_{B1}=20k\Omega$，$R_{B2}=10k\Omega$，$R_C=3k\Omega$，$R_E=2k\Omega$，$R_L=3k\Omega$，$\beta=50$。试估算静态工作点，并求出电压放大倍数、输入电阻和输出电阻。

解： ① 用估算法计算静态工作点。

$$U_{\mathrm{B}}=\frac{R_{\mathrm{B2}}}{R_{\mathrm{B1}}+R_{\mathrm{B2}}}U_{\mathrm{CC}}=\frac{10}{20+10}\times 12=4(\mathrm{V})$$

$$I_{\mathrm{CQ}}\approx I_{\mathrm{EQ}}=\frac{U_{\mathrm{B}}-U_{\mathrm{BEQ}}}{R_{\mathrm{E}}}=\frac{4-0.7}{2}=1.65(\mathrm{mA})$$

$$I_{\mathrm{BQ}}=\frac{I_{\mathrm{CQ}}}{\beta}=\frac{1.65}{50}=0.033(\mathrm{mA})=33(\mu\mathrm{A})$$

$$\begin{aligned}U_{\mathrm{CEQ}}&=U_{\mathrm{CC}}-I_{\mathrm{CQ}}(R_{\mathrm{C}}+R_{\mathrm{E}})\\&=12-1.65\times(3+2)=3.75(\mathrm{V})\end{aligned}$$

故静态工作点 Q 的坐标为（3.75，1.65）。

② 求电压放大倍数。

$$r_{\mathrm{be}}=300+(1+\beta)\frac{26}{I_{\mathrm{EQ}}}=300+(1+50)\frac{26}{1.65}\approx 1100(\Omega)=1.1(\mathrm{k}\Omega)$$

$$\dot{A}_u=-\frac{\beta R_{\mathrm{L}}'}{r_{\mathrm{be}}}=-\frac{50\times\frac{3\times 3}{3+3}}{1.1}\approx -68$$

③ 求输入电阻和输出电阻。

$$R_{\mathrm{i}}=R_{\mathrm{B1}}//R_{\mathrm{B2}}//r_{\mathrm{be}}=20//10//1.1\approx 0.994(\mathrm{k}\Omega)$$

$$R_{\mathrm{o}}=R_{\mathrm{C}}=3\mathrm{k}\Omega$$

（三）共集电极放大电路和共基极放大电路

共集电极放大电路

1. 共集电极放大电路

共集电极放大电路如图 3-18 所示。从交流通路看，三极管的集电极接地，输入信号和输出信号以它为公共端，故称其为共集电极放大电路。由于其信号从发射极与地之间输出，所以又称为射极输出器。

（1）静态分析

当输入信号 $u_i=0$ 时，电路工作于直流工作状态。将耦合电容 C_1、C_2 视为开路，两个电容之间由电源 U_{CC}，三极管 VT 和电阻 R_B、R_E 组成的部分即为直流通路，由此可求出静态值。列出输入回路的基尔霍夫第二定律（KVL）方程

$$U_{CC}=I_BR_B+U_{BE}+I_ER_E=I_BR_B+U_{BE}+(1+\beta)I_BR_E$$

故有

$$I_B=\frac{U_{CC}-U_{BE}}{R_B+(1+\beta)R_E} \tag{3-25}$$

$$I_E=(1+\beta)I_B$$

$$U_{CE}=U_{CC}-I_ER_E \tag{3-26}$$

（2）动态分析

当加入输入信号 u_i 时，首先画出射极输出器的微变等效电路，如图 3-19 所示，由此可对放大电路进行动态分析。

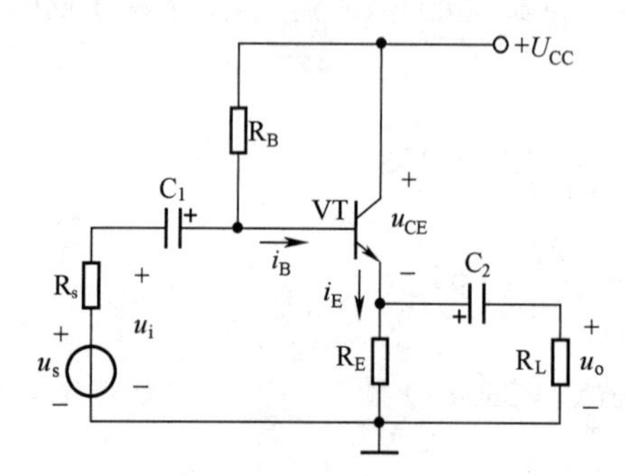

图 3-18　共集电极放大电路

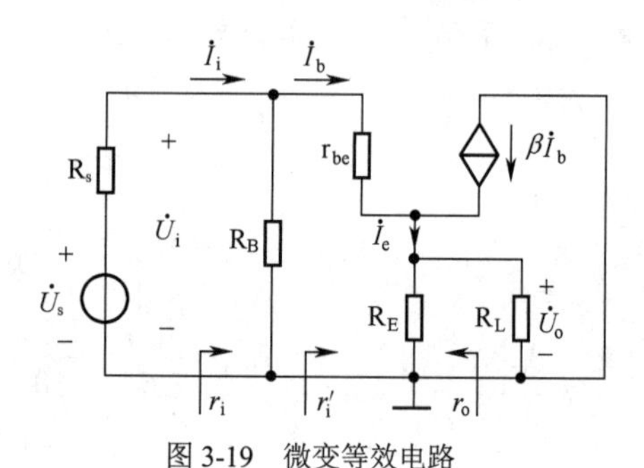

图 3-19　微变等效电路

① 电压放大倍数。对输入回路，可列出 KVL 方程

$$\dot{U}_i=\dot{I}_br_{be}+\dot{I}_e(R_E/\!/R_L)=\dot{I}_br_{be}+(1+\beta)\dot{I}_bR'_L$$

式中，$R'_L=R_E/\!/R_L$ 为电路的等效负载电阻。

对输出回路 $$\dot{U}_o=\dot{I}_eR'_L=(1+\beta)\dot{I}_bR'_L$$

故有电压放大倍数

$$\dot{A}_u=\frac{\dot{U}_o}{\dot{U}_i}=\frac{(1+\beta)\dot{I}_bR'_L}{\dot{I}_br_{be}+(1+\beta)\dot{I}_bR'_L}=\frac{(1+\beta)R'_L}{r_{be}+(1+\beta)R'_L} \tag{3-27}$$

由式（3-27）可见，$\dot{A}_u>0$，即 $\dot{U}_o$ 与 $\dot{U}_i$ 同相位。当 $(1+\beta)R'_L\gg r_{be}$ 时，$\dot{A}_u=1$，$\dot{U}_o=\dot{U}_i$，即射极输出器没有电压放大能力，但由三极管电流关系式 $\dot{I}_e=(1+\beta)\dot{I}_b$ 可知，共集电极电路能够放大电流，从而放大功率。因为输出电压总是与输入电压的变化趋势相同，所以这种电路也称为射极跟随器。

② 输入电阻。由 $\dot{U}_i$ 的表达式可得

$$r'_i=\frac{\dot{U}'_i}{\dot{I}_b}=\frac{\left[r_{be}+(1+\beta)R'_L\right]\dot{I}_b}{\dot{I}_b}=r_{be}+(1+\beta)R'_L$$

故有
$$r_{\mathrm{i}}=\frac{U_{\mathrm{i}}'}{\dot{I}_{\mathrm{i}}}=R_{\mathrm{B}}\,//\,r_{\mathrm{i}}'=R_{\mathrm{B}}\,//\left[r_{\mathrm{be}}+(1+\beta)R_{\mathrm{L}}'\right] \tag{3-28}$$

式（3-28）表明，共集电极放大电路比共发射极放大电路具有更大的输入电阻，通常可达到几十千欧到几百千欧。

③ 输出电阻。为了推导输出电阻的表达式，可利用外加电源法求含受控源二端网络的等效电阻。令图 3-18 中的输入信号 $\dot{U}_{\mathrm{s}}=0$，保留信号源内阻 R_{s}，同时去掉负载电阻 R_{L}，在输出端外加一电压源 $\dot{U}$，并由 $\dot{U}$ 的方向标出电流 $\dot{I}_{\mathrm{b}}$ 的方向，再由 $\dot{I}_{\mathrm{b}}$ 的方向标出 $\beta\dot{I}_{\mathrm{b}}$ 的方向，如图 3-20 所示。

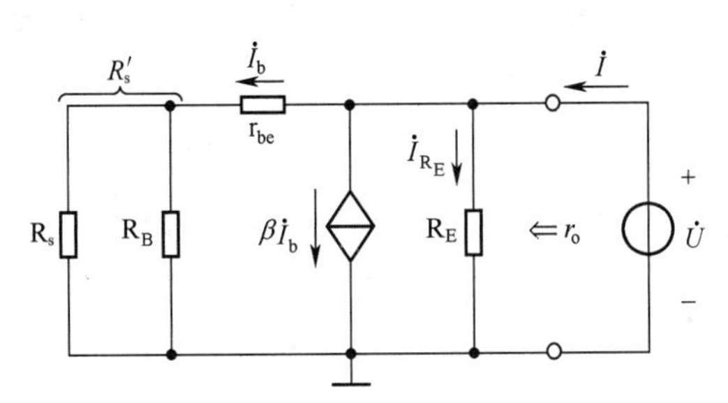

图 3-20　求输出电阻的微变等效电路

列出 KCL 电流方程，并代入
$$\dot{I}_{\mathrm{b}}=\frac{\dot{U}}{r_{\mathrm{be}}+R_{\mathrm{s}}\,//\,R_{\mathrm{B}}}$$

有
$$\dot{I}=\dot{I}_{R_{\mathrm{E}}}+\dot{I}_{\mathrm{b}}+\beta\dot{I}_{\mathrm{b}}=\dot{I}_{R_{\mathrm{E}}}+(1+\beta)\dot{I}_{\mathrm{b}}=\frac{\dot{U}}{R_{\mathrm{E}}}+(1+\beta)\frac{\dot{U}}{r_{\mathrm{be}}+R_{\mathrm{s}}\,//\,R_{\mathrm{B}}}=\dot{U}\left(\frac{1}{R_{\mathrm{E}}}+\frac{1+\beta}{r_{\mathrm{be}}+R_{\mathrm{s}}'}\right)$$

故有输出电阻
$$r_{\mathrm{o}}=\frac{\dot{U}}{\dot{I}}=R_{\mathrm{E}}\,//\,\frac{r_{\mathrm{be}}+R_{\mathrm{s}}'}{1+\beta} \tag{3-29}$$

式中，$R_{\mathrm{s}}'=R_{\mathrm{s}}\,//\,R_{\mathrm{B}}$。

很显然，射极输出器的输出电阻可视为两部分并联。把$\left(\dfrac{r_{\mathrm{be}}+R_{\mathrm{s}}'}{1+\beta}\right)$看成将基极回路电阻（$r_{\mathrm{be}}+R_{\mathrm{s}}'$）折算到发射极回路，其阻值除以（$1+\beta$）。通常 $\beta\gg1$，所以输出电阻 r_{o} 的数值很小，一般在几欧到几十欧。

2. 共基极放大电路

图 3-21（a）所示为共基极放大电路的原理图，R_{C} 为集电极电阻，R_{B1} 和 R_{B2} 为基极偏置电阻，用来保证三极管有合适的静态工作点。图 3-21（b）所示为它的交流通路。信号由发射极输入，由集电极输出，所以基极是输入回路和输出回路的公共端。

共基极放大电路

关于共基极放大电路的分析计算，通过下面的例题来介绍。

例 3.4　电路如图 3-21（a）所示，三极管的 β=50。试分析它的静态情况，并求出它的电压放大倍数、输入电阻和输出电阻。

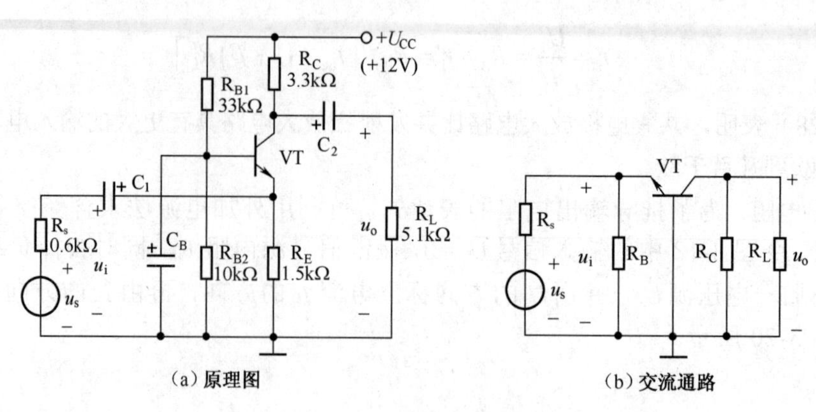

图 3-21　共基极放大电路

解： 求点 Q。

首先画出图 3-21（a）的直流通路，显然与图 3-16 所讨论的分压式偏置电路（共发射极）的直流通路相同，因而求点 Q 的方法相同，这里不再赘述。

利用微变等效电路计算电压放大倍数、输入电阻和输出电阻。

微变等效电路如图 3-22 所示，由图可知

$$u_o = -\beta i_b (R_C // R_L)$$

$$u_i = -i_b r_{be}$$

又因为

$$r_{be} = 200 + (1+\beta)\frac{26}{I_E} = 200 + (1+50)\frac{26}{1.46} \approx 1108\ (\Omega)$$

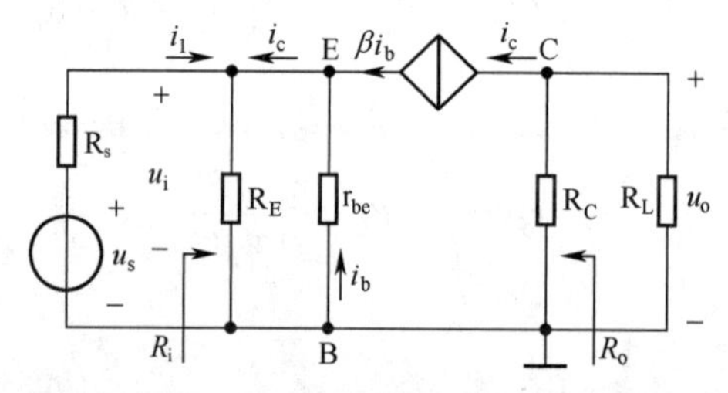

图 3-22　共基极放大电路的微变等效电路

所以电压放大倍数 A_u 为

$$A_u = \frac{u_o}{u_i} = \frac{\beta(R_L // R_C)}{r_{be}}$$

可见共基极放大电路的输出电压与输入电压同相。

电路输入电阻为

$$R_i = R_E // \frac{r_{be}}{1+\beta} \approx 21.4\Omega$$

电路输出电阻为

$$R_o \approx R_C = 3.3\text{k}\Omega$$

综上分析可知，共基极放大电路的特点是电压放大倍数较大，输出电压与输出电压同相，输入电阻较低，输出电阻较高。

3. 3种组态放大电路的比较

以上分别讨论了共发射极、共集电极、共基极3种组态的放大电路，它们的直流偏置电路基本相同，不同点主要体现在交流通路和动态指标上。它们的主要性能特点及应用总结如下（假定元器件配置基本相同）。

① 共发射极放大电路的电压放大倍数较大，且输出电压与输入电压反相；它的电流放大倍数也较大；输入电阻和输出电阻大小适中。该放大电路多用于多级放大电路的中间级。

② 共集电极放大电路的电压放大倍数小于或接近1，且输出电压与输出电压同相；它的电流放大倍数较大，可以放大电流和功率；输入电阻较大，输出电阻较小。该放大电路常用于多级放大电路的输入级、隔离级或输出级。

③ 共基极放大电路的电压放大倍数也较大，且输出电压与输入电压同相；它的电流放大倍数总小于1，不能放大电流；输入电阻较小，输出电阻大小适中。该放大电路频率特性较好，常用于宽带放大电路和高频放大电路。

（四）差动放大电路

在实际的自动控制系统中，被控制量大多是模拟量，如温度、压力、流量等，它们经传感器转换成微弱的、变化缓慢的“直流”信号，并被送到放大器中进行放大，或经信号处理，再输出进行系统控制。此时放大器只能采用直接耦合方式，其电路形式如图3-23所示。由于没有了耦合电容，放大电路具有良好的低频特性、较宽的通频带，直流放大器的幅频特性如图3-24所示。直接耦合放大器也称为直流放大器，集成电路中均采用直接耦合方式。

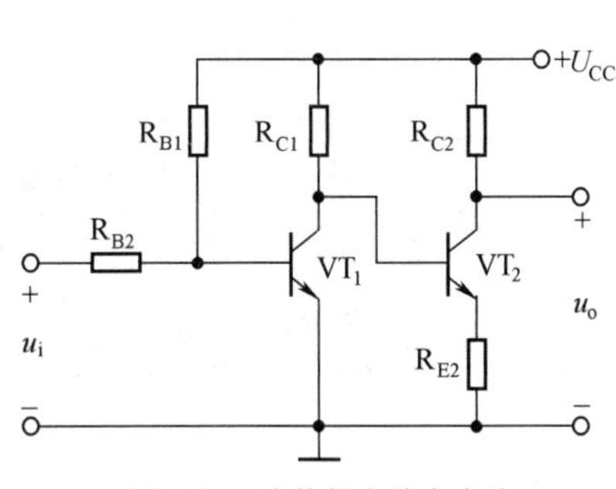

图3-23　直接耦合放大电路

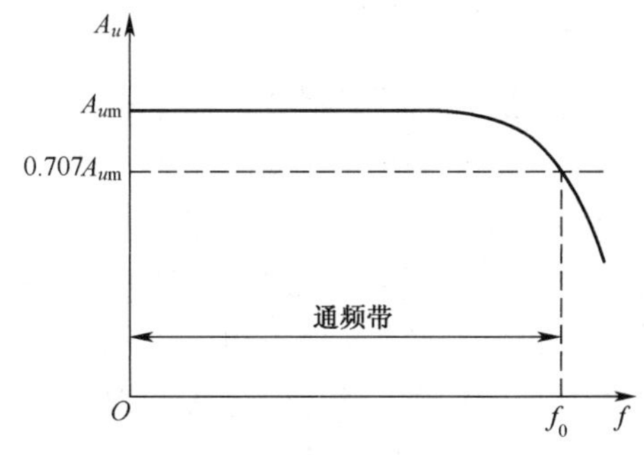

图3-24　直流放大器的幅频特性

1. 直接耦合放大电路的零点漂移

直接耦合方式用导线将前、后级直接相连，两级之间的直流通路和交流通路均相互连通，因此带来了两方面的问题：①前、后级静态工作点互相影响；②零点漂移。第一个问题的解决应在配置电路参数时，统一考虑前、后两级的静态工作点；第二个问题需要重点讨论。

（1）零点漂移现象及其产生原因

在理想状态下，若直接耦合放大电路的输入信号u_i=0时，输出电压u_o应不随时间变化，即u_i=0时，u_o=常数，但实际情况并非如此。如果在放大电路输出端接一个灵敏的直流电压表，就会测量到缓慢变化的输出电压，如图 3-25 所示，这种现象称为零点漂移。

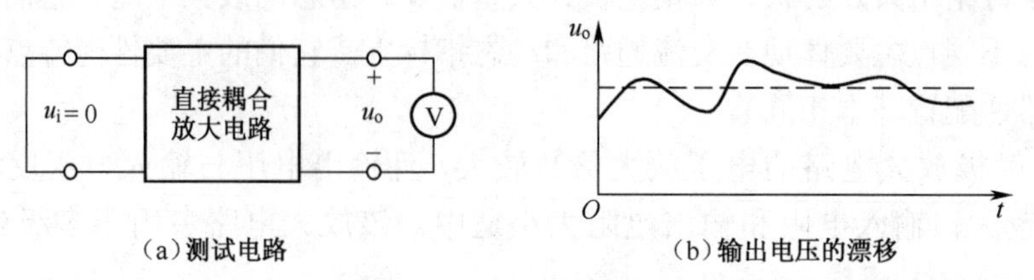

（a）测试电路　　（b）输出电压的漂移

图 3-25　零点漂移现象

事实上，零点漂移存在于任何耦合方式的放大电路中。阻容耦合放大电路不会将这种变化缓慢的漂移电压传输到下一级进行逐级放大，因此对放大电路的工作不会有太大影响。但对直接耦合放大器则会产生比较严重的后果，漂移电压会逐级传送和逐级放大，甚至导致输出端分不清信号和漂移，使放大电路不能正常工作。

在放大电路中，很多原因都会引起零点漂移，如电源电压的波动、电路元件的老化、三极管参数（β、U_{BE}、I_{CEO} 等）受温度影响而产生的变化等。后者是产生零点漂移的最主要原因，因此有时也称零点漂移为温度漂移。

（2）抑制零点漂移的方法

抑制零点漂移的实质就是稳定放大电路的静态工作点。归纳起来，抑制零点漂移的方法有以下几种。

① 采用直流负反馈处理。

② 采用温度补偿的方法，用热敏元件补偿三极管参数随温度变化对放大器工作性能的影响。

③ 采用特性和参数基本相同的两个三极管构成“差动放大器”，使它们的漂移在放大电路输出端相互抵消。差动放大电路是一种非常有效的抑制零点漂移的电路形式。

2. 差动放大电路的组成和工作原理

差动放大器的原理电路如图 3-26 所示，电路由以 VT_1 和 VT_2 为核心的两个共发射极电路组成。要求两个管子的特性和参数相同，两边的电路结构对称，对应的电阻参数也相等，因此它们静态工作点相同。输入信号分别从两管的基极与地之间加入，输出信号从两管的集电极之间输出。

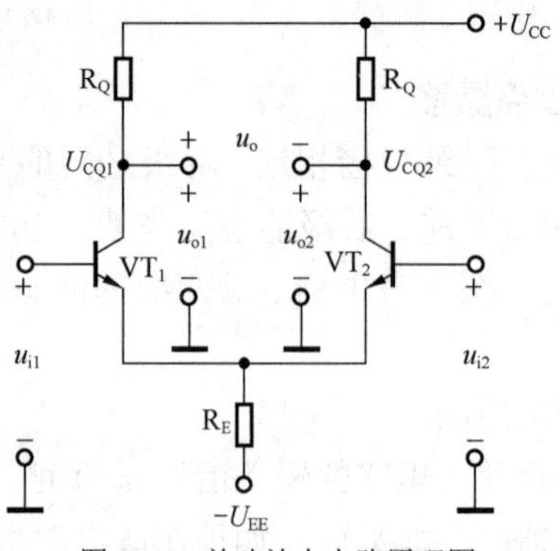

图 3-26　差动放大电路原理图

3. 抑制零点漂移的原理

由于两管特性相同，所以当温度或其他外界条件发生变化时，两管的集电极电流 I_{CQ1} 和 I_{CQ2} 的变化规律始终相同，结果使两管的集电极电位 U_{CQ1}、U_{CQ2} 始终相等，从而使 $U_{OQ}=U_{CQ1}-U_{CQ2}=0$，因此消除了零点漂移。

差动放大电路的应用

在电路采用双端输出和理想对称的情况下，只要两管的漂移是同方向的，均能得到完全抑制，这是差动放大器得到广泛应用的主要原因。

4. 差模输入和共模输入

由于两管输入信号分别加入，因此两个输入信号之间必然有大小和相位上的关系，共分为以下 3 种情况。

① 差模输入。两个输入信号大小相等、极性相反，称为差模信号，即 $u_{i1}=-u_{i2}$。此时两管各自的输出电压也大小相等、极性相反，即 $u_{o2}=-u_{o1}$，故有 $u_o=u_{o1}-u_{o2}=2u_{o1}$。差模输出电压是每管输出电压的两倍，可以实现差模电压放大。

差动放大电路的输入信号

② 共模输入。两个输入信号大小相等、极性相同，称为共模信号，即 $u_{i1}=u_{i2}$，两管的输出电压也是大小相等、极性相同，即 $u_{o2}=u_{o1}$，故有 $u_o=u_{o1}-u_{o2}=0$，共模输出电压为零。因此在理想对称的情况下，差动放大电路对共模输入信号没有放大作用。

③ 任意输入。两个输入信号大小和极性是任意的，为了便于分析，可将它们分解为一对差模信号与一对共模信号。分解方法如下：两个输入信号 u_{i1} 和 u_{i2} 的差模输入分量 u_{id} 和共模输入分量 u_{ic} 分别为

$$u_{id}=\frac{1}{2}(u_{i1}-u_{i2}) \tag{3-30}$$

$$u_{ic}=\frac{1}{2}(u_{i1}+u_{i2}) \tag{3-31}$$

例如，$u_{i1}=7\text{mV}$，$u_{i2}=-3\text{mV}$，则分解后得 $u_{id}=5\text{mV}$，$u_{ic}=2\text{mV}$。此时对差动放大电路进行动态分析，即先进行差模分析和共模分析，再利用叠加原理对差模输出分量与共模输出分量求代数和。

5. 差动放大电路的输入、输出方式

差动放大电路共有 4 种输入、输出的连接方式：双端输入双端输出、单端输入单端输出、双端输入单端输出、单端输入双端输出。这里重点分析前两种。

差动放大电路的输入、输出方式

（1）双端输入双端输出电路

① 典型差动放大电路的结构。利用图 3-27 所示的典型差动放大电路来分析双端输入双端输出电路的动态工作情况和特点。与差动放大器原理电路相比，典型差动放大电路多出了 3 个元件：调零电位器 R_P、发射极电阻 R_E 和负电源（$-U_{EE}$）。它们在电路中所起的作用如下所述。

（a）电位器 R_P：由于实际电路元件参数和特性的分散性，使得两边电路不能完全对称，因此用 R_P 调整偏置电流，可使电路在 $u_i=0$ 时，$u_o=0$。通常选取 R_P 为几十欧到几百欧。

（b）R_E 的作用是稳定静态工作点，减小零点漂移。当有共模信号输入时，R_E 同样具有负反馈的作用，而且由于流入 R_E 的电流是 $2i_e$，所以负反馈的作用更强，大大减小了输出电压 u_o 中的共模分量。故将 R_E 称为共模负反馈电阻。实际上，可将零点漂移看成共模信号

的一种形式。通常 R_E 的阻值选为几千欧到十几千欧。

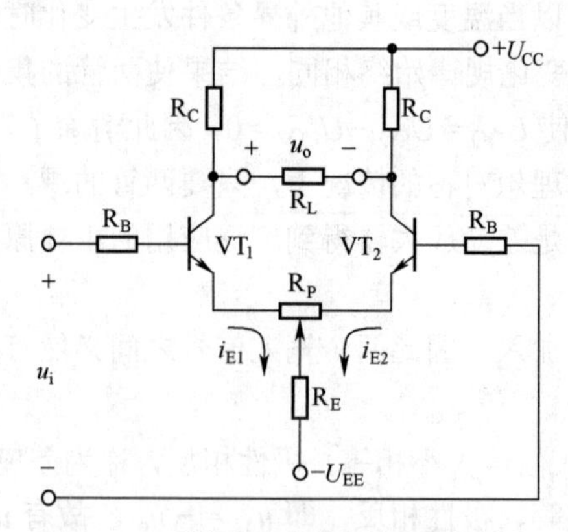

图 3-27　双端输入双端输出差动放大电路

（c）加入负电源（$-U_{EE}$）是为了补偿 R_E 上的压降，保证静态时基极电位 V_B≈0，以减小干扰对差动放大电路的影响。在多数情况下，U_{EE} 与 U_{CC} 的数值相等。

② 差模电压放大倍数 A_d。典型差动放大电路加差模输入信号时的交流通路如图 3-28（a）所示。由于两个输入信号大小相等、方向相反，在电阻 R_E 上引起的电流 $i_{e1}=-i_{e2}$，可互相抵消，所以 R_E 对差模信号不产生压降。而 R_P 对差模信号会产生压降，且具有一定的负反馈作用，但因其阻值较小可忽略不计，因此图 3-28 中没有画出电阻 R_E 和 R_P。

由电路结构的对称性可得

$$u_{i1}=-u_{i2}=\frac{1}{2}u_i$$

$$u_{o2}=-u_{o1}$$

$$u_o=u_{o1}-u_{o2}=2u_{o1}$$

u_{o1} 与 u_{o2} 大小相等、极性相反，所以负载电阻的中点为交流信号的地电位，相当于每管接负载 $R_L/2$。画出单管差模信号微变等效电路，如图 3-28（b）所示。差动放大电路的差模电压放大倍数为

$$A_d=\frac{u_o}{u_i}=\frac{2u_{o1}}{2u_{id1}}=A_{d1}=-\frac{\beta R'_L}{R_B+r_{be}} \tag{3-32}$$

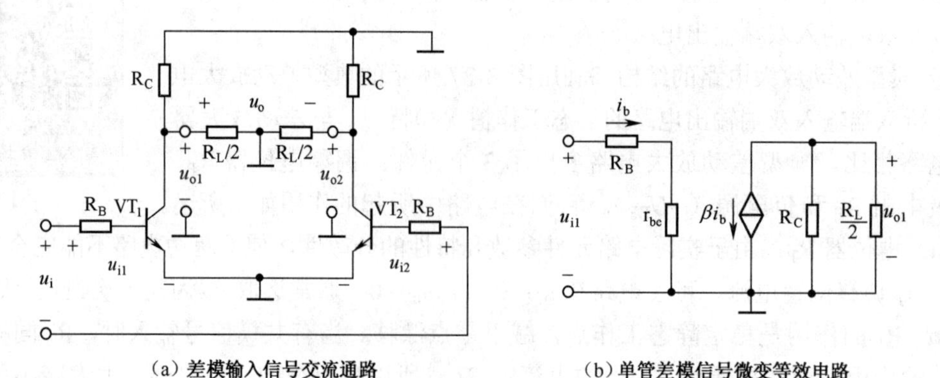

（a）差模输入信号交流通路　　（b）单管差模信号微变等效电路

图 3-28　差动放大器差模输入信号交流通路及其微变等效电路

式中，$R_L' = R_C // (R_L / 2)$ 为差动放大电路双端输出时的等效负载。负号表示输出电压 u_o 与输入电压 u_i 的极性相反。虽然差模放大倍数与单管电压放大倍数相等，但电路对共模信号和零点漂移的抑制作用却大大加强。若将零点漂移视为共模信号的一种特例，则双端输出的差动放大电路抑制共模信号的措施有两条：一是利用对称性抵消共模输出信号；二是利用 R_E 的强负反馈作用来减小共模输出信号。

（2）单端输入单端输出电路

单端输入单端输出的差动放大电路如图 3-29（a）所示。单端输入电路看似只有一个管子加入了输入信号，但实际上可以通过信号分解，等效成两管各取得了差模信号 $u_i/2$、$-u_i/2$ 和共模信号 $u_i/2$，所以仍相当于双端输入，其输入信号等效电路如图 3-29（b）所示。

与双端输入差放电路不同，单端输入电路不仅加入了差模信号，而且同时加入了共模信号，输出电压也是差模输出分量和共模输出分量之和，即

$$u_{id}=\frac{1}{2}u_i,\quad u_{ic}=\frac{1}{2}u_i,\quad u_o = u_{od} + u_{oc} = A_d u_{id} + A_c u_{ic} \tag{3-33}$$

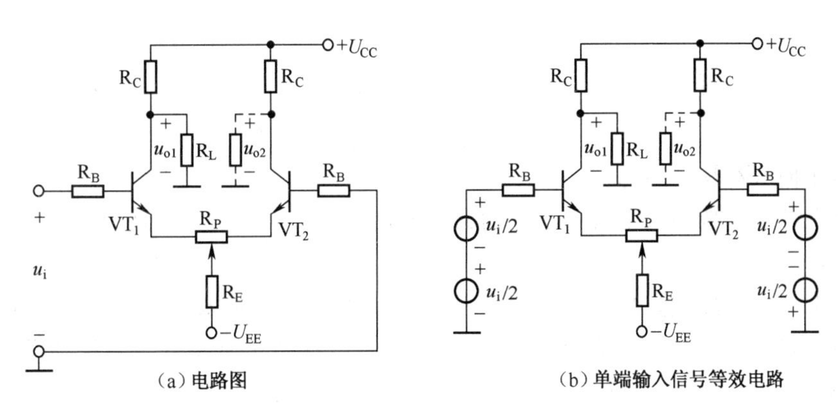

图 3-29　单端输入单端输出的差动放大电路

① 差模电压放大倍数。单端输出时，输出电压仅取自某一个管子的输出端，有

$$A_d = \frac{u_{o1}}{u_i} = \frac{u_{o1}}{2u_{id1}} = \frac{1}{2}A_{di} = -\frac{\beta R_L'}{2(R_B + r_{be})} \tag{3-34}$$

式中，$R_L' = R_C // R_L$ 为等效负载电阻。对比式（3-32）和式（3-33）可见，在差动放大电路输出端空载的条件下，单端输出的差模电压放大倍数为双端输出的差模电压放大倍数的一半。A_d 的大小只与输出方式有关，而与输入方式无关。

② 共模电压放大倍数。由于差动放大电路两边输入信号的共模分量大小相等、极性相同，所以流过 R_E 的电流为 $2i_e$，可以认为是 i_e 流过 $2R_E$。画出单管共模微变等效电路，如图 3-30 所示。通常 $R_E \gg R_P$，故图中忽略了调零电位器 R_P。当 $2(1+\beta)R_E \gg R_B + r_{be}$ 时，共模电压放大倍数为

$$A_c = \frac{u_{oc}}{u_{ic}} = -\frac{\beta(R_C // R_L)}{R_B + r_{be} + 2(1+\beta)R_E}$$

$$\approx -\frac{\beta R_L'}{2(1+\beta)} \approx -\frac{R_L'}{2R_E} \tag{3-35}$$

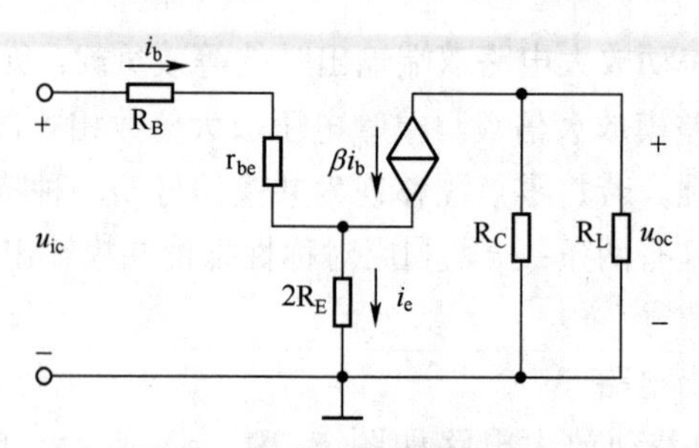

图3-30　单管共模微变等效电路

式（3-35）表明差动放大器的共模电压放大倍数与 R_E 成反比，R_E 越大，对共模信号的负反馈作用就越强，共模输出电压也就越小。单端输出时，不可能利用两管对称来抵消共模输出电压 u_{oc}，只能利用 R_E 对共模信号的负反馈作用来减小 u_{oc}。

③ 共模抑制比。为了表示差动放大器对差模信号的放大能力和对共模信号的抑制能力，定义差模电压放大倍数 A_d 与共模电压放大倍数 A_c 之比为共模抑制比，用 K_{CMR} 表示，即

$$K_{CMR}=\frac{A_d}{A_c} \tag{3-36}$$

若用分贝表示，有

$$K_{CMR}=20\lg\left|\frac{A_d}{A_c}\right| \text{（dB）}$$

（3）单端输入双端输出电路

具有恒流源的单端输入双端输出差动放大电路如图3-31所示，它采用单端输入双端输出的连接方式。

在图3-31中，恒流源由 VT_3、R_1、VD_Z 和 R_{E3} 组成，在不太高的电源电压（U_{EE}）下，恒流源既为差动放大电路设置了合适的静态工作点，又大大增强了共模负反馈作用。电阻 R_1 和稳压二极管 VD_Z 使三极管 VT_3 的基极电位 V_{B3} 固定，由于电路两边对称，因此有 $i_{c3}=i_{e1}+i_{e2}=2i_{e1}$。当温度变化或加入共模信号时，$R_{E3}$ 的负反馈作用使 i_{c3} 保持基本不变，故具有恒流源的作用。若 VT_3 管的输出特性为理想特性曲线（即在放大区为水平线）时，恒流源的内阻为无穷大，相当于将典型差动放大电路中的 R_E 换成一个无穷大的电阻，使电路具有更强的抑制共模信号的能力。因此，虚线框内的电路可视为一个受控恒流源。

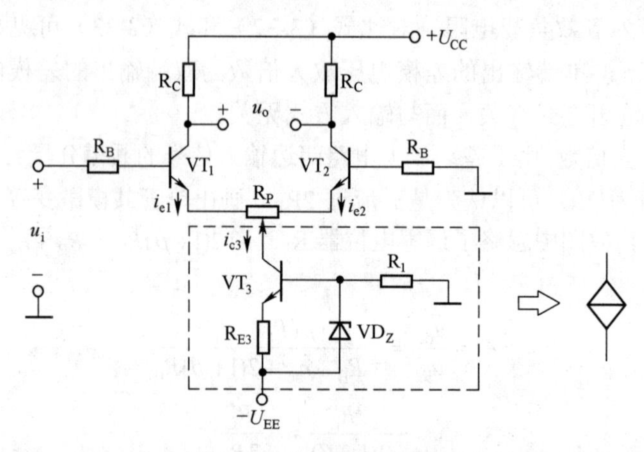

图3-31　具有恒流源的单端输入双端输出差动放大电路

（4）双端输入单端输出电路

这种连接方式常用来将差动信号转换成单端输出的信号，以便与后面的放大电路处于共地状态，运算放大器中常常采用这种连接方式。

双端输入单端输出电路和单端输入双端输出电路的分析与前面两种电路形式的分析方法完全相同，此处不再推导。

表 3-1 为差动放大电路的 4 种输入、输出方式的参数和性能指标。

表 3-1 差动放大电路的 4 种输入、输出方式的参数、性能指标

输入、输出方式	双端输入 双端输出	单端输入 双端输出	双端输入 单端输出	单端输入 单端输出
差模电压放大倍数	$A_d=-\beta\cdot\frac{R_L'}{R_B+r_{be}}$ $R_L'=R_C//(R_L/2)$		$A_d=-\frac{1}{2}\beta\cdot\frac{R_L'}{R_B+r_{be}}$ $R_L'=R_C//R_L$	
差模输入电阻	$R_{id}=2(R_B+r_{be})$			
差模输出电阻	$R_{od}=2R_C$		$R_{od}=R_C$	
适用场合	对称输入、对称输出且输入、输出不需要接地的场合	对地输入并转换为双端输出的场合	双端浮地输入并转换为单端对地输出的场合	对地输入、输出的场合

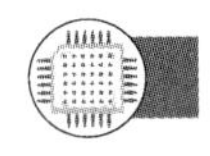

三、拓展知识

（一）多级放大电路

由单个三极管或场效应管组成的基本放大电路称为一级放大电路。如前所述，单级放大电路带上负载后，电压放大倍数只有几十到上百。很多的电子电路需要把毫伏级、微伏级的输入信号或检测信号放大到足够的电压或电流值后才能推动负载工作，因此需要将信号多级放大后才能满足要求。用多个单级放大电路串联起来组成的放大电路称为多级放大电路，其组成框图如图 3-32 所示。输入级接收信号源的信号并进行放大；中间级主要起电压或电流放大作用；输出级由推动级和功率放大级组成，对输出级要求有较大的输出功率，推动负载工作。

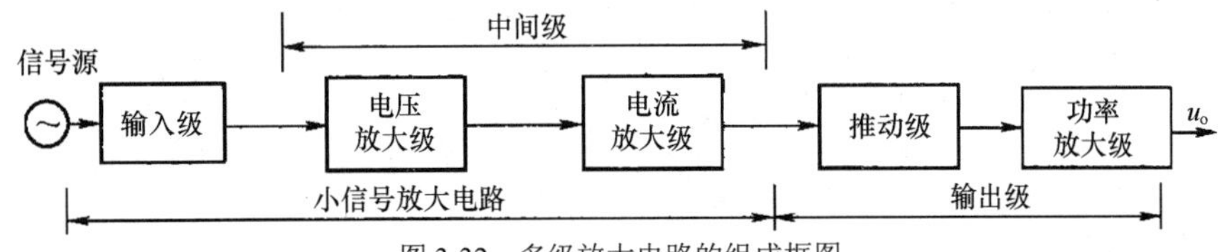

图 3-32 多级放大电路的组成框图

1. 级间耦合方式

多级放大电路中，级与级之间的连接方式称为耦合。根据放大电路的功能，常用的耦合方式有阻容耦合、直接耦合和变压器耦合。

（1）阻容耦合

前、后级之间通过耦合电容和后级输入电阻进行连接的方式称为阻

容耦合。由于电容的存在，前、后级的静态工作点是彼此独立的。它主要用于交流放大电路，不用于直流放大电路。

（2）直接耦合

前级的输出端直接与后级的输入端相连的连接方式称为直接耦合。直接耦合放大电路中各级静态工作点互相影响，同时还存在零点漂移。直接耦合放大电路可用于放大直流信号、交流信号以及变化缓慢的信号。

多级直接耦合的放大电路前后级电位互相牵制

（3）变压器耦合

级与级之间采用变压器原、副边进行连接的方式称为变压器耦合。由于变压器原、副边在电路上彼此独立，因此这种放大电路的静态工作点也是彼此独立的。根据电工技术的内容可知，变压器具有阻抗变换的特点，可以起到前、后级之间的阻抗匹配。变压器耦合放大电路主要用于功率放大电路。

除上述方式外，在信号电路中还有光电耦合方式，用于提高电路的抗干扰能力。

（4）对耦合电路的基本要求

不管采用哪种耦合方式，对耦合电路的基本要求是一样的。

① 被放大的信号通过耦合电路的损失要小，即信号畅通无阻，要放大的信号能顺利地由前一级传送到后一级。阻容耦合方式中的耦合电容容量较大，是希望其容抗尽可能小，以使放大信号损失小。

② 信号通过耦合电路后，波形基本不产生失真。

③ 静态工作点不受影响。

2. 多级放大电路的动态分析

图3-33所示为两级阻容耦合放大电路的方框图。由于中间放大级为小信号的工作范围，因此进行动态分析、求解动态参数时，仍可采用微变等效电路的方法。

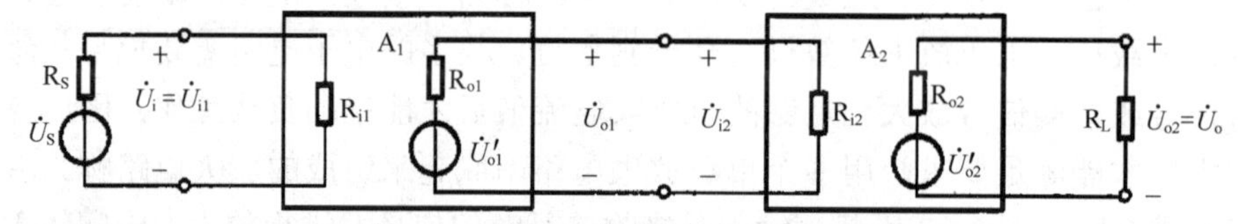

图3-33 两级阻容耦合放大电路的方框图

（1）电压放大倍数

由图3-33所示的电路可知，放大电路中前级的输出电压就是后级的输入电压，即 $\dot{U}_{i2}=\dot{U}_{o1}$，$\dot{U}_{i1}=\dot{U}_i$，$\dot{U}_{o2}=\dot{U}_o$，则

$$\dot{A}_u=\frac{\dot{U}_o}{\dot{U}_i}=\frac{\dot{U}_{o1}}{\dot{U}_{i1}}\cdot\frac{\dot{U}_{o2}}{\dot{U}_{o1}}=\frac{\dot{U}_{o1}}{\dot{U}_i}\cdot\frac{\dot{U}_o}{\dot{U}_{i2}}=\dot{A}_{u1}\cdot\dot{A}_{u2} \tag{3-37}$$

对于多级放大电路，有

$$\dot{A}_u=\dot{A}_{u1}\dot{A}_{u2}\cdots\dot{A}_{un} \tag{3-38}$$

式（3-38）表明，多级放大电路的总电压放大倍数等于各单级电压放大倍数的乘积。

应当指出的是，在多级放大电路中，求解前一级的电压放大倍数时，应当把后一级的输入电阻作为前一级的实际负载电阻来考虑。同样，对于后级放大电路而言，应把前一级放大电路的输出电阻作为后一级的信号源内阻来处理。

（2）输入电阻和输出电阻

多级放大电路的输入电阻就是输入级的输入电阻，输出电阻就是最后一级的输出电阻。在具体计算时要考虑后级对输入电阻的影响，以及第一级对输出电阻的影响，尤其是在有射极输出器电路形式存在时，计算输入、输出电阻要特别注意。

例 3.5 两级阻容耦合电路如图 3-34（a）所示，已知两管的 β 均为 50，$r_{be1}=1.34\text{k}\Omega$，$r_{be2}=1.63\text{k}\Omega$，各电容的容量足够大，试计算 A_u、R_i 和 R_o。

解： 首先画出这两级放大电路的微变等效电路，如图 3-34（b）所示，根据电路可得

$$A_{u1}=\frac{u_{o1}}{u_i}=\frac{(1+\beta)(R_{E1}//R_{i2})}{r_{be1}+(1+\beta)(R_{E1}//R_{i2})}$$

式中，$R_{i2}=R_{B2}//R_{B3}//r_{be2}=40//20//1.63\approx1.45(\text{k}\Omega)$

所以

$$A_{u1}=\frac{(1+50)(3//1.45)}{1.34+(1+50)(3//1.45)}\approx0.974$$

$$A_{u2}=\frac{-\beta(R_{C2}//R_L)}{r_{be2}}=\frac{-50\times(2//2)}{1.63}\approx-30.7$$

因此

$$A_u=A_{u1}A_{u2}=0.974\times(-30.7)\approx-29.9$$

$$R_i=R_{i1}=R_{B1}//[r_{be1}+(1+\beta)(R_{E1}//R_{i2})]$$

$$=300//[1.34+51\times(3//1.45)]\approx43.8(\text{k}\Omega)$$

$$R_o=R_{C2}=2\text{k}\Omega$$

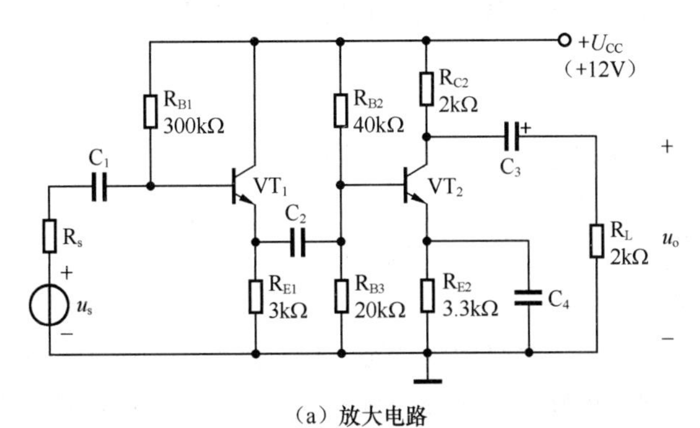

（a）放大电路

（b）微变等效电路

图 3-34　两级阻容耦合电路

（二）功率放大电路

1. 功率放大电路的特点

在实际应用电路中，通常要利用放大后的信号控制某一负载工作。例如，声音信号经扩音器放大后驱动扬声器发声，传感器微弱的感应信号经电路放大后驱动继电器闭合或断开等。为了控制这些负载，要求放大电路既要有较大的电压输出，同时又要有较大的电流输出，即要求有较大的功率输出。因此，多级放大电路的末级通常为功率放大电路。

一般来说，电压放大电路的信号输入幅度小，解决的主要问题只是电压的放大，其输出的功率比较小。而功率放大器的主要作用，就是要把电压放大电路输出的较大电信号进行功率放大，向负载提供足够大的输出功率。因此，功率放大电路不同于电压放大电路，它们具有以下特点：

① 以输出足够大的功率为主要目的；

② 大信号输入，动态工作范围很大；

③ 通常采用图解分析方法；

④ 分析的主要指标是输出功率、效率和非线性失真等。

2. 功率放大电路的基本要求

功率放大电路不仅要有足够大的电压变化量，还要有足够大的电流变化量，这样才能输出足够大的功率，使负载正常工作。因此，对功率放大电路有以下几个基本要求。

（1）输出功率要大

功率放大器的主要作用是为负载提供足够大的输出功率。在实际应用时，除了要求所选的功率放大管具有较高工作电压和较大的工作电流外，还应注意电路参数不能超过三极管的极限值：I_{CM}、U_{CEM}、P_{CM}。同时，选择适当的功率放大电路、实现负载与电阻抗匹配等，也是电路有较大功率输出的关键。

（2）效率要高

功率放大电路的输出功率由直流电源 U_{CC} 提供。由于功率放大管及电路自身的损耗，电源提供的功率 P_v 一定大于负载获得的输出功率 P_o，我们把 P_o 与 P_v 之比称为电路的效率 η，$\eta = P_o/P_v$。显然，功率放大电路的效率越高越好。

（3）非线性失真要小

由于功率放大电路工作在大信号放大状态，信号的动态范围大，功率放大管工作易进入线性范围。因此，功率放大电路必须想办法解决非线性失真问题，使输出信号的非线性失真尽可能地减小。

（4）功放管的散热保护措施

功率放大电路在工作时，功率放大管消耗的能量将使其自身温度升高，不但影响其工作性能，严重时甚至导致其损坏，为此，功率放大管需要采取安装散热片等散热保护措施。另外，为了保证功率放大管安全工作，还应采用过压、过流等保护措施。

3. 功率放大电路的分类

功率放大电路的分类

（1）按电路中三极管的工作状态分类

① 甲类功率放大器。静态工作点 Q 位于交流负载线的中点，如图3-35（a）中的点 Q_A。在输入信号的整个周期内，三极管始终处于放大状态，输

出信号失真小，但电路效率低，如图 3-35（b）所示。

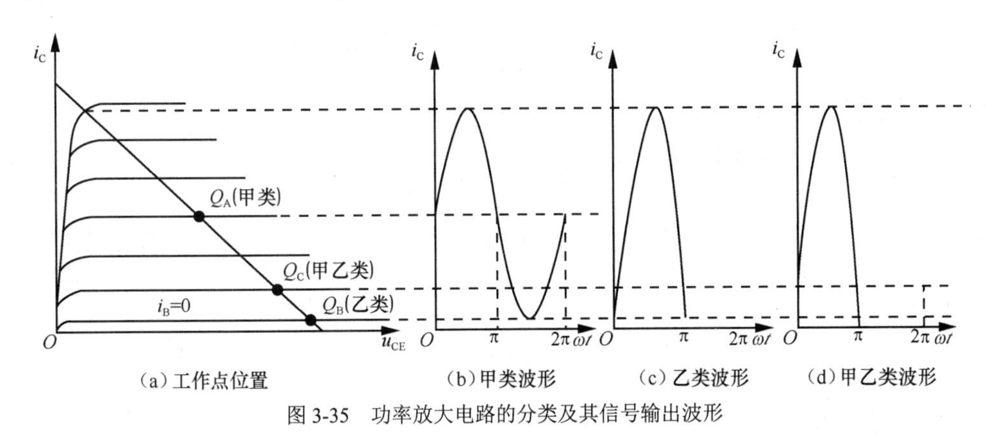

图 3-35　功率放大电路的分类及其信号输出波形

② 乙类功率放大器。静态工作点 Q 位于交流负载线和输出特性曲线中 i_B=0 的交点，如图 3-35（a）中的点 Q_B。在输入信号的整个周期内，三极管只对半个周期的信号进行放大，输出信号只有半个波形，电路效率高，如图 3-35（c）所示。

③ 甲乙类功率放大器。静态工作点 Q 在交流负载线上略高于乙类工作点，如图 3-35（a）中的点 Q_C。静态时 i_C 很小，在输入信号的整个周期内，三极管能对大半个周期的信号进行放大，输出信号有大半个波形，削波程度略小于乙类功率放大器，电路效率较高，如图 3-35（d）所示。

（2）按功率放大器输出端特点分类

① 有输出变压器功率放大电路。

② 无输出变压器功率放大电路（又称为 OTL 功率放大电路）。

③ 无输出电容器功率放大电路（又称为 OCL 功率放大电路）。

④ 桥式无输出变压器功率放大电路（又称为 BTL 功率放大电路）。

4. 功率放大电路的主要性能指标

（1）最大输出功率 P_{om}

电路的输出功率 P_o 等于信号输出电压 U_o（有效值）乘以信号输出电流 I_o（有效值），即 $P_o=U_oI_o$，因此，电路最大输出功率 P_{om} 为

$$P_{om}=\frac{U_{om}}{\sqrt{2}}\frac{I_{om}}{\sqrt{2}}=\frac{1}{2}U_{om}I_{om}$$

式中，I_{om} 表示输出电流的振幅；U_{om} 表示输出电压的振幅。

（2）效率 η

电路的效率等于负载获得的信号功率 P_o 与电源提供的直流功率 P_v 之比，即

$$\eta=\frac{P_o}{P_v}$$

（3）非线性失真系数 THD

由于功率放大器三极管特性的非线性，导致电路在输入单一频率的正弦信号时，输出信号为非单一频率的正弦信号，即产生非线性失真。非线性失真的程度用非线性失真系数 THD 来衡量。非线性失真系数 THD 的大小等于非信号频率成分电量与信号频率成分电量

之比，即

$$THD=\frac{非信号频率成分电量}{信号频率成分电量}$$

5. 基本功率放大电路

（1）乙类互补对称功率放大电路

它又称互补对称式推挽 OTL 功率放大电路。

① 工作原理。图 3-36 所示为由两个射极输出器组成的乙类互补对称功率放大电路。

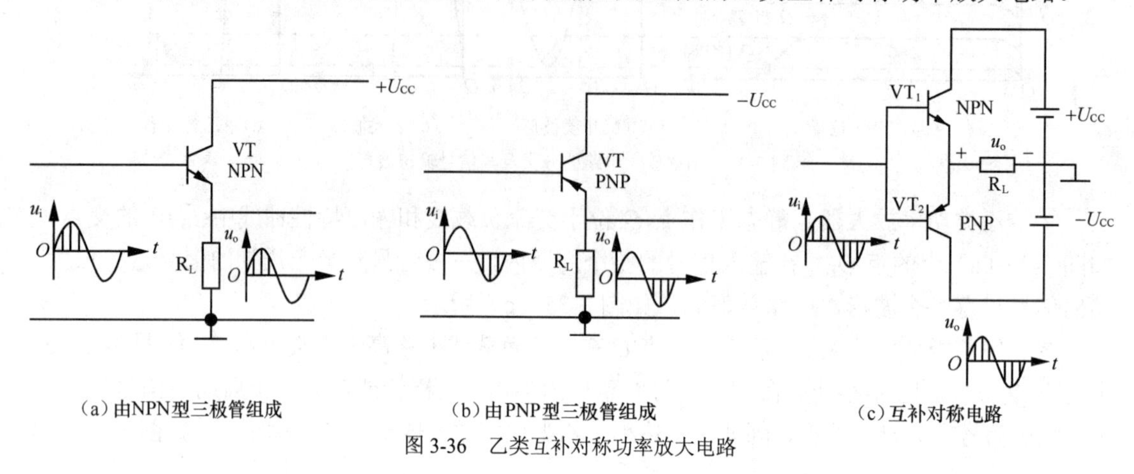

（a）由NPN型三极管组成　　（b）由PNP型三极管组成　　（c）互补对称电路

图 3-36　乙类互补对称功率放大电路

如前所述，射极输出器无电压放大作用，但有功率放大作用。图 3-36（a）所示为由 NPN 型三极管组成的射极输出器，工作于乙类放大状态，在输入信号 u_i 的正半周导通。图 3-36（b）所示为由 PNP 型三极管组成的射极输出器，也工作于乙类放大状态，在输入信号 u_i 的负半周导通。如果将两者共同组成一个输出级，如图 3-36（c）所示。当输入信号 $u_i=0$ 时，两管均处于截止状态；当 $u_i\neq0$ 时，在输入信号 u_i 的正半周 NPN 型三极管导通，而 PNP 型三极管截止；在输入信号 u_i 的负半周，PNP 型三极管导通，而 NPN 型三极管截止。因此，当有正弦信号电压 u_i 输入时，两管轮流导通，推挽工作，在负载中就获得基本接近于信号变化的电流（或电压），如图 3-36（c）所示。

这种电路要求两个管子性能一致，以使输出电压 u_o 的波形正、负半周对称。在互补对称放大电路工作在乙类状态，输入信号足够大和忽略管子饱和压降的情况下，其理论效率可达到 78.5%，实际效率一般不超过 60%。

② “交越”失真问题。必须指出，如果将静态工作点 Q 选择在三极管特性曲线的截止处，则由于三极管输入特性的非线性，输入信号的幅度必须大于三极管的死区电压才能导通。因此，当输入信号比较小（过零点附近）时，其输出波形将会产生失真，如图 3-37 所示。这种信号在过零点附近产生的失真，称为交越失真。

（2）甲乙类互补对称功率放大电路

为了消除交越失真，在实际电路中，通常在三极管 VT_1 和 VT_2 的基极之间加一定的偏置电路（如电位器、二极管、热敏电阻等），形成一定电位差，将两个三极管的静态点设置在放大区边缘（甲乙类），以消除电路中的交越失真。

图 3-38 所示为甲乙类互补对称功率放大电路。利用二极管 VD_1、VD_2 上的正向压降给 VT_1、VT_2 的发射结提供一个正向偏置电压，使电路工作在甲乙类状态，从而消除了交越失真。由于 VD_1、VD_2 的动态电阻很小，其上的信号压降也很小，故 VT_1、VT_2 基极的交流信号大小仍近似相同，可保证两管交替对称导通。

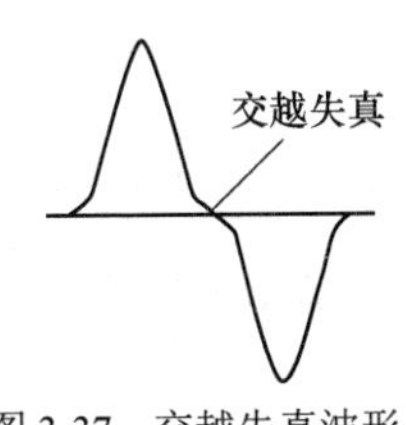

图 3-37　交越失真波形

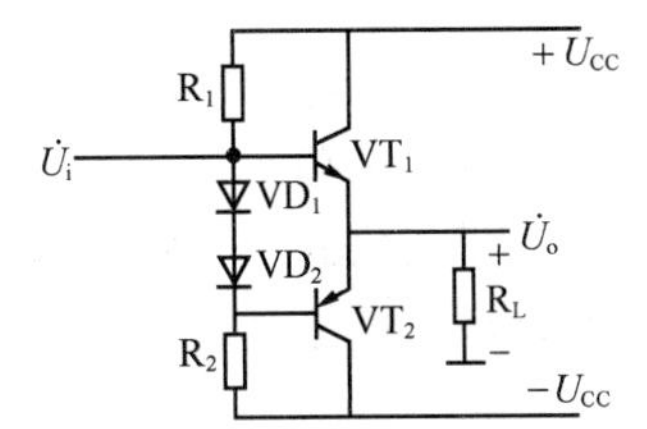

图 3-38　甲乙类互补对称功率放大电路

（3）单电源互补对称功率放大电路

上述互补对称电路中，均由正负对称的两个电源供电。静态时，输出端电位为零，可以直接接上对地的负载电阻 R_L，无须输出电容耦合。将这种电路称为无输出电容的互补对称放大电路，又称 OCL（Output Capacitorless）电路。

注　意

互补对称式推挽 OTL 功率放大电路与互补对称式推挽 OCL 功放电路的不同之处在于：OCL 电路采用正、负双电源供电，而 OTL 电路采用单电源供电；OCL 电路负载直接接地，而 OTL 电路有大容量输出电容与负载相连接地。

图 3-39 所示为单电源的互补对称电路，称为无输出变压器的互补对称放大电路，又称 OTL（Output Transformerless）电路。

在图 3-39 所示的单电源的互补对称 OTL 电路中，VT_1 和 VT_2 是一对输出特性相近、导电特性相反的功率放大管，利用电阻 R_1、R_2 及二极管 VD_1、VD_2 为 VT_1 和 VT_2 建立很小的偏置电流，使其工作在输入特性的近似直线部分。适当选择 R_1 和 R_2，使点 E 的电压为 $\frac{1}{2}U_{CC}$。因为二极管 VD_1 的压降和 VT_1 的基极-发射极电压相等，所以点 A 的电压也为 $\frac{1}{2}U_{CC}$。

在静态（即 $u_i=0$）时，输入耦合电容 C_1 和输出耦合电容 C_0 被充电到 $\frac{1}{2}U_{CC}$，以代替 OCL 电路中的电源 $-U_{CC}$。当输入 u_i 时，在 u_i 的正半周，VT_1 导通，VT_2 截止，电源 $+U_{CC}$ 经 VT_1、C_0、R_L 到地进一步给 C_0 充电，VT_1 管以射极输出的形式将正方向的信号变化传给负载 R_L；在 u_i 的负半周，基极电位（即点 A 的电位）低于 $\frac{1}{2}U_{CC}$，VT_1 管处于反向偏置而截止，VT_2 管导通，此时，电容 C_0 作为电源，

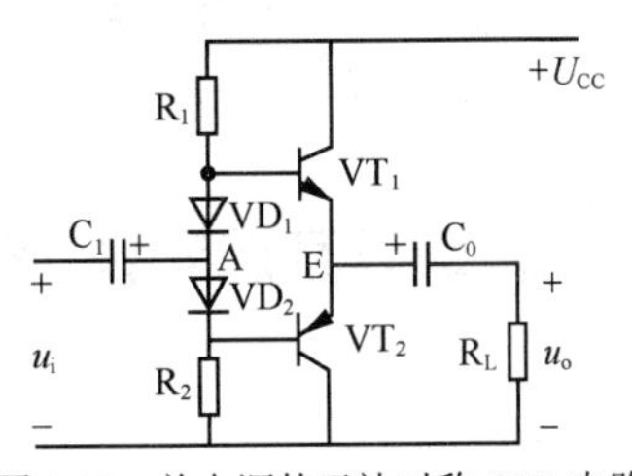

图 3-39　单电源的互补对称 OTL 电路

通过 VT_2 对负载电阻 R_L 放电，放电电流经 R_L 形成 u_o 的负半波。这样在 R_L 上得到一个完整的正弦波形。

小 结

1．用来对电信号进行放大的电路称为放大电路。它是使用最为广泛的电子电路，也是构成其他电子电路的基本单元电路。

2．放大电路的性能指标主要有放大倍数、输入电阻和输出电阻等。放大倍数是衡量放大能力的指标，输入电阻是衡量放大电路对信号源影响的指标，输出电阻则是反映放大电路带负载能力的指标。

3．由三极管组成的基本单元放大电路有共发射极、共集电极和共基极 3 种基本组态。共发射极放大电路输出电压与输入电压反相，输入电阻和输出电阻大小适中，由于它的电压放大倍数、电流放大倍数、功率放大倍数都比较大，因此适用于一般放大或多级放大电路的中间级。共集电极电路的输出电压与输入电压同相，电压放大倍数小于 1 或近似等于 1，但它具有输入电阻高、输出电阻低的特点，因此多用于多级放大电路的输入级或输出级。共基极放大电路输出电压与输入电压同相，电压放大倍数较高，输入电阻很小而输出电阻比较大，因此适用于高频或宽带放大。放大电路性能指标的分析主要采用小信号微变等效电路。

4．场效应管组成的放大电路与三极管类似，其分析办法也相似。

5．多级放大电路级与级之间的连接方式有直接耦合和电容耦合等。电容耦合由于电容隔断了级间的直流通路，所以它只能用于放大交流信号，但各级静态工作点彼此独立。直接耦合可以放大直流信号，也可以放大交流信号，适用于集成电路，但存在各级静态工作点互相影响和零点漂移问题。

6．多级放大电路的放大倍数等于各级放大电路放大倍数的乘积。计算每一级放大倍数时要考虑前、后级之间的影响。

7．差动放大电路也是广泛使用的基本单元电路，它对差模信号具有较大的放大能力，对共模信号具有很强的抑制作用，即差动放大电路可以消除温度变化、电源波动、外界干扰等具有共模特征的信号引起的输出误差电压。差动放大电路的主要性能指标有差模电压放大倍数、差模输入和输出电阻、共模抑制比等。

8．差动放大电路的输入、输出连接方式有 4 种，可根据输入信号源和负载电路灵活应用。单端输入和双端输入方式虽然接法不同，但性能指标相同。单端输出差动放大电路性能比双端输出差，差模电压放大倍数仅为双端输出的一半，共模抑制比下降。根据单端输出电压取出位置的不同，有同相输出和反相输出之分。

9．学习不畏艰难、勇于创新的工匠精神，树立安全意识、环保意识和质量意识，培养分析问题、解决问题的能力及团队协作的精神。

习题及思考题

1．填空题

（1）某放大电路中的三极管，在工作状态中测得它的引脚电压 $U_a = 1.2V$，$U_b = 0.5V$，$U_c = 3.6V$，则该三极管是________（材料）________型的三极管，该管的集电极是 a、b、c

中的________。

（2）三极管的 3 个工作区域是________，________，________。集成运算放大器是一种采用________耦合方式的放大电路。

（3）已知某两级放大电路中第一、第二级的对数增益分别为 60dB 和 20dB，则该放大电路总的对数增益为________dB，总的电压放大倍数为________。

2．判断题

（1）三极管放大电路常采用分压式电流负反馈偏置电路，因为它具有稳定静态工作点的作用。（　　）

（2）射极输出器是共集电极电路，其电压放大倍数小于 1，输入电阻小，输出电阻大。（　　）

（3）差动放大电路的差模放大倍数越大，共模抑制比越小，则其性能越好。（　　）

（4）共集电极放大电路既能放大电压，也能放大电流。（　　）

（5）阻容耦合放大器能放大交、直流信号。（　　）

3．选择题

（1）测得三极管 I_B=30μA 时，I_C=2.4mA，而 I_B=40μA 时，I_C=3mA，则该管的交流电流放大系数为（　　）。

A. 80　　B. 60　　C. 75　　D. 100

（2）三极管是一种（　　）的半导体器件。

A. 电压控制　　B. 电流控制　　C. 既是电压又是电流控制

（3）三极管工作在放大状态时，它的两个 PN 结必须是（　　）。

A. 发射结和集电结同时正偏　　B. 发射结和集电结同时反偏

C. 集电结正偏，发射结反偏　　D. 集电结反偏，发射结正偏

（4）在典型的差动放大电路中，R_E 的作用是（　　）。

A. 对差模信号构成负反馈以提高放大电路的稳定性

B. 对共模信号构成负反馈以提高抑制零点漂移的能力

C. A 和 B 都对

（5）在某放大电路中，测得三极管 3 个电极的静态电位分别为 0V、10V、9.3V，则这只三极管是（　　）。

A. NPN 型硅管　　B. NPN 型锗管　　C. PNP 型硅管　　D. PNP 型锗管

（6）一个三极管放大电路，I_B =60μA，I_C = 2mA，β=50，这个三极管处在（　　）状态。

A. 放大　　B. 饱和　　C. 截止　　D. 击穿

（7）一个单管放大器电源电压为 6V，发射结正向偏置后，若 U_c 约为 0.6V，U_e 为 0.4V，若 U_b 为 1.1V，则该放大器的三极管可能处于（　　）状态。

A. 放大　　B. 饱和　　C. 截止　　D. 击穿

（8）一个三级放大电路，测得第一级的电压放大倍数为 1，第二级的电压放大倍数为 100，第三级的电压放大倍数为 10，则总的电压放大倍数为（　　）。

A. 110　　B. 111　　C. 1000　　D. 不能确定

（9）一个三极管放大电路，I_B =60μA，I_C = 2.5mA，β=60，这个三极管处在（　　）状态。

A. 放大　　B. 饱和　　C. 截止　　D. 击穿

（10）下列三极管中，（　　）一定处在放大区。

A. 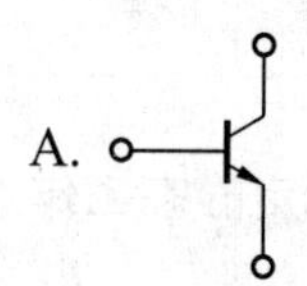

B. 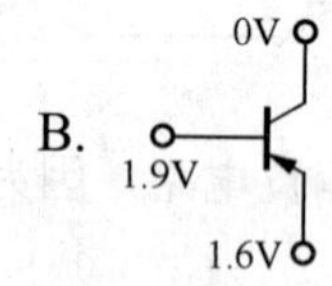

C. 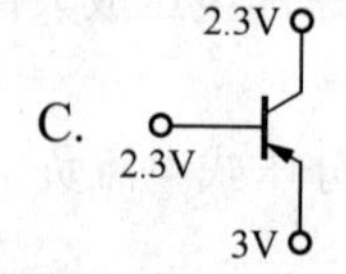

D. 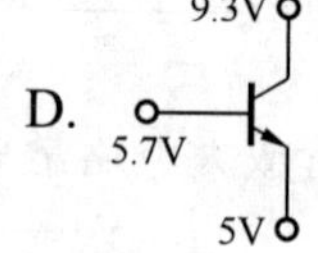

（11）多级直接耦合放大电路中，（　　）的零点漂移占主要地位。

A. 第一级　　B. 中间级　　C. 输出级

（12）一个三级放大电路，测得第一级的电压增益为 0dB，第二级的电压增益为 40dB，第三级的电压增益为 20dB，则总的电压增益为（　　）

A. 0dB　　B. 60dB　　C. 80dB　　D. 800dB

（13）在相同条件下，多级阻容耦合放大电路在输出端的零点漂移（　　）。

A. 比直接耦合电路大　　B. 比直接耦合电路小

C. 与直接耦合电路基本相同

4. 分析计算题

（1）共发射极放大电路如图 3-40（a）所示。设 U_{CC}=12V，R_B=300kΩ，R_C=3kΩ，R_L=3kΩ，β=50。

① 求静态工作点 Q；

② 估算电路的电压放大倍数、输入电阻 R_i 和输出电阻 R_o；

③ 若输出电压的波形出现图 3-40（b）所示失真，那么这是截止失真还是饱和失真？应调节哪个元件？如何调节？

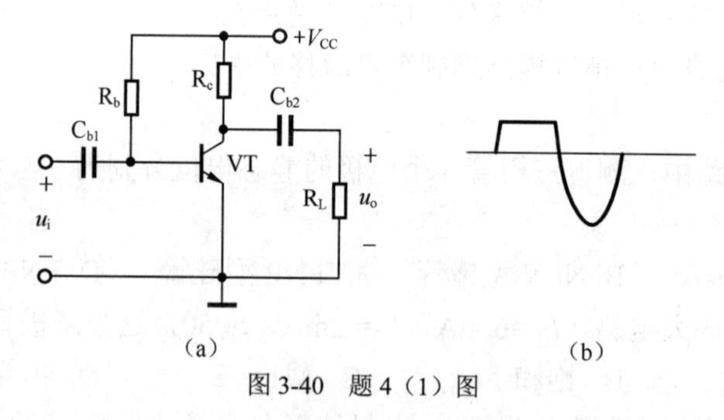

图 3-40　题 4（1）图

（2）分别改正图 3-41 所示各电路中的错误，使它们有可能放大正弦波信号。要求保留电路原来的共发射极接法和耦合方式。

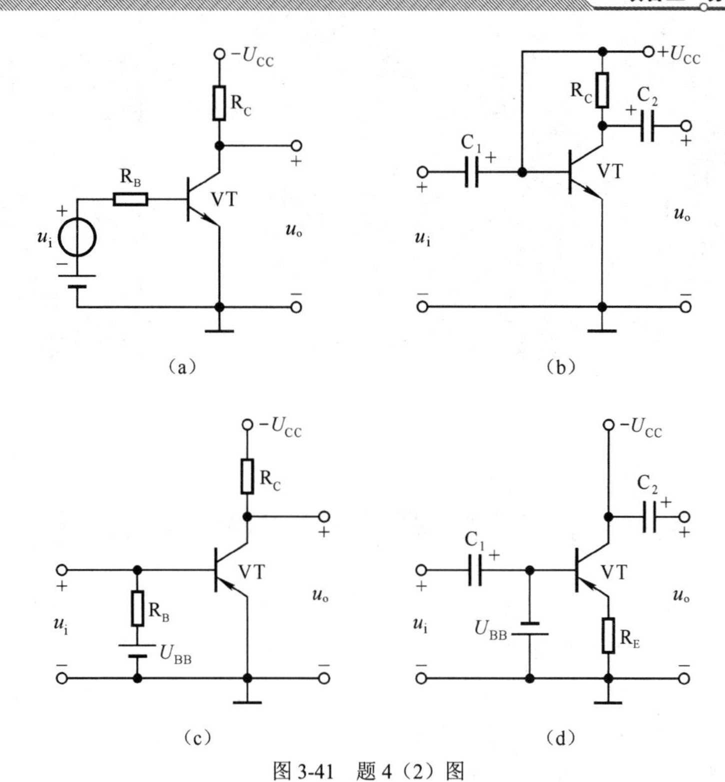

图 3-41　题 4（2）图

（3）已知图 3-42 所示电路中三极管的β=50，r_{be}=1.6kΩ，R_b=300kΩ，R_c=4kΩ，U_{CC}=12V，三极管为硅管。

① 计算电路的静态工作点 I_{BQ}、I_{CQ}、U_{CEQ}；

② 计算电压放大倍数 A_u、输入电阻 R_i 和输出电阻 R_o；

③ 若输出端接上负载 R_L（4kΩ），则 A_u 如何变化？

（4）放大电路如图 3-43 所示，三极管为硅管，β=100，r_{be}=1.7kΩ，U_{BEQ}=0.7V，R_{b1}=60kΩ，R_{b2}=40kΩ，R_e=3kΩ，R_c=4kΩ，R_L=4kΩ，U_{CC}=15V，C_1=C_2=10μF，C_e=47μF。

① 画出直流通路，计算静态时的 I_{BQ}、I_{CQ}、U_{CEQ}；

② 画出交流通路，计算 A_u、R_i、R_o；

③ 若 C_e 断开，则 A_u 将如何变化？

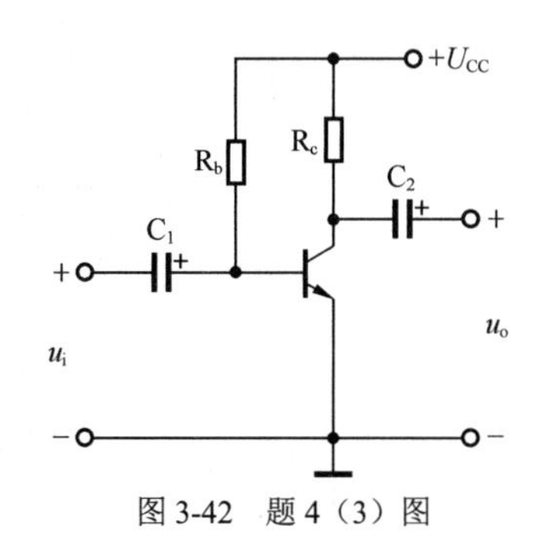

图 3-42　题 4（3）图

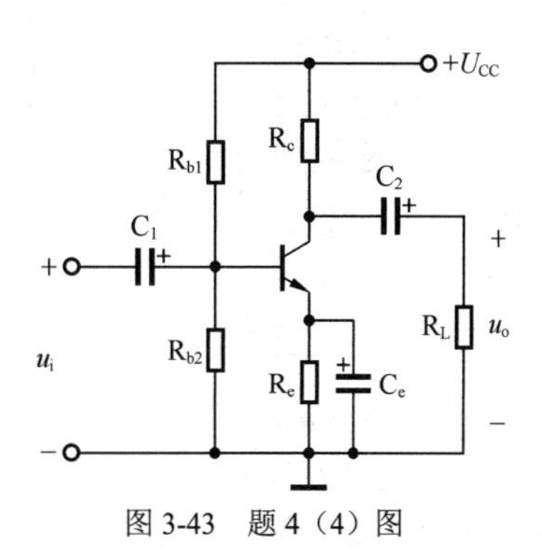

图 3-43　题 4（4）图

项目四 集成运算放大电路及其应用

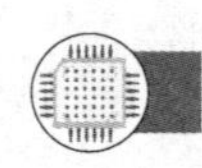

一、项目分析

集成电路是 20 世纪 60 年代初发展起来的一种新型器件。它把整个电路中的各个元器件以及元器件之间的连线，采用半导体集成工艺制作在一块半导体芯片上，再将芯片封装并引出相应引脚，做成具有特定功能的集成电子线路。与分立元件电路相比，集成电路实现了器件、连线和系统的一体化，外接线少，具有可靠性高、性能优良、质量轻、造价低廉、使用方便等优点；另外，通过引入反馈可改善放大电路的放大性能。

思维导图

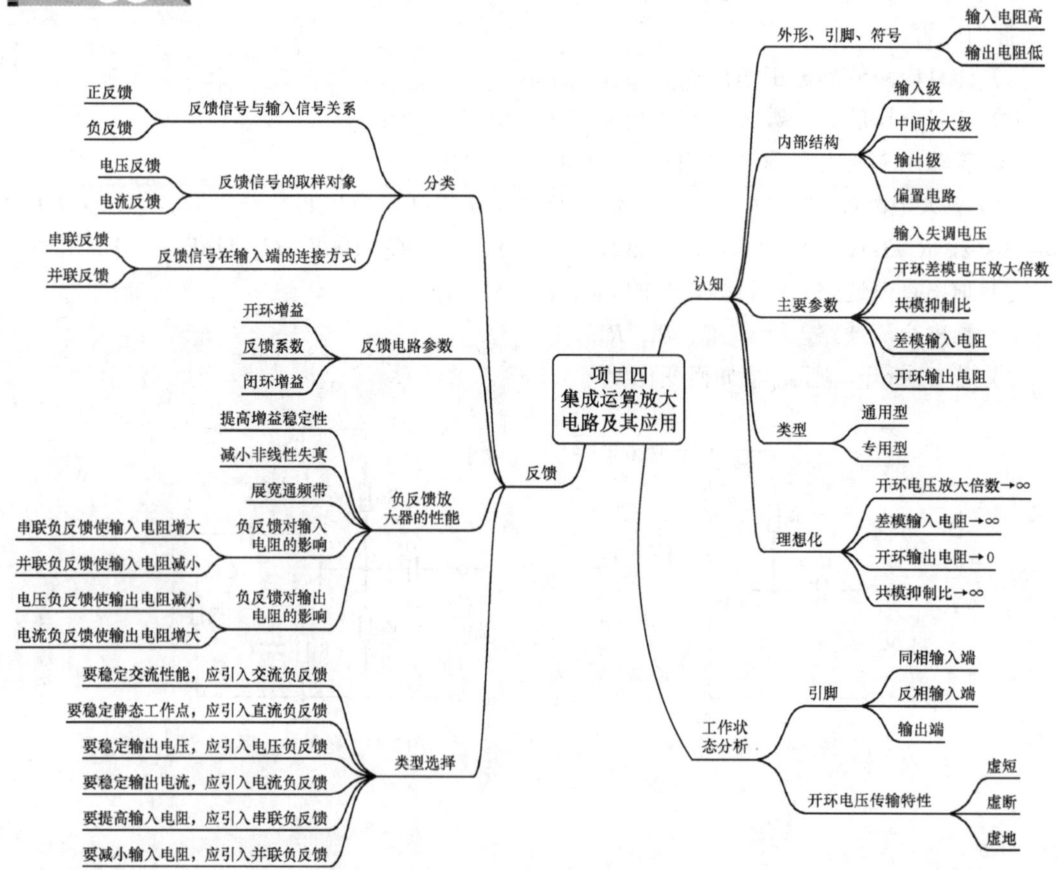

① 集成运算放大器的结构组成、特性指标及种类、引脚特性；
② “虚短”和“虚地”的概念，对集成运算放大器应用电路进行分析与基本计算；
③ 反馈的定义及分类方法，反馈类型的判别。

能力点

① 能熟练使用万用表、信号发生器、示波器测试反馈电路的特性；
② 能使用 Proteus 仿真软件分析测试典型集成运算放大器应用电路；
③ 能制作音频放大电路的中间级，能对电路所出现的故障进行分析及排除。

素质点

① 熟悉集成电路相关国家标准和设计规范，培养质量意识和成本意识；
② 培养积极思考，全方位分析问题、解决问题的能力；
③ 加强职业创新意识，培养自主创新的大国工匠精神。

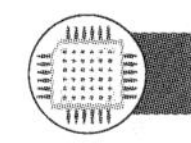

二、相关知识

（一）集成运算放大器的认知

1. 集成运算放大器的结构

（1）集成运算放大器的外形、引脚和符号

集成运算放大器内部电路结构复杂，对使用者来说，只需了解其主要性能及掌握连接和使用方法。在具体应用中，集成运算放大器可视为一个高电压放大倍数、低零点漂移的双端输入单端输出差动放大器，有两个输入端和一个输出端。各引脚代表的含义及具体连接方法，应根据集成电路的型号查阅有关手册。集成运算放大器实物如图 4-1 所示。

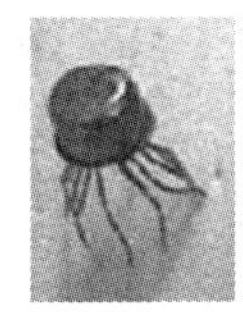

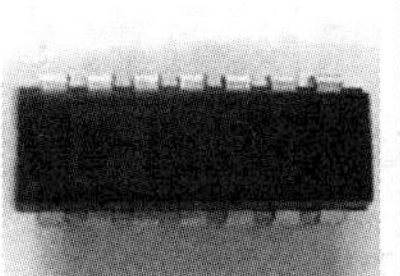

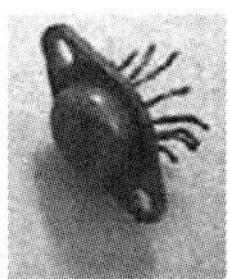

图 4-1 集成运算放大器实物

集成芯片的封装及识别

线性集成运算放大器常见的两种封装方式是圆式金属壳封装和双列直插式塑料或陶瓷封装。数字集成电路多为双列直插式。圆式金属壳封装的引脚数有 8、10、12 等种类，引脚排列顺序如图 4-2 所示，从引脚根部看进去，以管壳上的凸起部分为参考标记，按顺时针方向数引脚，依次为 1、2、3、…、8。双列直插式封装的引脚数有 8、10、12、14、16、18、20、24 等多种，引脚排列顺序如图 4-3 所示（顶视图），引脚向下，缺口、色点等标记向左，从左下脚开始按逆时针方向数引脚，依次为 1、2、3、…、14。

（2）集成运算放大器的内部结构

集成运算放大器是常用的一类模拟集成电路，它是一个以差动放大器作输入级的高增益、直接耦合电压放大器，一般具有很高的输入电阻和很低的输出电阻，故其发展非常迅速，类型很多，其基本组成如图 4-4 所示。

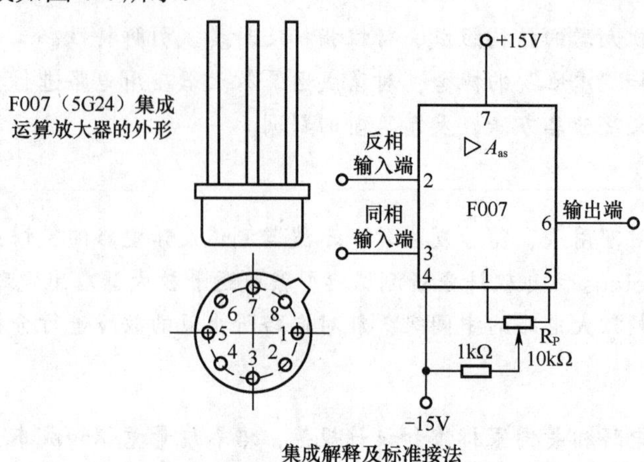

图 4-2　F007（5G24）引脚排列顺序

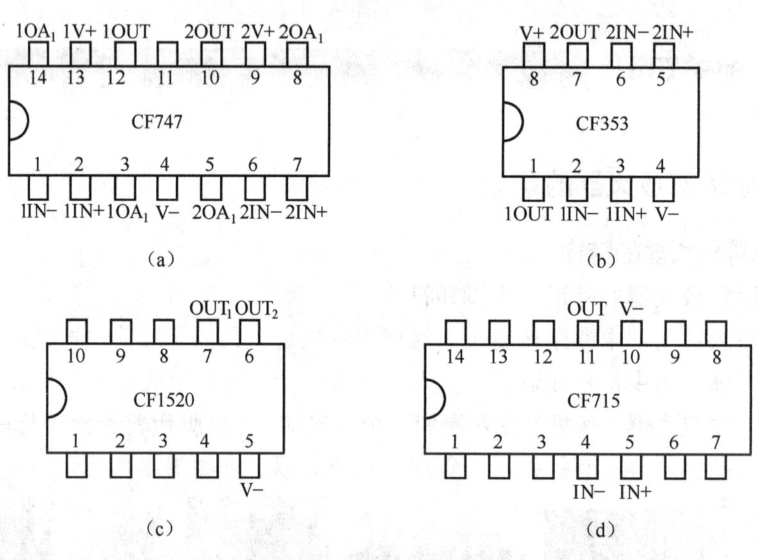

图 4-3　集成运算放大器的外形、引脚

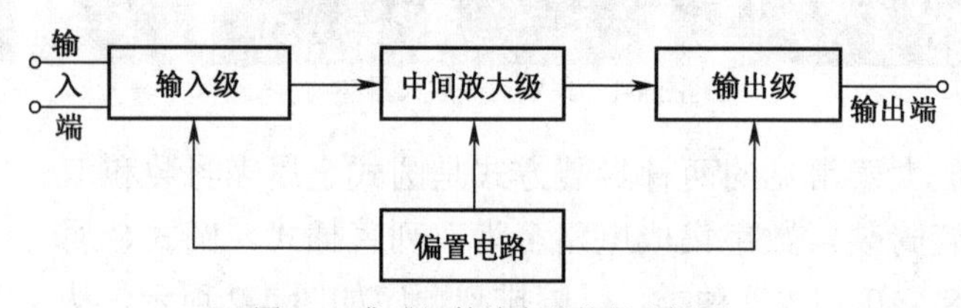

图 4-4　集成运算放大器的组成框图

从图 4-4 所示可以看出，集成运算放大器包括下面 4 个基本部分。

① 输入级。输入级提供同相输入端和反相输入端，电路形式为差动放大电路，要求输入电阻高。它是提高运算放大器质量的关键部分。为增大输入电阻、减小零点漂移、提高整个电路的共模抑制比，一般都采用差动放大电路。

② 中间放大级。中间放大级主要完成对输入电压信号的放大，一般通过采用多级共发射极放大电路实现，要求电压放大倍数高。

③ 输出级。输出级提供较高的输出功率、较低的输出电阻，一般由互补对称电路或射极输出器构成。为减小输出电阻，提高电路的带负载能力，通常采用互补对称式功放电路。此外，输出级还附有保护电路，以防意外短路或过载时造成损坏。

④ 偏置电路。偏置电路提供各级静态工作电流，一般由各种恒流源电路组成。

2. 集成运算放大器的符号、类型及主要参数

集成电路是一个不可分割的整体，可用电路符号及参数来描述其性能。因此，在选用集成电路时，应根据实际要求及集成电路的参数说明确定其型号，就像选用其他电路元件一样。理解集成电路的电路符号、主要参数及种类是应用集成电路的基础。

（1）集成运算放大器的电路符号

集成运算放大器的电路符号如图4-5所示。图4-5（a）所示为理想集成运算放大器符号，三角形的指向表示信号传递的正方向，∞表示A_{uo}→∞。图4-5（b）所示为实际集成运算放大器的简化画法。由图4-5（b）可看出，集成运算放大器具有同相（“+”号）端、反相（“−”号）两个输入端。当同相输入端接地、反相输入端接输入u_i时，输出u_o与输入u_i反相；若反相输入端接地、同相输入端接输入u_i，输出u_o与输入u_i同相。

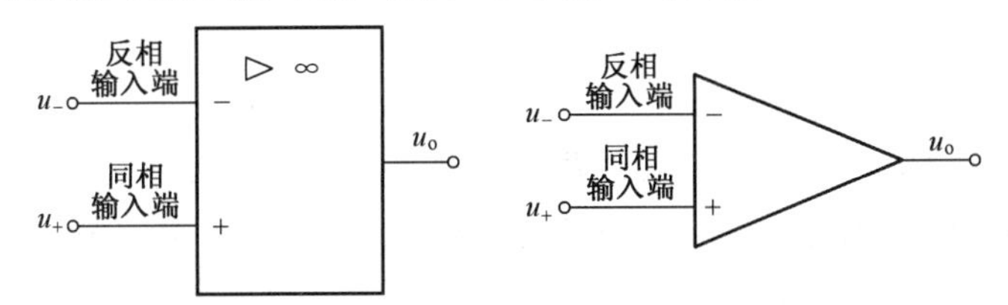

（a）理想集成运算放大器符号　（b）实际集成运算放大器的简化画法

图4-5　集成运算放大器的电路符号

（2）集成运算放大器的主要参数

衡量集成运算放大器质量好坏的技术指标很多，基本指标有10项左右。下面介绍其中主要性能参数的含义。

① 输入失调电压U_{oS}。实际的集成运算放大器难以做到差动输入级完全对称，当输入电压为零时，输出电压并不为零。在室温（25℃）及标准电源电压下，为了使输出电压为零，在集成运算放大器的两输入端额外附加的补偿电压称为输入失调电压U_{oS}。U_{oS}越小越好，一般为0.5～5mV。

② 开环差模电压放大倍数A_{od}。集成运算放大器在开环（无外加反馈）时，将输出电压与输入差模信号的电压之比称为开环差模电压放大倍数A_{od}。它是决定运算放大器运算精度的重要因素，常用分贝（dB）表示，目前最高值可达140dB（即开环电压放大倍数达10^7）。

③ 共模抑制比K_{CMRR}。K_{CMRR}是差模电压放大倍数与共模电压放大倍数之比，高质量运算放大器的K_{CMRR}可达160dB。

④ 差模输入电阻r_{id}。r_{id}是集成运算放大器在开环时，输入电压变化量与由它引起的输入电流变化量之比，即从输入端看进去的动态电阻，一般为兆欧数量级，以场效应管为输入级的r_{id}可达10^4MΩ。

⑤ 开环输出电阻 r_o。r_o 是集成运算放大器开环时，从输出端向里看进去的等效电阻。其值越小，说明运算放大器的带负载能力越强。理想集成运算放大器的 r_o 趋于零。

其他参数包括输入失调电流 I_{OS}、输入偏置电流 I_B、输入失调电压温漂 dU_{OS}/dT 和输入失调电流温漂 dI_{OS}/dT、最大共模输入电压 U_{Icmax}、最大差模输入电压 U_{Idmax} 等，可通过器件手册直接查到参数的定义及各种型号运算放大器的技术指标。

集成运算放大电路的使用

可见，集成运算放大器具有开环电压放大倍数高、输入电阻高（约几兆欧）、输出电阻低（约几百欧）、漂移小、可靠性高、体积小等主要特点。

（3）集成运算放大器的类型

集成运算放大器类型较多，型号各异，可分为通用型和专用型两大类。

① 通用型。通用型集成运算放大器的各项指标适中，基本上兼顾各方面应用，如 F007。

② 专用型。专用型集成运算放大器主要有高输入阻抗型、高速型、高压型、大功率型、宽带型、低功耗型等多种类型。

特殊集成运算放大电路

通用型集成运算放大器价格便宜，便于替换，是应用最广的一种。在选择运算放大器时，除非有特殊要求，一般都选用通用型。

3. 集成运算放大器的理想化条件

在分析运算放大器时，一般可将它看成一个理想运算放大器。理想运算放大器的条件主要是开环电压放大倍数 $A_{uo}\to\infty$，差模输入电阻 $r_{id}\to\infty$，开环输出电阻 $r_o\to 0$，共模抑制比 $K_{CMRR}\to\infty$。

集成运算放大电路的保护与使用

理想运算放大器特征可概括为“三高一低”。实际运算放大器的上述技术指标与理想运算放大器接近，工程分析时，用理想运算放大器代替实际运算放大器所引起的误差是允许的。因此，在分析运算放大器电路时，我们一般将其视为理想运算放大器。

（二）反馈的认知

1. 反馈的概念

实际运算放大器的开环电压放大倍数非常大，一般不可以直接应用于信号放大。在实际应用中，常使用反馈技术来稳定放大电路的放大倍数。

将输出信号（电压或电流）的一部分或全部以某种方式回送到电路的输入端，使输入量（电压或电流）发生改变，这种现象称为反馈，如图 4-6 所示。

反馈放大电路的构成

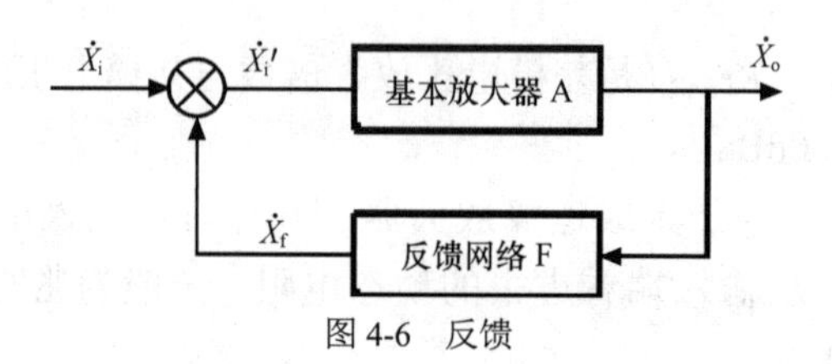

图 4-6 反馈

由反馈的概念可以得出：具有反馈的放大电路包括基本放大器及反馈网络两个部分。

在具有反馈的放大电路中，信号具有两条传输途径：一条是正向传输途径，信号经放大电路从输入端传向输出端，该放大电路称为基本放大电路；另一条是反向传输途径，输出信号通过某通道经放大电路从输出端传向输入端，该通道称为反馈网络。

判断电路有无反馈，可以根据输入端与输出端是否存在反馈网络来判断。

2. 反馈类型

按反馈信号与输入信号的关系，反馈有正反馈、负反馈之分。若反馈信号在输入端与输入信号相加，使净输入信号增加，则称为正反馈；若反馈信号在输入端与输入信号相加，使净输入信号减小，则称为负反馈。反馈的正负也称为反馈的极性。

按照反馈信号的取样对象，负反馈可分为电压反馈和电流反馈。当反馈信号取自输出电压时，称为电压反馈；当反馈信号取自输出电流时，称为电流反馈。电压反馈可稳定输出电压，电流反馈可稳定输出电流。

根据反馈信号在输入端的连接方式，负反馈又可分为串联反馈和并联反馈。如果在输入端反馈信号以电压形式叠加，则称为串联反馈；若以电流形式叠加，则称为并联反馈。

下面给出不同类型负反馈电路的连接特点。

① 反馈信号直接从输出端引出，为电压反馈；从负载电阻 R_L 靠近“地”端引出，是电流反馈。

② 输入信号和反馈信号均加在反相输入端，为并联反馈；输入信号和反馈信号加在不同的输入端，为串联反馈。

据此分析，我们可以分别判断图 4-7 所示各电路的反馈类型。

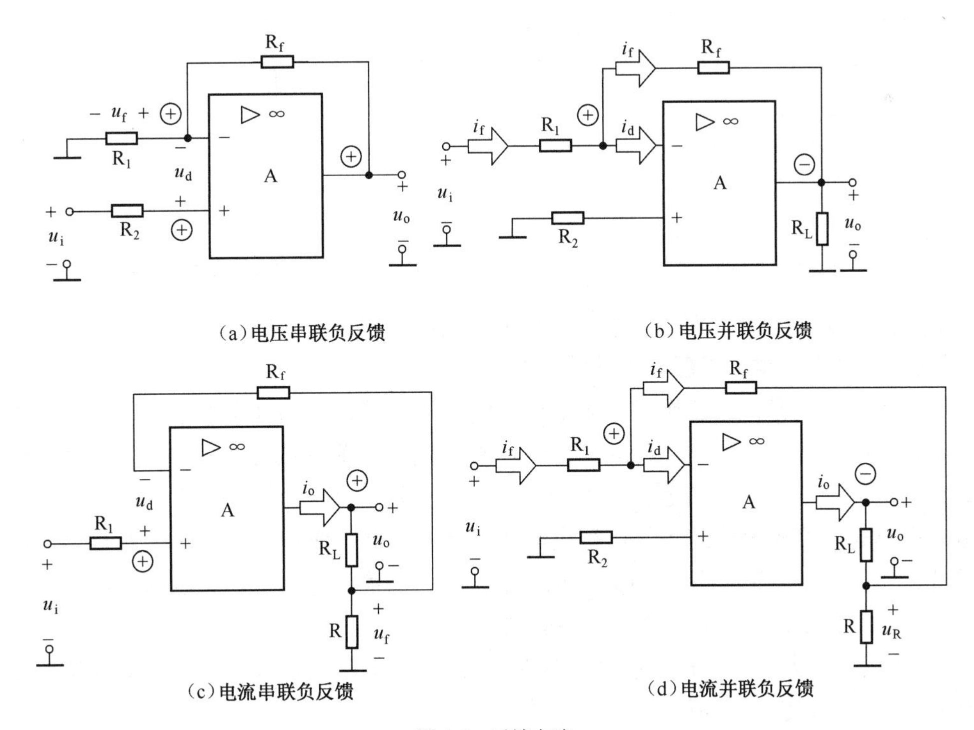

(a) 电压串联负反馈　(b) 电压并联负反馈

(c) 电流串联负反馈　(d) 电流并联负反馈

图 4-7　反馈电路

（三）集成运算放大器的非线性工作状态及相应结论

1. 集成运算放大器工作状态特性分析

集成运算放大器的电压传输特性和分析依据如下所述。

图 4-8 所示为集成运算放大器的符号，除图示的同相输入端、反相输入端和输出端外，还有未在图中标出的正电源端和负电源端（单电源运算放大器则为接地）。在实际集成运算放大器器件中，由于具体应用、封装等需要，有时还会增加一些辅助端（引脚），此外还有单片集成的多运算放大器器件型号。

图 4-9 所示为集成运算放大器在开环应用时的电压传输特性，中间一段过零斜线为线性区，上下两段水平横线为饱和区（正、负饱和电压由集成运算放大器所加正、负电源大小决定）。集成运算放大器工作在线性区时，$U_o = A_{uo} \times (U_p - U_n)$，由于开环电压放大倍数 A_{uo} 很高，输入很小的信号也足以使输出电压饱和，另外干扰信号也会使输出难以稳定，所以，要使集成运算放大器稳定工作在线性区，通常需引入深度电压负反馈。为便于分析，一般把集成运算放大器理想化，即认为其开环电压放大倍数和差模输入电阻无穷大。

根据以上分析可知，在很多集成运算放大器电路中，有输出到输入的反馈，集成运算放大器闭环工作。若反馈类型为负反馈，那么输出与输入满足线性关系，称集成运算放大器工作在线性区；否则工作在开环状态，称集成运算放大器工作在非线性区。

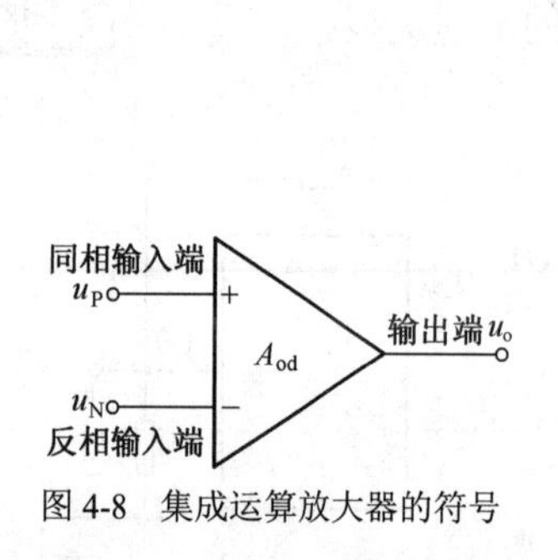

图 4-8 集成运算放大器的符号

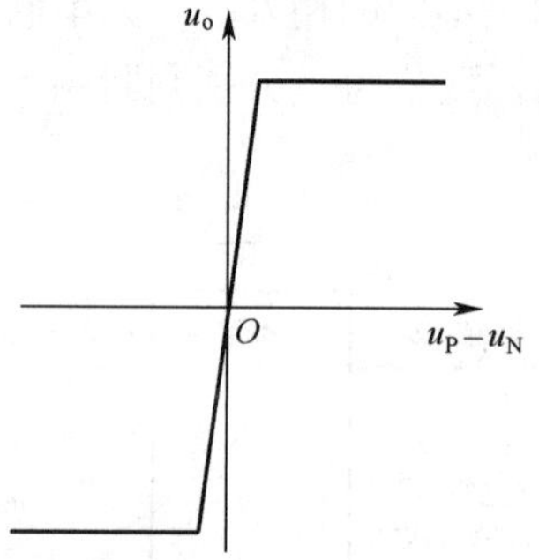

图 4-9 集成运算放大器的电压传输特性

综上分析可知，集成运算放大器具有开环、闭环两种工作状态。

2. 集成运算放大器工作在非线性区的特点

当集成运算放大器开环工作时，无输出到输入的反馈，如图 4-8 所示。因为理想集成运算放大器开环电压放大倍数 $A_{uo} \to \infty$，所以一个微弱的差模输入信号将使输出为极值，故集成运算放大器开环工作称为集成运算放大器工作在饱和区（也叫非线性区）。

由理想集成运算放大器的条件可得出集成运算放大器工作在非线性区的两点结论。

① 输出电压 u_o 只有两种状态：U_{opp} 或 $-U_{opp}$（U_{opp} 为最大输出电压）。当 $u_+ > u_-$ 时，$u_o = U_{opp}$；当 $u_+ < u_-$ 时，$u_o = -U_{opp}$；$u_+ = u_-$ 为两种状态的转折点。

② 集成运算放大器工作在非线性状态时，“虚断”即同相输入端与反相输入端的输入电流都等于零仍适用，但“虚短”原则不再适用。

（四）集成运算放大器的线性工作状态及相应结论

1. 集成运算放大器工作在线性区的条件

对于实际集成运算放大器来说，开环电压放大倍数 A_{uo} 很大，所以集成运算放大器开环工作的线性范围非常小，通常仅为毫伏级以下。要使集成运算放大器在较大输入时也能正常工作，必须在电路中引入深度负反馈，即工作在闭环状态，实质是扩展集成运算放大器的线性工作区。

2. 集成运算放大器工作在线性区的几个重要概念

由负反馈、理想集成运算放大器的条件可得出集成运算放大器工作在线性区的 3 个重要概念。

（1）虚短

理想运算放大电路的虚短

图 4-8 所示集成运算放大器电路（反馈极性为负反馈）中，由于其开环电压放大倍数 $A_{uo}\to\infty$，而且输出为有限值，故两个输入端电位相等，集成运算放大器两个输入端之间的电压几乎等于零，如同将该两点短路一样，但是该两点实际上并未真正被短路，只是表面上似乎短路，因而是虚假的短路，这种现象称为“虚短路”，简称“虚短”。

产生虚短的原因是集成运算放大器电路中引入了负反馈。简要解释如下：假定 $R_1=R_f$，u_i=0.1V，电路刚接通瞬间，u_+=0.1V（集成运算放大器差模输入电阻非常大），u_- =0V。因集成运算放大器的放大倍数非常大，故集成运算放大器进入非线性区，$u_o=U_{opp}$。U_{opp} 反馈到反相端，u_-电位开始上升，当 u_-非常接近 u_+时，电路逐渐稳定，u_o=0.2V。电路稳定时，u_+和 u_- 的电位非常接近，这便是“虚短”。

（2）虚断

理想运算放大电路的虚断

由于集成运算放大器的差模输入电阻 $r_{id}\to\infty$，故同相输入端与反相输入端的电流几乎都等于零，如同该两点被断开一样，这种现象称为“虚断路”，简称“虚断”。“虚断”是指在分析集成运算放大器处于线性状态时，可以把两输入端视为等效开路，但实际上不能将两输入端真正断路。

（3）虚地

理想集成运算放大器工作在线性区时，若反向端有输入，同相端接“地”，则 $u_-=u_+=0$。这就是说，反相输入端的电位接近于“地”电位，它是一个不接“地”的“地”电位端，通常称为“虚地”。

（五）集成运算放大器构成的两种基本放大器

1. 反相比例运算电路

反相比例运算电路如图 4-10 所示。在图 4-10 中，R_f为负反馈电阻；R_1、R_2为输入端电阻，为使电路对称，需 $R_2=R_1 /\!/ R_f$；U_i为加在反相输入端上的电压（同相输入端接地）；U_o为输出电压。

反相比例运算电路

① 图 4-10 中电路反馈极性为负反馈，运算放大器工作在线性区。由“虚断”可得 $i\approx0$，所以，$i_1=i_f$。

② 由“虚地”，因此有 $\dfrac{u_i}{R_1}=\dfrac{-u_o}{R_f}$，所以

$$u_o=-\frac{R_f}{R_1}\times u_i \tag{4-1}$$

由式（4-1）知，图 4-10 所示电路的输出 u_o 与输入 u_i 为线性比例关系，相位相反，故称为反相比例运算电路。当 $R_f=R_1$ 时，有 $u_o=-u_i$，这就是反相器。

③ 由“虚短”（$u_-=0$）可知输入电阻 $R_i=R_1$。

④ 由“虚短”（$u_-=0$）可知输出电阻 $R_o=r_o//R_f\approx r_o\to 0$

由于电阻的精度以及稳定性很高，所以比例系数 A_f 很稳定。当 $R_1=R_f$ 时，$A_f=-1$，这时 $u_o=-u_i$，这时的电路称为反相器（反号器）。反相输入放大电路属于电压并联负反馈电路，其输入电阻较开环输入电阻要小。

2. 同相比例运算电路

同相比例运算电路如图 4-11 所示。图中，R_f 为负反馈电阻；R_1、R_2 为输入端电阻，R_2 起限流保护作用，为使电路对称，取 $R_2=R_f$；u_i 为加在同相输入端上的电压（反相输入端接地）；u_o 为输出电压。

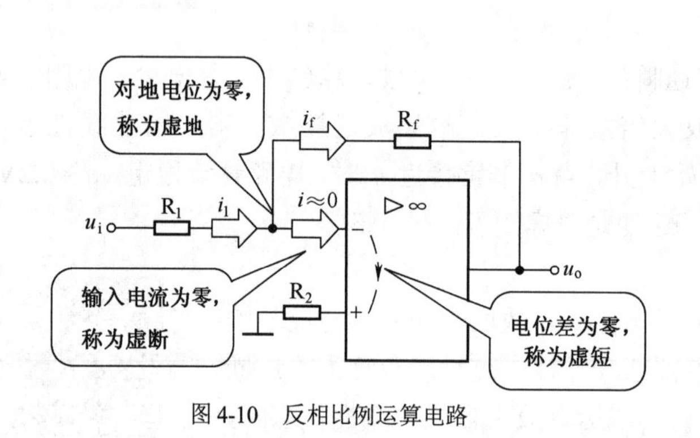

图 4-10　反相比例运算电路

图 4-11　同相比例运算电路

根据“虚断”结论，有 $i_-=0\to i_1=i_f\to(0-u_-)/R_1=(u_--u_o)/R_f$

$$i_+=0\to u_+=u_i$$

根据“虚短”结论，有 $u_-=u_+=u_i\to -u_i/R_1=(u_i-u_o)/R_f\to u_o/u_i=1+R_f/R_1$

根据 $A_f=u_o/u_i$，则有 $A_f=1+R_f/R_1$。

如果将 R_1 开路，或取 $R_f=0$，则 $A_f=1$，这两种电路均称为电压跟随器（同号器）。同相比例运算电路属于电压串联负反馈电路，其输入电阻较开环输入电阻要大得多。

例 4.1　在图 4-12 所示的同相比例运算电路中，已知 $R_1=2\text{k}\Omega$，$R_f=10\text{k}\Omega$，$R_2=2\text{k}\Omega$，$R_3=18\text{k}\Omega$，$u_i=1\text{V}$，求 u_o。

解：$u_o=\left(1+\dfrac{R_f}{R_1}\right)u_i$ 中的 u_i 是指加在同相输入端的输入电压，在图 4-12 中即为

$$u_+=R_3\frac{u_i}{R_2+R_3}=18\times\frac{1}{2+18}$$

$$=0.9\text{（V）}$$

于是得
$$u_o=\left(1+\frac{10}{2}\right)\times 0.9=5.4\ (\text{V})$$

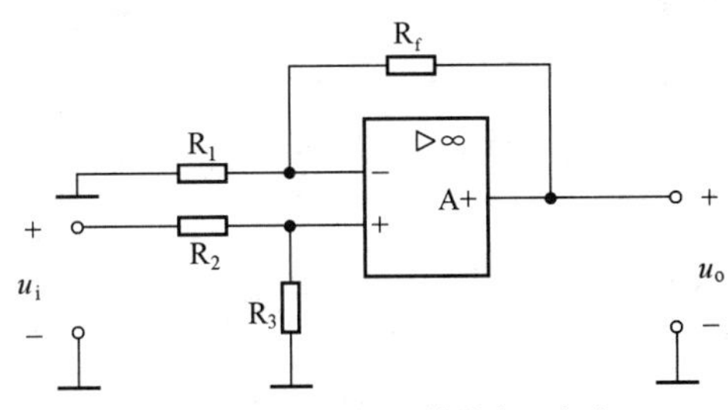

图 4-12　同相比例运算放大器电路

3. 集成运算放大器的两种基本负反馈放大器

采用理想集成运算放大器分析法可获得集成运算放大器同相和反相放大器的一些指标，总结并列在表 4-1 中。

表 4-1　　反相放大器与同相放大器比较

比较项	反相放大器	同相放大器
简化电路		
电压放大倍数 u_o/u_s	$-R_f/R_1$	$1+R_f/R_1(>1)$
输入电阻 R_{if}	R_1	∞
输出电阻 R_{of}	0	0
共模输入电压 u_{ic}	0	u_s
反馈类型和极性	电压取样电流求和负反馈	电压取样电压求和负反馈

当上述电路中电阻为阻抗时，有关公式仍然成立，例如，$\dfrac{U_o}{U_s}=-\dfrac{z_f}{z_1}$（反相组态），$\dfrac{U_o}{U_s}=1+\dfrac{z_f}{z_1}$（同相组态）。

（六）负反馈对放大电路性能的影响

集成运算放大器在未引入反馈时处于开环工作状态。由于运算放大器的开环电压放大倍数很大，如 CF741 的开环电压放大倍数可达 10^5，开环时输出电压的零漂问题很严重，仅输入失调电压温漂 20μV/℃这一项，就能使输出电压温漂达到 $20\mu V/℃\times 10^5=2\ V/℃$，因此，在输入信号为零时，即使对输出电压已采取调零措施，也无法使其稳零，往往其输出电压不是漂移到正向饱和值（+10V），便是漂移到负向饱和值（−10V）。此外，运算放大器的某些开环性能指标很差，如 CF741 的上限频率仅为 6Hz 左右，所以集成运算放大器用作线性放大时，为了减小漂移和展宽通频带，都必须引入负反馈。

为了分析负反馈放大器的性能，先把各种负反馈放大电路简化为图 4-13 所示的方框图结构，方框图能简明地表达电路中各个量的关系。

1. 负反馈放大器的方框图

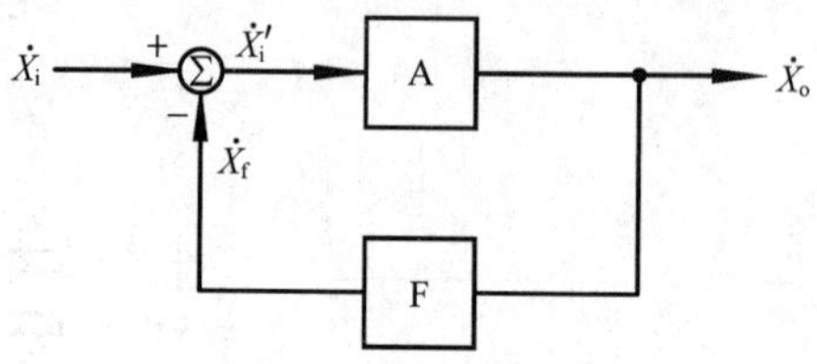

图 4-13 负反馈放大器的方框图

在方框图中，方框 A 代表开环放大器，方框 F 表示反馈网络（通常由电阻 R_f 等组成），带箭头的线条表示各组成部分间的联系，信号沿箭头方向传输。各个信号量用 $\dot{X}$ 表示，它可以是电压或电流。其中，$\dot{X}_i$ 表示输入信号；$\dot{X}_i'$ 表示开环放大器的净输入量；$\dot{X}_f$ 表示反馈量；$\dot{X}_o$ 表示输出端被取样的量；符号"$\sum$"表示比较环节，在其旁边所标注的是极性，图 4-13 表明在负反馈的情况下，当 $\dot{X}_i$ 为正极性时，$\dot{X}_f$ 为负极性，所以净输入量 $\dot{X}_i'$ 小于输入信号 $\dot{X}_i$。

负反馈方框图所确定的基本关系如下。

（1）输入端各量的关系式

$$\dot{X}_i' = \dot{X}_i - \dot{X}_f \tag{4-2}$$

（2）开环增益 $\dot{A}$

$$\dot{A} = \frac{\dot{X}_o}{\dot{X}_i'} \tag{4-3}$$

（3）反馈系数 $\dot{F}$

$$\dot{F} = \frac{\dot{X}_f}{\dot{X}_o} \tag{4-4}$$

（4）闭环增益 $\dot{A}_f$

$$\dot{A}_f = \frac{\dot{X}_o}{\dot{X}_i} \tag{4-5}$$

$$\dot{A}_f = \frac{\dot{X}_o}{\dot{X}_i' + \dot{X}_f} = \frac{\dot{A}}{1 + \dot{A} \cdot \dot{F}} \tag{4-6}$$

上述各量中，当信号为正弦量时，$\dot{X}_i$、$\dot{X}_i'$、$\dot{X}_f$ 和 $\dot{X}_o$ 为相量，$\dot{A}$ 和 $\dot{F}$ 为复数。在中频段，为了表达式的简明，都用实数表示。

式（4-6）表明闭环增益 A_f 比开环增益 $\dot{A}$ 减少到原来的 $1/(1+\dot{A} \cdot \dot{F})$，其中，（$1+\dot{A} \cdot \dot{F}$）称为反馈深度，它的大小反映了反馈的强弱，而乘积 $\dot{A} \cdot \dot{F}$ 称为环路增益。闭环增益小的原因是净输入量比输入信号减小到原来的 $1/(1+A_f)$。

负反馈对放大电路性能的影响

2. 负反馈放大器的性能

放大器的基本任务是放大输入信号，即要求它的输出量唯一地取决于它的输入信号。然而，事实上，各种不可避免的实际因素（如温度、干扰、失真、负载变化等）将对放大器的输出量产生各种不同的影响。我们把这些影响放大器输出量的原因都归结为"变化因素"。前面已经指出，反馈的实质就是输出量参与控制，负反馈的重要特性是能稳定输出端被取样的量。也就是说，如果有"变化因素"，负反馈的基本作用是削弱输出量的变化。由于输出量变化的削弱过程是建立在“有变化”这一前提上的，因此不可能把输出量的变化削弱到零。削弱输出量变化的结果将使放大器的性能得到改善。下面就从上述基本概念出发，来讨论负反馈对放大器性能的改善程度。

（1）提高增益稳定性

如图 4-14 所示，放大器的开环增益 A 是不稳定的。例如，环境温度变化时，三极管的 β 变化会引起开环增益 A 的变化，但此时闭环增益 A_f 却是稳定的。闭环增益的相对变化，只有开环增益相对变化的 $1/(1+A_f)$。因此，在输入信号 X_i 的幅度一定的条件下，闭环增益稳定就是输出端被取样量 X_o 稳定，放大器放大倍数的稳定性也大大提高。

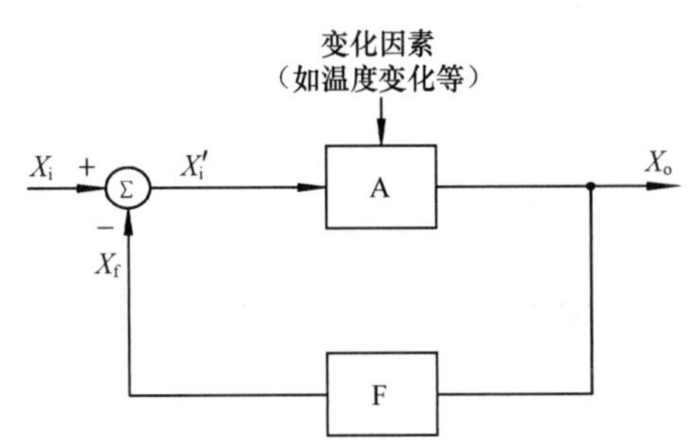

图 4-14　负反馈削弱变化因素的影响

例 4.2　有一负反馈放大电路，$A=10^4$，$F=0.01$。如果三极管的参数因温度的变化而发生变化，使 A 减小了 10%，试求变化前后的 A_f 值及相对变化量。

解： 放大电路原来的增益为

$$A_f=\frac{A}{1+A\cdot F}=\frac{10^4}{1+10^4\times 0.01}\approx 99$$

三极管参数变化后的增益

$$A'=10^4(1-10\%)=9000$$

$$A_f'=\frac{A'}{1+A'\cdot F}=\frac{9000}{1+9000\times 0.01}\approx 98.9$$

A_f 的相对变化

$$\frac{\Delta A_f}{A_f}=\frac{98.9-99}{99}\approx -0.1\%$$

或

$$\frac{dA_f}{A_f}=\frac{1}{1+A\cdot F}\frac{dA}{A}=(-10\%)\frac{1}{1+10^4\times 0.01}\approx -0.1\%$$

可见在 A 减小 10%的情况下，A_f 只减小了 0.1%。

负反馈放大电路的闭环增益 A_f 较稳定是不难理解的，如例 4.2 中，A 的减小使输出量减小，则反馈量也相应减小，于是净输入量就增大，以牵制输出量的减小，因此闭环增益就较稳定。

（2）减小非线性失真

一个理想的线性放大器，其输出波形和输入波形应成线性放大关系，可是由于三极管的非线性，当信号的幅度比较大时，输出波形会有一定的非线性失真，如图 4-15（a）所示。一个开环放大电路在输入正弦信号时，输出产生了失真，假设这个失真波形正半波幅值大、负半波幅值小。在该电路引入负反馈后，如图 4-15（b）所示，其反馈信号波形与输出波形相似，也是上大下小。经过比较环节（信号相减）使净输入信号变成上小下大。这种净输入信号的波形经过放大，其输出波形的失真程度势必得到一定的改善。从本质上说，负反馈是利用失真了的波形来改善波形的失真的，因此只能减小失真，不能完全消除失真。

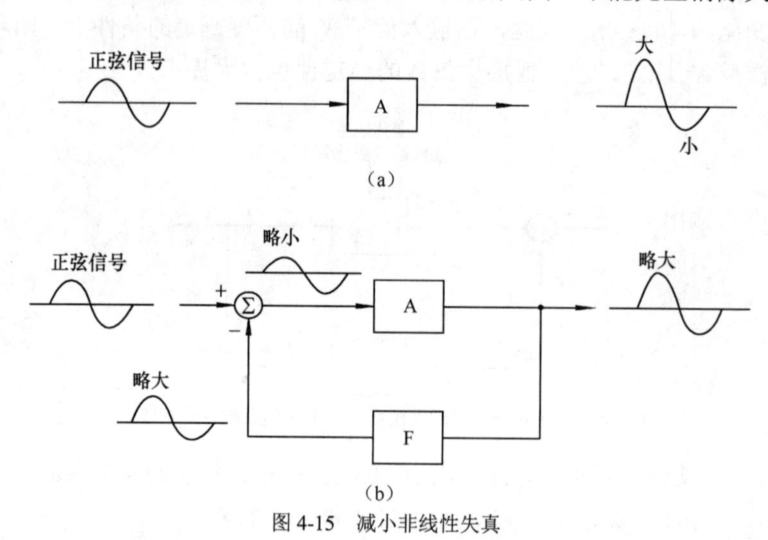

图 4-15　减小非线性失真

值得注意的是，如果输入信号本身是失真的，或者本身受到了干扰（不在闭环内），则引入负反馈的方法是无效的。

（3）展宽通频带

如图 4-16 所示，由放大器的频率特性可知，放大倍数在高频区和低频区（指阻容耦合放大器）都要下降，这是一种因频率变化而引起的内部增益变化，因此，可把频率的变化看成“变化因素”。频率变化使开环增益变化较大，闭环增益变化较小。

在我们的讨论范围内，一般有 $f_H \gg f_L$，$f_{Hf} \gg f_{Lf}$，所以可近似地认为通频带 BW 只取决于上限截止频率，负反馈使上限截止频率增大了（$1+A_f$）倍，可认为使通频带展宽了（$1+A_f$）倍，但这是以牺牲增益（$1+A_f$）倍为代价的。

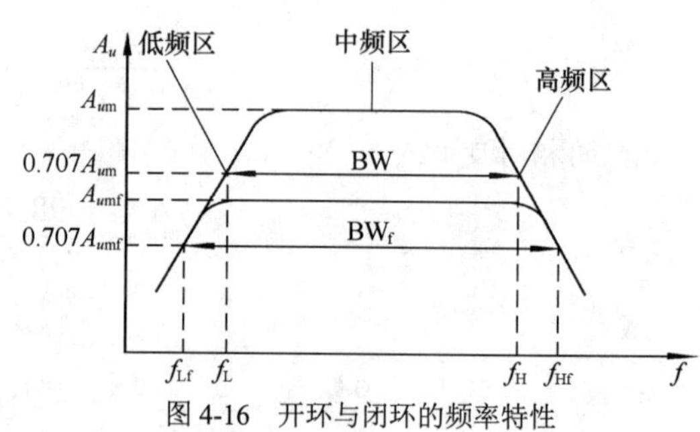

图 4-16　开环与闭环的频率特性

（4）负反馈对输入电阻的影响

负反馈对输入电阻的影响，取决于反馈网络在输入端的连接方式。

① 串联负反馈使输入电阻增大。根据图 4-17 所示，可知串联负反馈使输入电阻增大，这是因为反馈量 U_f 所引起的压降作用，相当于输入端串入了一个电阻，又由于 $U_f = U_i' \cdot A_f$，使这个串联电阻的阻值为 $R_i \cdot A_f$，因此，闭环输入电阻 R_{if} 增大到开环输入电阻 R_i 的（$1+A_f$）倍。

② 并联负反馈使输入电阻减小。根据图 4-18 所示，可知并联负反馈使输入电阻减小，这是因为反馈量 I_f 所引起的分流作用，相当于输入端并联了一个电阻，又由于 $I_f = I_i' \cdot A_f$，

使这个并联电阻的阻值为 R_i / A_f，因此，闭环输入电阻 R_{if} 减小到开环输入电阻 R_i 的 $1/(1+A_f)$。

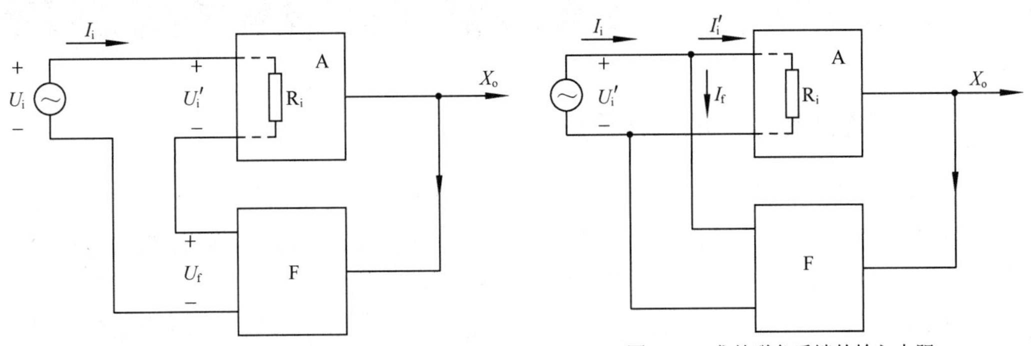

图 4-17　求串联负反馈的输入电阻　　　　图 4-18　求并联负反馈的输入电阻

（5）负反馈对输出电阻的影响

负反馈对输出电阻的影响，取决于反馈网络在输出端的取样量。

① 电压负反馈使输出电阻减小。如图 4-19 所示，开环放大器 A 在输入信号 $X_i = 0$ 时，输出端中仅有输出电阻 R_o，我们称 R_o 为开环输出电阻。

引入电压负反馈以后，输出电阻是开环时的 1/（$1+A_f$）。电压负反馈越深，输出电阻的减小就越显著，带负载能力就越强。

② 电流负反馈使输出电阻增大。如图 4-20 所示，引入电流负反馈以后，输出电阻是开环时的（$1+A_f$）倍。输出电阻越大，输出电流就越接近于恒流源，此时输出电流不会因带不同负载电阻而有较大变化。输出电流能较恒定是与输出电阻大密切相关的，电流负反馈越深，输出电阻的增大就越显著。

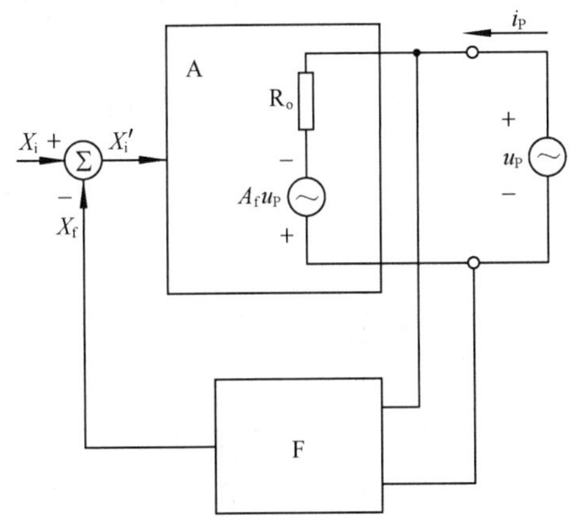

图 4-19　求电压负反馈的输出电阻

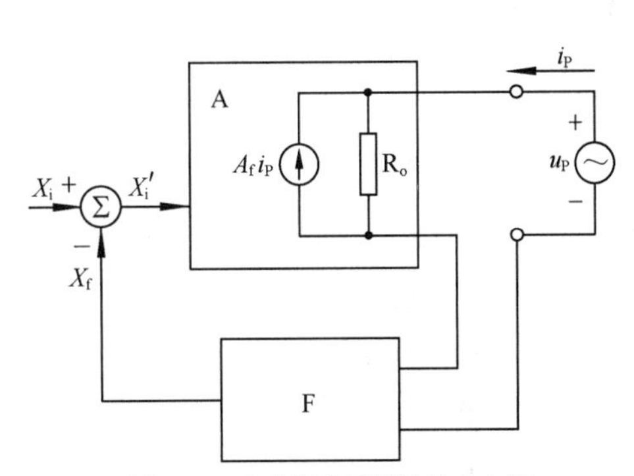

图 4-20　求电流负反馈的输出电阻

3. 反馈类型的选择

以上分析说明：为改善放大器的性能，应该引入负反馈。负反馈类型选用的一般原则归纳如下。

① 要稳定交流性能，应引入交流负反馈；要稳定静态工作点，应引入直流负反馈。

② 要稳定输出电压，应引入电压负反馈；要稳定输出电流，应引入电流负反馈。

③ 要提高输入电阻，应引入串联负反馈；要减小输入电阻，应引入并联负反馈。

三、拓展知识

（一）滞回电压比较器的工作原理

前面介绍的电压比较器只有一个门限电压，所以称为单门限电压比较器。单门限电压比较器虽然结构简单，但抗干扰能力差，故在某些场合需要用到双门限的电压比较器。双门限电压比较器又称为滞回电压比较器，其电路组成如图 4-21 所示。

根据反馈组态和极性的判别方法可得，滞回电压比较器是一个电压串联正反馈电路，因此运算放大器同相输入端的电压为

$$u_{+}=\frac{R_1}{R_1+R_2}u_{\mathrm{o}}$$

该电路的输出电压为$\pm U_{\mathrm{Z}}$，根据门限电压的定义可得该电路的阈值电压为

$$U_{\mathrm{TH}}=\pm\frac{R_1}{R_1+R_2}U_{\mathrm{Z}} \tag{4-7}$$

即该电路有两个门限电压，分别称为上门限电压 U_{TH2} 和下门限电压 U_{TH1}。

输出电压随输入电压变化的情况是：设接通电路的瞬间，电路的输出电压为$+U_{\mathrm{Z}}$，则电路的阈值电压为上门限电压 U_{TH2}；当输入电压过 U_{TH2} 点，从小于 U_{TH2} 增大到大于 U_{TH2} 时，输出电压从$+U_{\mathrm{Z}}$ 变为$-U_{\mathrm{Z}}$，电路的阈值电压从上门限电压 U_{TH2} 变为下门限电压 U_{TH1}。此时，若输入电压过 U_{TH2} 点再从大于 U_{TH2} 减小到小于 U_{TH2}，因电路的门限电压已经变成下门限电压 U_{TH1} 了，所以电路的输出电压不发生变化，继续保持为$-U_{\mathrm{Z}}$。只有当输入电压过 U_{TH1} 点，从大于 U_{TH1} 减少到小于 U_{TH1} 时，输出电压才会从$-U_{\mathrm{Z}}$ 变成$+U_{\mathrm{Z}}$。根据滞回电压比较器输出电压随输入电压而变化的特征，可得滞回电压比较器的传输特性曲线如图 4-22 所示。

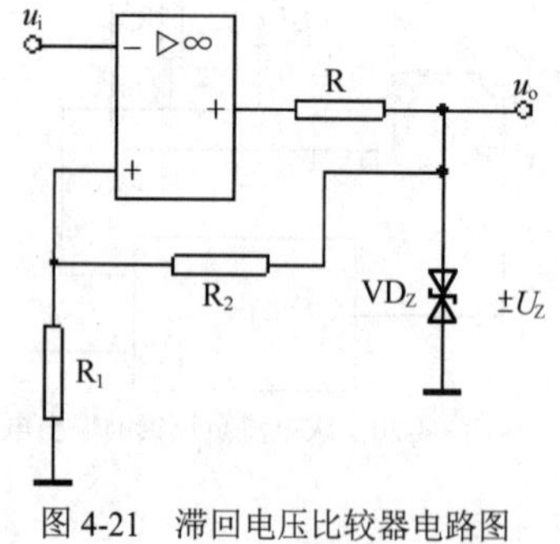

图 4-21　滞回电压比较器电路图

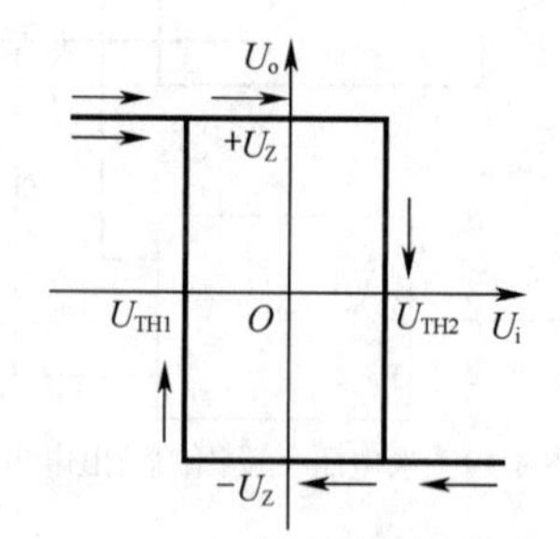

图 4-22　滞回电压比较器传输特性曲线

根据叠加定理可得该电路的阈值电压为

$$U_{\mathrm{TH1}}=\frac{R_2}{R_1+R_2}U_{\mathrm{R}}-\frac{R_1}{R_1+R_2}U_{\mathrm{Z}} \tag{4-8}$$

$$U_{\mathrm{TH2}}=\frac{R_2}{R_1+R_2}U_{\mathrm{R}}+\frac{R_1}{R_1+R_2}U_{\mathrm{Z}} \tag{4-9}$$

（二）滞回电压比较器的应用分析

例 4.3　在图 4-21 所示电路中，若双向稳压二极管 VD_Z 的稳压值为 $\pm U_Z$，$R_1=R_2$，输入信号的波形如图 4-23（a）所示，请画出输出电压的波形。

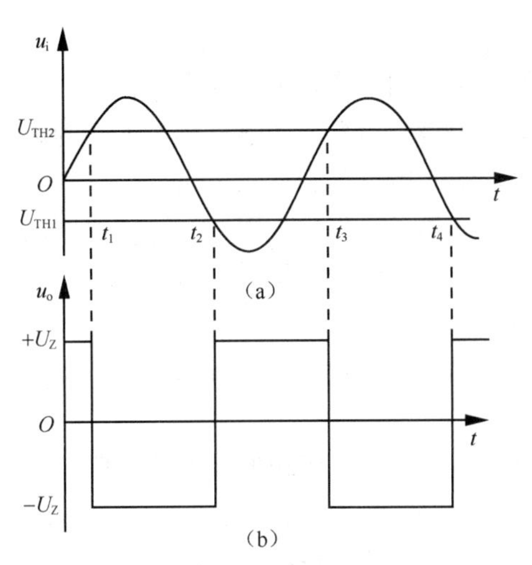

图 4-23　滞后电压比较器输入、输出波形图

解：根据式（4-7）可计算出电路的阈值电压为

$$U_{\mathrm{TH}}=\pm\frac{R_1}{R_1+R_2}U_{\mathrm{Z}}$$

在图 4-23 所示输入信号的 U_{TH1} 和 U_{TH2} 处分别做一条平行于横轴的直线，在 U_{TH2} 与输入波形的交界点上做平行于纵轴的虚线，交横轴于 t_1 和 t_3 两点，在 U_{TH1} 与输入波形的交界点上做平行于纵轴的虚线，交横轴于 t_2 和 t_4 两点，如图 4-23（a）所示。在点 t_1 的左边，因输入信号电压小于阈值电压，输出电压为 $+U_Z$，在点 t_1 右边、点 t_2 的左边，因输入信号电压大于阈值电压，输出电压为 $-U_Z$；在点 t_2 右边、点 t_3 的左边，因输入信号电压小于阈值电压，输出电压为 $+U_Z$；根据输出电压的这个特点，可画出输出电压波形，如图 4-23（b）所示。由图 4-23（b）可知，正弦波信号经滞回电压比较器整形变换后，成为矩形波。

小　结

1．集成运算放大器实现了器件、连线和系统的一体化，外接线少，具有可靠性高、性能优良、质量轻、造价低廉、使用方便等优点。

2．常用的集成运算放大器具有良好的特性，如电压放大倍数大、输入电阻高、共模抑制比高、输出电阻小等。理想集成运算放大器开环差模电压放大倍数 A_{od}、共模抑制比

K_{CMRR}、差模输入电阻 r_{id} 可视作无穷大，输出电阻可视作零，故具有“虚断”和“虚短”的特性。

3. 反馈能有效地影响电路的放大性能，其中电压串联负反馈可有效增加输入电阻、减小输出电阻、提高放大倍数的稳定性、展宽通频带，是改善电路放大性能的最优反馈类型。音频放大电路中间级即采用了该种反馈类型。

习题及思考题

1. 填空题

（1）分别选择“反相”或“同相”填入下列各空内。

①________比例运算电路中集成运算放大器反相输入端为虚地，而________比例运算电路中集成运算放大器两个输入端的电位等于输入电压。

②________比例运算电路的输入电阻大，而________比例运算电路的输入电阻小。

③________比例运算电路的输入电流等于零，而________比例运算电路的输入电流等于流过反馈电阻中的电流。

④________比例运算电路的比例系数大于 1，而________比例运算电路的比例系数小于零。

（2）________运算电路可将三角波电压转换成方波电压。

（3）________运算电路可实现函数 $Y=aX_1+bX_2+cX_3$，a、b 和 c 均大于零。

（4）________运算电路可实现函数 $Y=aX_1+bX_2+cX_3$，a、b 和 c 均小于零。

（5）有一负反馈放大器，当输入电压为 0.1V 时，输出电压为 2V，而在开环时，对于 0.1V 的输入电压其输出电压则有 4V。该反馈的深度等于_______，反馈系数等于________。

（6）有一负反馈放大器，其开环增益 A=100，反馈系数 F=1/10，它的反馈深度为____________；闭环增益为____________。

（7）使放大电路净输入信号减小的反馈称为__________反馈；使净输入信号增加的反馈称为__________反馈。

（8）判别反馈极性的方法是__________瞬时极性法。

（9）放大电路中，引入直流负反馈，可以________；引入交流负反馈，可以________。

（10）为了提高电路的输入电阻，可以引入_________；为了在负载变化时，稳定输出电流，可以引入__________；为了在负载变化时，稳定输出电压，可以引入__________。

（11）负反馈对放大电路有下列几方面的影响：使放大倍数________，放大倍数的稳定性_________，输出波形的非线性失真________，通频带宽度________，并且改变了输入电阻和输出电阻。

（12）对共发射极电路来说，反馈信号引入到输入端三极管发射极上，与输入信号串联起来，称为________反馈；若反馈信号引入到输入端三极管的基极上，与输入信号并联起来，称为________反馈。

（13）反馈放大电路由________和________两部分组成。反馈电路跨接在________端和________端之间。

（14）集成运算放大器通常由________、________、_________、____________4 个部分

组成。

（15）对于理想运算放大器，A_d=______、R_i= _______、R_o= _____。

（16）在典型的差动放大电路中，R_e 对_____信号呈现很强的负反馈作用，而对_____信号则无负反馈作用。

（17）在差动放大电路中，双端输出时，其电压放大倍数和单管放大电路的电压放大倍数_____。

（18）当环境温度变化时，对差动放大电路来说，相当于输入一组______信号。

2. 判断题

（1）处于线性工作状态下的集成运算放大器，反相输入端可按“虚地”来处理。（　　）

（2）在反相求和电路中，集成运算放大器的反相输入端为虚地点，流过反馈电阻的电流基本上等于各输入电流的代数和。（　　）

（3）电路中引入负反馈后，只能减小非线性失真，而不能消除失真。（　　）

（4）放大电路中的负反馈，对于在反馈环内产生的干扰、噪声和失真有抑制作用，但对输入信号中含有的干扰信号等没有抑制能力。（　　）

（5）负反馈放大电路不可能产生自激振荡。（　　）

（6）只要集成运算放大器引入正反馈，就一定工作在非线性区。（　　）

3. 选择题

（1）若要提高放大器带负载能力，并对信号源的影响小，可采用的反馈组态为（　　）。

A. 电压串联负反馈　　B. 电流串联负反馈

C. 电压并联负反馈　　D. 电流并联负反馈

（2）放大电路采用负反馈后，下列说法不正确的是（　　）。

A. 放大能力提高了　　B. 放大能力降低了

C. 通频带展宽了　　D. 非线性失真减小了

（3）电压负反馈对放大电路的影响是（　　）。

A. 放大倍数减小　　B. 放大倍数增大

C. 放大倍数减小了，且更稳定了　　D. 不确定

（4）若输入量、反馈量、净输入量、输出量之间的关系为$U_i' = U_i - U_f$，且 $U_f \propto I_o$（正比），则可判断放大器引入了（　　）。

A. 电压串联负反馈　　B. 电流串联负反馈

C. 电压并联负反馈　　D. 电流并联负反馈

（5）串联负反馈可使（　　）的输入电阻增加到开环时的（1+AF）倍。

A. 反馈环路内　　B. 反馈环路外　　C. 反馈环路内与外

（6）电压负反馈可使（　　）的输出电阻减小到开环时的（1+AF）倍。

A. 反馈环路内　　B. 反馈环路外　　C. 反馈环路内与外

4. 分析题

（1）电路如图 4-24（a）、（b）所示，集成运算放大器输出电压的最大幅值为±14V，请将不同数值输入电压时对应的输出电压填入表 4-2。

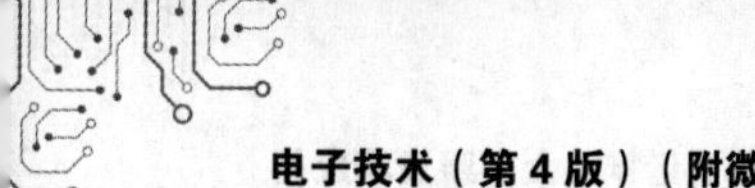

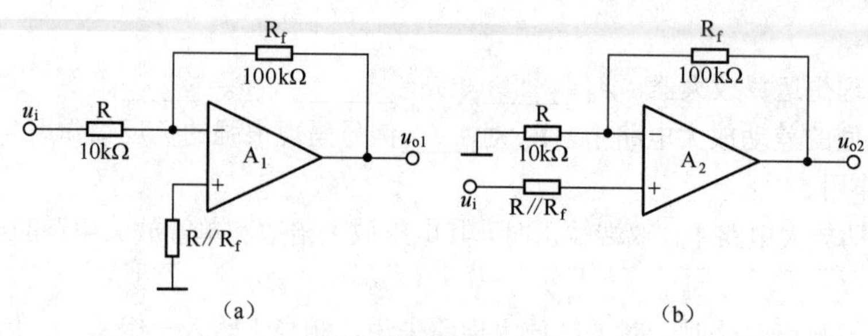

图4-24　题4（1）图

表4-2　输出电压

u_1/V	0.1	0.5	1.0	1.5
u_{o1}/V				
u_{o2}/V				

（2）设计一个比例运算放大电路，要求输入电阻 R_i＝20kΩ，比例系数为100。

（3）电路如图4-25所示，试求：

① 输入电阻；

② 比例系数。

（4）电路如图4-25所示，集成运算放大器输出电压的最大幅值为±14V，u_i为2V的直流信号，分别求出下列各种情况下的输出电压。

①R_2短路；②R_3短路；③R_4短路；④R_4断路。

（5）试求图4-26所示各电路中输出电压与输入电压的运算关系式。

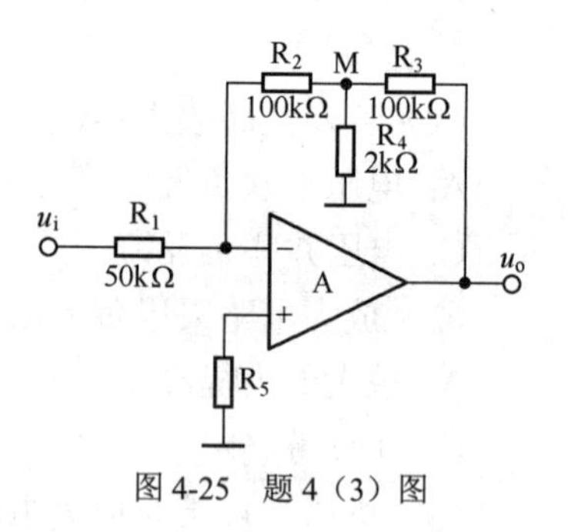

图4-25　题4（3）图

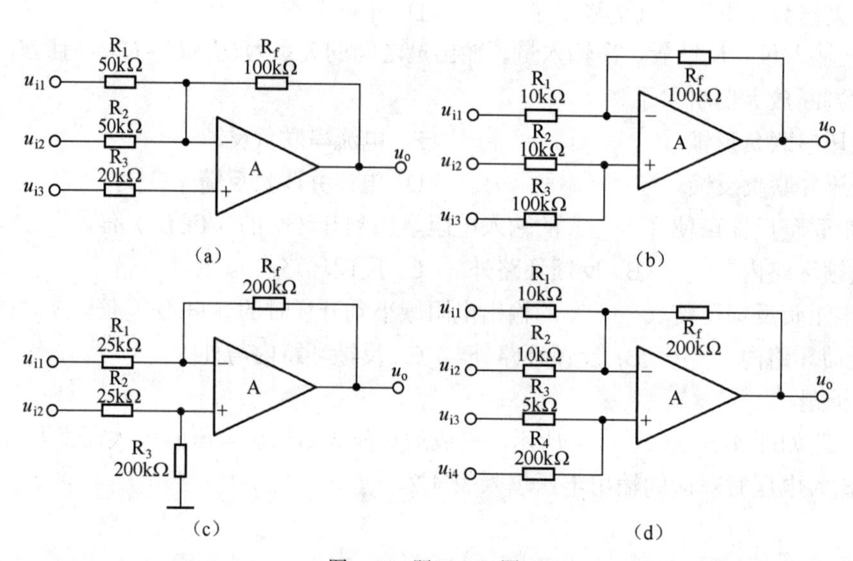

图4-26　题4（5）图

（6）判断图 4-27 所示各电路中的反馈是什么类型。

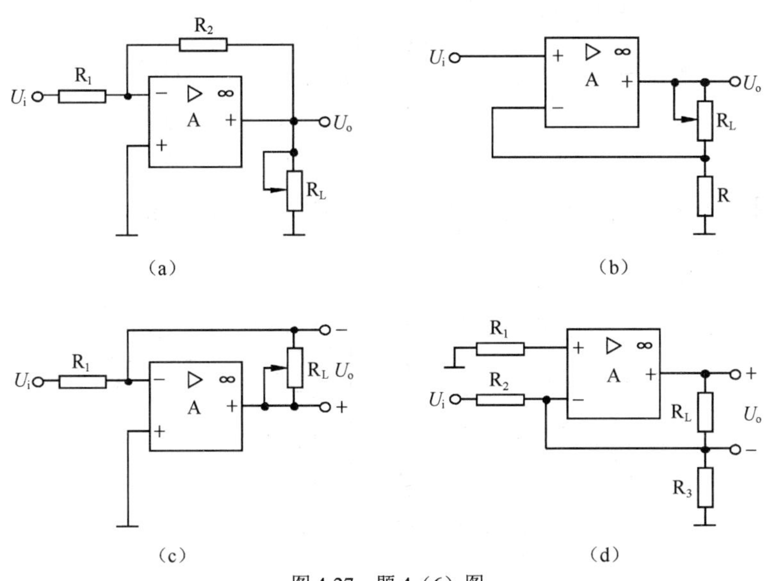

图 4-27 题 4（6）图

（7）如果要求：（a）稳定静态工作点；（b）稳定输出电压；（c）稳定输出电流；（d）提高输入电阻；（e）降低输出电阻，应选哪 5 种反馈？

（8）为改善放大电路性能引入负反馈的基本法则是什么？

（9）有一负反馈放大器，$A=10^3$，$F=0.099$，已知输入信号 $U_i=0.1\text{V}$，求其净输入量 U_i'、反馈量 U_f 和输出信号 U。

（10）一个放大器，引入电压串联负反馈，要求当开环放大倍数 A_u 变化 25%时，闭环放大倍数 A_{uf} 的变化不超过 1%，又要求闭环放大倍数 A_{uf} 为 100，问 A_u 的值至少应选多大？这时反馈系数 F 又应当选多大？

（11）电压比较器电路如图 4-28（a）所示，已知运算放大器$\pm U_{OM}=\pm 15\text{V}$，$\pm U_Z=\pm 7\text{V}$，稳压二极管正向电压忽略。

① 画出电压传输特性 $u_o=f_{(u_i)}$ 曲线；

② 若在输入端加入图 4-28（b）所示正弦曲线，试画出其输出电压波形。

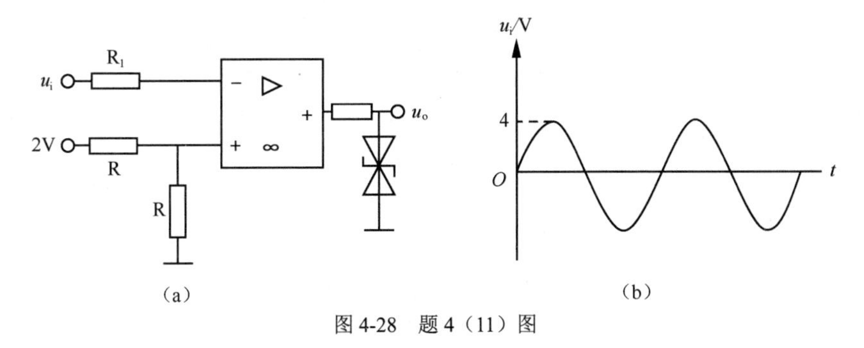

图 4-28 题 4（11）图

（12）在图 4-29 所示电路图中，已知 $R_f=4R_1$，求 u_o 与 u_{i1}、u_{i2} 的关系式。

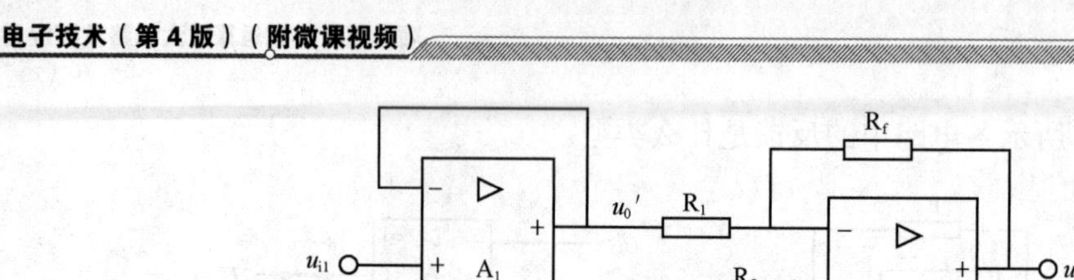

图 4-29 题 4（12）图

（13）在图 4-30 所示运算放大电路中，已知 u_1=10mV，u_2=30mV，求 u_o 的值。

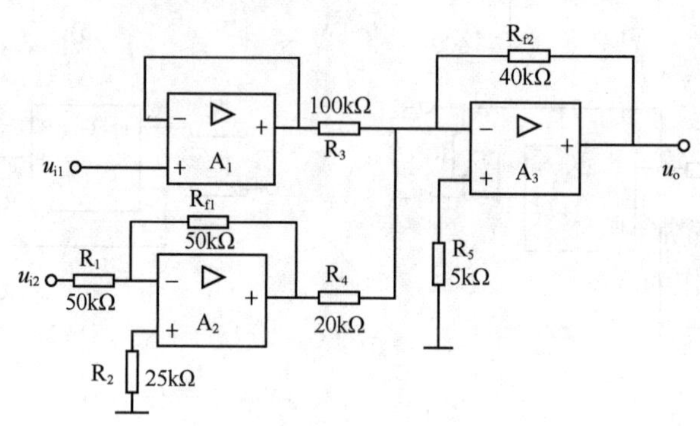

图 4-30 题 4（13）图

（14）电路如图 4-31 所示，设 A_1、A_2 均为理想集成运算放大器。

① A_1、A_2 工作在哪个区域？

② 试求 u_{o1}、u_{o2} 的值。

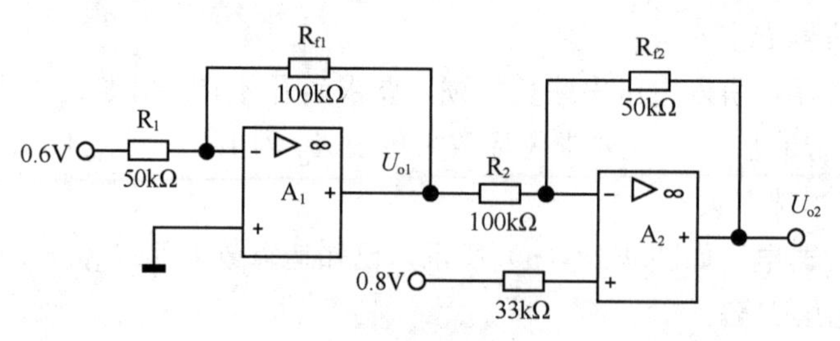

图 4-31 题 4（14）图

项目五　振荡电路应用基础

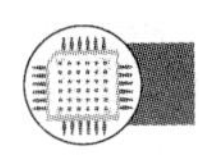

一、项目分析

在电子电路中，常常需要各种波形的信号，如正弦波、非正弦波（如三角波和锯齿波等），作为测试信号或控制信号。我们常常把产生波形信号的电路称为信号源，或者称为信号发生器。能自己产生信号的电路称为振荡器。

思维导图

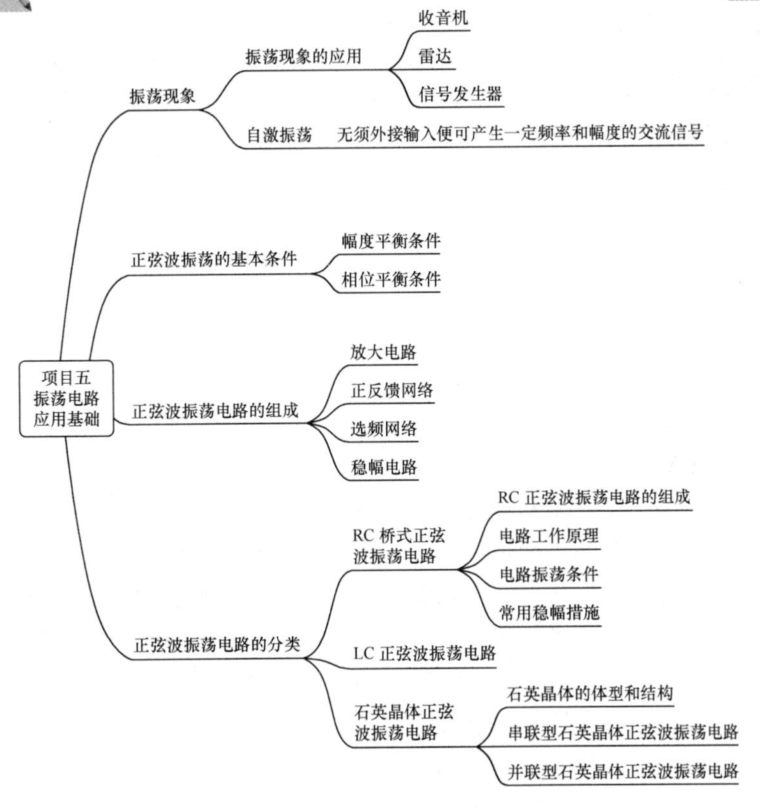

知识点

① 正弦波振荡电路的组成及产生正弦波振荡的基本条件；

② RC 桥式正弦波振荡器的工作原理；

③ 非正弦波振荡电路的组成。

能力点

① 正弦波振荡电路的参数设计；

② Proteus 相关仿真软件的使用方法；

③ 沟通能力及团队协作精神、良好的职业道德。

素质点

① 强化职业规范意识，培养家国情怀，激发对行业发展的使命感和责任心；

② 小组成员合作完成实验，培养交流、沟通及团队协作能力。

二、相关知识

（一）振荡现象

1. 振荡现象的应用

振荡是一种物理现象，现已广泛应用于通信、广播、雷达、电子计算机和测量仪器（如实验室的各类测试仪器）等方面，如图 5-1 所示。

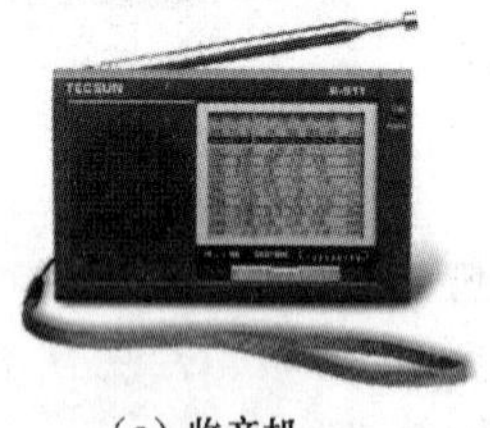

（a）收音机

（b）雷达

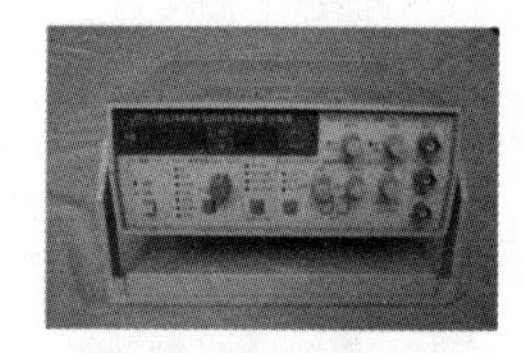

（c）信号发生器

图 5-1　振荡的应用

日常生活中，我们也常常遇到振荡现象。例如，在一些大型晚会活动中，经常会因为功放音量开得过大或话筒距离扬声器太近而发出刺耳、尖锐的声音，这种现象就是振荡现象。扬声器发出的尖锐的声音是因为声音经过话筒被反复放大。

电压、电流或其他电量的幅度随时间而反复变化的物理现象称为振荡。

2. 自激振荡现象

振荡器是用来产生一定频率和幅度的交流信号的电路单元，是利用自激振荡而工作的。也就是说，振荡器无须外接输入便可产生一定频率和幅度的交流信号，这是振荡器与放大器最根本的区别。实际应用的振荡器，开始并不需要外加信号激励，而是当接通电源的瞬间，电路收到微弱的扰动，就形成了初始信号。这个信号经过放大器放大、选频后，通过正反馈网络回送到放大器的输入端，形成了放大—选频—正反馈—再放大的过程，使输出信号的幅度逐渐增大，振荡便由小到大地建立起来了。当信号幅度达到一定数值时，受三极管非线性区域的限制作用，使电路的放大倍数减小，振幅也就不再增大，最终使电路维持稳幅振荡。

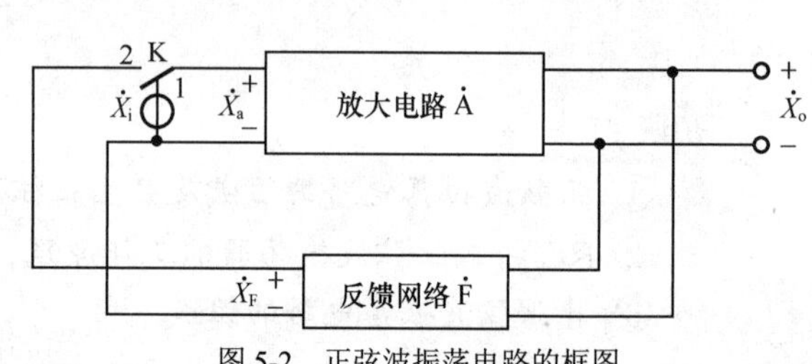

图 5-2　正弦波振荡电路的框图

（二）正弦波振荡的条件

只将输出信号反馈到输入端，并不能保证电路中产生正弦波振荡。在图 5-2 所示的振荡电路中，$\dot{A}$为基本放大电路，$\dot{F}$为反馈网络，$\dot{X}_a$表示放大器的净输入信号。当选择开关K打在端点1时，放大电路没有反馈，其输入信号为外加输入信号$\dot{X}_i$（设为正弦波信号），信号经放大后，输出信号为$\dot{X}_o$。如果通过正反馈引入的反馈信号$\dot{X}_F$与$\dot{X}_a$的幅度和相位都相同，即$\dot{X}_F=\dot{X}_a$，那么，可以用反馈信号代替外加输入信号。这时如果将开关K打到2上，就构成了一个由放大电路和反馈网络组成的闭环系统，此时即使去掉输入信号$\dot{X}_i$，电路仍能维持稳定输出，成为一个没有输入信号也能产生稳定输出信号的振荡电路。

由分析可知，振荡电路的基本条件是反馈信号$\dot{X}_F$与净输入信号$\dot{X}_a$大小相等、相位相同。因为反馈信号为

$$\dot{X}_F=\dot{F}\dot{X}_o=\dot{F}\dot{A}\dot{X}_a \tag{5-1}$$

当满足$\dot{X}_F=\dot{X}_a$时，有

$$\dot{F}\dot{A}=1 \tag{5-2}$$

下面根据式（5-2）来分析电路产生振荡的条件。

式（5-2）可分解为幅度、相位两部分。

（1）幅度平衡条件

$$|\dot{F}\dot{A}|=1 \tag{5-3}$$

幅度平衡条件要求放大器的放大倍数$\dot{A}$与反馈网络的反馈系数$\dot{F}$的乘积的模为1，这是对放大器和反馈网络在信号幅度方面的要求。

（2）相位平衡条件

$$\varphi_a+\varphi_f=2n\pi\ （n=0，1，2，\cdots） \tag{5-4}$$

相位平衡条件要求放大器对信号的相移与反馈网络对信号的相移之和为$2n\pi$，即电路必须引入正反馈。

以上就是振荡电路工作的两个基本条件。幅值条件和相位条件是正弦波振荡电路维持振荡的两个必要条件。需要说明的是，振荡电路在刚刚起振时，噪扰电压（激励信号）很弱，为了克服电路中的其他损耗，往往需要正反馈强一些，这样，正反馈网络每次反馈到输入端的信号幅度会比前一次大，从而激励起振荡。所以起振时必须满足

$$|\dot{F}\dot{A}|>1 \tag{5-5}$$

式（5-5）称为振荡电路的起振条件。

为了获得某一指定频率f_0的正弦波，可在放大电路或反馈电路中加入具有选频特性的网络，使只有某一选定频率f_0的信号满足振荡条件，而其他频率的信号则不满足振荡条件。

（三）正弦波振荡器的组成

根据振荡电路对起振、稳幅和振荡频率的要求，正弦波振荡器由以下几部分组成。

① 放大电路。它具有放大信号的作用，并能将电源的直流电能转换成振荡信号的交流能量。

② 正反馈网络。它形成正反馈，满足振荡器的相位平衡条件。

③ 选频网络。在正弦波振荡电路中，它的作用是选择某一频率 f_0，使之满足振荡条件，形成单一频率的振荡。

④ 稳幅电路。它用于稳定振荡器输出信号的振幅，从而改善波形。

在不少实用电路中，常将选频网络兼作反馈网络；而且，对于分立元件放大电路，也不再另加稳幅环节，仅依靠三极管特性的非线性自动起到稳幅作用。

（四）正弦波振荡电路的分类

正弦波振荡电路常用选频网络所用的元件来命名，有RC正弦波振荡电路、LC正弦波振荡电路和石英晶体正弦波振荡电路3种类型。RC正弦波振荡电路的振荡频率较低，一般在1MHz以下；LC正弦波振荡电路的振荡频率多在1MHz以上；石英晶体正弦波振荡电路也可等效为LC正弦波振荡电路，其特点是振荡频率非常稳定。

1. RC正弦波振荡电路

（1）RC正弦波振荡电路的组成

RC正弦波振荡电路也称为文氏桥振荡电路（它是由RC串并联电路构成的选频，正反馈网络和同相比例运算电路）。

图5-3所示为RC桥式正弦波振荡电路，这个电路由放大电路 $\dot{A}_u$ 和选频网络 $\dot{F}_u$ 组成。图中 $\dot{A}_u$ 是由 R_1、R_f 组成的电压串联负反馈放大电路，取其高输入阻抗和低输出阻抗的特点。选频网络兼正反馈网络 $\dot{F}_u$ 和由RC串并联构成的电路，其接在运算放大器输出端与同相输入端之间，即运算放大器的输出电压 u_0 作为反馈网络（RC串并联网络）的输入电压，而将反馈网络的输出电压（即 Z_2 两端的电压）作为放大器同相端的输入电压。由图5-3可知，Z_1、Z_2 和 R_1、R_2 正好形成一个四臂电桥，电桥的对角线顶点接到放大电路的两个输入端，桥式振荡电路的名称由此而来。

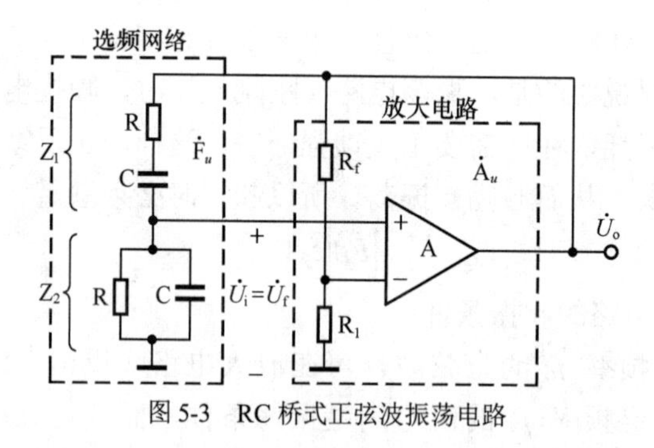

图5-3　RC桥式正弦波振荡电路

（2）电路工作原理

运算放大器组成的同相比例运算放大器的电压放大倍数为

$$\dot{A}_u = 1 + \frac{R_f}{R_1} \tag{5-6}$$

RC反馈网络（串并联网络）的反馈系数为

$$\dot{F}_u = \frac{Z_2}{Z_1 + Z_2} = \frac{1}{3 + \mathrm{j}\left(\omega RC - \frac{1}{\omega RC}\right)} \tag{5-7}$$

式中，Z_1的阻抗为$R + \frac{1}{\mathrm{j}\omega C}$；$Z_2$的阻抗为$R // \frac{1}{\mathrm{j}\omega C}$。由式（5-7）可见，反馈网络的反馈系数与频率有关，具有选频作用。

（3）电路振荡条件

根据电路产生自激振荡的条件$|\dot{F}\dot{A}|>1$，所以该电路有

$$\dot{A}_u\dot{F}_u = (1 + \frac{R_f}{R_1})\frac{1}{3 + \mathrm{j}\left(\omega RC - \frac{1}{\omega RC}\right)} \tag{5-8}$$

为满足振荡的相位条件$\varphi_a + \varphi_f = 2n\pi$，式（5-8）的虚部为零，即当$\omega RC = 1/\omega RC$时，$\dot{F}_u = 1/3$，此时

$$\omega = \omega_0 = \frac{1}{RC} \tag{5-9}$$

则有，RC 串并联正弦波振荡电路的振荡频率为

$$f_0 = \frac{1}{2\pi RC} \tag{5-10}$$

可见，该电路只有在这一特定的频率下才能满足相位条件，形成正反馈。

同时，当f=f_0时，$F_u = \frac{1}{3}$，为满足振荡的幅值条件（A_f=1），还必须使

$$A_u = 1 + \frac{R_f}{R_1} = 3 \tag{5-11}$$

为了顺利起振，应使A_f>1，即A>3。可接入一个具有负温度系数的热敏电阻R_f，且R_f>2R_1，以便顺利起振。

例 5.1 如图 5-3 所示的 RC 正弦波振荡电路。已知C=6800pF，R=22kΩ，R_1=20kΩ，要使电路产生正弦波振荡，R_f应为多少？电路振荡频率为多少？

解： RC 正弦波振荡电路的电压放大倍数A_u=3，那么根据题意有

$$A_u = 1 + \frac{R_f}{R_1} = 1 + \frac{R_f}{20} = 3$$

得

$$R_f = 40\mathrm{k\Omega}$$

电路振荡频率为

$$f_0 = \frac{1}{2\pi RC} \approx \frac{1}{2 \times 3.14 \times 22 \times 10^3 \times 6800 \times 10^{-12}} \approx 1064(\mathrm{Hz})$$

（4）常用稳幅措施

图 5-4 所示为两种具有稳幅环节的文氏桥振荡器。电路中分别利用二极管的非线性和热敏电阻的特性自动完成输出信号幅度的稳定。两种电路采用的元件不同，但都是利用改变负反馈深度来达到稳幅的目的。

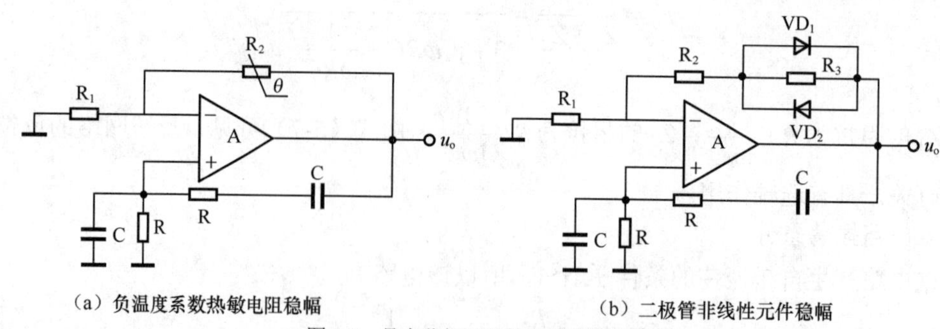

（a）负温度系数热敏电阻稳幅　　（b）二极管非线性元件稳幅

图 5-4　具有稳幅环节的文氏桥振荡器

文氏桥振荡电路的特点是电路简单、容易起振，但调节频率不太方便，振荡频率不高，一般适用于 1Hz~1MHz 的场合，对于 1MHz 以上的信号，应采用 LC 正弦波振荡电路。因为当要求实现很高的频率时，要求 R、C 很小，实际实现较困难；同时在调节频率时必须同时改变串并联中 R、C 的值，这个问题可采用双联电位器或双联可变电容器来解决。

2. LC 正弦波振荡电路

LC 正弦波振荡电路可产生频率高于 1MHz 以上的正弦波信号。LC 正弦波振荡电路与 RC 正弦波振荡电路的组成原则在本质上是相同的，只是选频网络采用 LC 电路。在 LC 正弦波振荡电路中，当 $f=f_0$ 时，放大电路的放大倍数数值最大，而其余频率的信号均被衰减到零；引入正反馈后，使反馈电压作为放大电路的输入电压，以维持输出电压，从而形成正弦波振荡。

仿照文氏桥振荡电路，将 RC 串并联选频回路用 LC 并联谐振回路代替，即可得到图 5-5 所示的由集成运算放大器构成的 LC 正弦波振荡电路。其中 R_1、R_2、R_3、VD_1、VD_2 和 A 构成带稳幅电路的同相放大器。LC 谐振回路为选频网络，其谐振频率为

$$f=\frac{1}{2\pi LC} \tag{5-12}$$

图 5-5　LC 正弦波振荡电路

电路可通过变阻器 R_4 调节输出信号的幅度。变阻器 R_4 滑动端向上移动时，正反馈量增大，输出幅度随之增大；反之，输出幅度减小。

实际应用的 LC 正弦波振荡电路频率的稳定度不高，对要求高稳定度的振荡频率，应采用石英晶体正弦波振荡器。

3. 石英晶体正弦波振荡电路

石英晶体正弦波振荡器也称为石英晶体正弦波谐振器。它可用来稳定频率和选择频率，是一种可以取代 LC 谐振回路的晶体谐振元件。石英电子表的计时是非常准确的，这是因为在表的内部有一个用石英晶体制成的振荡电路，简称“晶振”。在要求频率稳定度高的场合，都采用石英晶体正弦波振荡电路。它广泛应用于标准频率发生器、电视机、影碟机、录像机、无线通信设备、电子钟表、数字仪器、仪表等电子设备中。

（1）石英晶体的体型和结构

石英是一种硬度很大的天然六棱形晶体，如图 5-6（a）所示。它是硅石的一种，其化学成分是二氧化硅。从一块晶体上按一定的方位角切下的薄片称为晶片，晶片形状可以是正方形、矩形或圆形等，如图 5-6（b）所示。

（a）天然石英晶体

（b）石英晶片

图 5-6　石英晶体及晶片

将晶片的两个对应表面敷上银层并引出两个电极，再外加上外壳封装就构成了石英晶体正弦波振荡器。石英晶体正弦波振荡器一般由外壳、晶片、金属板、引线、绝缘体、晶体座等组成，外壳材料有金属、玻璃、胶木、塑料等，外形有圆柱形、管形、长方形、正方形等，如图 5-7 所示。

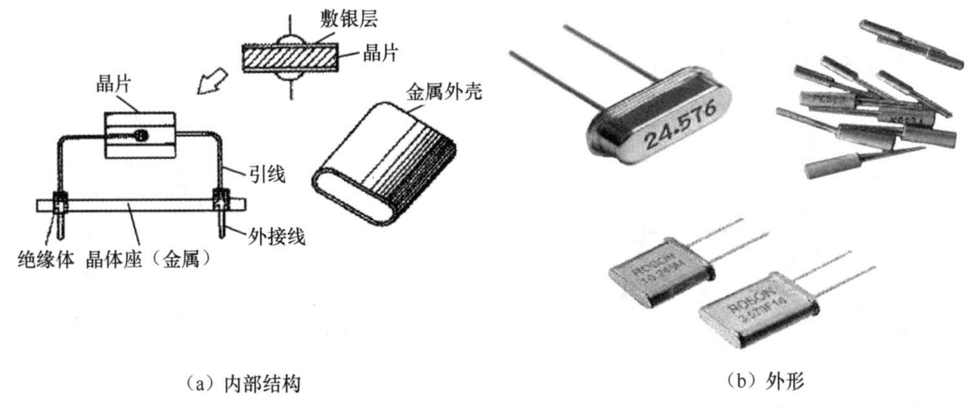

（a）内部结构　　（b）外形

图 5-7　石英晶体产品

（2）石英晶体正弦波振荡器的符号和等效电路

石英晶体正弦波振荡器的图形符号如图 5-8（a）所示。

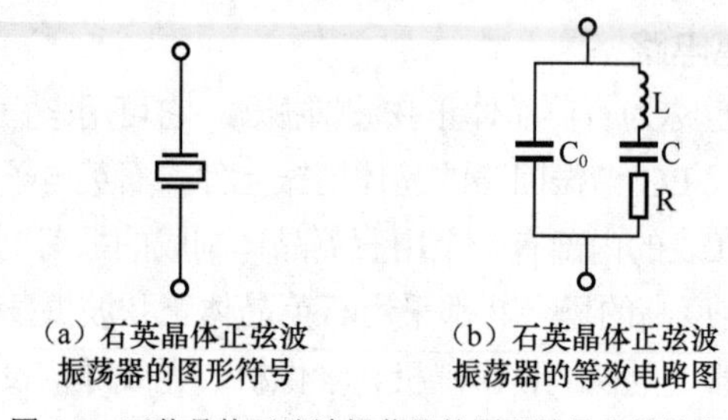

（a）石英晶体正弦波振荡器的图形符号　（b）石英晶体正弦波振荡器的等效电路图

图 5-8　石英晶体正弦波振荡器的图形符号和等效电路

石英晶体正弦波振荡器的等效电路如图 5-8（b）所示，其中，C_0为支架电容，C-L-R 支路是振荡器的等效电路。

由石英晶体正弦波振荡器的等效电路可以看出，该振荡器有两个谐振频率，一个是串联谐振频率f_s，另一个是并联谐振频率f_p。在石英晶体正弦波振荡器中，并联谐振频率f_p略高于串联谐振频率f_s。

（3）石英晶体正弦波振荡电路

以石英晶体振荡器作为选频元件组成的正弦波振荡器电路的形式是多样的，但是其中的基本电路只有两种：一种为并联型石英晶体正弦波振荡器，工作在f_p与f_s之间，石英晶体相当于电感；另一种为串联型石英晶体正弦波振荡器，工作在f_s处，利用阻抗最小的特性来组成振荡电路。

① 串联型石英晶体正弦波振荡电路。串联型石英晶体正弦波振荡电路如图 5-9（a）所示。它的反馈信号不是直接接到三极管的输入端，而是经过石英晶体接到三极管的发射极与基极之间，从而实现正反馈。当调谐振荡回路使其振荡频率等于石英晶体谐振器的串联谐振频率f_s时，晶体的阻抗最小，且为纯电阻，这时正反馈最强，相移为零，故满足自激振荡条件。对于f_s以外的其他频率，晶体的阻抗增大，相移也不为零，不满足自激振荡条件，因此振荡频率等于晶体的串联谐振频率f_s。由于晶体的固有频率与温度有关，所以在特定的场合下，将采用温度补偿电路或将石英晶体置于恒温槽中，以达到更高频率稳定度的要求。

② 并联型石英晶体正弦波振荡电路。并联型石英晶体正弦波振荡电路如图 5-9（b）所示。石英晶体运用在感性区，相当于一个电感器，因此，该电路可看作一个电容三点式振荡电路。

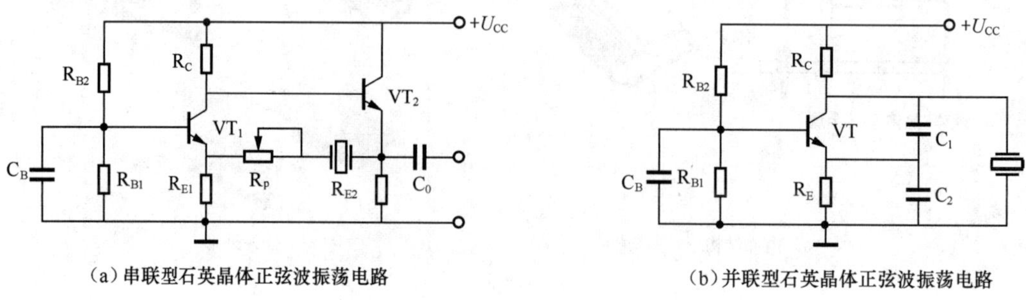

（a）串联型石英晶体正弦波振荡电路　（b）并联型石英晶体正弦波振荡电路

图 5-9　石英晶体正弦波振荡电路

三、拓展知识

在实际应用的电路中，除了常见的正弦波外，还有方波、三角波、锯齿波、尖顶波和阶梯波等非正弦波，如图 5-10 所示。

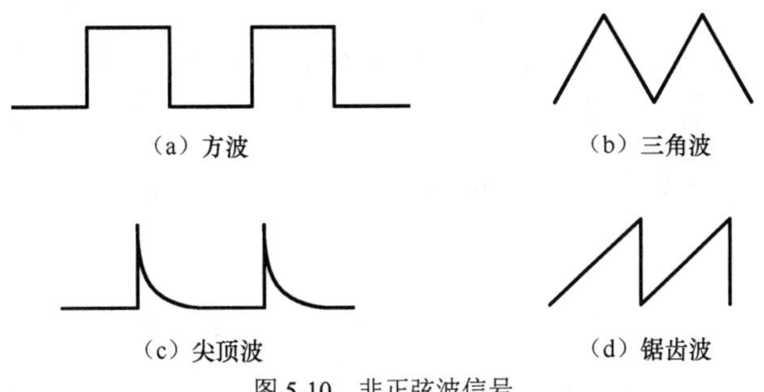

图 5-10　非正弦波信号

下面主要介绍模拟电子电路中常用的方波、三角波和锯齿波这 3 种非正弦波波形发生电路的组成、工作原理、波形分析和主要参数，以及波形变换电路的原理。

1．方波发生电路

方波发生电路是其他非正弦波发生电路的基础。例如，方波信号加在积分运算电路的输入端，则在输出端获得三角波信号；改变积分电路正向积分时间常数和反向积分时间常数，使某一方向的积分常数趋于零，则可获得锯齿波。

因为方波电压只有两种状态：高电平、低电平，所以电压比较器是它的重要组成部分；因为产生振荡就是要求输出的两种状态自动地相互转换，所以电路中必须引入反馈；因为输出状态应按一定的时间间隔交替变化，即产生周期性变化，所以电路需要有延迟环节的滞回电压比较器，其发生电路的基本电路结构如图 5-11 所示，它由滞回电压比较器和在运放的负反馈网络中起延迟作用的 RC 积分电路组成。调节电位器 R_W 滑动端的位置可以调节输出方波电压波形的占空比。

电路输出电压的幅度由稳压二极管的稳定电压 U_Z 来决定。忽略二极管的导通电阻时，相应的方波振荡频率为

$$f_0=\frac{1}{T_0}=\frac{1}{(R_W+2R)C\ln\left(1+\frac{2R_1}{R_2}\right)}$$

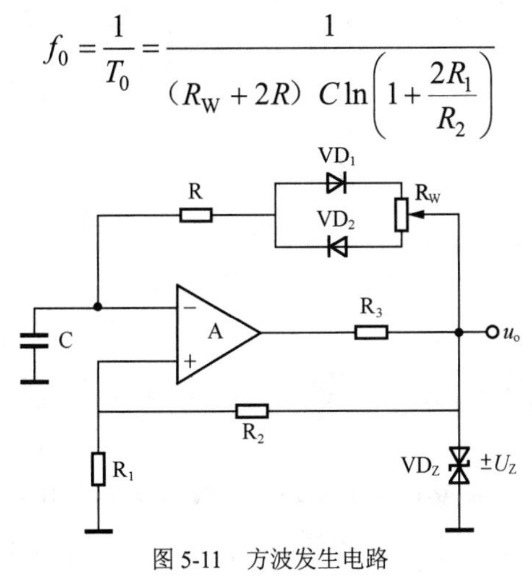

图 5-11　方波发生电路

方波的占空比为

$$\frac{T_1}{T_0}=\frac{R+R'_{\rm W}}{R_{\rm W}+2R}$$

式中，$R'_{\rm W}$ 指的是调节电位器 $\rm R_W$ 与 $\rm VD_1$ 接入电路的那部分电阻值；T_1 为输出方波电压维持高电平输出的时间。

2. 三角波发生电路

图 5-12 所示为三角波信号发生器的基本电路结构。它是由同相型滞回电压比较器及反相积分器加闭环反馈组成的。u_{o1} 是输出幅度为$\pm U_{\rm Z}$、占空比为 0.5 的方波信号；u_{o2} 是输出幅度为$\pm\frac{R_1}{R_2}U_{\rm Z}$、随时间线性变化的三角波信号，其相应的振荡频率为 $f_0=\frac{R_2}{4R_1RC}$。

3. 锯齿波发生电路

如图 5-12 所示的三角波发生电路正向积分时间常数远大于反向积分时间常数，或者反向积分时间常数远大于正向积分时间常数，那么输出电压 u_{o2} 上升和下降的斜率相差很多，就可以获得锯齿波。利用二极管的单向导电性使积分电路两个方向的积分通路不同，就可得到锯齿波发生电路，如图 5-13 所示。调节电位器 $\rm R_W$ 滑动端的位置可以调节输出锯齿波的占空比。

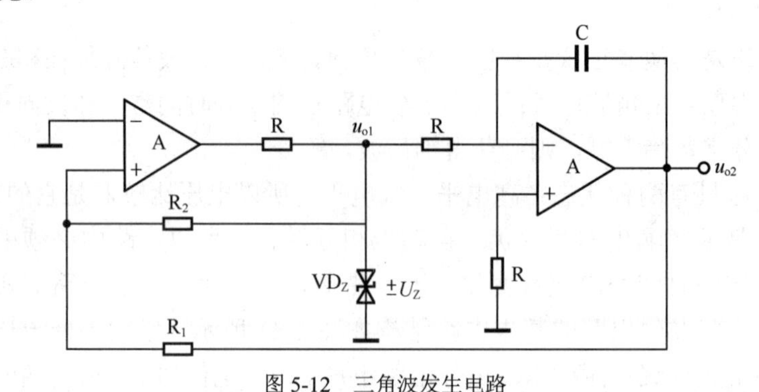

图 5-12　三角波发生电路

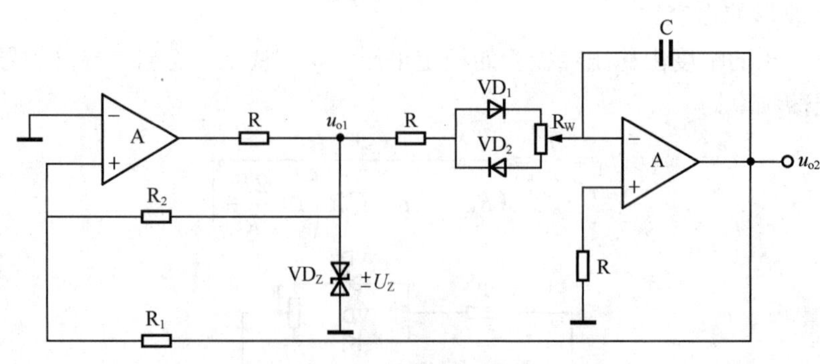

图 5-13　锯齿波发生电路

小　结

本项目主要讲述了正弦波振荡电路、非正弦波发生电路的组成及其原理，具体内容如下。

1. 正弦波振荡电路产生的条件：既要使电路满足幅度平衡条件$|\dot{F}\dot{A}|=1$，又要满足相位平

衡条件 $\varphi_a + \varphi_f = 2n\pi$（$n$ 为整数）。

2. 正弦波振荡电路一般由放大电路、选频网络、正反馈网络和稳幅环节 4 部分组成。按选频网络所用元件不同，主要分为 RC 正弦波振荡电路、LC 正弦波振荡电路和石英晶体正弦波振荡电路 3 种类型。

3. 改变选频网络的参数，可以改变电路的振荡频率。RC 正弦波振荡电路的振荡频率 f_0 较低，一般在 1MHz 以下，$f_0 = \dfrac{1}{2\pi RC}$；LC 正弦波振荡电路的振荡频率 f_0 多在 1MHz 以上，$f_0 = \dfrac{1}{2\pi LC}$；石英晶体正弦波振荡电路也可等效为 LC 正弦波振荡电路，其特点是振荡频率非常稳定。

4. 电压比较器是非正弦波发生电路的重要组成部分。电压比较器中，集成运算放大器工作在非线性区，其输出不是高电平，就是低电平。电压比较器的电压传输特性有 3 个要素：①输出高、低电平，它取决于集成运算放大器输出电压的最大幅值或输出端的限幅电路；②门限电压，它是使集成运算放大器同相输入端和反相输入端电位相等的输入电压；③输入电压过门限电压时输出电压的跃变方向，它取决于输入电压是作用于集成运算放大器的反相输入端，还是同相输入端。

5. 非正弦波发生电路一般由滞回电压比较器和 RC 延时电路组成，主要参数是振荡幅值和振荡频率。由于滞回电压比较器引入了正反馈，从而加速了输出电压的变化。延时电路使比较器输出电压周期性地从高电平跃变到低电平，再从低电平跃变到高电平，而不停留在某一稳态，从而使电路产生振荡。

6. 学习海尔的企业精神和工作作风，做到敢于担当、勇于奋斗，努力做新时代具有责任意识和创新精神的建设者。

习题及思考题

1. 填空题

（1）电路要振荡必须满足________和________两个条件。

（2）正弦波振荡器常以选频网络所用元件来命名，分为_______正弦波振荡器、______正弦波振荡器和________正弦波振荡器。

（3）正弦波振荡器一般由________、________、________和________ 4 部分组成。

（4）振荡器的振幅平衡条件是________，相位平衡条件是________________。

（5）石英晶体正弦波振荡器频率稳定度很高，通常可分为________和________两种。

（6）要产生较高频率信号应采用_______振荡器，要产生较低频率信号应采用_______振荡器，要产生频率稳定度高的信号应采用________振荡器。

（7）LC 三点式振荡电路（指电容或电感的 3 个端分别接三极管的 3 个极）组成的相位平衡判别是与发射极相连接的两个电抗元件必须________，而与基极相连接的两个电抗元件必须为________。

2. 判断题

（1）电路满足正弦波振荡的振幅平衡条件时，就一定能振荡。（　　）

（2）电路只要存在正反馈，就一定产生正弦波振荡。（　　）

（3）振荡器中的放大电路都由集成运算放大器构成。（　　）

（4）LC 正弦波振荡电路与 RC 正弦波振荡电路的组成原则上是相同的。（　）

（5）文氏桥振荡电路的选频网络是 RC 串并联网络，LC 正弦波振荡电路的选频网络是 LC 谐振回路，选频网络决定振荡器的振荡频率。（　）

（6）振荡器与放大器的主要区别之一是，放大器的输出信号与输入信号频率相同，振荡器一般不需要输入信号。（　）

（7）要制作频率稳定度很高，而且频率可调的正弦波振荡器，一般采用晶体振荡电路。（　）

3. 选择题

（1）振荡器的振荡频率取决于（　）。

A. 供电电源　　B. 选频网络　　C. 三极管的参数　　D. 外界环境

（2）为提高振荡频率的稳定度，高频正弦波振荡器一般选用（　）。

A. LC 正弦波振荡器　　B.晶体振荡器　　C. RC 正弦波振荡器

（3）设计一个振荡频率可调的高频高稳定度的振荡器，可采用（　）。

A. RC 振荡器　　B. 石英晶体振荡器

C. 互感耦合振荡器　　D. 并联改进型电容三点式振荡器

（4）串联型晶体振荡器中，晶体在电路中的作用等效于（　）。

A. 电容元件　　B. 电感元件　　C. 大电阻元件　　D. 短路线

（5）振荡器是根据（　）反馈原理来实现的，（　）反馈振荡电路的波形相对较好。

A. 正、电感　　B. 正、电容　　C. 负、电感　　D. 负、电容

（6）石英晶体正弦波振荡器的频率稳定度很高是因为（　）。

A. 低的 Q 值　　B. 高的 Q 值　　C. 小的接入系数　　D. 大的电阻

（7）正弦波振荡器中正反馈网络的作用是（　）。

A. 保证产生自激振荡的相位条件

B. 提高放大器的放大倍数，使输出信号足够大

C. 产生单一频率的正弦波

D. 以上说法都不对

4. 分析计算题

（1）若将文氏桥振荡电路的选频网络去掉，换上一根导线，是否也能产生振荡？这样做会有什么问题？

（2）振荡器为何要引入负反馈？这样做会不会使振荡器不振？

（3）在图 5-14 所示电路中，①为满足正弦波振荡电路的振荡条件，试用“+”和“−”标出集成运算放大器的同相端和反相端，并说明电路是哪种类型的正弦波振荡电路；②若 R_1 短路，电路将产生什么现象？③若 R_1 断开，电路将产生什么现象？④若 R_f 短路，电路将产生什么现象？⑤若 R_f 断开，电路将产生什么现象？

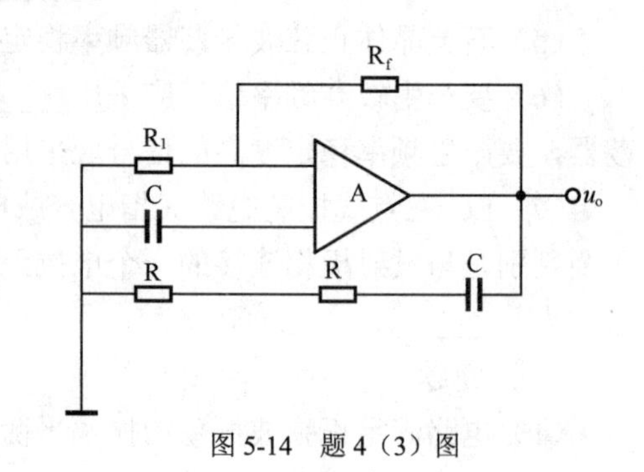

图 5-14　题 4（3）图

（4）设运算放大器 A 是理想的，图 5-15 所示正弦波振荡电路中，①若能起振，R_p 和 R_2 两个电阻之和大于多少？②此电路的振荡频率是多少？③试

证明稳定振荡时，输出电压的峰值$U_{om}=\dfrac{3R_1}{2R_1-R_P}U_Z$。

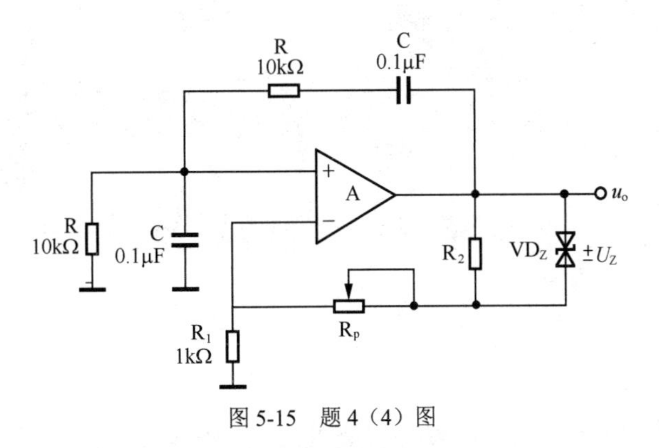

图 5-15　题 4（4）图

（5）图 5-16 所示的电路是一低成本函数发生器，分析电路组成，画出 u_{o1}、u_{o2}、u_{o3} 的波形，并写出振荡频率的表达式。

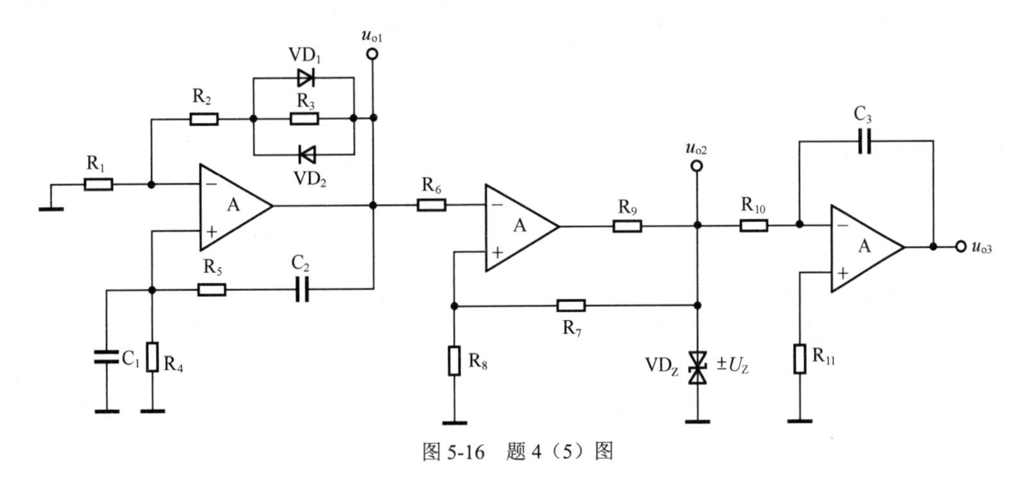

图 5-16　题 4（5）图

项目六 门电路及组合逻辑电路

一、项目分析

在电子技术中，电路分为两类：模拟电路和数字电路。前面已经介绍过模拟电路的相关内容，从本项目开始介绍数字电路。数字电路又分为两类：组合逻辑电路和时序逻辑电路。组合逻辑电路的特点是不具有记忆功能，即输出变量的状态只取决于该时刻输入变量的状态，与电路原来的输出状态无关。

思维导图

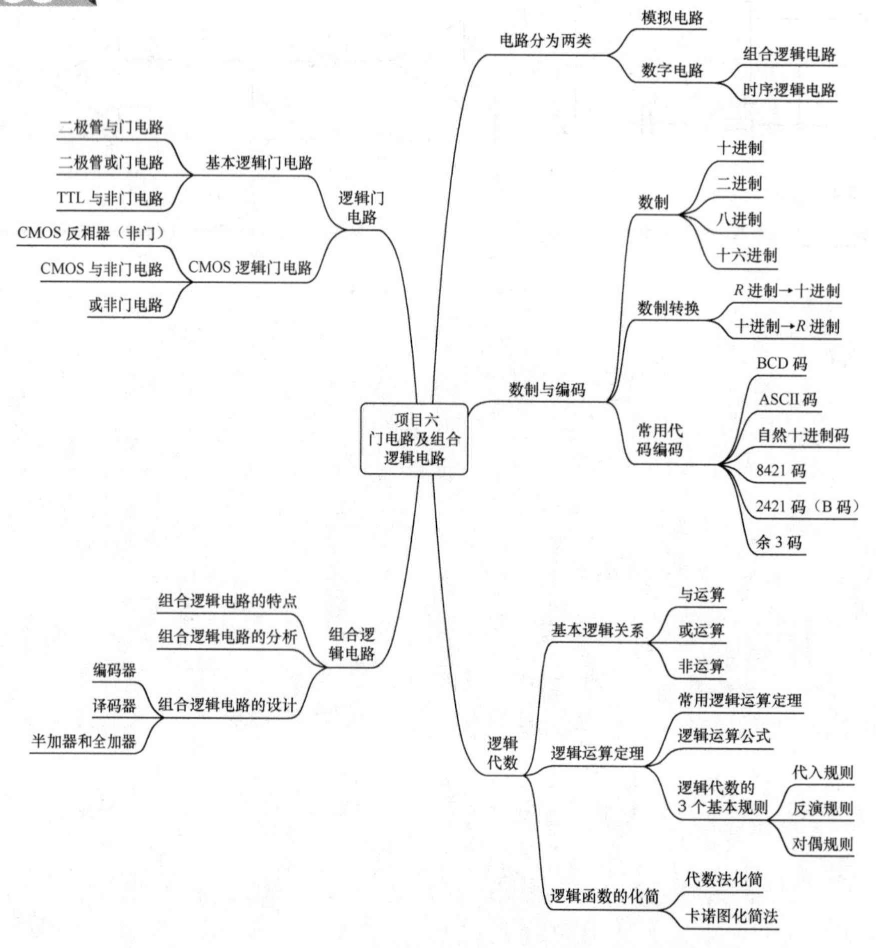

知识点

① 各种进制数之间的相互转换；

② 逻辑代数的代数化简法和卡诺图化简法；

③ 常用组合逻辑部件及其应用；

④ 组合逻辑电路的分析及设计方法。

能力点

① 会对各种进制数进行相互转换；

② 能熟练运用逻辑代数的代数化简法和卡诺图化简法进行化简；

③ 能熟练运用组合逻辑部件实现相关功能（会用 Proteus 软件进行仿真）；

④ 会对组合逻辑电路进行分析及设计。

素质点

① 培养全方位思考、辩证思维，综合分析问题、解决问题的能力；

② 树立优化设计理念，追求质量品质、精益求精的工匠精神和良好的职业素养；

③ 培养学习、工作精细化的态度。

二、相关知识

数字电路以二进制逻辑代数为数学基础，使用二进制数字信号，既能进行算术运算又能方便地进行逻辑运算（与、或、非、判断、比较、处理等），它适合用于运算、比较、存储、传输、控制、决策等，因此被广泛地应用于电视、雷达、通信、电子计算机、自动控制、航天等科学技术的各个领域。

（一）数字电路概述

模拟信号和数字信号

1. 模拟信号与数字信号

在自然界中存在着许多物理量，它们在时间上和数值上是连续的，这类物理量称为模拟量。用来表示模拟量的信号称为模拟信号。模拟信号的典型特点是它具有无穷多的数值，其数学表达式比较复杂，如正弦函数、指数函数等。常见的正弦波、三角波、调幅波、阻尼振荡波等都是模拟信号。实际上，自然界的许多物理量均为模拟量，如速度、压力、温度、声音、质量、位置等。我们在这里所讲的模拟信号一般指模拟电信号。模拟信号的基本参数包括幅度、频率、周期等。

除模拟量之外，在自然界中还存在其他一些物理量，它们在时间和数值上均是离散的。也就是说，它们的变化在时间上是不连续的，总是发生在一系列离散的瞬间。同时，它们的数值大小和每次的增减变化都是某一最小数量单位的整数倍，这类物理量称为数字量，用来表示数字量的信号称为数字信号。生活中常见的数字量有许多，如生产线上零件的计量、文章的字数等。数字信号的基本参数包括周期（或频率）、脉冲宽度、占空比等。数字信号分为周期性信号和非周期性信号两种。

2. 数字电路

工作在数字信号下的电路统称为数字电路。数字电路是以二进制数字逻辑为基础的，其中的工作信号是离散的数字信号。电路中的电子器件，如二极管、三极管（BJT）、场效应管（FET）处于开、关状态，时而导通，时而截止。数字电路的信号是不连续变化的数字信号，所以在数字电路中工作的器件多数工作在开、关状态，即工作在饱和区和截止区，而放大区只是过渡状态。数字电路的主要研究对象是电路的输入和输出之间的逻辑关系，因而在数字电路中就不能采用模拟电路的分析方法。这里的主要分析工具是逻辑代数，表达电路的功能主要用真值表、逻辑表达式及波形图等。数字集成器件所用的材料以硅材料为主，在高速电路中，也使用化合物半导体材料，如砷化镓等。

与模拟电路一样，数字电路经历了电子管、半导体分立器件、集成电路等几个阶段。逻辑门电路（TTL）问世较早，其工艺经过不断改进，它已成为主要的基本逻辑器件之一。随着MOS工艺特别是CMOS工艺的发展，TTL的主导地位有被CMOS器件所取代的趋势。近年来，可编程逻辑器件（PLD）特别是现场可编程门阵列（FPGA）的飞速进步，使数字电子技术开创了新局面，不仅规模大，而且可以将硬件与软件相结合，使器件的功能更加完善，使用也更加灵活。数字电路在日常生活中的应用很多，尤其是数字电路和计算机技术的发展，使数字电路的应用越来越普遍，它已经被广泛应用于工业、农业、通信、医疗、家用电子等各个领域，如工农业生产中用到的数控机床，家用冰箱、空调的温度控制，通信用的数字手机以及正在发展中的网络通信、数字化电视等。随着数字电路的发展，其应用将会越来越广泛，越来越深入到生活的每一个角落。按集成度来分，数字电路的分类见表6-1。所谓集成度是指每一块芯片中所包含的三极管的个数。

表6-1　　数字电路的分类

分　类	三极管的个数	典型集成电路
小规模	最多10个	逻辑门电路
中规模	10～100	计数器、加法器
大规模	100～1000	小型存储器、门阵列
超大规模	1000～10^6	大型存储器、微处理器
甚大规模	10^6以上	可编程逻辑器件、多功能集成电路

（二）数制与编码

1. 数制与数制转换

数字电路中经常遇到计数问题，在日常生活中，人们习惯于用十进制，而在数字系统中，如计算机中，多采用二进制，有时也采用八进制或十六进制。

（1）十进制

十进制以10为基数的计数体制。任何一个数都可以由0、1、2、3、4、5、6、7、8、9这10个数码按一定规律排列表示，其计数规律是“逢十进一”。每一数码处于不同的位置（数位）时，它所代表的数值不同，这个数值称为位权值。每个十进制数都可以用位权值表示，其中，个位的位权为10^0、十位的位权为10^1、百位的位权为10^2，依此类推。

（2）二进制

二进制以2为基数的计数体制。二进制与十进制的区别在于数码的个数和进位规律不同。二进制是用两个数码0和1来表示的，而且是“逢二进一”。

（3）八进制和十六进制

它们分别是以8和16为基数的计数体制。八进制有0、1、2、3、4、5、6、7共8个数码，“逢八进一”；十六进制采用 16 个数码 0、1、2、3、4、5、6、7、8、9、A（10）、B（11）、C（12）、D（13）、E（14）、F（15），“逢十六进一”。

（4）数制之间的转换

① R 进制→十进制。人们习惯用十进制数，若将 R 进制数转化为等值的十进制数，只要将 R 进制数按位权展开，再按十进制运算即可得到十进制数，即按照幂级数展开。

例 6.1　将二进制数（11011.101）$_2$ 转换成十进制数。

解：$(11011.101)_2=1\times2^4+1\times2^3+0\times2^2+1\times2^1+1\times2^0+1\times2^{-1}+0\times2^{-2}+1\times2^{-3}$

$=16+8+0+2+1+0.5+0+0.125=(27.625)_{10}$

例 6.2　将八进制数（136.524）$_8$ 转换成十进制数。

解：$(136.524)_8=1\times8^2+3\times8^1+6\times8^0+5\times8^{-1}+2\times8^{-2}+4\times8^{-3}$

$=64+24+6+0.625+0.03125+0.0078125=(94.6640625)_{10}$

例 6.3　将十六进制数（13DF.B8）$_{16}$ 转换成十进制数。

解：$(13DF.B8)_{16}=1\times16^3+3\times16^2+13\times16^1+15\times16^0+11\times16^{-1}+8\times16^{-2}$

$=4096+768+208+15+0.6875+0.03125=(5087.71875)_{10}$

② 十进制→R 进制。将十进制数转换为 R 进制数，需将十进制数的整数部分和小数部分分别进行转换，然后将它们合并起来。

整数部分：十进制整数转换成 R 进制数，采用“逐次除以基数 R 取余数”的方法，步骤如下。

（a）将给定的十进制整数除以 R，余数作为 R 进制的最低位；

（b）把前一步的商再除以 R，余数作为次低位；

（c）重复步骤（b），记下余数，直至最后商为零，最后的余数即为 R 进制的最高位。

小数部分：十进制纯小数转换成 R 进制数，采用“小数部分乘以 R 取整”的方法，步骤如下。

（a）将给定的十进制纯小数乘以 R，乘积的整数部分作为 R 进制数小数部分的最高位；

（b）把步骤（a）乘积的小数部分继续乘以 R，乘积的整数部分作为 R 进制数小数部分的次高位；

（c）重复步骤（b），直到乘积的小数部分为 0 或达到一定的精度。

例 6.4　把十进制数（25）$_{10}$ 转换成二进制数。

解：由于二进制基数为 2，所以逐次除以 2 取其余数（0 或 1），即

2 | 25 …………余 1
2 | 12 …………余 0
2 | 6 …………余 0
2 | 3 …………余 1
2 | 1 …………余 1
0

$(25)_{10}=(11001)_2$

例 6.5　将十进制数 $(25)_{10}$ 转换成八进制数。

解：由于基数为 8，所以逐次除以 8 取其余数，即

$$\begin{array}{r|l} 8 & 25 \quad \cdots\cdots\cdots\cdots 余1 \\ \hline 8 & 3 \quad \cdots\cdots\cdots\cdots 余3 \\ \hline & 0 \end{array}$$

$(25)_{10}=(31)_8$

例 6.6 将十进制小数$(0.375)_{10}$转换成二进制数。

解： 小数部分乘以2取整数，即

$$\begin{array}{ll} \quad 0.375 & \\ \times \quad\quad 2 & \\ \hline [0].\ 750 & b_{-1}=0 \\ \quad\quad\ \ 2 & \\ \hline [1].\ 500 & b_{-2}=1 \\ \quad\quad\ \ 2 & \\ \hline [1].\ 000 & b_{-3}=1 \end{array}$$

$(0.375)_{10}=(0.011)_2$

把一个带有整数和小数的十进制数转换成 R 进制数时需将整数部分和小数部分分别进行转换，然后将结果合并起来，例如，将十进制数$(25.375)_{10}$转换成二进制数，其结果为$(11001.011)_2$。

③ 模为2^n的不同进制数之间的转换。由于3位二进制数构成1位八进制数码，4位二进制数构成1位十六进制数码，故模为2^m和2^n的不同进制数之间的转换可将2^m进制数转换成二进制数，再将二进制数转换成2^n进制数。

二进制转换为2^n进制时，对于整数部分，从低位向高位，每 n 位二进制数码转换成对应的2^n进制数码，如果位数不够，可在前面补零；对于小数部分，从高位向低位，每 n 位二进制数码转换为对应的2^n进制数码，如果位数不够，可在后面补零。

例 6.7 把二进制数$(110100.001000101)_2$转换为八进制数。

解： 二进制数　110　100　001　000　101

八进制数　6　4　1　0　5

所以$(110100.001000101)_2=(64.105)_8$

例 6.8 把二进制数$(110100.001000101)_2$转换为十六进制数。

解： 二进制数　0011　0100　0010　0010　1000

十六进制数　3　4　2　2　8

所以$(110100.001000101)_2=(34.228)_{16}$

2. 编码

数字系统中的信息可分为两类：一类是数值，另一类是文字符号（包括控制符）。为了表示文字符号信息，往往也采用一定位数的二进制码表示，这个特定的二进制码称为代码。建立代码与十进制数、字母、符号的一一对应关系的方法称为编码。

（1）常用代码

数字系统中，常用的代码多种多样，最常见的是用二进制来表示十进制的二-十进制码，简称“BCD码”。在这种编码中，用4位二进制数$b_3b_2b_1b_0$表示十进制数中的0～9这10个数码，4位二进制序列共有16种，组合用来表示十进制的数码可以有多种方法，表6-2中列出了常用的几种代码。

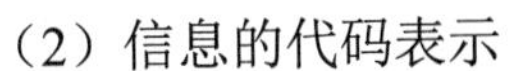

（2）信息的代码表示

人们的日常生活每时每刻都离不开信息，信息的传播是人类社会交流的基础。信息传播有各种途径，人们讲话可以靠空气、固体电缆等传播，广播、电视通过无线电波传播，那么计算机的信息是靠什么来传播的呢？它有网络电缆、固体磁盘和无线电波 3 种途径，无论哪种途径，都必须经过编码，即用固定的代码代表特定的信息，因为计算机能够识别的只有二进制的 0 和 1，这样的例子有很多，例如，键盘上的每个英文字符都可以用特定的 ASCII 码表示，每个汉字都可以用国际码表示，这些都是固定的。但是，对模拟信号而言，由于信号的连续性，无法直接用代码表示，必须经模/数转换，用一组代码表示固定信息。

表 6-2　几种常用的代码

$b_3b_2b_1b_0$	代码对应的十进制数			
	自然十进制码	二-十进制码		
		8421 码	2421 码（B 码）	余 3 码
0000	0	0	0	
0001	1	1	1	
0010	2	2	2	
0011	3	3	3	0
0100	4	4	4	1
0101	5	5		2
0110	6	6		3
0111	7	7		4
1000	8	8		5
1001	9	9		6
1010	10			7
1011	11		5	8
1100	12		6	9
1101	13		7	
1110	14		8	
1111	15		9	

（三）逻辑代数

逻辑代数亦称为布尔代数，其基本思想是英国数学家布尔（G. Boole）于 1854 年提出的。1938 年，香农把逻辑代数用于开关和继电器网络的分析、化简，率先将逻辑代数用于解决实际问题。由于逻辑代数可以使用二值函数进行逻辑运算，一些用语言描述显得十分复杂的逻辑命题，使用数学语言后，就变成了简单的代数式。逻辑代数有一系列的定律和规则，用它们对逻辑表达式进行处理，可以完成对电路的化简、变换、分析和设计。

1. 基本逻辑关系

（1）与运算

与运算的逻辑关系

语句描述：只有当一件事情的几个条件全部具备之后，这件事情才会发生，这种关系称为与运算。逻辑表达式为 L=A·B，式中小圆点“·”表示 A、B 的与运算，又称逻辑乘。

真值表：真值表的左边列出了所有变量的全部取值组合，右边列出的是对应于 A、B 变量的每种取值组合的输出，如图 6-1 所示。

逻辑符号：与运算的逻辑符号如图 6-2 所示，其中 A、B 为输入，L 为输出。

A	B	L=A·B
0	0	0
0	1	0
1	0	0
1	1	1

图 6-1　与逻辑真值表

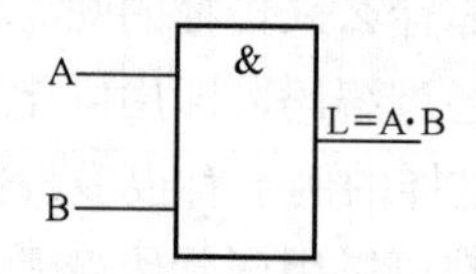

图 6-2　与运算逻辑符号

（2）或运算

语句描述：当一件事情的几个条件中只要有一个条件满足，这件事就会发生，这种关系称为或运算。逻辑表达式为 L = A + B，式中符号“+”表示 A、B 或运算，又称逻辑加。

真值表：同与运算一样，用 0、1 表示的或逻辑真值表如图 6-3 所示。

逻辑符号：或运算的逻辑符号如图 6-4 所示，其中 A、B 表示输入，L 表示输出。

A	B	L=A+B
0	0	0
0	1	1
1	0	1
1	1	1

图 6-3　或逻辑真值表

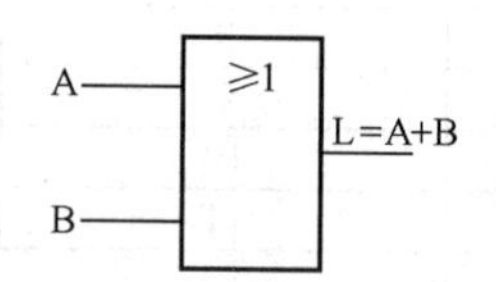

图 6-4　或运算逻辑符号

（3）非运算

语句描述：一件事情的发生是以其相反的条件为依据的，这种逻辑关系称为非运算。逻辑表达式为 L= $\overline{A}$，式中字母 A 上方的短划线“一”表示非运算。

真值表：如图 6-5 所示，L 与 A 总是处于对立的逻辑状态。其逻辑符号如图 6-6 所示。

与、或逻辑运算都可以推广到多变量的情况：L=A·B·C…，L=A+B+C…。

A	L=$\overline{A}$
0	1
1	0

图 6-5　非逻辑真值表

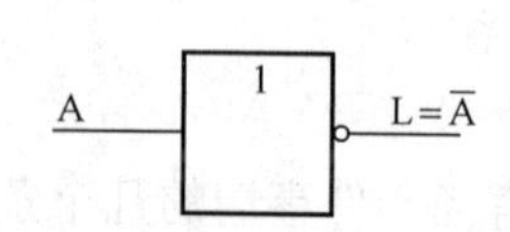

图 6-6　非运算逻辑符号

其他逻辑运算可用上述 3 种基本逻辑运算组合而成。表 6-3 列出了几种基本的逻辑运算函数式及其相应的逻辑门电路的代表符号，以便学习者比较和应用。

表 6-3　　几种常见的逻辑运算

逻辑变量 \ 逻辑运算		与运算 $L=A\cdot B$	或运算 $L=A+B$	非运算 $L=\overline{A}$	与非运算 $L=\overline{A\cdot B}$	或非运算 $L=\overline{A+B}$	异或运算 $L=\overline{A}B+A\overline{B}$
逻辑门符号		A, B → & → L	A, B → ≥1 → L	A → 1 → L	A, B → & → L	A, B → ≥1 → L	A, B → =1 → L
A	B						
0	0	0	0	1	1	1	0
0	1	0	1	1	1	0	1
1	0	0	1	0	1	0	1
1	1	1	1	0	0	0	0

2. 逻辑运算定理

（1）逻辑运算定理

常用逻辑运算定理见表 6-4。

表 6-4　　常用逻辑运算定理

逻辑运算定理	原　等　式	对　偶　式
交换律	$A\cdot B=B\cdot A$	$A+B=B+A$
结合律	$A(BC)=(AB)C$	$A+(B+C)=(A+B)+C$
分配律	$A(B+C)=AB+AC$	$A+BC=(A+B)(A+C)$
自等律	$A\cdot 1=A$	$A+0=A$
0-1 律	$A\cdot 0=0$	$A+1=1$
互补律	$A\cdot\overline{A}=0$	$A+\overline{A}=1$
重叠律	$A\cdot A=A$	$A+A=A$
吸收律	$A+AB=A$	$A\cdot(A+B)=A$
非非律	$\overline{\overline{A}}=A$	
反演律（摩根定律）	$\overline{AB}=\overline{A}+\overline{B}$	$\overline{A+B}=\overline{A}\cdot\overline{B}$

（2）常用逻辑运算公式

常用逻辑运算公式见表 6-5。

表 6-5　　常用逻辑运算公式

项　目	常 用 公 式	推论与证明
1	$AB+A\overline{B}=A$	无
2	$A+AB=A$	$A+AB+ABC+\cdots=A$
3	$A+\overline{A}B=A+B$	$A+\overline{A}B=A+AB+\overline{A}B=A+(A+\overline{A})B=A+B$
4	$AB+\overline{A}C+BC=AB+\overline{A}C$	$AB+\overline{A}C+BC=AB+\overline{A}C+(A+\overline{A})CB$ $=AB+\overline{A}C+ABC+\overline{A}BC=AB+\overline{A}C$
5	$A+BC=(A+C)(A+B)$	$(A+C)(A+B)=AB+AC+BC+AA=A+BC$

注：公式 1、2 为吸收律和分配律的应用，公式 3 为多余因子定律，公式 4 为多余项定律，公式 5 为与或和或与转换定律。

（3）逻辑代数的 3 个基本规则

① 代入规则。若两个逻辑函数相等，即 F＝G，且 F 和 G 中都存在

变量A，如果将所有出现变量A的地方都用一个逻辑函数L代替，则等式仍然成立。

反演律

② 反演规则。设L是一个逻辑函数表达式，如果将L中所有的“·”（注意，在逻辑表达式中，不致混淆的地方，“·”常被忽略）换为“+”，所有的“+”换为“·”；所有的常量0换为常量1，所有的常量1换为常量0；所有的原变量换为反变量，所有的反变量换为原变量，这样将得到一个新的逻辑函数，这个新的逻辑函数就是原函数L的反函数，或称为补函数，记作$\overline{L}$。

③ 对偶规则。设L是一个逻辑表达式，如果将L中的“·”“+”互换；所有的“0”“1”互换，那么就得到一个新的逻辑函数式，称为L的对偶式，记作L′。

3. 逻辑函数的化简

（1）逻辑函数的代数法化简

一个逻辑函数可以有多种不同的逻辑表达式，如与或表达式、或与表达式、与非-与非表达式、或非-或非表达式以及与或非表达式等。以下将着重讨论与或表达式的化简，因为与或表达式容易从真值表直接写出，且只需运用一次摩根定律就可以从最简与或表达式变换为与非-与非表达式，从而可以用与非门电路来实现。最简与或表达式有两个特点：一个是与项（即乘积项）的个数最少，另一个是每个乘积项中变量的个数最少。

逻辑函数代数法化简的依据就是逻辑运算的公理、定理和经过证明的常用公式，常用的方法有并项法、吸收法、消去法和配项法。用代数法对逻辑表达式进行化简，不是孤立使用一种方法就能完成的，而要综合使用多种方法。

例6.9 化简 $L=AD+A\overline{D}+AB+\overline{A}C+BD+A\overline{B}EF+\overline{B}EF$

解： $L=A+AB+\overline{A}C+BD+A\overline{B}EF+\overline{B}EF$（利用 $AB+\overline{A}B=A$）

$=A+\overline{A}C+BD+\overline{B}EF$（利用 $A+AB=A$）

$=A+C+BD+\overline{B}EF$（利用 $A+\overline{A}B=A+B$）

（2）逻辑函数的卡诺图化简法

① 最小项表达式。根据逻辑函数的概念，一个逻辑函数的表达式不是唯一的，我们将有如下特点的表达式称为最小项：

（a）表达式中每个乘积项都包含了全部输入变量；

（b）表达式中每个乘积项中的输入变量可以是原变量，也可以是反变量；

（c）表达式中同一输入变量的原变量和反变量不同时出现在同一乘积项中。

为简化表示，通常每个变量取值组合用一个号码表示，通常用m表示最小项，用二进制数所对应的十进制数作为m的下标。

如 $A\overline{B}\,\overline{C}=100$，记作 m_4；$A\overline{B}CD=1011$，记作 m_{11}，

那么 $F=ABC+AB\overline{C}+A\overline{B}\,\overline{C}+\overline{A}B\overline{C}$ 就可以简写成F（A，B，C）$=m_7+m_6+m_4+m_2$，或者F（A，B，C）$=\sum m$（2，4，6，7）。

逻辑函数的卡诺图表示

利用逻辑代数的基本公式，可以把任一个逻辑函数转化成一组最小项之和的表达式，这种表达式即称为最小项表达式。任一个逻辑函数都可以转化成唯一的最小项表达式。

② 卡诺图化简法。利用代数法可使逻辑函数变成较简单的形式，但

这种方法要求熟练掌握逻辑代数的基本定律，而且需要一些技巧，特别是经代数法化简后得到的逻辑表达式是否是最简式较难掌握，这就给使用逻辑函数带来一定的困难，使用卡诺图法可以比较简便地得到最简的逻辑表达式。

根据逻辑函数的最小项表达式，可以得到相应的卡诺图。图 6-7 所示为填入最小项的卡诺图，在图 6-8 中，用 0、1 分别表示反变量和原变量，变量 A、B、C、D 的每种取值组合与方格内的最小项一一对应，如 0000 对应于 $\overline{A}\ \overline{B}\ \overline{C}\ \overline{D}$，1111 对应于 ABCD，依此类推。这样，只要标出方格外纵、横两向的二元常量，就可由二进制码推出相应的最小项的编号。

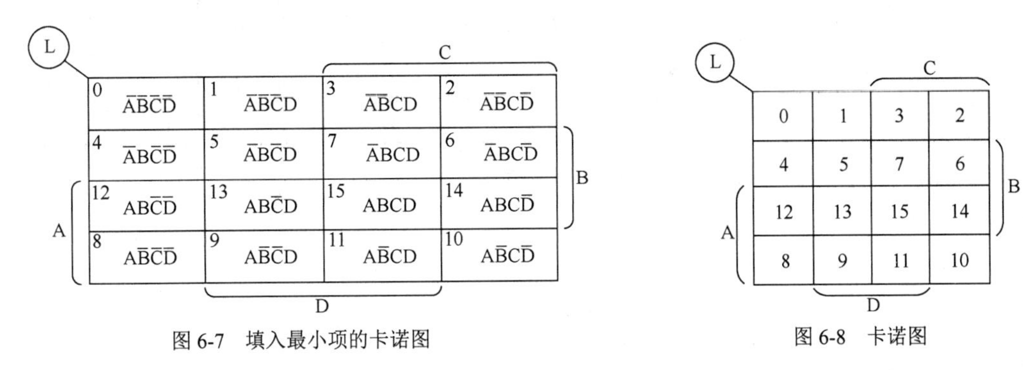

图 6-7　填入最小项的卡诺图

图 6-8　卡诺图

卡诺图具有循环邻接的特性，若图中两个相邻的方格均为 1，则用两个相邻最小项的和表示可以消去一个变量。若卡诺图中 4 个相邻的方格为 1，则这 4 个相邻的最小项的和将消去两个变量，这样反复应用 $A+\overline{A}=1$ 的关系，就可使逻辑表达式得到简化。这就是利用卡诺图法化简逻辑函数的基本原理。

用卡诺图化简逻辑函数的步骤如下：

（a）将逻辑函数写成最小项表达式；

（b）按最小项表达式填卡诺图，凡是式中包含了的最小项，其对应方格填 1，其余方格填 0；

（c）合并最小项，即将相邻的 1 方格圈成一组（包围圈，每一组含 2^n 个方格），对应每个包围圈写成一个乘积项；

（d）将所有包围圈所对应的乘积项相加。

画包围圈时应遵循的原则如下：

（a）包围圈内的方格数必定是 2^n 个，n 等于 0、1、2、3、…；

（b）相邻方格包括上下底相邻、左右边相邻和四角相邻；

（c）同一方格可以被不同的包围圈重复包围，但新增包围圈中一定要有新的 1 方格，否则该包围圈多余；

（d）包围圈内的 1 方格数要尽可能多，即包围圈应尽可能大。

化简后，一个包围圈对应一个与项（乘积项），包围圈越大，所得乘积项中的变量越少。实际上，如果做到了使每个包围圈尽可能大，包围圈个数也就会尽可能少，这样得到的函数表达式中乘积项的个数最少，就可以获得最简的逻辑函数表达式。

例 6.10　一个逻辑电路的输入是 4 个逻辑变量 A、B、C、D，它的真值见表 6-6，用卡诺图法求化简的与或表达式及与非-与非表达式。

表 6-6　　　　　例 6.10 的真值表

输入										输出			
D_9	D_8	D_7	D_6	D_5	D_4	D_3	D_2	D_1	D_0	D	C	B	A
0	0	0	0	0	0	0	0	0	1	0	0	0	0
0	0	0	0	0	0	0	0	1	0	0	0	0	1
0	0	0	0	0	0	0	1	0	0	0	0	1	0
0	0	0	0	0	0	1	0	0	0	0	1	0	1
0	0	0	0	0	1	0	0	0	0	0	1	0	0
0	0	0	0	1	0	0	0	0	0	0	1	1	1
0	0	0	1	0	0	0	0	0	0	0	1	1	0
0	0	1	0	0	0	0	0	0	0	0	1	1	1
0	1	0	0	0	0	0	0	0	0	1	0	0	0
1	0	0	0	0	0	0	0	0	0	1	0	0	1

解：（1）由真值表画出卡诺图，如图 6-9 所示。

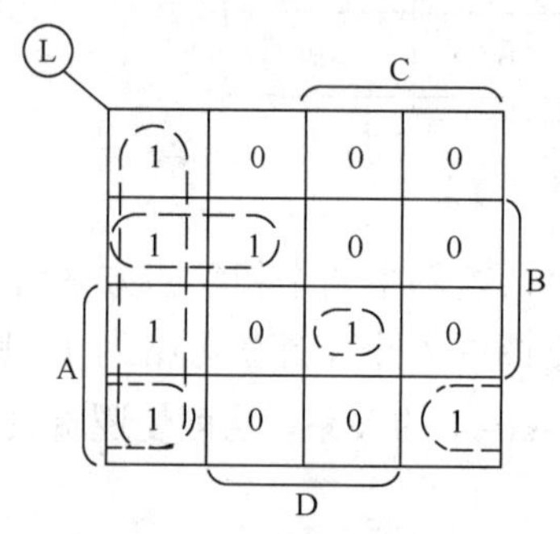

图 6-9　例 6.10 的卡诺图

（2）画包围圈合并最小项，得化简的与或表达式。

$$L=\overline{C}\,\overline{D}+A\overline{B}\,\overline{D}+\overline{A}B\overline{C}+ABCD$$

（3）求与非-与非表达式，二次求非

$$L=\overline{\overline{\overline{C}\,\overline{D}+A\overline{B}\,\overline{D}+\overline{A}B\overline{C}+ABCD}}$$

然后利用摩根定律得

$$L=\overline{\overline{\overline{C}\,\overline{D}}\cdot\overline{A\overline{B}\,\overline{D}}\cdot\overline{\overline{A}B\overline{C}}\cdot\overline{ABCD}}$$

利用卡诺图表示逻辑函数式时，如果卡诺图中的各小方格被“1”占去了大部分，虽然可用包围“1”的方法进行化简，但由于要重复利用“1”项，往往显得零乱而易出错。这时可以采用包围“0”方格的方法进行化简，求出反函数$\overline{L}$，再对$\overline{L}$求非，其结果相同，这种方法更简单。

（四）逻辑门电路

1. 基本逻辑门电路

（1）二极管与门电路

图 6-10（a）所示为由半导体二极管组成的与门电路，图 6-10（b）

所示为它的逻辑符号。

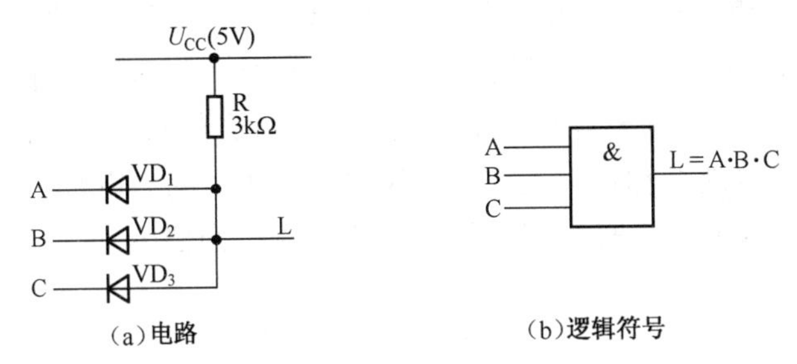

图 6-10 二极管与门

与门表达式为 L= A · B · C 。

（2）二极管或门电路

图 6-11（a）所示为由二极管组成的或门电路，图 6-11（b）所示为它的逻辑符号。

或门表达式为 L＝A+B+C。

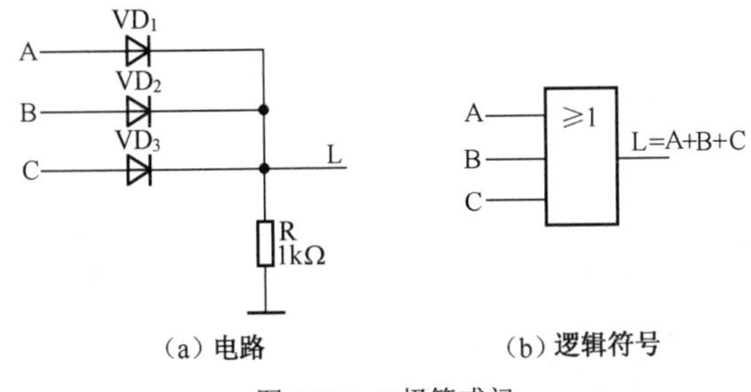

图 6-11 二极管或门

（3）TTL 与非门电路

图 6-12 所示为采用多发射极 BJT 作 3 输入端 TTL 与非门的输入器件。此非门由 3 部分构成。

① 输入级：它由多发射极三极管 VT_1 和基极电阻 R_1 组成，它实现了输入变量 A、B、C 的与运算。

② 中间级：中间级由 VT_2、R_2 和 R_3 组成，是一个倒相器，从 VT_2 的集电极 C_2 和发射极 E_2 上可以分别获得两个相位相反的电压信号，供输出级使用。

③ 输出级：它由 VT_3、VT_5 和电阻 R_4、R_5 组成，当任一输入端为低电平时，VT_1 的发射结将正向偏置而导通，VT_2 将截止，导致输出为高电平；只有当全部输入端为高电平时，VT_1 将转入倒置放大状态，VT_2 和 VT_3 均饱和，输出为低电平。

$$F=\overline{ABC}$$

2. CMOS 逻辑门电路

（1）CMOS 反相器（非门）

图 6-13 所示为 CMOS 反相器电路，由两种增强型 MOSFET 组成，其中一个为 N 沟道，另一个为 P 沟道。为了保证电路能正常工作，要求电源电压 $U_{DD}>(U_{TN}+|U_{TP}|)$。

（2）CMOS与非门电路

图6-14所示为二输入端CMOS与非门电路。其中包括两个串联的N沟道增强型MOS管和两个并联的P沟道增强型MOS管。每个输入端连接一个N沟道和一个P沟道MOS管的栅极。当输入端A、B中只要有一个为低电平时，就会使与它相连的NMOS管截止，使与它相连的PMOS管导通，输出为高电平；仅当A、B全为高电平时，才会使两个串联的NMOS管都导通，使两个并联的PMOS管都截止，输出为低电平。

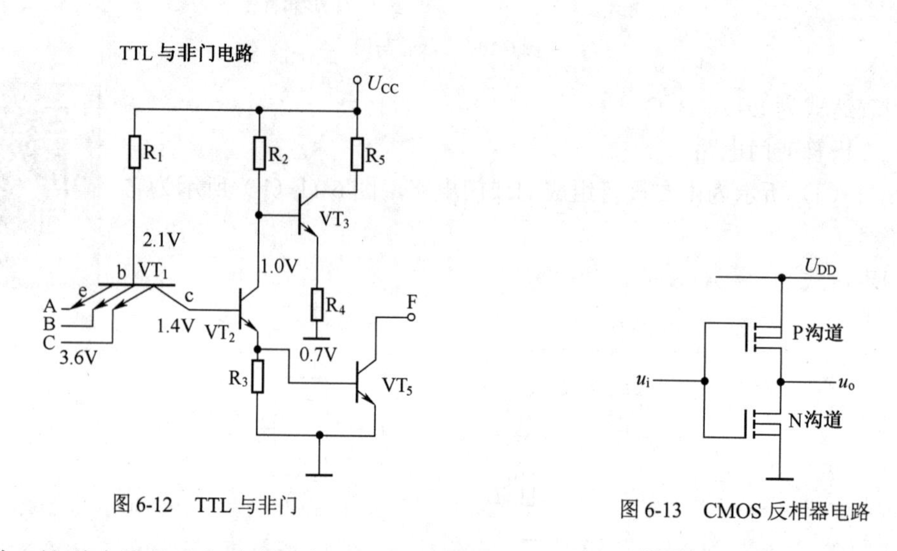

图6-12　TTL与非门

图6-13　CMOS反相器电路

因此，这种电路具有与非的逻辑功能，其逻辑表达式为$L=\overline{A\cdot B}$。显然，n个输入端的与非门必须有n个NMOS管串联和n个PMOS管并联。

（3）或非门电路

图6-15所示为二输入端CMOS或非门电路，其包括两个并联的N沟道增强型MOS管和两个串联的P沟道增强型MOS管。当输入端A、B中只要有一个为高电平时，就会使与它相连的NMOS管导通，与它相连的PMOS管截止，输出为低电平；仅当A、B全为低电平时，两个并联的NMOS管都截止，两个串联的PMOS管都导通，输出为高电平。因此，这种电路具有或非的逻辑功能，其逻辑表达式为$L=\overline{A+B}$。显然，n个输入端的或非门必须有n个NMOS管并联和n个PMOS管串联。

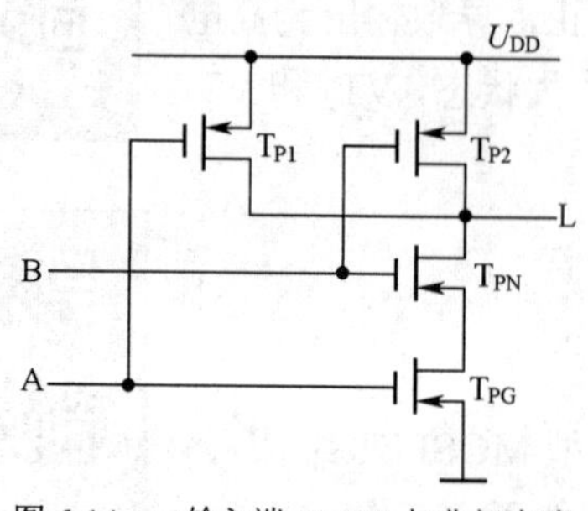

图6-14　二输入端CMOS与非门电路

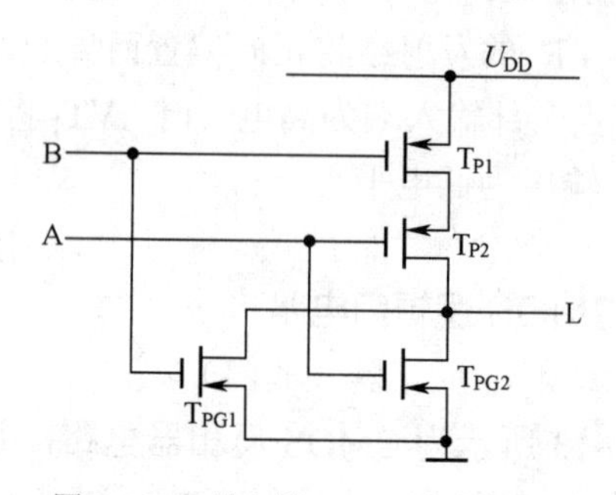

图6-15　二输入端CMOS或非门电路

（五）组合逻辑电路的分析与设计

1. 组合逻辑电路的分析

（1）组合逻辑电路的特点

组合逻辑电路任意时刻的输出状态，只取决于该时刻输入信号的状态，而与输入信号作用前电路原来的状态无关。组合逻辑电路全部由门电路组成，电路中不含记忆单元，由输出到输入没有任何反馈线。图 6-16 所示为组合逻辑电路的一般框图。

（2）组合逻辑电路的分析方法

这里所说的分析，指的是逻辑分析，即分析已给定逻辑电路的逻辑功能，找出输出逻辑函数与逻辑变量之间的逻辑关系。根据给定的逻辑电路图，经过分析确定电路能完成的逻辑功能。有时分析的目的在于检验新设计的逻辑电路是否实现了预定的逻辑功能。组合逻辑电路的分析步骤大致如下：

① 由逻辑图写出各输出端的逻辑表达式；

② 化简和变换各逻辑表达式；

③ 列出真值表；

④ 根据真值表和逻辑表达式对逻辑电路进行分析，最后确定其功能。

例 6.11　已知逻辑电路如图 6-17 所示，分析该电路的功能。

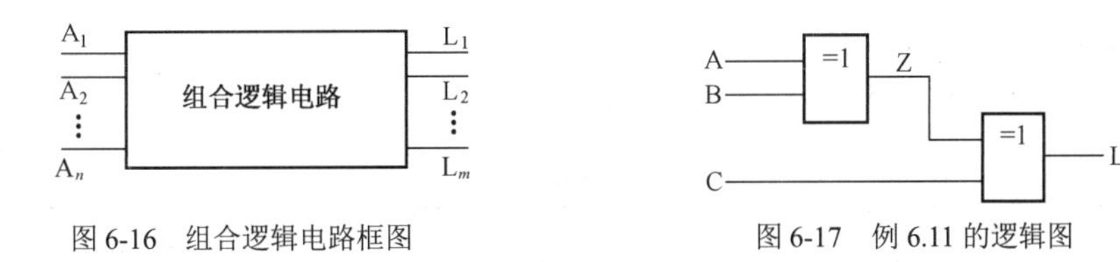

图 6-16　组合逻辑电路框图　　图 6-17　例 6.11 的逻辑图

解：

（1）根据逻辑电路写出输出函数的逻辑表达式为

$$L=A\oplus B\oplus C=(A\oplus B)\oplus C$$

（2）写真值表。将输入变量 A、B、C 的 8 种可能的组合全部列出，为了方便，表中增加中间变量 $A\oplus B$。根据每一组变量取值的情况和上述表达式，分别确定 $A\oplus B$ 的值和 L 值，填入表 6-7 中。

表 6-7　例 6.11 的真值表

A	B	C	$A\oplus B$	$L=A\oplus B\oplus C$
0	0	0	0	0
0	0	1	0	1
0	1	0	1	1
0	1	1	1	0
1	0	0	1	1
1	0	1	1	0
1	1	0	0	0
1	1	1	0	1

（3）分析真值表后可知，当 A、B、C 这 3 个输入变量中取值有奇数个 1 时，L 为 1，否则 L 为 0。可见该电路可用于检查 3 位二进制码的奇偶性，由于它在输入的二进制码中含有

奇数个 1 时输出有效信号，因此称为奇校验电路。

2. 组合逻辑电路的设计

组合逻辑电路的设计，通常以电路简单、器件最少为目标。在设计中普遍采用中、小规模集成电路（一片包括数个门至数十个门）产品，根据具体情况，尽可能减少所用的器件数目和种类，使组装好的电路结构紧凑，以达到工作可靠、经济的目的。采用小规模集成器件设计组合逻辑电路的一般步骤如图 6-18 所示。

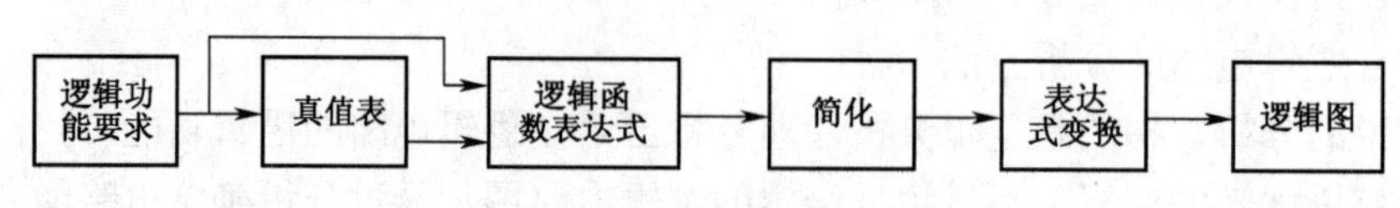

图 6-18　组合逻辑电路的设计步骤

必须说明的是，有时由于输入变量的条件（如只有原变量输入，没有反变量输入）或采取器件的条件（如在一块集成器件中包含多个基本门）等因素，采用最简与或式实现的电路，不一定是最佳电路结构。

例 6.12　试用二输入与非门和反相器设计一个三输入（I_0、I_1、I_2）、三输出（L_0、L_1、L_2）的信号排队电路。它的功能是当输入 I_0 为 1 时，无论 I_1 和 I_2 为 1 还是 0，输出 L_0 都为 1，L_1 和 L_2 为 0；当 I_0 为 0 且 I_1 为 1 时，无论 I_2 为 1 还是 0，输出 L_1 均为 1，其余两个输出为 0；当 I_2 为 1 且 I_0 和 I_1 均为 0 时，输出 L_2 为 1，其余两个输出为 0；如 I_0、I_1、I_2 均为 0，则 L_0、L_1、L_2 也均为 0。

解：（1）根据题意列出真值表，见表 6-8。

表 6-8　　例 6.12 的真值表

输　入	输　出
I_0 I_1 I_2	L_0 L_1 L_2
0　0　0	0　0　0
1　0　0	1　0　0
1　0　1	1　0　0
1　1　0	1　0　0
1　1　1	1　0　0
0　1　0	0　1　0
0　1　1	0　1　0
0　0　1	0　0　1

（2）根据真值表写出各输出表达式。

I_0I_1 \ I_2	0	1
00	0	0
01	0	0
11	1	1
10	1	1

I_0I_1 \ I_2	0	1
00	0	0
01	1	1
11	0	0
10	0	0

I_0I_1 \ I_2	0	1
00	0	1
01	0	0
11	0	0
10	0	0

（3）根据要求将输出表达式变换为与非形式，并由此画出逻辑图。

逻辑图如图 6-19 所示。该逻辑电路可用一片内含 4 个二输入端的与非门和另一片内含 6 个反相器的集成电路组成；也可用两片内含 4 个二输入端与非门的集成电路组成。原逻辑表达式虽然是最简形式，但它需一片反相器和一片三输入端的与门才能实现，器材数和种类都不能节省。由此可见，最简的逻辑表达式用一定规格的集成器件实现时，其电路结构不一定是最简单和最经济的。设计逻辑电路时应以集成器件为基本单元，而不应以单个门为单元，这是工程设计与理论分析的不同之处。

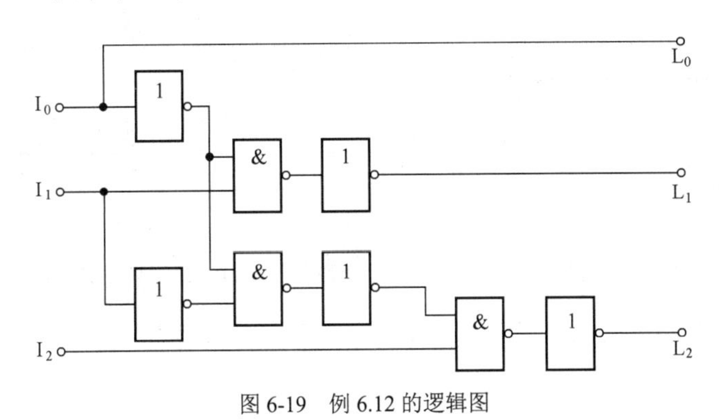

图 6-19　例 6.12 的逻辑图

3. 编码器

（1）编码器的定义与功能

在数字系统里，常常需要将某一信息（输入）转换为某一特定的代码（输出）。将二进制码按一定的规律编排，如 8421 码、格雷码等，使每组代码具有特定含义（代表某个数字或控制信号）的过程称为编码。具有编码功能的逻辑电路称为编码器，如图 6-20 所示。

二进制编码器

编码器有若干个输入，在某一时刻只有一个输入信号被转换成为二进制码。如果一个编码器有 n 个输入端和 m 个输出端，则输出端与输入端之间应满足关系 $n \leqslant 2^m$。例如，8 线-3 线二进制编码器有 8 输入、3 位二进制码输出，10 线-4 线编码器有 10 输入、4 位二进制码输出。

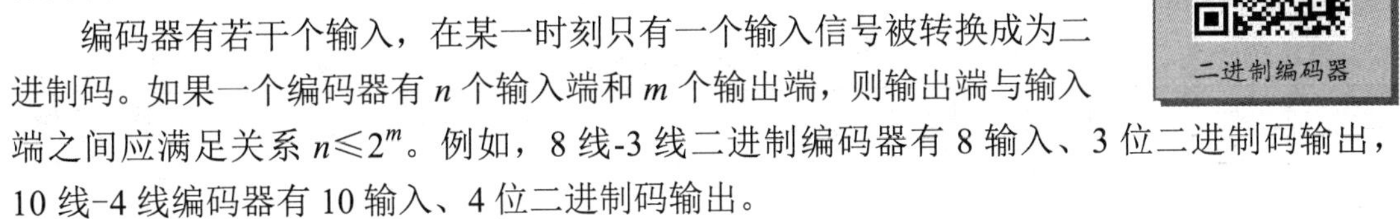

（2）几种常用编码器的电路及应用

① 8 线-3 线二进制编码器

将 8 个高低电平信号编成 3 位二进制数的电路框图如图 6-21 所示。

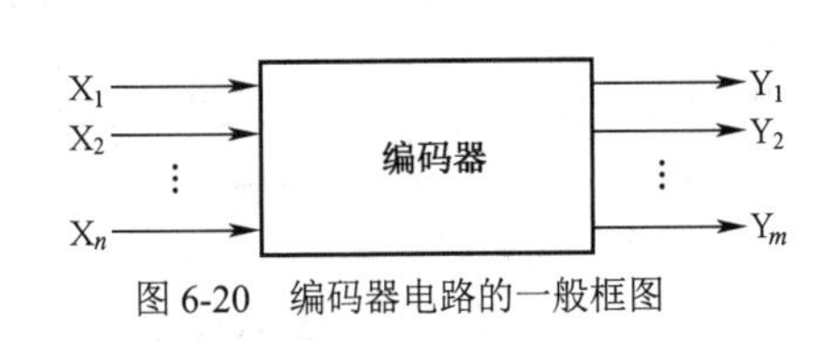

图 6-20　编码器电路的一般框图

D_0 D_1 ⋮ D_7 → 8 线-3 线 编码器 → A B C

图 6-21　8 线-3 线二进制编码器的框图

该电路的特点如下：

（a）输入高电平有效；

（b）D_0～D_7 这 8 个编码信号是互相排斥的，即 D_0～D_7 不允许有两个或两个以上同为 1；

（c）D_0～D_7 全为 0 时，输出 CBA 为 000，即与 D_0 为 1 的编码一样。

其真值表见表 6-9。

表 6-9　　　　8 线-3 线二进制编码器电路的真值表

D_7	D_6	D_5	D_4	D_3	D_2	D_1	D_0	C	B	A
0	0	0	0	0	0	0	1	0	0	0
0	0	0	0	0	0	1	0	0	0	1
0	0	0	0	0	1	0	0	0	1	0
0	0	0	0	1	0	0	0	0	1	1
0	0	0	1	0	0	0	0	1	0	0
0	0	1	0	0	0	0	0	1	0	1
0	1	0	0	0	0	0	0	1	1	0
1	0	0	0	0	0	0	0	1	1	1

其表达式为

$$C=D_4+D_5+D_6+D_7,\quad B=D_2+D_3+D_6+D_7,\quad A=D_1+D_3+D_5+D_7$$

即 $C=\overline{\overline{D_4}\cdot\overline{D_5}\cdot\overline{D_6}\cdot\overline{D_7}}$，$B=\overline{\overline{D_2}\cdot\overline{D_3}\cdot\overline{D_6}\cdot\overline{D_7}}$，$A=\overline{\overline{D_1}\cdot\overline{D_3}\cdot\overline{D_5}\cdot\overline{D_7}}$

键控 8421BCD 编码器

② 8421BCD 编码器

将 0～9 这 10 个数转换成二进制代码的电路框图如图 6-22 所示。其真值表见表 6-10。

图 6-22　8421BCD 编码器电路的框图

表 6-10　　　　8421BCD 编码器电路的真值表

D_9	D_8	D_7	D_6	D_5	D_4	D_3	D_2	D_1	D_0	D	C	B	A
0	0	0	0	0	0	0	0	0	1	0	0	0	0
0	0	0	0	0	0	0	0	1	0	0	0	0	1
0	0	0	0	0	0	0	1	0	0	0	0	1	0
0	0	0	0	0	0	1	0	0	0	0	0	1	1
0	0	0	0	0	1	0	0	0	0	0	1	0	0
0	0	0	0	1	0	0	0	0	0	0	1	0	1
0	0	0	1	0	0	0	0	0	0	0	1	1	0
0	0	1	0	0	0	0	0	0	0	0	1	1	1
0	1	0	0	0	0	0	0	0	0	1	0	0	0
1	0	0	0	0	0	0	0	0	0	1	0	0	1

其表达式为:

$$D=D_8+D_9,\quad C=D_4+D_5+D_6+D_7,\quad B=D_2+D_3+D_6+D_7,\quad A=D_1+D_3+D_5+D_7+D_9$$

即　$D=\overline{\overline{D_8}\cdot\overline{D_9}}$，$C=\overline{\overline{D_4}\cdot\overline{D_5}\cdot\overline{D_6}\cdot\overline{D_7}}$，$B=\overline{\overline{D_2}\cdot\overline{D_3}\cdot\overline{D_6}\cdot\overline{D_7}}$，$A=\overline{\overline{D_1}\cdot\overline{D_3}\cdot\overline{D_5}\cdot\overline{D_7}\cdot\overline{D_9}}$

由真值表可以看出：当编码器某一个输入信号为 1 而其他输入信号都为 0 时，有一组对应的数码输出，如 $D_8=1$ 时，DCBA=1000，输出数码各位的权从高位分别为 8、4、2、1，因此，称其为 8421BCD 编码器。从表 6-10 中还可以看出，该编码器的 D_0～D_9 这 10 个编码也是相互排斥的。

优先编码器

③ 6 线-3 线二进制优先编码器 74148 功能表见表 6-11。

表 6-11　　6 线-3 线二进制优先编码器 74148 功能表

E_I	I_0	I_1	I_2	I_3	I_4	I_5	I_6	I_7	A_2	A_1	A_0	S	E_O
1	×	×	×	×	×	×	×	×	1	1	1	1	1
0	1	1	1	1	1	1	1	1	1	1	1	1	0
0	×	×	×	×	×	×	×	0	0	0	0	0	1
0	×	×	×	×	×	×	0	1	0	0	1	0	1
0	×	×	×	×	×	0	1	1	0	1	0	0	1
0	×	×	×	×	0	1	1	1	0	1	1	0	1
0	×	×	×	0	1	1	1	1	1	0	0	0	1
0	×	×	0	1	1	1	1	1	1	0	1	0	1
0	×	0	1	1	1	1	1	1	1	1	0	0	1
0	0	1	1	1	1	1	1	1	1	1	1	0	1

该电路的特点如下：允许输入数个编码信号，而电路只对其中优先级别最高的信号进行编码，而不会对级别低的信号编码，这样的电路广泛应用于计算机或数字系统中实现优先权管理（如中断等）。优先编码器 74148 的符号及引脚排列如图 6-23 所示。

④ 编码器的扩展应用

用两片 8 线-3 线优先编码器组成的 16 线-4 线优先编码器如图 6-24 所示。

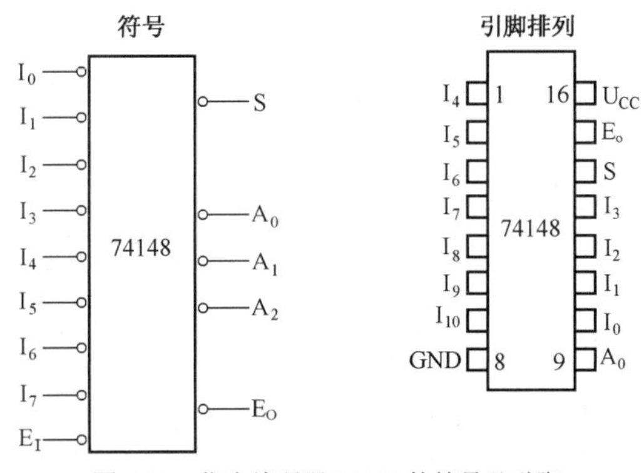

图 6-23　优先编码器 74148 的符号及引脚

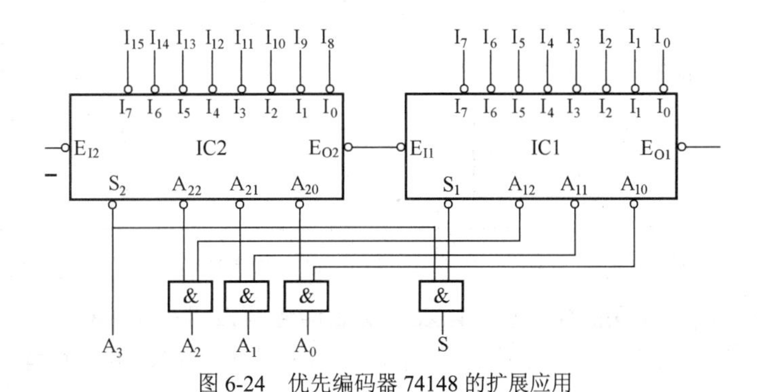

图 6-24　优先编码器 74148 的扩展应用

4. 译码器

（1）译码器的定义及功能

译码是编码的逆过程，它的功能是将具有特定含义的二进制码进行辨别，并转换成控制信号。具有译码功能的逻辑电路称为译码器。

集成译码器 74138

译码器可分为两种类型：一种是将一系列代码转换成与之相对应的有效信号，这种译码器可称为唯一地址译码器，它常用于计算机中对存储单元地址的译码，即将每一个地址代码转换成一个有效信号，从而选中对应的单元；另一种是将一种代码转换成另一种代码，所以也称为代码变换器。图 6-25 所示为二进制译码器的一般原理图，它具有 n 个输入端、2^n 个输出端和 1 个使能输入端。在使能输入端为有效电平时，对应每一组输入代码，只有其中 1 个输出端为有效电平，其余输出端则为非有效电平。

（2）集成 3 线-8 线二进制译码器 74138

① 74138 的符号与引脚排列如图 6-26 所示。

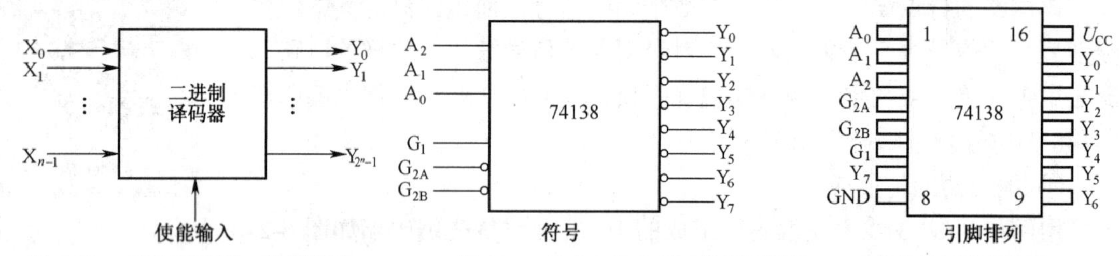

图 6-25 二进制译码器一般原理图　　图 6-26 集成 3 线-8 线二进制译码器 74138 的符号与引脚排列

② 集成 3 线-8 线二进制译码器 74138 的功能表见表 6-12。

表 6-12　　集成 3 线-8 线二进制译码器 74138 的功能表

输入						输出							
G_1	G_{2A}	G_{2B}	C	B	A	Y_0	Y_1	Y_2	Y_3	Y_4	Y_5	Y_6	Y_7
×	H	×	×	×	×	H	H	H	H	H	H	H	H
×	×	H	×	×	×	H	H	H	H	H	H	H	H
L	×	×	×	×	×	H	H	H	H	H	H	H	H
H	L	L	L	L	L	L	H	H	H	H	H	H	H
H	L	L	L	L	H	H	L	H	H	H	H	H	H
H	L	L	L	H	L	H	H	L	H	H	H	H	H
H	L	L	L	H	L	H	H	H	L	H	H	H	H
H	L	L	H	L	L	H	H	H	H	L	H	H	H
H	L	L	H	L	H	H	H	H	H	H	L	H	H
H	L	L	H	H	L	H	H	H	H	H	H	L	H
H	L	L	H	H	H	H	H	H	H	H	H	H	L

③ 功能分析：输出低电平有效；设置了 3 个输入控制端：G_1、G_{2A}、G_{2B}，其中使能信号 G_1 高电平有效；G_{2A} 和 G_{2B} 为低电平有效；使能信号有效时：$Y_i=\overline{m}_i$。

④ 译码器的扩展应用。通过正确配置译码器的使能输入端，可以将译码器的位数进行

扩展。例如，实验室现在只有 3 线-8 线译码器（如 74138），要求实现一个 4 线-16 线的译码器。电路如图 6-27 所示，图中 A=0 时，74138（II）工作而 74138（I）不工作；A=1 时，情况刚好相反。对应到输出，74138（II）输出为 Y_0～Y_7，74138（I）输出为 Y_8～Y_{15}，从而实现了 4 线-16 线的译码器。这种方法主要是利用其中的一个使能输入端作为编码信号输入端，调整图中非门的位置，或采用其他使能输入端作为编码信号输入端，同样可实现 4 线-16 线译码器。

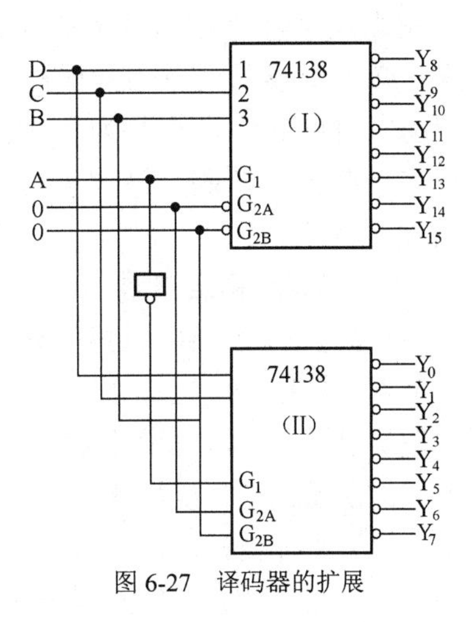

图 6-27　译码器的扩展

（3）七段显示译码器

在数字测量仪表和各种数字系统中，需要将数字量直观地显示出来，一方面供人们直接读取测量和运算的结果；另一方面用于监视数字系统的工作情况，因此，数字显示电路是许多数字设备不可缺少的部分。数字显示电路通常由计数器、译码器、驱动器和数码显示器等部分组成，如图 6-28 所示。译码器的输入一般为二-十进制代码，其输出的信号用以驱动显示器，显示出十进制数字来。

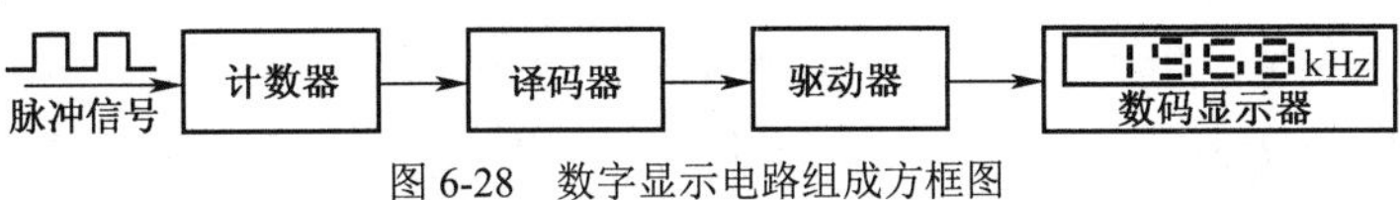

图 6-28　数字显示电路组成方框图

数码显示器是用来显示数字、文字或符号的器件，现在已有多种不同类型的产品，广泛应用于各种数字设备中，目前数码显示器件正朝着小型、低功耗、平面化方向发展。

数码的显示方式一般有 3 种：第一种是字形重叠式，它是将不同字符的电极重叠起来，要显示某字符，只需使相应的电极发亮即可，如辉光放电管、边光显示管等；第二种是分段式，数码由分布在同一平面上的若干段发光的笔画组成，如荧光数码管等；第三种是点阵式，它由一些按一定规律排列的可发光的点阵组成，利用光点的不同组合可以显示不同的数码，如场致发光记分牌。

按发光物质不同，数码显示器可分为下列几类：

① 半导体显示器，也称为发光二极管显示器；

② 荧光数字显示器，如荧光数码管、场致发光数字板等；

③ 液体数字显示器，如液晶显示器、电泳显示器等；

④ 气体放电显示器，如辉光数码管、等离子体显示板等。

数字显示方式目前以分段式应用最为普遍，图 6-29 所示为七段式数字显示器利用不同发光段方式的组合，显示 0～15 等阿拉伯数字。在实际应用中，10～15 并不采用，而是用 2 位数字显示器进行显示。

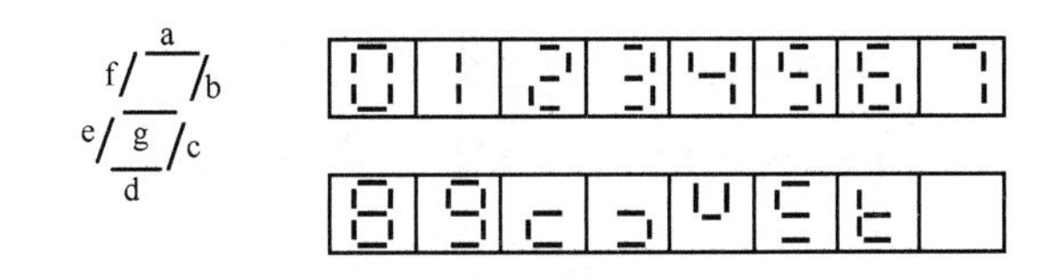

图 6-29　七段式数字显示器发光段组合图

如前所述，分段式数码管是利用不

同发光段组合的方式显示不同数码的。因此，为了使数码管能将数码所代表的数显示出来，必须将数码经译码器译出，然后经驱动器点亮对应的段。例如，对于8421码的0011状态，对应的十进制数为3，则译码驱动器应使a、b、c、d、g各段点亮，依此类推，即对应于某一组数码。译码器应有确定的几个输出端有信号输出，这是分段式数码管电路的主要特点。

5. 半加器和全加器

在数字系统中算术运算都是利用加法进行的，因此加法器是数字系统中最基本的运算单元。由于二进制运算可以用逻辑运算来表示，因此可以用逻辑设计的方法来设计运算电路。加法在数字系统中分为全加和半加，所以加法器也分为全加器和半加器。

（1）半加器设计

半加器不考虑低位向本位的进位，因此它有两个输入端和两个输出端。

设加数（输入端）为A、B，和为S，向高位的进位为C_{i+1}，则函数的逻辑表达式为$S=\overline{A}B+A\overline{B}$，$C_{i+1}=AB$。

全加器

（2）全加器设计

由于全加器考虑低位向高位的进位，所以它有3个输入端和两个输出端。

设输入变量为（加数）A、B、C_{i-1}，输出变量为S、C_{i+1}，则函数的逻辑表达式为

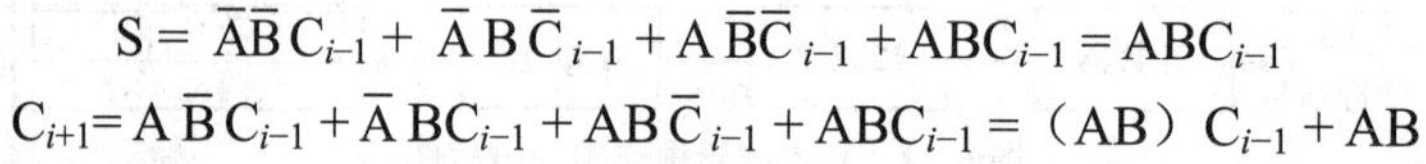

$$S=\overline{AB}C_{i-1}+\overline{A}B\overline{C}_{i-1}+A\overline{BC}_{i-1}+ABC_{i-1}=ABC_{i-1}$$

$$C_{i+1}=A\overline{B}C_{i-1}+\overline{A}BC_{i-1}+AB\overline{C}_{i-1}+ABC_{i-1}=（AB）C_{i-1}+AB$$

（3）全加器的应用

因为加法器是数字系统中最基本的逻辑器件，所以它的应用很广，可用于二进制的减法运算、乘法运算，BCD码的加法、减法、码组变换、数码比较等。

6. 组合逻辑电路的应用实例

例6.13 试分析图6-30所示逻辑电路的功能。

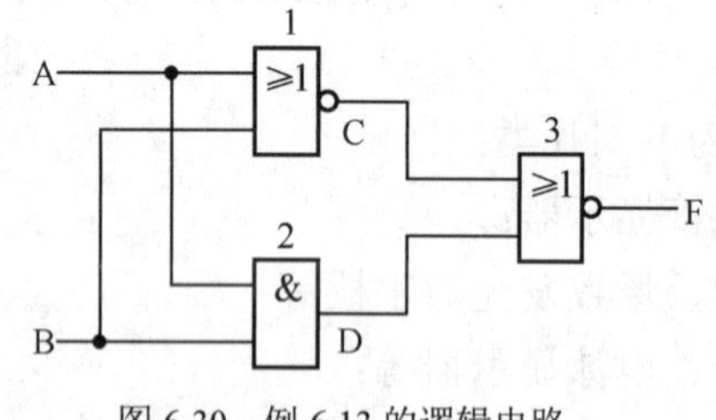

图6-30 例6.13的逻辑电路

解:

（1）迭代法求输出逻辑表达式。

图中，$C=\overline{A+B}$，D=AB，用迭代法求出电路输出的逻辑表达式为

$$F=\overline{C+D}=\overline{\overline{A+B}+AB}=(A+B)\cdot\overline{AB}=(A+B)(\overline{A}+\overline{B})=\overline{AB}+\overline{A}B$$

（2）列出真值表见表6-13。

（3）分析真值表可知，该电路是一个异或门。

例 6.14　试分析图 6-31 所示电路的逻辑功能。

表 6-13　　　例 6.13 的真值表

A	B	C	D	F
0	0	1	0	0
0	1	0	0	1
1	0	0	0	1
1	1	0	1	0

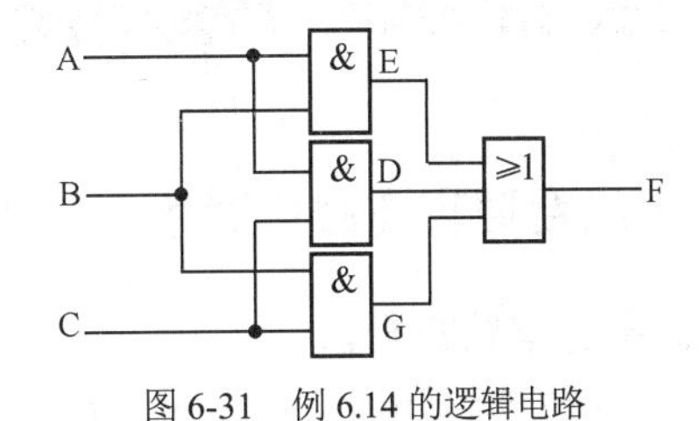

图 6-31　例 6.14 的逻辑电路

解：

（1）由图 6-31 可知，E=AB，D=AC，G=BC，用迭代法得 F = E + D + G = AB + AC + BC。

（2）列出相应的真值表，见表 6-14。

表 6-14　　　　　　　　　　例 6.14 的真值表

输　入			输出 F
A	B	C	
0	0	0	0
0	0	1	0
0	1	0	0
0	1	1	1
1	0	0	0
1	0	1	1
1	1	0	1
1	1	1	1

（3）由真值表可以看出，该逻辑电路是一个三人多数表决电路。

（4）组合逻辑电路的一般设计方法。

设计要求→列出真值表（确定输入、输出变量及它们的逻辑关系）→化简写出简化的逻辑表达式（或转换成逻辑器件所需的表达形式）→画出逻辑图。

例 6.15　设计一个一位加法器（半加器）电路。

解：

（1）该电路有两个输入 A_n、B_n 和两个输出 S_n、C_n，根据二进制加法规律列出真值表见表 6-15。

（2）由真值表写出逻辑表达式（化简或转换，本题无）。

$$S_n=\overline{A_n}B_n+A_n\overline{B_n}=A_n\oplus B_n, C_n=A_n\cdot B_n$$

（3）画出逻辑图，如图 6-32 所示。

表 6-15　例 6.15 的真值表

A_n	B_n	S_n	C_n
0	0	0	0
0	1	1	0
1	0	1	0
1	1	0	1

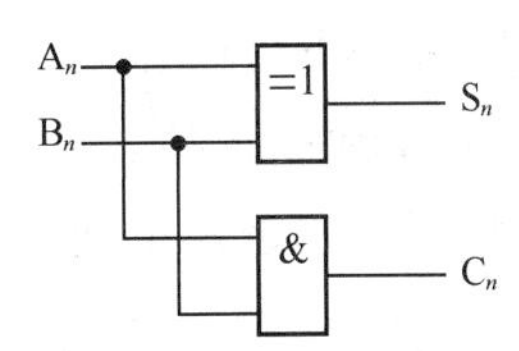

图 6-32　例 6.15 的逻辑电路

三、拓展知识

（一）组合逻辑电路中竞争、冒险的分析

1. 竞争、冒险的概念

信号在通过连线和逻辑单元时，都有一定的延时。延时的大小与连线的长短和逻辑单元的数目有关，同时还受器件的制造工艺、工作电压、温度等条件的影响。信号的高低电平转换也需要一定的过渡时间。由于存在这两方面的因素，多路信号的电平值发生变化时，在信号变化的瞬间，组合逻辑的输出有先后顺序，并不是同时变化，称为“竞争”；这会导致出现一些不正确的尖峰信号，这些尖峰信号称为“毛刺”。

如果一个组合逻辑电路中有“毛刺”现象，就说明该电路存在“冒险”。冒险是由变量的竞争引起的。冒险分为逻辑冒险和功能冒险。

简言之，在组合逻辑中，由于门的输入信号通路中经过了不同的延时，导致到达该门的时间不一致的现象称为竞争，竞争产生冒险。

2. 竞争、冒险产生的原因

竞争、冒险产生的根本原因是延迟。下面详细分析。

竞争、冒险的产生受时间延迟、过渡时间、逻辑关系和延迟信号相位4个要素的制约。

① 时间延迟，即信号在传输中受路径、器件等因素的影响，在输入端信号间出现的时间差异。

② 过渡时间，即脉冲信号状态不会发生突变，必须经历一段极短的过渡时间。

③ 逻辑关系，即逻辑函数式。

④ 延迟信号相位，即延迟信号状态间的相位关系，涵盖延迟信号同相位和延迟信号反相位两个方面。延迟信号状态变化相同的是延迟信号同相位，反之是反相位。

时间延迟和过渡时间要素是竞争、冒险产生的原因，逻辑关系和延迟信号相位要素是竞争、冒险产生的机制。上述的原因和机制，构成了竞争冒险的产生条件。当电路满足产生条件时，一定产生毛刺。

3. 有无竞争、冒险的判断方法

（1）逻辑冒险的判断方法

判断方法有两种：一是代数法，二是卡诺图法。

① 代数法。在逻辑函数表达式中，若某个变量同时以原变量和反变量的形式出现，如逻辑函数在一定条件下可简化为$Y=A+\overline{A}$或$Y=A\cdot\overline{A}$就具备了竞争条件。去掉其余变量（也就是将其余变量取固定值0或1），留下有竞争能力的变量，如果表达式为$F=A+\overline{A}$，就会产生0型冒险（F应该为1而实际却为0）；如果表达式为$F=A\overline{A}$，就会产生1型冒险。

② 卡诺图法：将函数填入卡诺图，按照函数表达式的形式圈好卡诺圈。

例 6.16 表达式$F=AB+C\overline{B}$，当$A=C=1$时，$F=B+\overline{B}$，在B发生跳变时，可能出现0型冒险。

解： $F=AC+B\overline{C}$ 的卡诺图（将 101 和 111 的 1 圈一起，010 和 110 的 1 圈一起）如下。

A \ BC	00	01	11	10
0	0	0	0	1
1	0	1	1	1

通过观察发现，这两个卡诺圈相切，则函数在相切处两值间跳变时发生逻辑冒险（前提是这两个卡诺圈没有被其他卡诺圈包围）。

（2）功能冒险的判断

功能冒险是当多个输入信号同时变化的瞬间，由于变化快慢不同而引起的冒险。

卡诺图法：依然用上面的卡诺图，按同样函数圈好。如 $F=AC+B\overline{C}$ 中，ABC 从 111 变为 010 时，A 和 C 两个变量同时发生了跳变，若 A 先变化，则 ABC 的取值出现了过渡态 011，由卡诺图可以知道此时函数输出 F 为 0，然而 ABC 在变化前后的稳定状态输出值为 1，此时就出现了 0 型冒险。这种由过渡态引起的冒险是由电路的功能所致，因此称为功能冒险。

（3）综合逻辑冒险和功能冒险

例如，$F=CD+B\overline{D}+A\overline{C}$，自己画几圈卡诺圈，可以发现信号 ABCD 从 0100 变化到 1101 可能存在 0 型功能冒险，不存在逻辑冒险；从 0111 变化到 1110 不存在功能冒险，却可能存在逻辑冒险。

4. 消除竞争、冒险的方法

消除竞争、冒险的方法有以下几种：

① 引入封锁脉冲；

② 引入选通脉冲；

③ 修改逻辑设计，增加冗余乘积项；

④ 接入滤波电容。

（二）数字电路的故障检测与诊断

1. 故障检测与诊断的概念

所谓故障检测指的是检验电路实现的功能是否与预定功能完全一致，若测试的目的不但要检查电路是否有故障，还要检查电路发生了什么故障，则这种测试为故障诊断。

电路的故障诊断在数字电路设计和生产过程中具有重要意义，它有助于修复芯片模板上的各种缺陷，重新配置故障冗余系统；有助于改进生产工艺，最终提高芯片的产量、质量以及可靠性。现有的数字电路的故障诊断如果仍然依赖于常规仪表和传统的人工分析，因为诊断定位难度大、周期长，将会严重拖慢数字电路设计和生产的速度。

2. 数字电路故障特点

数字电路测试的对象是非常复杂的，其复杂性表现在：待测电路的输入与输出变量可能多达数十个甚至上百个；电路的响应不仅是组合的，而且在大多数情况下是时序的；构成集成电路的门及记忆元件都封装在芯片内部，它们的物理缺陷是多种多样的，不可能直接测量它们的逻辑电平、观察它们的输入输出波形，这与模拟集成电路一样，无法进入数字集成电路（IC）内部电路进行检查，只能通过芯片的外部进行测量。因此，必须寻求一些可以信赖的、简单可行的测试方法，检测电路或芯片内部的故障。

3. 数字电路故障的检测技术

（1）故障隔离

对任何电路进行故障诊断，首先应通过考察故障特征以尽可能地缩小故障范围，即进行故障隔离。这一过程是相当关键的。在故障检测中，逻辑探头是寻找电路中关键信号的有效工具。在多数情况下，当信号完全消失时，用探头在相互连接的信号路径上进行测试，便可找到消失的信号。某些探头上具有逻辑存储开关，可用来检测单个脉冲或整个周期内脉冲信号的活动情况。信号出现时可以存储起来，并在脉冲存储器的LED上显示出来。通过查找电路之间不正常的关键信号可以进一步把故障缩小到一个电路范围内。

逻辑分析仪是检测可编程数字设备故障特性的有效工具。利用逻辑分析仪，可以观察可编程系统中程序每执行一步时的数据的传输情况，即能观察和比较程序执行过程中每一地址上的数据。可以每次做一步或几步检查，也可以迅速移到程序中怀疑的程序段上。根据逻辑分析仪的显示，能把故障范围确定到尽可能少的集成电路块或其他电路单元上。

（2）故障的定位检测

把故障隔离到单元电路中后，就可以用逻辑探头、逻辑脉冲发生器和电流跟踪器等来观察电路故障对工作的影响，并找到故障源。检查线上的脉冲活动时，逻辑探头可用来观察输入信号的活动和所产生的输出信号。从这些信息出发，可以做出IC工作是否正常的判断。例如，如果随机存取存储器（RAM）或只读存储器（ROM）线上有时钟脉冲信号，且能使信号在使能状态，则数据总线上应有信号。程序运行中，每条线上都应有高电平和低电平之间的转换。逻辑探头能用来观察时钟和使能信号的输入。

如果能观察到数据线上的信号活动，则可认为RAM或ROM是正常工作的。由于IC故障一般是突发性的，故无须测量信号的时序。多数情况下只需检查有无脉冲活动就足以反映IC的工作情况。当然，RAM或ROM也有可能存储了不正确的数据。

4. 数字电路的故障诊断

数字电路的故障诊断相对比较简单，除三态电路外，它的输入与输出只有高电平和低电平两种状态。查找其故障时可以先进行动态测试，缩小故障的范围；再进行静态测试，查找故障的具体位置。

查找故障首先要有合适的信号源和示波器，示波器的频带一般应大于10MHz，而且应该用双踪示波器同时观察输入和输出的波形、相位关系。查找故障的过程可以按顺序进行测量，把输出的结果和预期的状态相比较。通过动态测试把故障缩小到最小的范围，如果信号是非周期性的，应该借助逻辑分析仪或其他辅助设备观察各处的状态。

在数字电路中，一个逻辑门输入端由若干逻辑门提供，它的输出又经常带动多个门的输入，因此同一故障经常由不同的原因引起。在电路中，当某个元器件静态电位正常而动态波形有问题时，人们往往会认为这个元器件本身有问题而去更换它，但有时并非这个原因。比如，一个计数器加入单脉冲信号时，测量输出电平完全正确，加入连续脉冲观察到的波形却有问题（如输出波形为台阶模式），遇到这种情况，不要急于更换器件，而应检查计数器本身的负载能力及为它提供输入信号的元器件的负载能力。把计数器的输出负载断开，检查它的工作正常与否，如果工作正常，说明计数器负载能力有问题，可以对其进行更换；如果断开负载电路后仍存在问题，则要检查提供给计数器的输入信号波形是否符合要求，或把输入信号通过施密特门电路整形后再加到计数器输入端，检查输出波形。若用这种方式检查完毕后仍然存在问题，则必须更换计数器。

数字电路在当前机电产品中得到了广泛的应用，极大地提高了电器的使用和制造质量，促进了产品性能的提升。加强数字电路故障的检测与诊断研究有助于提升数字电路的应用水平，提升数字电路的应用质量，拓展其应用范围。

小　结

1. 组合逻辑电路是指任意时刻的输出信号仅取决于该时刻输入信号的取值组合，而与电路原有状态无关的电路。它在逻辑功能上的特点是：没有存储和记忆功能；在电路结构上的特点是：由各种门电路组成，不含记忆单元，只存在从输入到输出的通路，没有反馈回路。

2. 组合逻辑电路的描述方法主要有逻辑表达式、真值表、卡诺图和波形图等。

3. 组合逻辑电路的基本分析方法：根据给定电路逐级写出输出函数式，并进行必要的化简和变换，然后列出真值表，确定电路的逻辑功能。

4. 组合逻辑电路的基本设计方法：根据给定设计任务进行逻辑抽象，列出真值表，然后写出输出函数式并进行适当化简和变换，求出最简表达式，从而画出最简（或称最佳）逻辑电路。

5. 编码器的作用是将具有特定含义的信息编成相应二进制代码输出，常用的有二进制编码器、二-十进制编码器和优先编码器。

6. 译码器的作用是将表示特定意义信息的二进制代码翻译出来，常用的有二进制译码器、二-十进制译码器和数码显示译码器。

7. 加法器用于实现多位加法运算，其单元电路有半加器和全加器。

8. 同一个门的一组输入信号到达的时间有先有后，这种现象称为竞争。因竞争而导致输出产生尖峰干扰脉冲的现象，称为冒险。竞争、冒险可能导致负载电路误动作，实际应用中需加以注意。

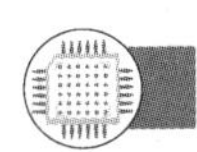

习题及思考题

1. 填空题

（1）二进制、十六进制转换为十进制。

$(10110)_2=(\qquad)_{10}$　　$(0.1011)_2=(\qquad)_{10}$

$(1011.101)_2=(\qquad)_{10}$　　$(3B)_{16}=(\qquad)_{10}$

$(0.35)_{16}=(\qquad)_{10}$　　$(1F.8)_{16}=(\qquad)_{10}$

（2）十进制转换为二进制、十六进制。

$(73)_{10}=(\qquad)_2$　　$(0.8125)_{10}=(\qquad)_2$

$(10.75)_{10}=(\qquad)_2$　　$(173)_{10}=(\qquad)_{16}$

（3）二进制、十六进制相互转换。

$(0.01011111)_2=(\qquad)_{16}$　　$(6D)_{16}=(\qquad)_2$

$(100)_{16}=(\qquad)_2$　　$(8FA.C6)_{16}=(\qquad)_2$

（4）已知二进制数：$A=(1011010)_2$，$B=(101111)_2$。

① 加法运算：A+B=(　　　　　$)_2$。

② 减法运算：A−B=(　　　　　$)_2$。

③ 与运算：AB=(　　　　　$)_2$。

④ 或运算：A+B=(　　　　　$)_2$。

（5）根据下列真值表写出 F 和 Z 的表达式（A、B 为输入变量，F、Z 是输出变量）。

F=________

Z=________

A	B	F
0	0	0
0	1	0
1	0	0
1	1	1

A	B	Z
0	0	1
0	1	0
1	0	0
1	1	1

2. 判断题

（1）二进制中只有 0、1 两个数码。（　　）

（2）二进制的基数是 2，十进制的基数是 10，十六进制的基数是 16。（　　）

（3）十六进制数 120.A，转换为二进制数，结果是：000100100000.1010。（　　）

（4）十进制数 100，转换为十六进制，结果是：66。（　　）

（5）逻辑运算 1+1=1。（　　）

（6）二进制的算术运算 1+1=2。（　　）

3. 选择题

（1）以下电路中，能实现 L=AB 的是（　　）。

A. 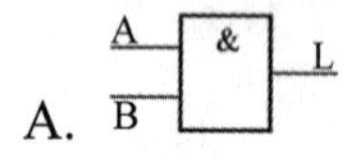

B. A、B → & (输出带小圆圈) → L

C. A、B → ≥1 → L

D. A、B → =1 → L

（2）下列选项中，错误的是（　　）。

A. $AB+A\overline{B}=A$　　B. A+0=0　　C. $\overline{AB}=\overline{A}+\overline{B}$　　D. A+AB=A

（3）3 变量的逻辑函数有（　　）个最小项。

A. 3　　B. 7　　C. 8　　D. 无法确定

（4）根据下列真值表，其对应的逻辑函数式为（　　）。

A	B	F
0	0	0
0	1	0
1	0	1
1	1	1

A. F=AB　　B. F=A+B　　C. $F=A+\overline{B}$　　D. $F=\overline{A}+B$

4. 分析题

（1）试用逻辑代数的公式法，证明等式：$AB\overline{D}+A\overline{B}+AB=A\overline{D}+AB$。

（2）将下列逻辑函数式用卡诺图法简化成最简与或表达式。

① $Y_1=AD+BC\overline{D}+(\overline{A}+\overline{B})C$。

② Y_2（A、B、C、D）$=\sum m$（4，5，7，9，13，14，15）。

（3）逻辑图和输入 A、B 的波形如图 6-33 所示，请分析在 t_1 时刻输出 F 的波形变化。

（4）根据要求回答问题：

① 简述 TTL 与非门电路的工作原理。

② 推拉式结构对电路性能有何影响？

③ 有一两输入端的 TTL 与非门，若已知门电路：$|I_{IS}|$=1.5mA，I_{IH}=10μA，I_{OL}=15mA，$|I_{OH}|$ = 400μA，试问该与非门带同类门的个数 N 是多少？

（5）电路如图 6-34 所示，试写出 F 的逻辑表达式，并化简。

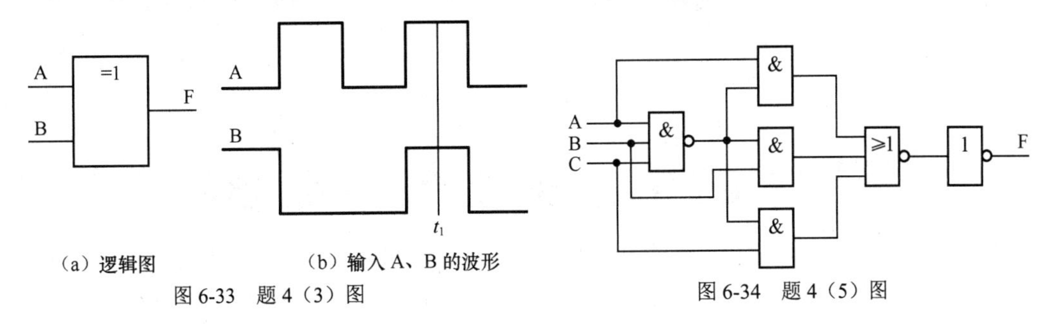

（a）逻辑图　　（b）输入 A、B 的波形

图 6-33　题 4（3）图

图 6-34　题 4（5）图

（6）用与非门实现一个表决器逻辑电路。要求：有 A、B、C3 人进行表决，当有两人或两人以上同意时决议才算通过，且通过的人中必须有 A。

（7）用与非门实现一“三变量一致”电路。也就是说，当变量取值都相同，则输出为 1，否则输出为 0。

（8）电路如图 6-35 所示，试写出 Z_1 和 Z_2 的逻辑函数式。

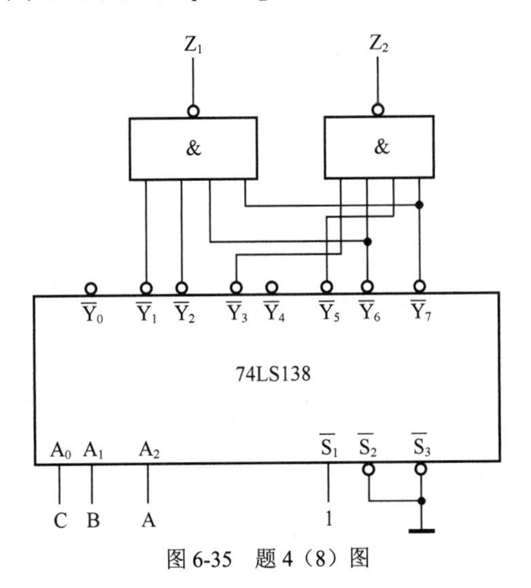

图 6-35　题 4（8）图

项目七 触发器和时序逻辑电路

一、项目分析

前面讨论的各种门电路及由其组成的组合逻辑电路的输出没有记忆功能，其输出状态只取决于输入信号是否存在，当去掉输入信号后，相应的输出也随之消失。如果在组合电路中加进具有记忆功能的电路——双稳态触发器，电路的输出就不仅和当时的输入有关，还与电路原来的状态有关，这样的电路称为时序电路。数字系统中常用的计数器电路，就是能将计数脉冲按时间顺序逐个记忆累加起来的一种时序电路。

思维导图

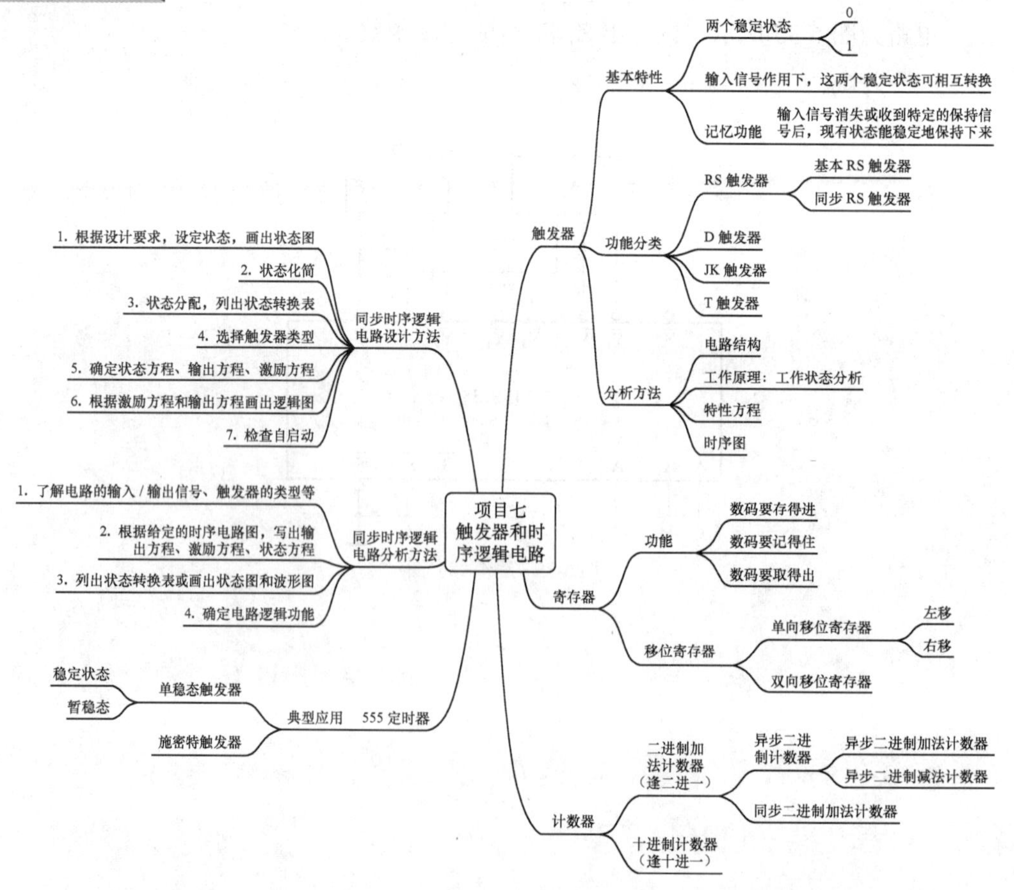

知识点

① 掌握触发器的构成、逻辑功能和工作波形；
② 掌握寄存器的构成和逻辑功能；
③ 掌握计数器的构成和逻辑功能；
④ 掌握时序逻辑电路的特性和分析方法；
⑤ 掌握同步时序逻辑电路的设计方法。

能力点

① 具有分析同步/异步逻辑电路的能力；
② 具有设计同步时序逻辑电路的能力；
③ 具有检查和排除数字系统一般故障的能力；
④ 具有利用计算机辅助设计软件绘制并仿真电路的能力。

素质点

① 培养全方位思考，综合分析问题、解决问题的能力；
② 培养良好的职业道德素质，具备严谨的工程技术思维习惯和精益求精的大国工匠精神。

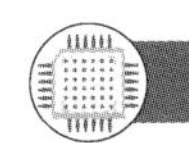

二、相关知识

（一）触发器

触发器是各种时序电路的基础，是数字电路中重要的基本单元电路。它是一种具有记忆功能的逻辑器件，具有触发和保存功能。

触发器有两个基本特性：第一，它有两个稳定状态，分别用于表示二进制数码 0 和 1；第二，在输入信号作用下，这两个稳定状态可相互转换，输入信号消失或收到特定的保持信号后，现有状态能稳定地保持下来，从而实现记忆二进制信息的功能。

触发器由门电路组成，为了提供准确可靠的输出状态，也为了便于灵活地使用这些状态，触发器有两个互补的输出端 Q 和 $\bar{Q}$，定义如下：

触发器的 1 状态为 $Q=1$，$\bar{Q}=0$；

触发器的 0 状态为 $Q=0$，$\bar{Q}=1$。

触发器可以在没有信号的情况下保存自己的状态，直到有新的有效信号到来再产生新的状态。为了区分新状态和原状态，对触发器的输出状态做如下规定：输入信号变化前的状态为“态”，用 Q^n 表示；输入信号变化后的状态为“次态”，用 Q^{n+1} 表示。

一个功能完善、使用可靠的触发器，还必须具备准确触发的特点，所以，大部分触发器都有一个时钟信号输入端，以实现同步控制，这样的触发器也称为时钟触发器。

因此，触发器是一种在时钟信号控制下，根据输入信号进行触发（即置 0 或置 1）或保持状态不变的具有记忆功能的基本逻辑单元电路。

根据逻辑功能不同，触发器可以分为 RS 触发器、D 触发器、JK 触发器、T 触发器和 T′触发器等；根据触发方式不同，触发器可以分为电平触发器、边沿触发器和主从触发器等；根据电路结构不同，触发器可以分为基本RS触发器、同步触发器、维持阻塞触发器、主从触发器和边沿触发器等。本书主要讨论基本RS触发器，同步RS触发器，JK触发器和D触发器、T触发器。

触发器的逻辑功能可用功能表、驱动表（又称激励表）、特性方程、状态转换图和时序图（又称波形图）来描述。

1. 基本RS触发器

（1）电路结构

基本RS触发器的组成如图7-1（a）所示，图7-1（b）所示为其逻辑符号。它由两个与非门G_1、G_2的输入和输出交叉耦合而成，$\overline{R_D}$和$\overline{S_D}$为信号输入端，低电平有效，在逻辑符号中用小圆圈表示；Q和$\overline{Q}$为输出端，两者的逻辑状态相反。我们规定Q=1、$\overline{Q}$=0的状态为触发器的1状态，记作Q=1；Q=0、$\overline{Q}$=1的状态为触发器的0状态，记作Q=0，因此，正常条件下可利用Q端的输出状态来表示触发器的状态。

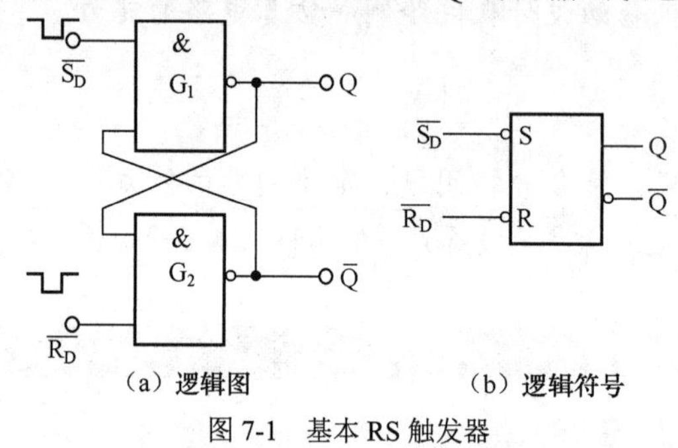

（a）逻辑图　　（b）逻辑符号

图7-1　基本RS触发器

（2）工作原理

根据与非门输入与输出间的逻辑关系，分析基本RS触发器的逻辑功能有如下4种情况。

① 两个稳定状态。当$\overline{R_D}$=1、$\overline{S_D}$=1时，触发器保持原状态不变。如果触发器现态处于Q=1、$\overline{Q}$=0的1状态，由于G_1输入为低电平“0”，其输出为1，G_2输入全为高电平“1”，其输出为0，因此，触发器次态稳定在1状态；如果触发器现态处于Q=0、$\overline{Q}$=1的0状态，G_2的输入为低电平“0”，其输出为“1”，G_1输入全为高电平“1”，其输出为“0”，因此，触发器次态稳定在0状态。

② 触发器置1。当$\overline{R_D}$=1、$\overline{S_D}$=0时，Q=1、$\overline{Q}$=0，触发器翻到1状态。由于$\overline{Q}$=0反馈到G_1的一个输入端，这时即便$\overline{S_D}$=0消失，触发器仍能保持1状态不变，故$\overline{S_D}$端称为置“1”端。

③ 触发器置0。当$\overline{R_D}$=0、$\overline{S_D}$=1时，则Q=0、$\overline{Q}$=1，触发器翻到0状态。由于Q=0反馈到G_2的一个输入端，这时即便$\overline{R_D}$=0消失，触发器仍能保持0状态不变，故$\overline{R_D}$端称为置“0”端。

④ 不定状态。当$\overline{R_D}$=0、$\overline{S_D}$=0时，Q=1、$\overline{Q}$=1，这既不是0状态，也不是1状态。在$\overline{R_D}$=0、$\overline{S_D}$=0同时消失或同时由0变为1时，其次态无法预知，可能是0状态也可能是1状态，因此，这种情况是不允许的，应当禁止。

上述基本RS触发器的逻辑功能可用功能表来表示，见表7-1。

表7-1　基本RS触发器的功能表

$\overline{R_D}$	$\overline{S_D}$	Q^n	Q^{n+1}	功能
0	0	0	×	不定
0	0	1	×	

续表

$\overline{R_D}$	$\overline{S_D}$	Q^n	Q^{n+1}	功能
0	1	0	0	置 0
0	1	1	0	
1	0	0	1	置 1
1	0	1	1	
1	1	0	0	保持
1	1	1	1	

（3）特性方程

将功能表（表 7-1）中的逻辑关系写成逻辑函数表达式，则有

$$\begin{cases} Q^{n+1}=\overline{S}+RQ^n \\ R+S=1 \end{cases} \tag{7-1}$$

这个表达式反映了现态 Q^n、R、S 与次态 Q^{n+1} 的关系，称为 RS 触发器的特性方程。式中 R+S=1 是避免出现不定状态的约束条件。

2. 同步 RS 触发器

在实际应用时，往往要求触发器在某一指定时刻按输入信号所决定的状态触发“翻转”，这就需要在上述基本 RS 触发器的基础上加一导引电路（或称钟控电路），通过它把输入信号引导到基本 RS 触发器中。这个脉冲称为时钟脉冲，用 CP 表示。具有时钟脉冲控制的 RS 触发器称为同步 RS 触发器，又称钟控触发器，它的状态改变与时钟脉冲同步。

（1）电路结构

图 7-2（a）、（b）所示为同步 RS 触发器的逻辑图和逻辑符号，其中，与非门 G_1 和 G_2 构成基本 RS 触发器，与非门 G_3 和 G_4 构成导引电路，R 和 S 分别是复“0”和置“1”信号输入端，CP 是时钟脉冲输入端，用此正脉冲来控制触发器的“翻转”时刻，因而它是一种控制命令，通过导引电路来实现时钟脉冲对输入端 R 和 S 的控制。

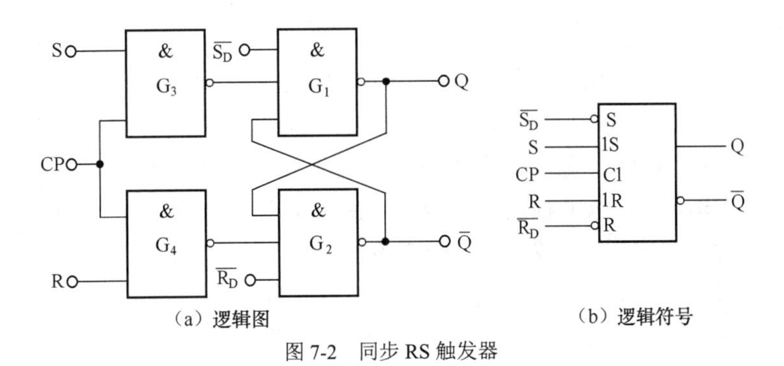

（a）逻辑图　　（b）逻辑符号

图 7-2　同步 RS 触发器

（2）工作原理

① 当 CP = 0 时：不论 R 和 S 电平如何，G_3 和 G_4 均被封锁，输出都为“1”，基本 RS 触发器保持原态不变。

② 当 CP = 1 时：当时钟脉冲来到后，即 CP =1 时，G_3 和 G_4 解除封锁，触发器才按 R、

S端的输入状态和现态 Q^n 来决定其输出状态。

具体来说，当 $S=1$、$R=0$ 时，G_3 门输出为“0”，向 G_1 门送一个低电平，触发器输出端Q处于1态；当 $S=0$、$R=1$ 时，G_4 门输出为“0”，向 G_2 门送一个低电平，触发器输出端Q处于0态；当 $S=0$、$R=0$ 时，C_3 和 G_4 门均为“1”，则触发器保持原状态；当 $S=1$、$R=1$ 时，G_3 和 G_4 门都向基本RS触发器送低电平，使 G_1 和 G_2 门输出端都为“1”，基本RS触发器处于不确定状态，这种情况应避免。

在图7-2中，$\overline{R_D}$ 和 $\overline{S_D}$ 分别是直接复位和直接置位端，即不经过时钟脉冲CP的控制可以对基本RS触发器置“0”或置“1”。一般在工作之初用它们预置触发器使之处于某一给定状态，在工作过程中不使用（处于高电平）。

同步RS触发器的功能见表7-2。

表7-2　同步RS触发器功能表

CP	R	S	Q^n	Q^{n+1}	功能
0	×	×	×	Q^n	保持
1	0	0	0	0	保持
1	0	0	1	1	
1	0	1	0	1	置1
1	0	1	1	1	
1	1	0	0	0	置0
1	1	0	1	0	
1	1	1	0	×	不定
1	1	1	1	×	

（3）特性方程

将功能表（表7-2）中的逻辑关系写成逻辑函数表达式，有

$$\begin{cases} Q^{n+1}=S+\overline{R}Q^n \\ RS=0 \end{cases} \tag{7-2}$$

这和基本RS触发器的特性方程完全一致，只是约束条件不同，并且要求时钟脉冲 $CP=1$。

同步RS触发器这种输出状态的变化取决于时钟电平高低的工作方式，称为电平触发方式。$CP=1$ 期间，触发器的状态发生改变，称为正电平触发方式；$CP=0$ 期间，触发器的状态发生改变，称为负电平触发方式。图7-2所示电路为正电平触发的同步RS触发器。

RS触发器的应用——消颤开关

工作在电平触发器方式的触发器存在空翻的可能。例如，在 $CP=1$ 期间，同步RS触发器的输入信号发生多次变化，输出状态也会相应发生多次变化，这种现象称为触发器的空翻。这种情况往往会使由其构成的数字系统无法工作，例如在计数工作时，触发器在一个计数脉冲的作用下可能产生两次或多次翻转，产生计数错误。这使电平触发器在应用中受到一定的限制，只能用于数据锁存，而不能用于计数器、移位寄存器和存储器等。

例7.1　已知同步RS触发器的输入信号R、S及时钟脉冲CP的波形如图7-3所示。设触发器的初始状态为0态，试画出输出端Q的波形图。

解： 第一个时钟脉冲 CP 到来时，R = S = 0，所以触发器保持原状态。

第二个时钟脉冲 CP 到来时，R = 0，S = 1，触发器翻转为 1 状态。

第三个时钟脉冲 CP 到来时，R = 1，S = 0，触发器翻转为 0 状态。

第四个时钟脉冲 CP 到来时，R = S = 1，基本 RS 触发器处于不确定状态，时钟脉冲过去后，触发器的状态可能为 1 态，也可能为 0 态，这是不定状态。

根据以上分析所画出的 Q 端输出波形如图 7-3 所示，这称为触发器的工作波形图或时序图。

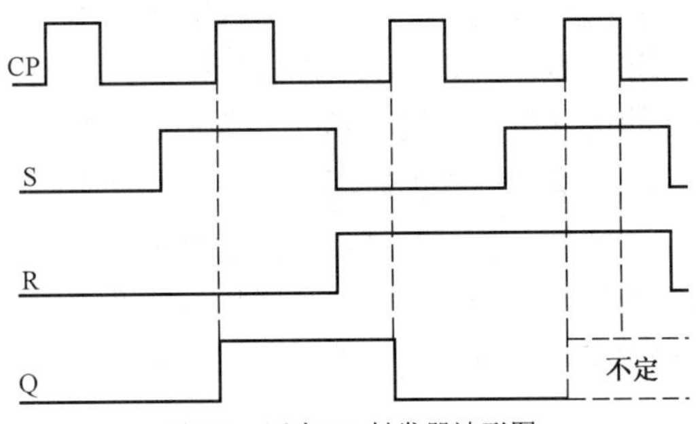

图 7-3　同步 RS 触发器波形图

3. JK 触发器

（1）电路结构

JK 触发器是一种功能比较完善、应用极广泛的触发器。图 7-4（a）、（b）所示为 JK 触发器的一种典型结构——主从 JK 触发器的逻辑图和逻辑符号。它由两个同步 RS 触发器串联构成，前一级称为主触发器，后一级称为从触发器。主触发器具有双 R、S 端，并将其中一对 R、S 端分别与从触发器的输出端 Q、$\overline{Q}$ 相连，另一对 R、S 端分别标以 K 和 J，作为整个主从触发器的输入端，从触发器的输出端作为整个主从触发器的输出端。主触发器的输出端与从触发器的输入端直接相连，用主触发器的状态来控制从触发器的状态。时钟脉冲直接控制主触发器，经过非门反相后控制从触发器，所以主从两触发器的时钟脉冲信号 CP 恰好反相。两触发器交替工作，CP=1 时主触发器工作，从触发器封锁；CP = 0 时主触发器封锁，从触发器工作，从而保证了在 CP 的每个周期内触发器的状态只变化一次，提高了触发器的工作可靠性。

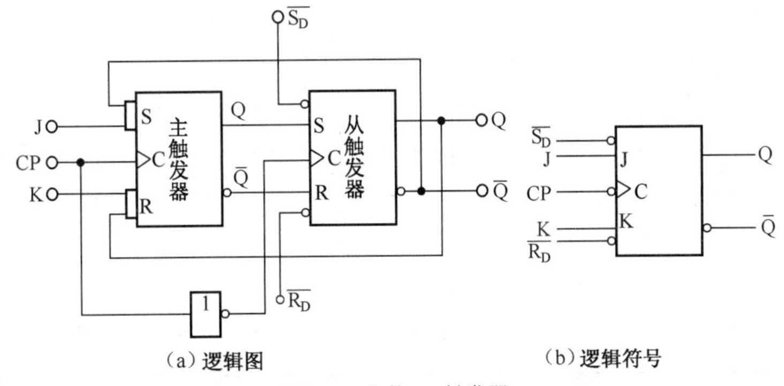

（a）逻辑图　　（b）逻辑符号

图 7-4　主从 JK 触发器

（2）工作原理

① J＝0，K＝0。设触发器初始状态为“0”态，当时钟脉冲到来（CP＝1）时，主触发器由于$S'=J\bar{Q}=0$、$R'=KQ=0$，从而使其保持原来的“0”状态不变。当CP下跳为“0”时，从触发器由于$S=Q'=0$、$R=\bar{Q}'=1$也保持原态不变。如果初始状态为“1”态，触发器仍保持原态不变。这时，用$Q^n=Q^{n+1}$表示，触发器具有记忆功能。

② J=1，K=0。设触发器的初始状态为“0”态，当CP=1时，主触发器由于$S'=J\bar{Q}=1$和$R'=0$，而翻转为“1”态，当CP下跳为“0”时，从触发器由于$S=Q'=1$和R=0而翻转为“1”态。如果初始状态为“1”态，同理可分析出，当CP＝1时，主触发器由于$S'=0$和$R'=0$而保持“1”态不变；当CP下跳为“0”时，从触发器由于S＝1、R＝0而保持“1”态不变。可见，在J＝1、K＝0的情况下，触发器具有“置1”功能。

③ J＝0，K＝1。不论触发器原来状态如何，这个状态一定是“0”态。因为主触发器的$S'=J\bar{Q}$总为“0”，而R＝KQ与Q（0）的状态有关。当原状态为“1”态时，Q（0）＝Q′（0）＝1，R＝1，CP＝1，Q′＝0，CP脉冲下跳时，Q＝Q′＝0；当原状态为“0”态时，Q（0）＝Q′（0）＝0，R=0，CP＝1，Q′和Q的状态均不变，仍保持原来的“0”态。可见，在J＝0，K＝1的情况下，触发器具有“复0”功能。

④ J=1，K＝1。设触发器初始状态为“0”态，在时钟脉冲到来之前，即CP＝0时，主触发器的$S'=J\bar{Q}=1$，R＝KQ＝0；当时钟脉冲到来后，即CP=1时，由于主触发器的S＝1，R＝0，因此翻转为“1”态。当CP从“1”下跳为“0”时，主触发器保持“1”态不变，而从触发器的S=1，R=0，故从触发器翻转为“1”态。反之，初始状态为“1”态，在时钟脉冲到来之前，即CP=0时，主触发器的S=0，R =1，当时钟脉冲到来后，即CP＝1时，由于主触发器的S＝0，R＝1，翻转为“0”态。当CP从“1”下跳为“0”时，主触发器保持“0”态不变，而从触发器的S＝0，R＝1，故从触发器翻转为“0”态。

可见，JK触发器在J＝K＝1时，每来一个时间脉冲，它就翻转一次，说明在此输入下，它具有计数功能。

由于JK触发器输出状态发生在时钟信号CP的下降沿，所以图7-4所示的主从JK触发器属于CP下降沿动作型，在图形符号中时钟信号CP用“∘”表示。

JK触发器的功能见表7-3。

表7-3　　JK触发器功能表

J	K	Q^n	Q^{n+1}	功能
0	0	0	0	保持
0	0	1	1	
0	1	0	0	置0
0	1	1	0	
1	0	0	1	置1
1	0	1	1	
1	1	0	×	计数（翻转）
1	1	1	×	

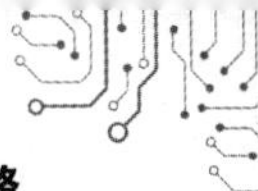

（3）特性方程

JK 触发器由于在输入端引入了两条反馈信号线，因而不会出现两个输入端同时接收有效信号而输出状态不确定的问题，故 JK 触发器的输入无约束。

通过图 7-2 所示的 RS 触发器的逻辑图和图 7-4 所示的 JK 触发器的逻辑图比较可得

$$S=J\overline{Q^n} \quad R=KQ^n$$

将其代入 RS 触发器的特性方程式（7-2）中有

$$\begin{aligned} Q^{n+1} &= S+\bar{R}Q^n = J\overline{Q^n}+\overline{K}\overline{Q^n}Q^n \\ &= J\overline{Q^n}+(\bar{K}+\overline{Q^n})Q^n \end{aligned}$$

得
$$Q^{n+1}=J\overline{Q^n}+\bar{K}Q^n \tag{7-3}$$

式（7-3）即为 JK 触发器的特性方程。

主从 JK 触发器有效解决了同步 RS 触发器的约束条件和空翻现象。

主从 JK 触发器的状态转换是分两段进行的：在 CP 脉冲的上升沿接收 J、K 端输入信号，主触发器翻转；在 CP 脉冲的下降沿从触发器翻转，完成状态转换。如果在 CP 脉冲的上升沿来到时，J、K 端信号已使主触发器翻转，则在该 CP = 1 期间，即使 J、K 端再发生变化，也不会使主触发器改变状态了。这种在 CP = 1 期间，J、K 端变化将引起主触发器状态改变，且只改变一次的现象，称为主从 JK 触发器的一次性翻转（或称一次变化）。因此，在 CP = 1 期间，要求 J、K 端信号维持不变，以免出现错误的翻转，因而这种触发器对输入信号的要求较高，抗干扰能力不强。为了克服这个缺点，可选用具有边沿触发方式的 JK 触发器。

所谓边沿触发方式，是指仅在 CP 脉冲的上升沿或下降沿到来时，触发器才能接收输入信号，触发并完成状态转换，而在 CP = 0 和 CP = 1 期间，触发器状态均保持不变，因而降低了对输入信号的要求，具有很强的抗干扰能力。下降沿触发的 JK 触发器的逻辑符号如图 7-5（c）所示。触发器逻辑符号中 CP 端加“∧”表示边沿触发，不加“∧”表示电平触发；CP 端加“∧”且有“∘”表示下降沿触发；不加“∘”表示上升沿触发。

例 7.2　74LS112 为集成双下降沿 JK 触发器（带预置和清除端），74LS111 为集成双主从 JK 触发器，它们的外引线端子分别如图 7-5（a）和（b）所示，图 7-5（c）为负边沿 JK 触发器的逻辑符号。当输入信号 J、K 的波形如图 7-5（d）所示时，请分别画出两种触发器的输出波形（假设各触发器初态均为 0）。

解：按照 JK 触发器的逻辑功能和触发特点，分别画出两种触发器的输出波形，如图 7-5（d）所示。由主从型和边沿型触发器的时序图可以看出以下问题。

（1）主从触发器在 CP = 1 期间，接收 J、K 输入信号并决定主触发器输出；在 CP = 0 时，从触发器向主触发器看齐。因此，触发器状态的改变发生在 CP 脉冲的下降沿时刻。

主从触发器如果在 CP = 1 期间，J、K 输入信号有变化，主触发器按其逻辑功能判断，仅第一次状态变化有效，以后 J、K 再改变时将不起作用。

（2）边沿触发器因其为下降沿触发方式，仅在 CP 脉冲负跳变时接收控制端输入信号并改变触发器的输出状态。

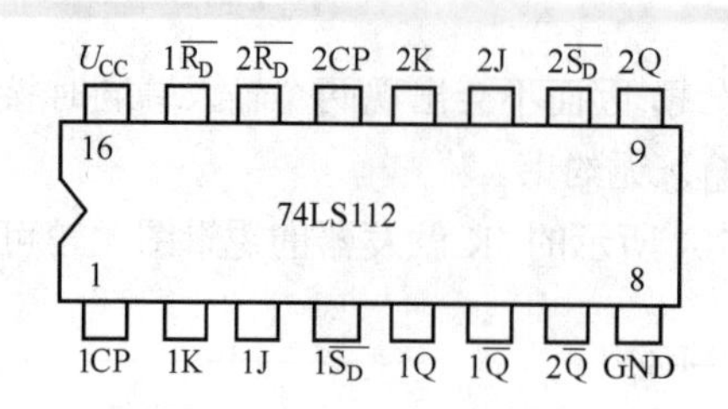

（a）74LS112的外引线端子图

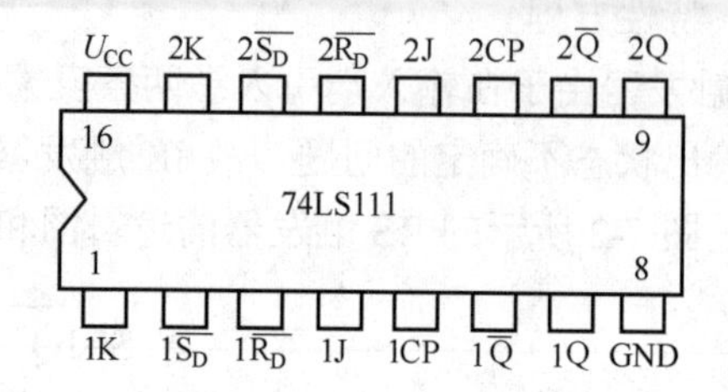

（b）74LS111的外引线端子图

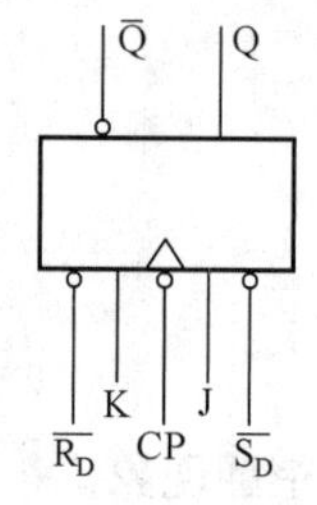

（c）下降沿触发 JK 触发器逻辑符号

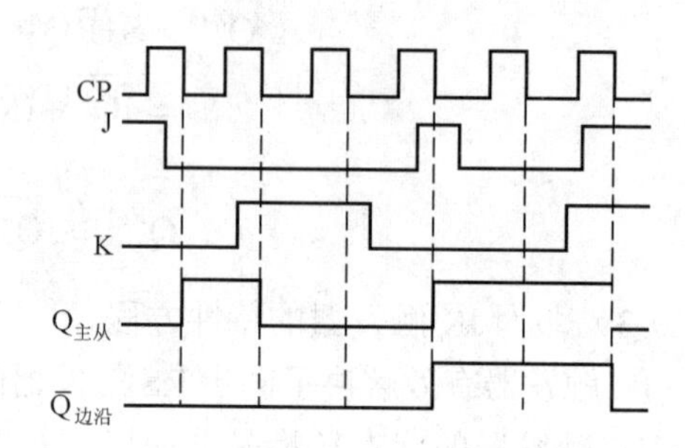

（d）主从型和边沿型 JK 触发器的波形图

图 7-5　例 7.2 图

4. D 触发器和 T 触发器

（1）D 触发器

D 触发器只有一个输入端 D，另有一个时钟输入端 CP。D 触发器可以由 JK 触发器演变而来，如图 7-6（a）所示，将 JK 触发器的 J 端通过一个非门与 K 端相连，定义为 D 端，即由下降沿 JK 触发器转换成 D 触发器，其逻辑符号如图 7-6（b）所示。

由 JK 触发器的逻辑功能可知以下几点。

当 D = 1 时，即 J = 1、K = 0，时钟脉冲下降沿到来后触发器置“1”态。

当 D = 0 时，即 J = 0、K = 1，时钟脉冲下降沿到来后触发器置“0”态。可见，D 触发器在时钟脉冲作用下，其输出状态与 D 端的输入状态一致，显然，D 触发器的特性方程为

$$Q^{n+1} = D \tag{7-4}$$

可见，D 触发器在 CP 脉冲作用下，具有置 0、置 1 逻辑功能。表 7-4 为 D 触发器的逻辑功能表。

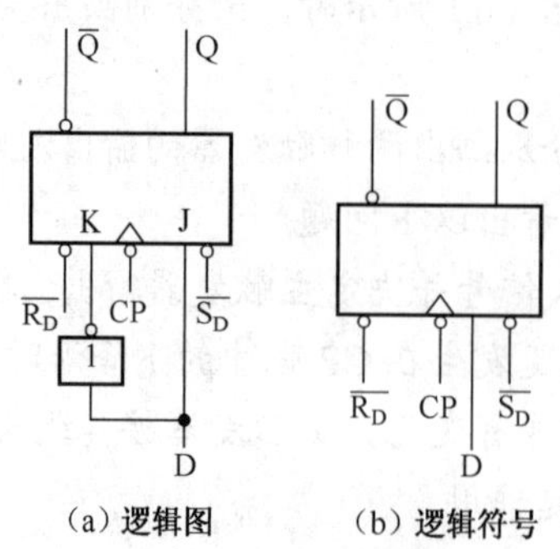

（a）逻辑图　　（b）逻辑符号

图 7-6　下降沿 D 触发器

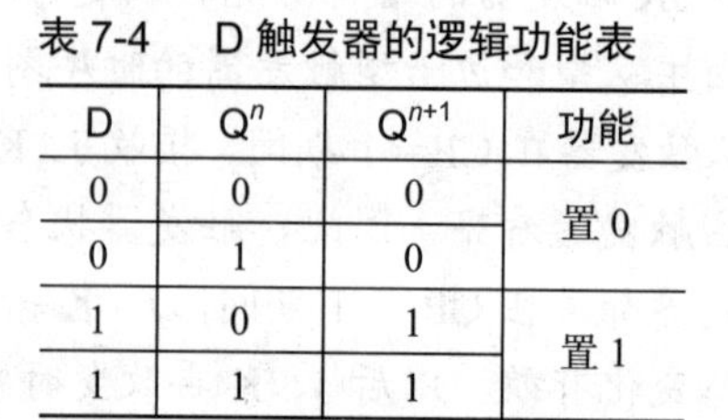

表 7-4　D 触发器的逻辑功能表

D	Q^n	Q^{n+1}	功能
0	0	0	置 0
0	1	0	
1	0	1	置 1
1	1	1	

这种由负边沿 JK 触发器转换而来的 D 触发器也是由 CP 下降沿触发翻转的。

使用时要特别注意，国产集成 D 触发器全部采用维持阻塞型结构，它的逻辑功能与上述完全相同，不同之处只是在 CP 脉冲上升沿到达时触发。

74 LS74 双上升沿 D 触发器的外引线端子排列如图 7-7（a）所示；图 7-7（b）所示为其逻辑符号，在 CP 输入端没有小圆圈，表示上升沿触发；图 7-7（c）所示为其时序波形图。

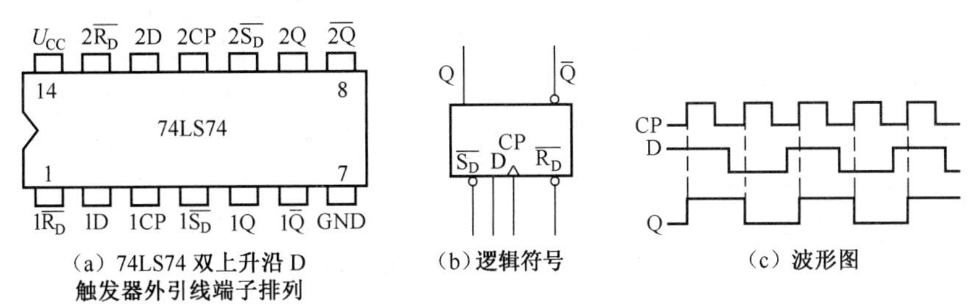

（a）74LS74 双上升沿 D 触发器外引线端子排列　（b）逻辑符号　（c）波形图

图 7-7　74LS74 双上升沿触发的 D 触发器

（2）T 触发器

T 触发器是在时钟脉冲作用下具有翻转、保持两项功能的触发器。

把 JK 触发器的 J、K 端连接起来形成一个输入端 T，就构成了 T 触发器，如图 7-8 所示。根据图 7-8（b）所示的 T 触发器的逻辑符号可知，该触发器为时钟脉冲 CP 的下降沿触发。

T 触发器的逻辑功能见表 7-5。

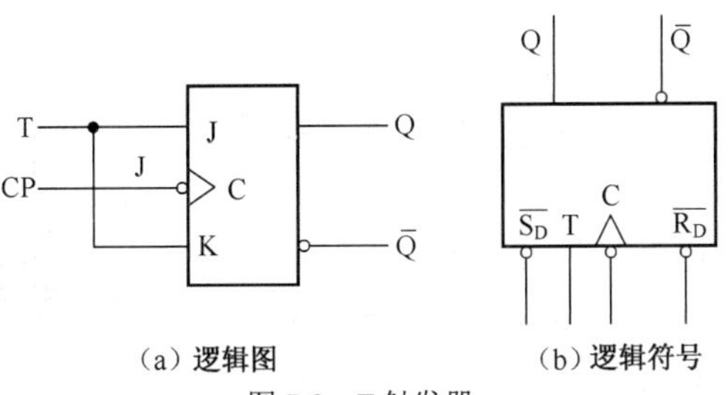

（a）逻辑图　（b）逻辑符号

图 7-8　T 触发器

表 7-5　T 触发器的功能表

T	Q^{n+1}	功能
0	Q^n	保持
1	$\overline{Q^n}$	翻转

T = 1 时，每来一个 CP 脉冲，触发器翻转一次，为计数器工作状态。

T = 0 时，保持原状态不变。

将 D 触发器的反相输出端 $\overline{Q}$ 接到 D 输入端，也可构成 T 触发器，如图 7-9 所示。逻辑功能与上面的 T 触发器完全相同，不同的是在时钟脉冲的上升沿触发。

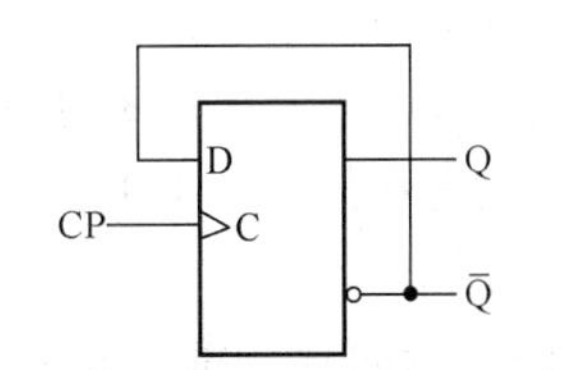

图 7-9　由 D 触发器转换的 T 触发器

若将 T 触发器的输入端接成固定的高电平“1”，则在每个时钟脉冲，触发器都会产生一次翻转。T 触发器就变成“翻转型触发器”或“计数型触发器”。用这种触发器进行计数操作既简单又方便。我们也称这种 T 触发器的特例为 T′触发器。

实际应用的集成触发器电路中没有 T 触发器和 T′触发器，必须由其他功能的触发器进行适当的改接转换而得到。

例 7.3 逻辑电路如图 7-10（a）所示，分析其逻辑功能。已知输入信号 D 和时钟脉冲 CP 的波形如图 7-10（b）所示，画出 Q 的波形。设电路初始状态为“0”。

解：此电路为 JK 触发器构成的 D 触发器，时钟脉冲的下降沿触发。Q 端的输出波形如图 7-10（b）所示。

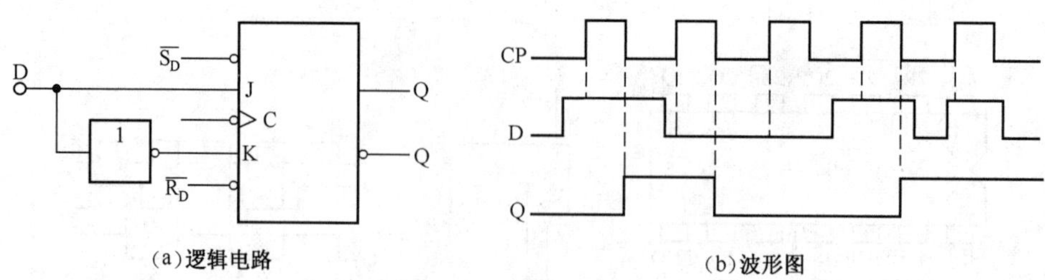

（a）逻辑电路　（b）波形图

图 7-10　例 7.3 逻辑电路和波形图

（二）寄存器和移位寄存器

在计算机或其他数字系统中，经常要求将运算数据或指令代码暂时存放起来，并把能够暂存数码（或指令代码）的数字部件称为寄存器。要存放数码或信息，就必须有记忆单元——触发器，每个触发器能存储一位二进制数码，存放 n 位二进制数码则需要 n 个触发器。

寄存器能够存放数码；移位寄存器除具有存放数码的功能外，还能将数码移位。

1. 寄存器

寄存器要存放数码，必须有以下 3 个方面的功能：数码要存得进，数码要记得住，数码要取得出。因此寄存器中除触发器外，通常还需有一些控制作用的门电路相配合。

在数字集成电路手册中，寄存器通常有“锁存器”和“寄存器”之别。实际上，“锁存器”常指由同步型触发器构成的寄存器；而一般所说的“寄存器”是指由无空翻现象的时钟触发器（即边沿触发器）构成的寄存器。

图 7-11 所示为由 D 触发器组成的四位数码寄存器。存放及取出数码由清零脉冲、接收脉冲和取数脉冲来控制，待存数码由高位到低位依次排列为 $d_3d_2d_1d_0$。在接收数码之前，通常先清零，即发出清零脉冲，使各触发器复位。

设寄存数码为 1010，将其送至各触发器的 D 输入端。当接收脉冲上升沿到达时，触发器 F_3、F_1 翻转为“1”态，F_2、F_0 保持“0”态不变，使 $Q_3Q_2Q_1Q_0=d_3d_2d_1d_0=1010$。这样待存数码 1010 就暂存到寄存器中了。需要取出寄存在寄存器中的数码时，各位数码在寄存器的输出端 Q_3、Q_2、Q_1、Q_0 上是同时取出的。每当 $d_3d_2d_1d_0$ 各端的新数据被接收脉冲打入寄存器后，原存的旧数据便被自动刷新。

上述寄存器在输入数码时各位数码同时进入寄存器，取出时各位数码同时出现在输出端，因此这种寄存器也称为并行输入并行输出寄存器。

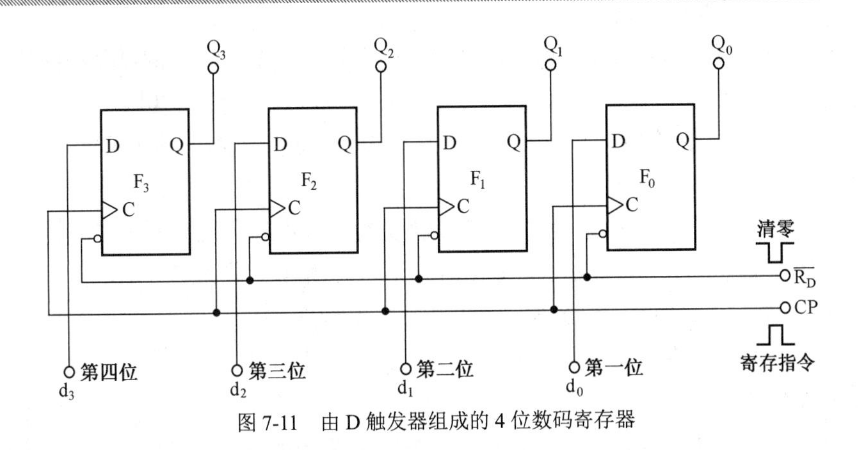

图 7-11　由 D 触发器组成的 4 位数码寄存器

2. 移位寄存器

移位寄存器不但能寄存数码，而且具有移位运算功能。所谓移位，就是每来一个时钟脉冲，触发器的状态便向左或右移动一位，即寄存的数码可以在移位脉冲的控制下依次进行移位。这种寄存器在计算机中被广泛应用。

移位寄存器根据数据流向分单向移位（左移、右移）和双向移位。

（1）单向移位寄存器

由 D 触发器构成的右移寄存器如图 7-12 所示。左边触发器的输出接至相邻右边触发器的输入端 D，输入数据由最左边触发器 FF_0 的输入端 D_0 接入，D_0 为串行输入端，Q_3 为串行输出端，$Q_3Q_2Q_1Q_0$ 为并行输出端。

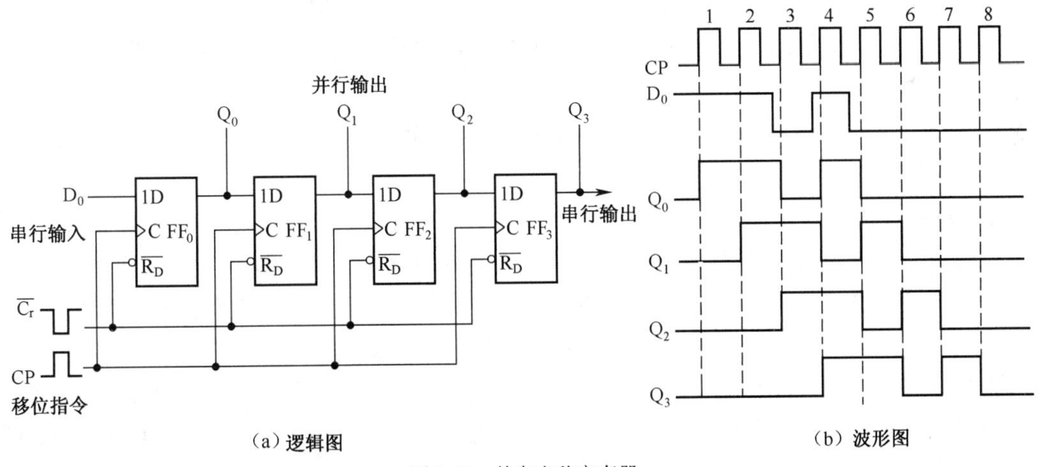

图 7-12　单向右移寄存器

设寄存器的原始状态为 $Q_3Q_2Q_1Q_0 = 0000$，将数据 1101 从高位至低位依次移至寄存器时，因为逻辑图中最高位寄存器单元 FF_3 位于最右侧，因此待存数据需先送入最高位数据，即

第一个 CP 脉冲到来时，$Q_3Q_2Q_1Q_0 = 0001$；

第二个 CP 脉冲到来时，$Q_3Q_2Q_1Q_0 = 0011$；

第三个 CP 脉冲到来时，$Q_3Q_2Q_1Q_0 = 0110$；

第四个 CP 脉冲到来时，$Q_3Q_2Q_1Q_0 = 1101$。

此时，并行输出端 $Q_3Q_2Q_1Q_0$ 的数码与输入相对应，完成了将 4 位串行数据输入并转换为并行数据输出的过程，其工作波形图如图 7-12（b）所示。显然，若以 Q_3 端作为输出端，再经 4 个 CP 脉冲后，已经输入的并行数据可依次从 Q_3 端串行输出，即可组成串行输入、串行输出的移位寄存器。

如果将右边触发器的输出端接至相邻左边触发器的数据输入端，待存数据由最右边触发器的数据输入端串行输入，则构成左移寄存器。请学习者自行画出该电路图。

除用 D 触发器外，也可用 JK 触发器、RS 触发器构成移位寄存器，只需将 JK 触发器或 RS 触发器转换为 D 触发器功能即可。T 触发器不能用来构成移位寄存器。

（2）双向移位寄存器

在单向移位寄存器的基础上，增加由门电路组成的控制电路就可以构成既能左移也能右移的双向移位寄存器。图 7-13 所示为集成双向移位寄存器 74194 的逻辑图和逻辑符号。

① 集成双向移位寄存器 74194 的内部逻辑结构。4 位双向通用移位寄存器 74194 的逻辑图如图 7-13（a）所示，它由 4 个下降沿触发的 RS 触发器和 4 个与或（非）门及缓冲门组成。对外共有 16 个引线端子［见图 7-13（b）］，其中第 16 端为电源 U_{CC} 端子，第 8 端为地端子（图中未画出）。A、B、C、D（3～6 端子）为并行数据输入端，Q_A、Q_B、Q_C、Q_D（15、14、13、12 端子）为并行输出端，D_L（端子）为左移串行数据输入端，D_R（2 端子）为右移串行数据输入端，C_r（1 端子）为异步清零端，CP（11 端子）为脉冲控制端，S_1、S_0（9、10 端子）为工作方式控制端。

② 逻辑功能。

a．异步清零。当 $C_r=0$ 时，经缓冲门 G_2 送给各 RS 触发器一个复位信号，使各位触发器在该复位信号作用下清零。因为清零工作不需要 CP 脉冲的作用，所以称为异步清零。

移位寄存器正常工作时，必须保持 $C_r=1$（高电平）。

b．静态保持功能。当 CP = 0 时，各触发器没有时钟变化沿，因此将保持原来状态。

c．正常工作时。

（a）并行置数。当 S_1S_0=11 时，4 个与或（非）门中自上而下的第三个与门被打开（其他 3 个与门关闭），并行输入数据 A、B、C、D 在时钟脉冲上升沿作用下，被送入各 RS 触发器中（因为 $R=\overline{S}$，因此 RS 触发器工作于 D 触发器功能），即各触发器的次态为

$$(Q_AQ_BQ_CQ_D)^{n+1}=ABCD$$

（b）右移。当 S_1S_0=01 时，4 个与或（非）门中自上而下的第一个与门打开，右移串行输入数据 DR 被送入 FFA 触发器，使 $Q_A^{n+1}=D_R$，$Q_B^{n+1}=Q_A^n$，……；在 CP 脉冲上升沿作用下完成右移。

（c）左移。当 S_1S_0=10 时，4 个与或（非）门中自上而下的第四个与门打开，左移串行数据 DL 送入 FFD 触发器 $Q_D^{n+1}=D_L$；$Q_C^{n+1}=Q_D^n$，……；在 CP 脉冲上升沿作用下完成左移。

（d）保持（动态保持）。当 S_1S_0 = 00 时，4 个与或（非）门中自上而下的第二个与门打开，各触发器将其输出送回自身输入端，所以，在 CP 脉冲作用下，各触发器仍保持原状态不变。

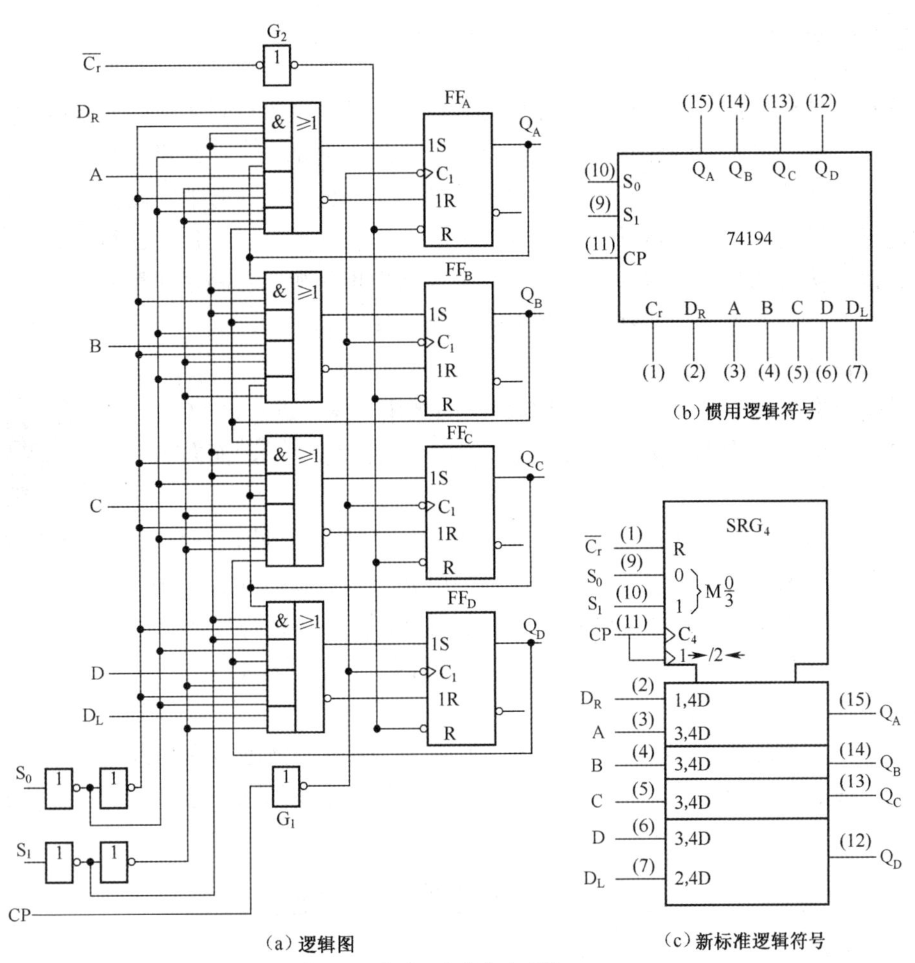

图 7-13 集成双向移位寄存器 74194

由以上分析可见，集成双向移位寄存器 74194 具有清零、静态保持、并行置数、左移、右移和动态保持功能，是功能较为齐全的双向移位寄存器，其逻辑功能归纳于表 7-6 中。

表 7-6 集成双向移位寄存器 74194 的功能表

输入										输出				功能
清零	方式控制		时钟	串行输入		并行输入								
C_r	S_1	S_0	CP	D_L	D_R	A	B	C	D	Q_A^{n+1}	Q_B^{n+1}	Q_C^{n+1}	Q_D^{n+1}	
0	×	×	×	×	×	×	×	×	×	0	0	0	0	清零
1	×	×	0	×	×	×	×	×	×	Q_A^n	Q_B^n	Q_C^n	Q_D^n	保持
1	1	1	↑	×	×	A	B	C	D	A	B	C	D	并行置数
1	1	0	↑	0	×	×	×	×	×	Q_B^n	Q_C^n	Q_D^n	0	左移
1	1	0	↑	1	×	×	×	×	×	Q_B^n	Q_C^n	Q_D^n	1	
1	0	1	↑	×	0	×	×	×	×	0	Q_A^n	Q_B^n	Q_C^n	右移
1	0	1	↑	×	1	×	×	×	×	1	Q_A^n	Q_B^n	Q_C^n	
1	0	0	↑	×	×	×	×	×	×	Q_A^n	Q_B^n	Q_C^n	Q_D^n	保持

（三）计数器

能够对脉冲进行计数的器件称为计数器。计数器是一种累计输入脉冲数目的逻辑部件，在数字测量、数字控制系统和计算机中都有广泛应用。它是电子计算机和数字逻辑系统的基本部件之一。计数器有多种分类方式，按计数功能可分为加法计数器、减法计数器以及兼有这两种功能的可逆计数器；按计数进位制可分为二进制计数器、十进制计数器和其他任意进位制计数器；按内部各触发器的动作步调，可分为异步计数器和同步计数器。

本节主要讨论二进制加法计数器和十进制加法计数器。

1．二进制加法计数器

二进制只有0和1两个数码，二进制加法的规律是逢二进一，即0+1 = 1，1+1 = 10。也就是每当本位是1再加1时，本位就变为0，而向高位进位，使高位加1。

异步二进制计数器

由于双稳态触发器有0和1两个状态，所以一个触发器可以表示一位二进制数。如果要表示n位二进制数，就要用n个双稳态触发器。

二进制计数器在输入脉冲的作用下，计数器按自然态序循环经历2^n个独立状态（n为构成计数器的触发器个数），因此又称作模2^n进制计数器，模数$M = 2^n$。

（1）异步二进制计数器

① 异步二进制加法计数器。以3位二进制加法计数器为例，找出其规律后，再推广到一般情况。

首先，按照二进制加法运算的规则可以列出3位二进制加法计数器的状态转换表，见表7-7，从中不难发现以下规律。

表7-7　　异步二进制加法计数器状态转换表

输入脉冲	触发状态		
	Q_2	Q_1	Q_0
0	0	0	0
1	0	0	1
2	0	1	0
3	0	1	1
4	1	0	0
5	1	0	1
6	1	1	0
7	1	1	1
8	0	0	0

a．最低位触发器FF_0的输出状态Q_0，在时钟脉冲作用下每来一个脉冲，状态翻转一次。

b．次高位触发器FF_1的输出状态Q_1，在Q_0由1变为0时翻转一次。即当Q_0原来为1，进行加1计数时，“1+1”使本位得0并向高位进1（逢二进一）时，使它的相邻高位翻转，以满足进位要求。

c．最高位FF_2的状态Q_2和Q_1相似，在相邻低位Q_1由1变为0（进位）时翻转。

可见，要构成异步二进制加法计数器，各触发器间的连接规律如下：

a．只需用具有T′触发器功能的触发器构成计数器的每一位；

b．最低位时钟脉冲输入端接计数脉冲源CP端；

c．其他各位触发器的时钟脉冲输入端则接到它们相邻低位的输出端 Q 或者 $\overline{Q}$。究竟接 Q 还是 $\overline{Q}$，则应视触发器的触发方式而定。

根据上述特点，可用 3 个主从 JK 触发器组成 3 位异步二进制加法计数器，如图 7-14 所示。图中各触发器的 J、K 端都悬空，相当于 1，所以均处于计数状态，相当于 T′ 功能的触发器的功能。最低位触发器的时钟输入 FF_0 端作为计数脉冲的输入端，其他各触发器的时钟输入端与相邻的低位触发器的 Q 端相连接，使低位触发器的进位脉冲从 Q 端输出送到相邻的高位触发器的时钟输入端，这符合主从触发器在正脉冲后沿触发的特点。这样，最低位触发器每来一个计数脉冲就翻转一次，而高位触发器只有当相邻的低位触发器从 1 变 0 而向其输出进位脉冲时才翻转。这种连接方式恰好符合二进制加法计数器的特点，因此该电路是一个二进制加法计数器。如果 CP 的频率为 f_0，那么 Q_0、Q_1、Q_2 的频率分别为 $1/2f_0$、$1/4f_0$、$1/8f_0$，这说明计数器具有分频作用，因此也称为分频器。每经过一级 T′触发器，输出脉冲频率就被二分频，相对于 f_0 来说，Q_0、Q_1、Q_2 输出依次为 f_0 的二分频、四分频和八分频。

n 位二进制计数器最多能累计的脉冲个数为 2^n-1，这个数称为计数长度（或容量）。如 3 位二进制计数器的计数长度为 $2^3-1=7$，包含 000 在内，共有 8 个状态，即 $M=2^3=8$，M 称为计数器的循环长度，也称为计数器的模。

② 异步二进制减法计数器。图 7-15 所示为下降沿 JK 触发器构成的 3 位异步二进制减法计数器的逻辑图及其工作波形图，其状态转换表见表 7-8。

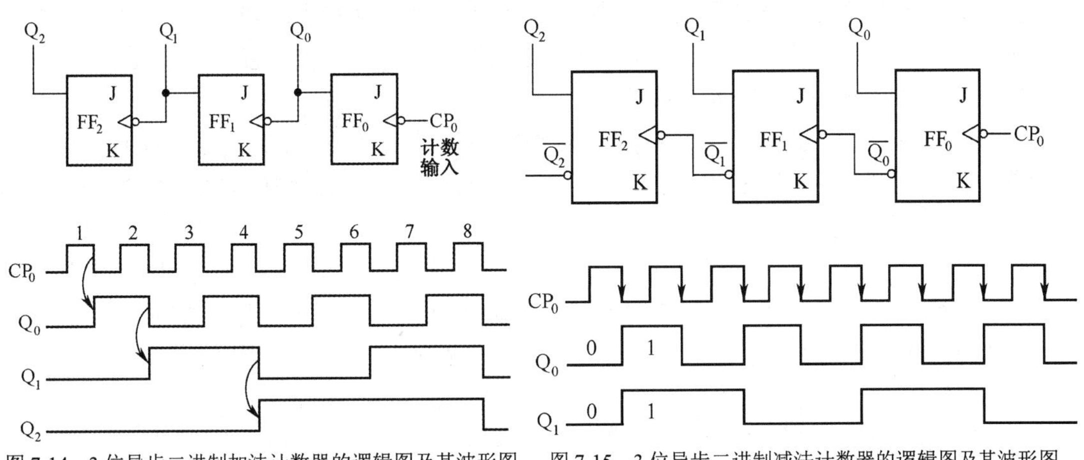

图 7-14 3 位异步二进制加法计数器的逻辑图及其波形图　图 7-15 3 位异步二进制减法计数器的逻辑图及其波形图

表 7-8　3 位异步二进制减法计数器的状态转换表

输入脉冲	触发状态		
	Q_2	Q_1	Q_0
0	0	0	0
1	1	1	1
2	1	1	0
3	1	0	1
4	1	0	0
5	0	1	1
6	0	1	0

续表

输入脉冲	触发状态		
	Q_2	Q_1	Q_0
7	0	0	1
8	0	0	0

根据图 7-15 所示的 3 位异步二进制减法计数器逻辑图分析如下。

a．最低位触发器 FF_0 的状态 Q_0，在时钟脉冲 CP_0 的作用下，每来一个脉冲状态翻转一次。

b．次高位触发器 FF_1 的状态 Q_1，在其相邻低位 Q_0 由 0 变为 1（借位）时翻转一次。

即 Q_0 原来为 0，每来一个脉冲作一次减 1 运算，因不够减而向高位借“1”时，便使它相邻高位 FF_1 翻转一次，同时本位 Q_0 变为 1。

c．最高位 FF_2 的状态与 FF_1 相似，在相邻低位由 0 变为 1 时，产生借位翻转。

从状态转换表 7-8 可以看出：该计数器从 111 计数，按二进制规律递减，直到 000 再循环。

③ 异步计数器的特点。异步计数器的最大优点是电路结构简单。其主要缺点是由于各触发器翻转时存在延迟时间，级数越多，延迟时间越长，因此计数速度慢；同时由于有延迟时间，在有效状态转换过程中会出现过渡状态而造成逻辑错误。

基于上述原因，在高速的数字系统中，大都采用同步计数器。

（2）同步二进制加法计数器

由于异步计数器的进位信号是逐级传送的，因而计数速度受到限制。为了提高计数器的工作速度，可将计数脉冲同时加到计数器中各触发器的 CP 端，使各触发器的状态变换与计数脉冲同步，这种计数器称为同步计数器。

同步二进制加法计数器一般由 T 触发器组成。T 触发器可由 JK 触发器或者 D 触发器转换而成。图 7-16 所示为由主从 JK 触发器组成的 4 位同步二进制加法计数器。当 T = 1（J = K = 1）时，计数脉冲使触发器翻转；当 T = 0（J = K = 0）时，计数脉冲来到触发器 CP 端后触发器状态不变。图 7-16 中每个触发器有多个 J 端和 K 端。J 端之间和 K 端之间都是与逻辑关系，即对于每一个触发器而言，只有它的几个 J 端全为 1 时，才能认为 J 端是 1，否则只能认为是 0，几个 K 端也是这样。据此，可分析各触发器的状态变化规律如下。

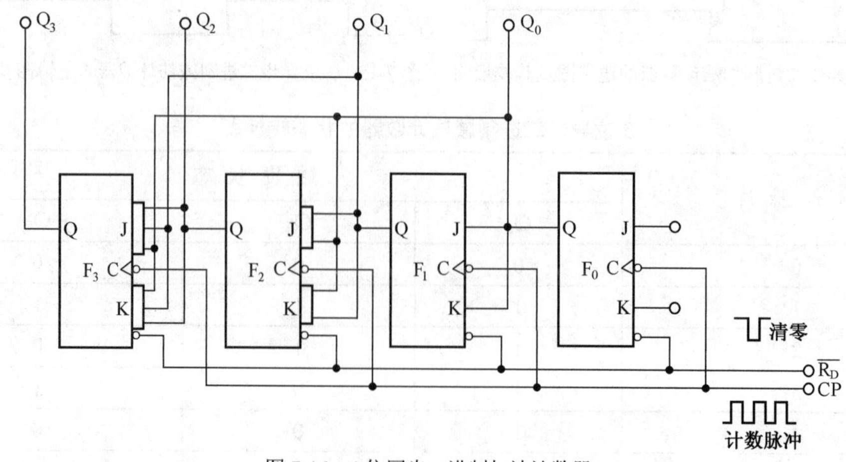

图 7-16 4 位同步二进制加法计数器

① 最低位触发器 F_0：$J_0=K_0=1$，每来一个计数脉冲就翻转一次。

② 第二位触发器 F_1：$J_1=K_1=Q_0$，在 $Q_0=1$ 时再来一个计数脉冲才翻转。

③ 第三位触发器 F_2：$J_2=K_2=Q_1Q_0$，只有当 $Q_1=Q_0=1$ 时再来一个计数脉冲才翻转。

④ 第四位触发器 F_3：$J_3=K_3=Q_2Q_1Q_0$，只有当 $Q_2=Q_1=Q_0=1$ 时再来一个计数脉冲才翻转。

清零后连续输入计数脉冲，计数器中各触发器的状态以及工作波形图与异步二进制加法计数器完全一致。由于计数脉冲同时加至各触发器的 CP 端，因此应该翻转的触发器同时翻转。

在上述 4 位同步二进制加法计数器中，当输入第 16 个计数脉冲时，计数器返回到初始状态 0000。4 位同步二进制加法计数器，能计的最大十进制数为 $2^4-1=15$；n 位二进制加法计数器，能计的最大十进制数为 2^n-1。

一个 4 位同步二进制加法计数器也是一个 1 位十六进制加法计数器，因为它“逢十六进一”。

同步二进制减法计数器的工作过程与加法计数器类似，学习者可自行画出其逻辑图。

2. 十进制加法计数器

二进制计数器结构简单，但是人们对二进制数毕竟不如常用的十进数那样习惯，所以在有些场合要采用十进制计数器，如在数字装置终端，广泛采用十进制计数器计数并将结果加以显示。

在十进制数中，有 0，1，2，…，9 共 10 个数码，每一位数都可能是这 10 个数码中的任何一个；从 0 开始计数，遇到 9+1 时，这一位就要回到 0，并向高位进 1，即“逢十进一”。

一个 4 位二进制加法计数器的计数状态表有 0000～1111 共 16 个状态。为了表示十进制的 10 个数码，我们就要设法在 16 个状态中去掉 6 个状态而选取 10 个状态来表示十进制的 10 个数码。至于去掉哪 6 个状态，可有不同的安排，这就是编码方式。最常用的是 8421BCD 编码方式，即取 4 位二进制数前面的 0000～1001 来表示十进制的 0～9 共 10 个数码，而去掉后面的 1010～1111 这 6 个数。按此编码方式，要求 4 位二进制加法计数器从 0000 开始计数，到第 9 个计数脉冲作用后变为 1001，再输入第 10 个计数脉冲，就要返回到初始状态 0000，并输出一个进位脉冲，即经过 10 个脉冲循环一次，实现“逢十进一”。

与 4 位二进制加法计数器相比较，前 9 个计数脉冲作用后的状态两者相同，只是第 10 个计数脉冲来到后计数器不是由 1001 变为 1010，而是恢复初始状态 0000，即要求第二位触发器 F_1 不得翻转，保持 0 态，而第四位触发器 F_3 应翻转为 0。

按上述要求，由 4 个主从 JK 触发器组成的 1 位同步十进制加法计数器如图 7-17 所示。根据该逻辑图，可得出各位触发器的状态变化规律如下。

① 第一位触发器 F_0：$J_0=K_0=1$，每来一个计数脉冲翻转一次。

② 第二位触发器 F_1：$J_1=\overline{Q}_3Q_0$，$K_1=Q_0$，在 $\overline{Q}_3=1$ 和 $Q_0=1$ 时再来一个计数脉冲才翻转。

③ 第三位触发器 F_2：$J_2=K_2=Q_1Q_0$，在 $Q_1=Q_0=1$ 时再来一个计数脉冲才翻转。

④ 第四位触发器 F_3：$J_3=Q_2Q_1Q_0$，$K_3=Q_0$，在 $Q_2=Q_1=Q_0=1$ 时来到第 8 个计数脉冲才由 0 翻转为 1，而在第 10 个计数脉冲时由 1 翻转为 0，发生溢出或向高一位计数器送出进位信号。

⑤ 根据 $Q_3Q_2Q_1Q_0$=0001，求得各位触发器控制端的电平。由此可得第二个计数脉冲

作用后的下一状态为 0010。这是因为 $J_0 = K_0 = 1$，$J_1 = K_1 = 1$，当第二个计数脉冲到来时，F_1 和 F_0 翻转，使 Q_0=0，Q_1=1，而其他触发器因 $J_2 = K_2 = 0$，$J_3 = K_3 = 1$，所以保持“0”态不变。

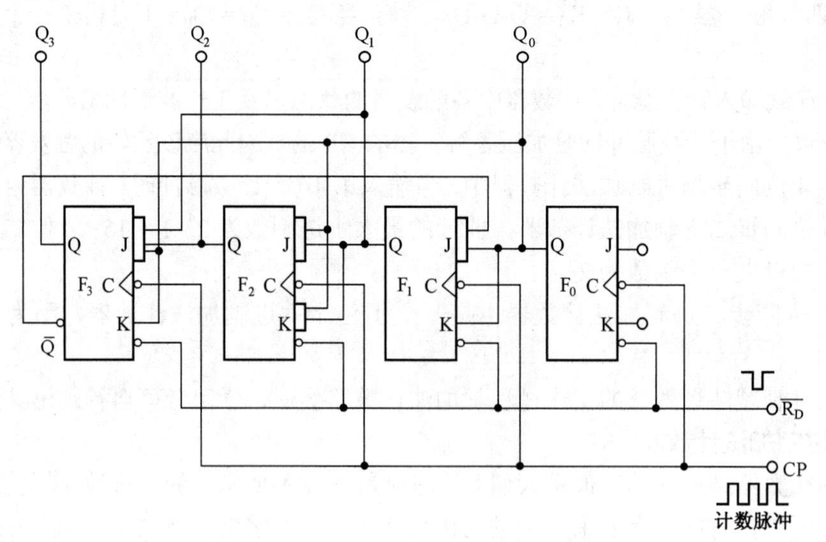

图 7-17　1 位同步十进制加法计数器

以此类推，最后当 $Q_3Q_2Q_1Q_0 = 1001$ 时，有 $J_0 = K_0 = 1$，$J_1 = 0$，$K_1 = 1$，$J_2 = K_2 = 0$，$J_3 = 0$，K_3=1，$f(1) = 1$，$J_2 = K_2 = 0$ 和 J_3=0，K_3= 1，所以当第 10 个计数脉冲到来时，使 F_0 翻转为 0，F_3 翻转为 0，F_2 和 F_1 保持“0”态不变，因此得到 $Q_3Q_2Q_1Q_0 = 0000$，又回到初始状态。

根据上述过程分析可得 4 位十进制加法计数器的状态转换表，见表 7-9，其工作波形图如图 7-18 所示。

表 7-9　　4 位十进制加法计数器状态转换表

计数脉冲	触发状态				对应十进制数
CP	Q_3	Q_2	Q_1	Q_0	
0	0	0	0	0	0
1	0	0	0	1	1
2	0	0	1	0	2
3	0	0	1	1	3
4	0	1	0	0	4
5	0	1	0	1	5
6	0	1	1	0	6
7	0	1	1	1	7
8	1	0	0	0	8
9	1	0	0	1	9
10	0	0	0	0	10

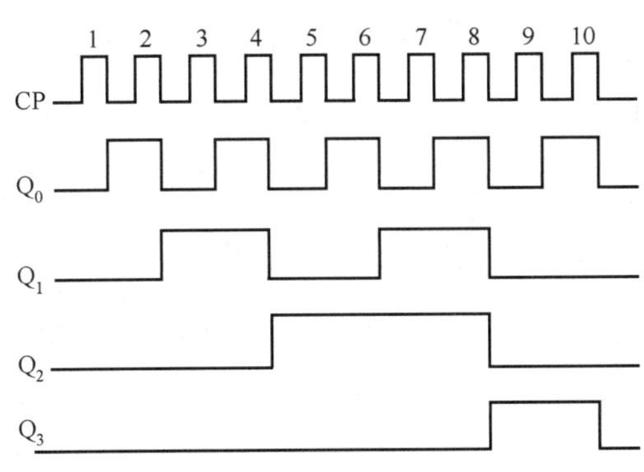

图 7-18 十进制加法计数器波形图

前面我们介绍了各种计数器的工作原理，但在实际应用中大都是采用集成计数器来实现脉冲计数的。集成计数器具有功能齐全、使用灵活方便等优点，因而得到广泛应用。

常用的同步计数器有：十进制同步计数器 74LS160、74LS162，前者为异步清零，后者为同步清零；4 位二进制同步计数器 74LS161、74LS163，前者为异步清零，后者为同步清零。同步清零、异步清零的区别在于：异步清零，在清零端加入规定的信号后，计数器所有输出端立即变为低电平；同步清零，清零端加入规定信号后，输出端必须等规定的时钟边沿到达后才能变为低电平。

常用的异步计数器有二–五–十进制计数器 74LS196、74LS290（前者有预置数功能）；二–八–十六进制计数器 74LS197、74LS293（前者有预置数功能）。它们的共同特点是通过引脚间不同的连接方式，可以实现不同进制的计数关系。

可逆计数器有十进制加/减计数器 74LS190、4 位二进制加/减计数器 74LS191 等。有关集成计数器的详细资料请读者自行查阅有关技术手册。

（四）555 定时器及其应用

555 定时器又称时基电路，是一种模拟和数字功能相结合的中规模集成器件，其电路结构简单、使用方便灵活，在脉冲波形的产生与变换、仪器仪表、家用电器、电子玩具等领域都有着广泛的应用。一般用双极型工艺制作的定时器称为 555，用 CMOS 工艺制作的称为 7555，除单定时器外，还有对应的双定时器 556/7556，它们的逻辑功能和外部引脚排列是相同的。555 系列定时器的电源电压范围宽，可在 4.5～16V 工作；7555 定时器的电源电压可在 3～18V 工作，输出驱动电流约为 200mA，可与 TTL、CMOS 或者模拟电路电平兼容。

1. 555 定时器的电路结构及其工作原理

555 定时器的电路结构

图 7-19（a）所示为 555 定时器的内部电路方框图，其引脚排列如图 7-19（b）所示。它由两个电压比较器（A_1、A_2）、一个基本 RS 触发器（由 G_1 和 G_2 组成）、一个集电极开路的三极管（VT）和输出缓冲级（G_3）组成。电压比较器 A_1 和 A_2 的基准电压为 U_{CC} 经 3 个 5kΩ的电阻分压后提供。它们分别使高电平比较器 A_1 的同相输入端和低电平比较器 A_2 的反相输入端的参考电平为 $\frac{2}{3}U_{CC}$ 和 $\frac{1}{3}U_{CC}$。A_1 与 A_2 的输出端控制 RS 触发器状态和三极管开关状态。设 TH（阈值输入端）和 TR（触发输入端）的输入电平分别为 u_{TH} 和 u_{TR}，

则 555 定时器的工作原理分析如下。

① 当 $u_{TH}>\frac{2}{3}U_{CC}$、$u_{TR}>\frac{1}{3}U_{CC}$ 时，A_1 输出 0，A_2 输出 1，触发器复位，555 定时器的输出端 OUT 输出低电平，同时三极管 VT 导通。

555 定时器的工作原理

② 当 $u_{TH}<\frac{2}{3}U_{CC}$、$u_{TR}<\frac{1}{3}U_{CC}$ 时，A_1 输出 1，A_2 输出 0，触发器置位，555 定时器的输出端 OUT 输出高电平，同时三极管 VT 截止。

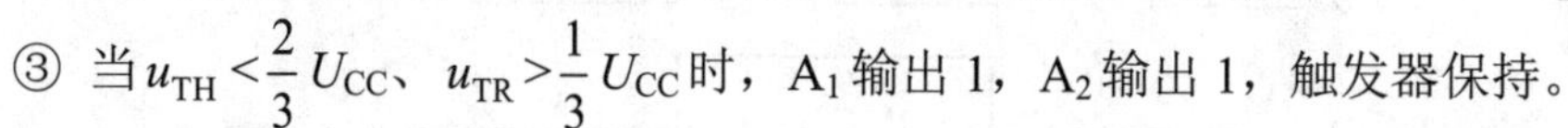

③ 当 $u_{TH}<\frac{2}{3}U_{CC}$、$u_{TR}>\frac{1}{3}U_{CC}$ 时，A_1 输出 1，A_2 输出 1，触发器保持。

$\overline{R_D}$ 为复位端，若 $\overline{R_D}=0$，则 555 定时器输出低电平。正常使用时 $\overline{R_D}$ 端开路或接 U_{CC}。

V_C 是控制电压端，正常使用时输出 $\frac{2}{3}U_{CC}$ 作为比较器 A_1 的参考电平，通常接一个 0.01μF 的电容到地，起滤波作用，以消除外来干扰，确保参考电平的稳定；当该端外接一输入电压，即改变了比较器 A_1 的参考电平时，可以实现对输出的另一种控制。

C_t 端接电容，当三极管 VT 导通时，将为电容提供低阻放电通路。

综上所述，555 定时器主要是与电阻、电容构成充放电电路，并由两个比较器来检测电容上的电压，以确定输出电平的高低和放电管的通断，形成从微秒到数十分钟的延时电路，从而方便地构成单稳态触发器、多谐振荡器、施密特触发器等脉冲产生或波形变换电路。

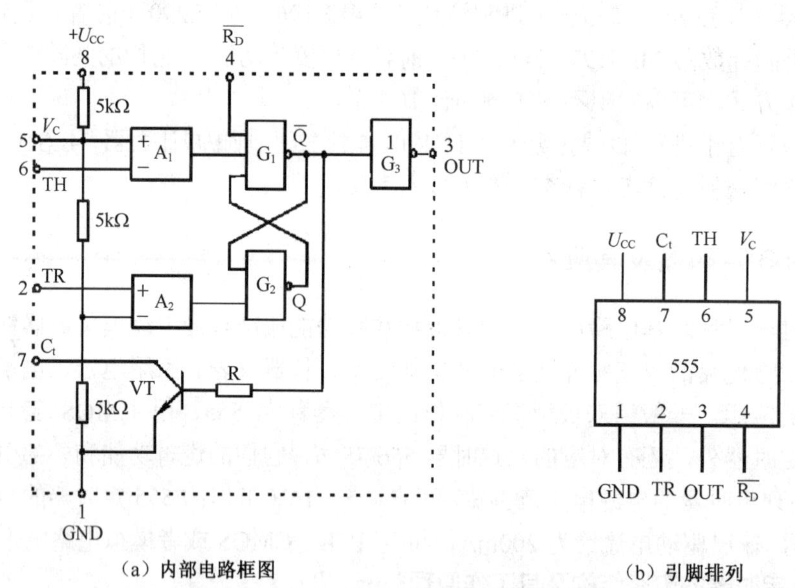

（a）内部电路框图　　（b）引脚排列

图 7-19　555 定时器内部电路框图及引脚排列

2. 555 定时器的典型应用

单稳态触发器和施密特触发器是两种不同用途的脉冲波形的整形、变换电路。其中，单稳态触发器主要用以将宽度不符合要求的脉冲变换成符合要求的矩形脉冲；施密特触发器则主要用以将变化缓慢的或快速变化的非矩形脉冲整形成边沿陡峭的矩形脉冲。

555 定时器构成单稳态触发器

（1）用 555 定时器构成单稳态触发器

单稳态触发器具有一个稳定状态和一个暂稳定态。在外加触发脉冲作用下，电路从稳态翻转到暂稳态，经一段时间后，又自动返回稳态；暂稳态维持时间的长短取决于电路本身的参数，与外加触发脉冲的宽度和幅度无关。由于单稳态触发器具有这些特点，常用来产生具有固定宽度的脉冲信号。图 7-20 所示为由 555 定时器和外接定时元件 R、C 构成的单稳态触发器。

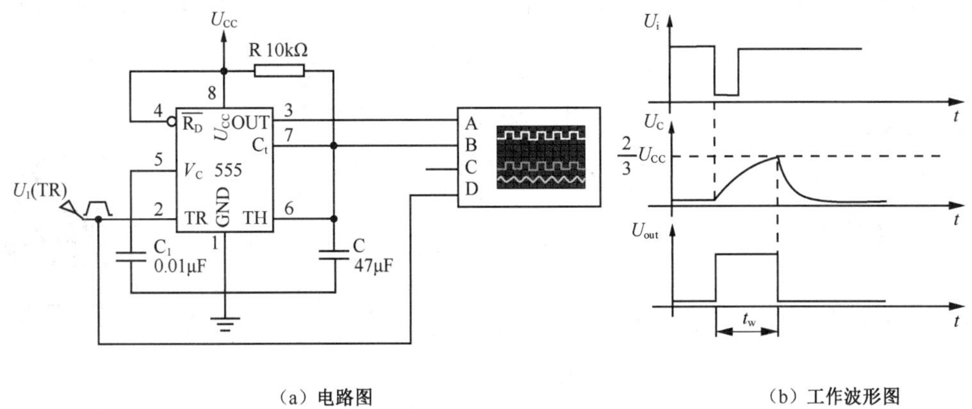

（a）电路图　　　　（b）工作波形图

图 7-20　由 555 定时器组成单稳态触发器

① 稳定状态。接通电源后，U_{CC} 经电阻 R 对电容 C 充电，当电容 C 上的电压≥$\frac{2}{3}U_{CC}$ 时，U_1 为高电平，且≥$\frac{1}{3}U_{CC}$，内部三极管 VT 导通，电容 C 经 VT 迅速放完电，使输出端 OUT 输出稳定的低电平。

② 暂稳态。当有一个外部负脉冲触发信号加到 2 脚 TR 端，并使 TR 端电位瞬时低于 $\frac{1}{3}U_{CC}$ 时，低电平比较器动作，单稳态电路即开始一个暂态过程，U_{CC} 经电阻 R 对电容 C 充电，当充至 $\frac{2}{3}U_{CC}$ 时，高电平比较器动作，比较器 A_1 翻转，VT 重新导通，电容 C 很快经 VT 放电，暂态结束，恢复稳态，为下一个触发脉冲的到来做好准备。单稳态触发器的工作波形如图 7-20（b）所示。

暂稳态的持续时间 t_W（即为延时时间）取决于外接元件 R、C 值的大小，$t_W=1.1RC$。

555 定时器构成斯密特触发器

（2）用 555 定时器构成施密特触发器

施密特触发器具有两个稳定状态，这两个稳态的维持和转换完全取决于输入信号的电位。只要将 555 定时器的 2 脚和 6 脚连在一起作为输入端，即得到施密特触发器，其电路图及工作波形图如图 7-21（a）所示。

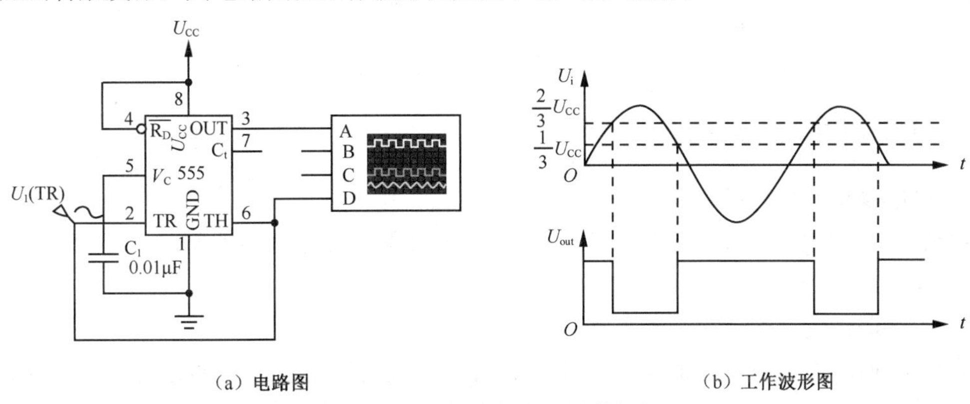

（a）电路图　　　　（b）工作波形图

图 7-21　由 555 定时器组成施密特触发器

若被整形变换的电压为正弦波，当 U_{i} 上升到 $\frac{2}{3}U_{\mathrm{CC}}$ 时，U_{out} 从高电平翻转为低电平；当 U_{i} 下降到 $\frac{1}{3}U_{\mathrm{CC}}$ 时，U_{out} 又从低电平翻转为高电平。该电路的电压传输特性曲线如图 7-22 所示，由图可以看出，该电路具有反向输出特性，其回差电压为 $\Delta U = \frac{2}{3}U_{\mathrm{CC}} - \frac{1}{3}U_{\mathrm{CC}} = \frac{1}{3}U_{\mathrm{CC}}$。

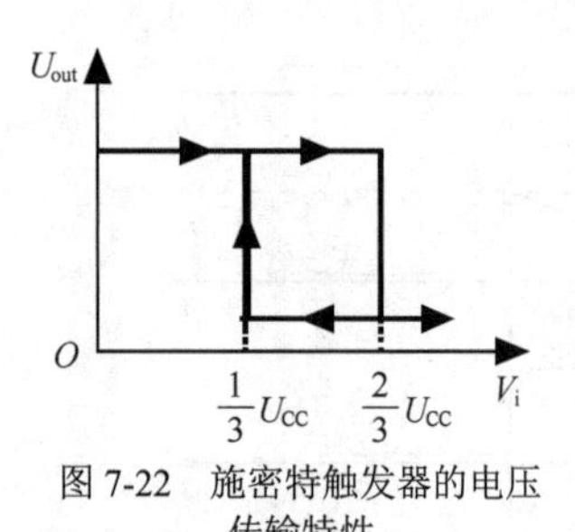

图 7-22　施密特触发器的电压传输特性

（3）用 555 定时器构成多谐振荡器

将 555 定时器的 2 脚和 6 脚直接相连，并外接 R_1、R_2、C 即构成多谐振荡器，如图 7-23（a）所示。

多谐振荡器没有稳态，仅存在两个暂稳态，电路也不需外加触发信号，利用电源通过 R_1、R_2 向 C 充电，以及 C 通过 R_2 向放电端 C_t 放电。由于电容 C 在 $\frac{1}{3}U_{\mathrm{CC}}$ 和 $\frac{2}{3}U_{\mathrm{CC}}$ 之间来回充电和放电，从而使电路产生振荡，其工作波形如图 7-23（b）所示。其输出信号的时间参数是

$$T = t_{\mathrm{w1}}+t_{\mathrm{w2}},\ t_{\mathrm{w1}} = 0.7(R_1+R_2)C,\ t_{\mathrm{w2}} = 0.7R_2C$$

多谐振荡器电路要求 R_1 与 R_2 均应大于或等于 1kΩ，但 R_1+R_2 应小于或等于 3.3MΩ。

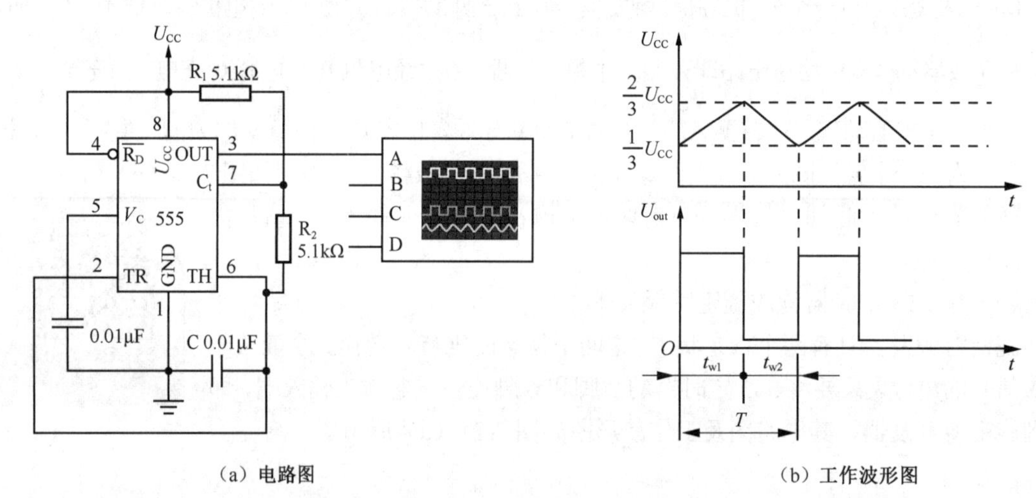

（a）电路图　　（b）工作波形图

图 7-23　由 555 定时器组成多谐振荡器

（五）时序逻辑电路的分析与设计

1. 时序逻辑电路的特点

功能特点：输出不仅取决于该时刻的输入，而且还与电路原来的状态有关（有记忆功能）。

结构特点：一定含有作为存储单元的触发器。

2. 时序逻辑电路的一般分析方法

对于同步时序逻辑电路：了解电路的输入/输出信号、触发器的类型等→根据给定的时序电路图，写出输出方程、激励方程、状态方程→列出状态转换表或画出状态图和波形图→确定电路逻辑功能。

对于异步时序逻辑电路：异步时序逻辑电路的分析方法与同步时序逻辑电路基本相同，只是还应考虑各触发器的时钟条件，另外写出时钟方程。

例 7.4　试分析图 7-24 所示时序逻辑电路的功能。

图 7-24　例 7.4 逻辑电路

解：（1）了解电路组成。电路是由两个 JK 触发器组成的同步时序电路。

（2）列方程。

输出方程：$Y=Q_2Q_1$。

激励方程：$J_1=K_1=1$；$J_2=K_2=X\oplus Q_1$。

将激励方程代入 JK 触发器的特性方程得出状态方程：

$$Q_1^{n+1}=J_1\overline{Q_1^n}+\overline{K_1}Q_1^n=\overline{Q_1^n}$$

$$Q_2^{n+1}=J_2\overline{Q_2^n}+\overline{K_2}Q_2^n=X\oplus Q_1{}^n\overline{Q_2^n}+\overline{X\oplus Q_1^n}Q_2^n=X\oplus Q_1^n\oplus Q_2^n$$

（3）列状态转换表，画状态图和波形图，如图 7-25 所示。

$Q_2^nQ_1^n$	$Q_2^{n+1}Q_1^{n+1}$/Y	
	X=0	X=1
00	01/0	11/0
01	10/0	00/0
10	11/0	01/0
11	00/1	10/1

（a）状态转换表

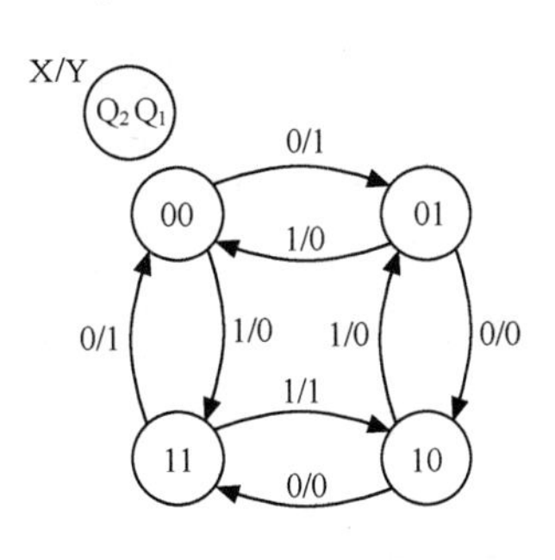

（b）状态图

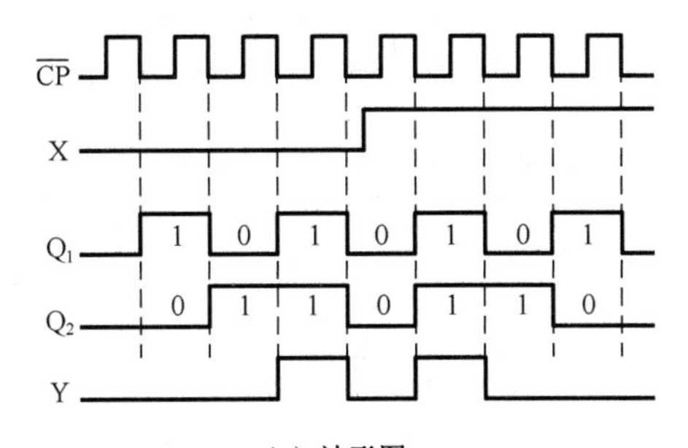

（c）波形图

图 7-25　例 7.4 图

（4）确定电路逻辑功能。由状态图和波形图可以看出，当 X＝0 时，电路加 1 计数；当 X＝1 时，电路减 1 计数，该电路为可逆计数器，其中 Y 理解为进位或借位端。

例 7.5 试分析图 7-26 所示时序逻辑电路的功能。

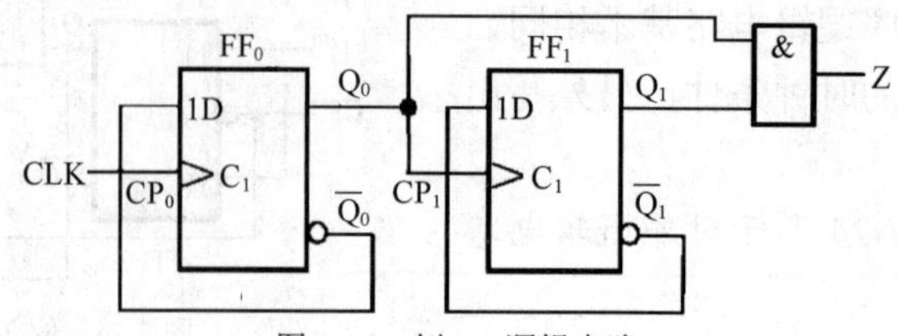

图 7-26 例 7.5 逻辑电路

解：（1）了解电路组成。电路是由两个 D 触发器组成的异步时序逻辑电路。

（2）列方程。

时钟方程：$CP_0=CLK$，$CP_1=Q_0$。

输出方程：$Z=Q_1^nQ_0^n$。

激励方程：$D_0=\overline{Q_0}$，$D_1=\overline{Q_1}$。

将激励方程代入 JK 触发器的特性方程得出状态方程：

$$Q_0^{n+1}=D_0CP_0+Q_0^n\overline{CP_0}=\overline{Q_0^n}CP_0+Q_0^n\overline{CP_0}$$

$$Q_1^{n+1}=D_1CP_1+Q_1^n\overline{CP_1}=\overline{Q_1^n}CP_1+Q_1^n\overline{CP_1}$$

（3）列状态转换表，画状态图和波形图，如图 7-27 所示。

$Q_1^nQ_0^n$	CP_1	CP_0	$Q_1^{n+1}Q_0^{n+1}$
00	↑	↑	11
11	×	↑	10
10	↑	↑	01
01	×	↑	00
00	↑	↑	11

（a）状态转换表

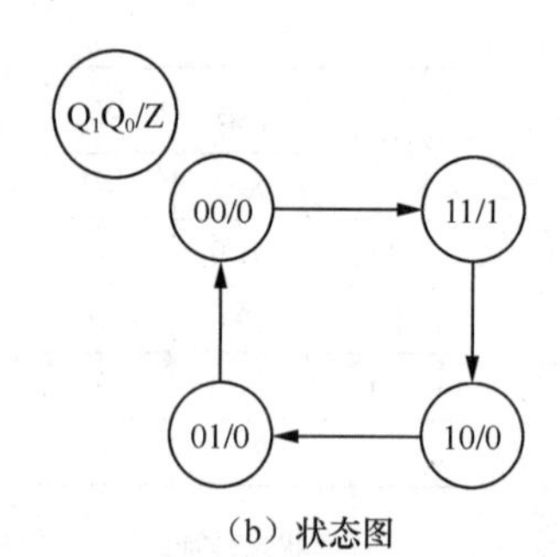

（b）状态图

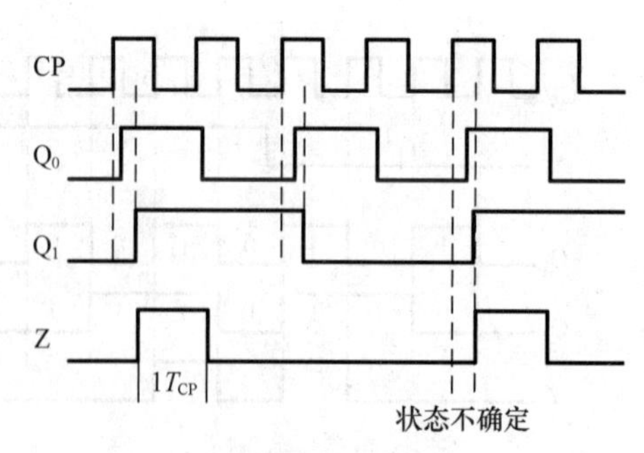

（c）波形图

图 7-27 例 7.5 图

（4）确定电路逻辑功能。由状态图和波形图可以看出，该电路是一个异步二进制减法计数器，Z 信号上升沿可触发借位操作。该电路也可看作一个序列信号发生器。

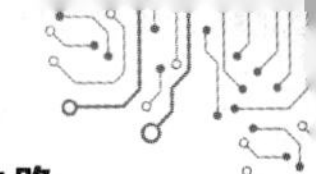

3. 同步时序逻辑电路的一般设计方法

同步时序逻辑电路的设计是分析的逆过程，它是根据给定逻辑功能要求，设计出能满足要求的逻辑电路，其设计方法如下。

根据设计要求，设定状态，画出状态图→状态化简→状态分配，列出状态转换表→选择触发器类型→确定状态方程、输出方程、激励方程→根据激励方程和输出方程画出逻辑图→检查自启动。

例 7.6 设计一个串行数据检测器。电路的输入信号 X 是与时钟脉冲同步的串行数据，其时序关系如图 7-28 所示；输出信号为 Z。要求电路在 X 信号输入出现 110 序列时，输出信号 Z 为 1，否则为 0。

解：（1）设定状态、画状态图。明确电路的输入条件和输出要求，确定输入变量和输出变量的数目和符号；找出所有可能的状态和状态转换之间的关系；根据原始状态图建立原始状态转换表。

本例输入变量——X；输出变量——Z；状态数——4 个，分别设定为 S_0（初始状态）、S_1（1）、S_2（11）、S_3（110），原始状态转换图和状态转换表如图 7-28 所示。

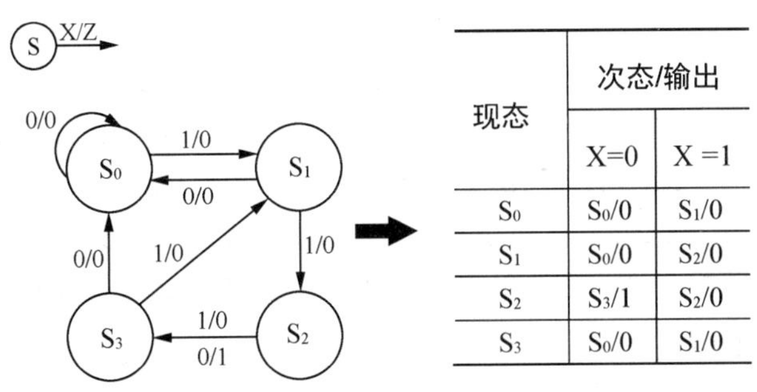

现态	次态/输出	
	X=0	X =1
S_0	S_0/0	S_1/0
S_1	S_0/0	S_2/0
S_2	S_3/1	S_2/0
S_3	S_0/0	S_1/0

图 7-28　例 7.6 图（一）

（2）状态化简。合并等价状态，其中在相同的输入下有相同的输出，并转换到同一个次态去的两个状态称为等价状态。

本例中可见 S_0、S_3 为等价状态，合并后的状态转换表及对应的状态图如图 7-29 所示。

现态	次态/输出	
	X = 0	X = 1
S_0	S_0/0	S_1/0
S_1	S_0/0	S_2/0
S_2	S_0/1	S_2/0

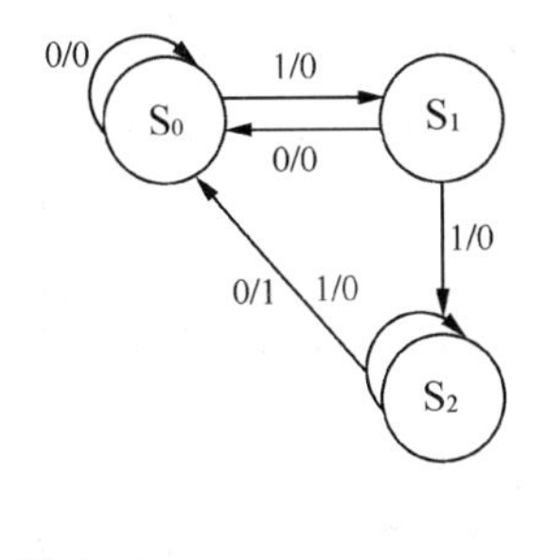

图 7-29　例 7.6 图（二）

（3）状态分配。列出状态转换表，对化简后的电路状态赋以二进制代码，根据状态数确定触发器个数，每个触发器表示一位二进制数，则触发器数目 n 可按式 $2^{n-1} < N \leqslant 2^n$ 来确定，其中 N 为电路的状态数。

本例中，$n = 2$，则令 $S_0 = 00$，$S_1 = 01$，$S_2 = 11$，状态转换表见表 7-10。

表 7-10　例 7.6 状态转换表

$Q_1^nQ_0^n$	$Q_1^{n+1}Q_0^{n+1}/Y$	
	X=0	X=1
00	00/0	01/0
01	00/0	11/0
11	00/1	11/0

（4）触发器类型。由于 JK 触发器使用比较灵活，因此设计中多选用 JK 触发器。本例采用 CP 下降沿触发的 JK 触发器。

（5）确定激励方程和输出方程。

根据状态转换表得出状态转换真值表见表 7-11。

表 7-11　例 7.6 状态转换真值表

现态		输入	次态		输出
Q_1^n	Q_0^n	X	Q_1^{n+1}	Q_0^{n+1}	Y
0	0	0	0	0	0
0	0	1	0	1	0
0	1	0	0	0	0
0	1	1	1	1	0
1	1	0	0	0	1
1	1	1	1	1	0

根据状态转换编码表可以画出各触发器次态和输出函数的卡诺图如图 7-30 所示。

由此可求得输出方程为：$Y=\overline{X}Q_1^n$。

状态方程为：$Q_1^{n+1}=XQ_0^n\overline{Q_1^n}+XQ_1^n$，$Q_0^{n+1}=X\overline{Q_0^n}+XQ_0^n$。

将上式与 JK 触发器的特性方程即式（7-3）比较后得出激励方程：

$$J_1=XQ_0^n，K_1=\overline{X}$$

$$J_0=X，K_0=\overline{X}$$

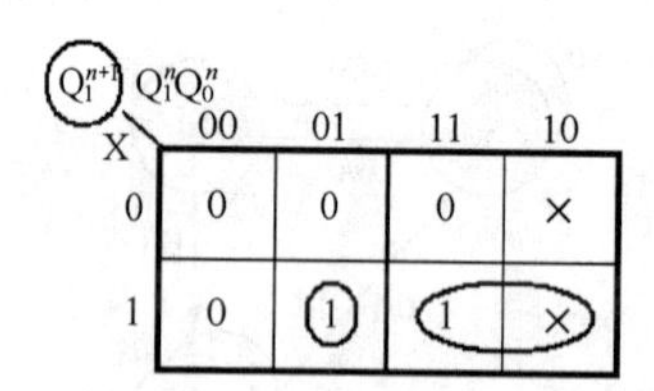

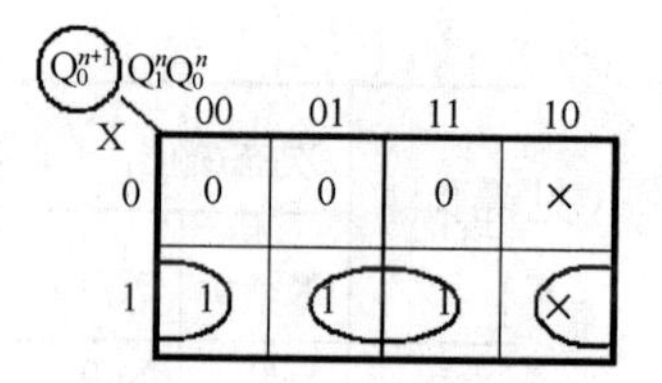

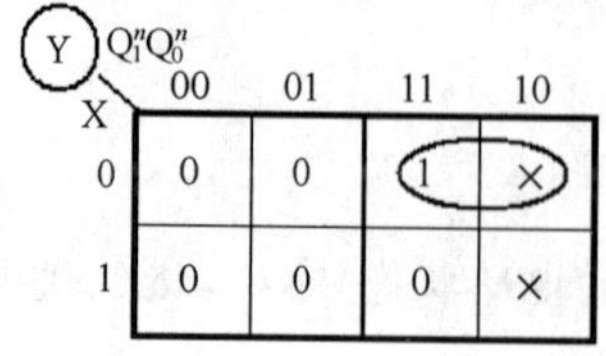

图 7-30　卡诺图

（6）画逻辑图，如图 7-31 所示。

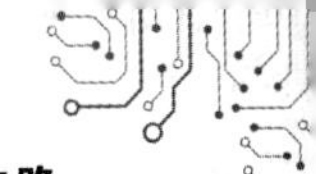

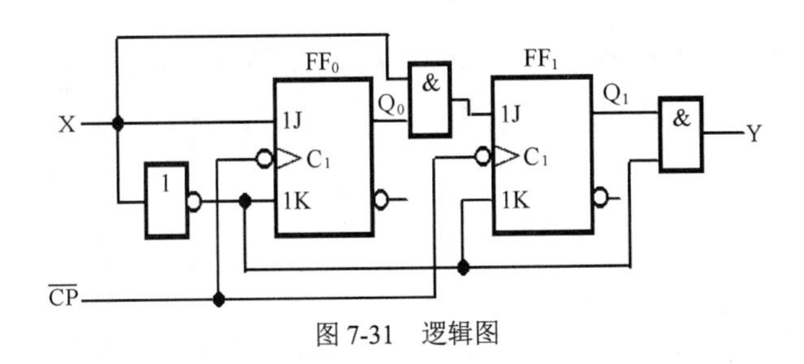

图 7-31　逻辑图

（7）检查自启动能力。对存在无效状态的电路，应检查若电路进入无效状态，能否在时钟信号的作用下自动返回到有效状态，如果能回到有效状态，则电路具有自启动能力；否则无自启动能力，这时需要修改设计，使电路具有自启动能力。

例 7.6 中，当 $Q_1^nQ_0^n=10$ 处于无效状态时，若 X = 0，则 $Q_1^{n+1}Q_0^{n+1}=00$；若 X = 1，则 $Q_1^{n+1}Q_0^{n+1}=11$。这说明一旦电路进入无效状态，只要再输入一个时钟信号，电路便回到有效状态 00 或 11，因此该电路具有自启动能力。

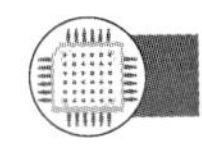

三、拓展知识

（一）74LS290 芯片介绍

① 74LS290 为二–五–十进制异步计数器，其结构框图如图 7-32 所示。

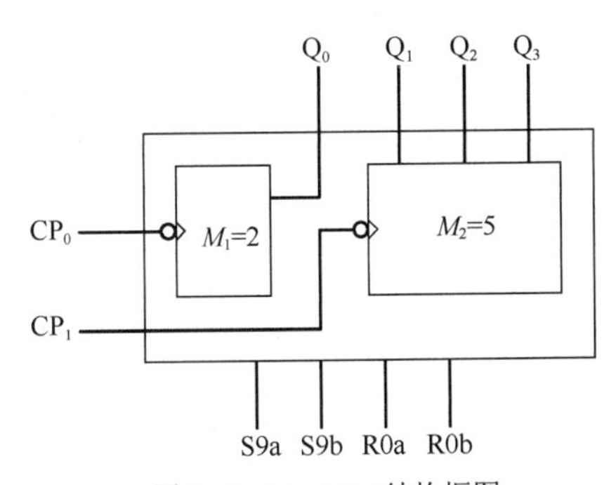

图 7-32　74LS290 结构框图

② 功能说明（见表 7-12）。

表 7-12　功能说明

输入			输出				说明
R0a·R0b	S9a·S9b	CP	Q_3	Q_2	Q_1	Q_0	
1	0	×	0	0	0	0	清零
×	1	×	1	0	0	1	置 9
0	0	↓	计数				

a. 异步清零（R0a·R0b=1　S9a·S9b=0）。

b. 异步置 9（S9a·S9b =1　优先级别高于 R0a·R0b）。

c. 二进制计数（CP_0 输入，Q_0 输出）。

d. 五进制计数（CP_1 输入，$Q_3Q_2Q_1$ 输出）。

e. 十进制计数（两种接法：第一种，$CP_1=Q_0$，CP_0输入，输出为$Q_3Q_2Q_1Q_0$，为8421BCD码十进制计数器；第二种，$CP_0=Q_3$，CP_1输入，输出为$Q_0Q_3Q_2Q_1$，为5421BCD码十进制计数器）。

（二）74LS194芯片介绍

① 74LS194为4位双向移位寄存器，其逻辑符号如图7-33所示。

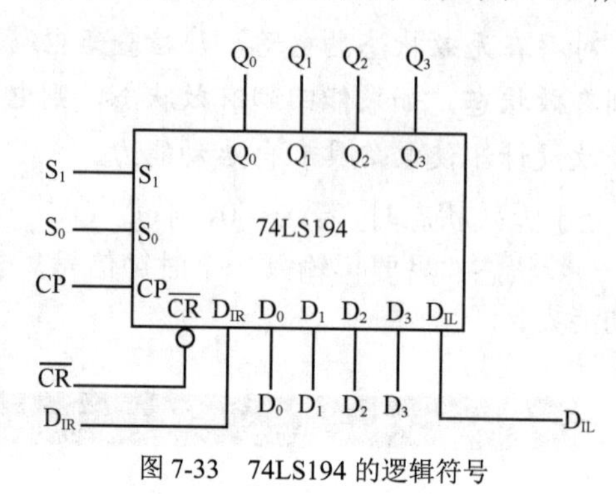

图7-33　74LS194的逻辑符号

② 功能说明。

a. 具有4位串入、并入与并出结构。

b. 脉冲上升沿触发。可完成同步并入以及串入左移位、右移位和保持4种功能。

c. 有直接清零端$\overline{CR}$。

在图7-33中，D_0～D_3为并行输入端，Q_0～Q_3为并行输出端；D_{IR}、D_{IL}为右移、左移串行输入端；$\overline{CR}$为清零端；S_1、S_0为方式控制端，作用如下：

$S_1S_0=00$　　保持

$S_1S_0=01$　　右移操作

$S_1S_0=10$　　左移操作

$S_1S_0=11$　　并行送数

（三）74LS160/161芯片介绍

① 74LS160/161为带直接清零端的同步可预置计数器，其逻辑符号如图7-34所示。

② 引脚说明。

$\overline{CR}$　　异步清零端

$\overline{LD}$　　同步置数端

S_1 S_2　　工作方式控制端

CO　　进位信号

D_0 D_1 D_2 D_3　　并行数据输入端

Q_0 Q_1 Q_2 Q_3　　计数器状态输出端

（四）74LS192芯片介绍

① 74LS192为TTL可预置的十进制同步加/减计数器，其逻辑符号及引脚排列如图7-35

所示。

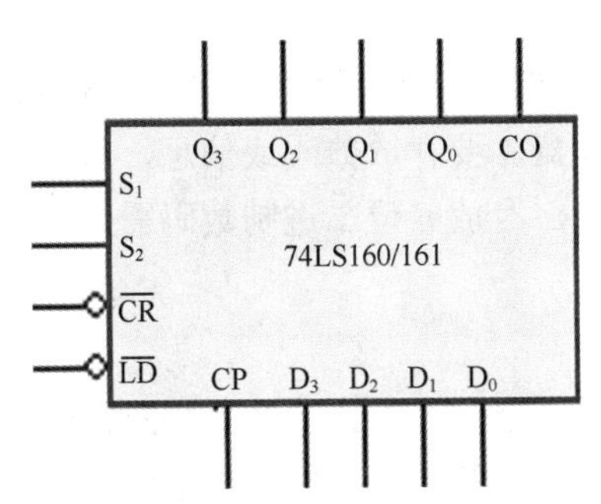

图 7-34 74LS160/161 的逻辑符号

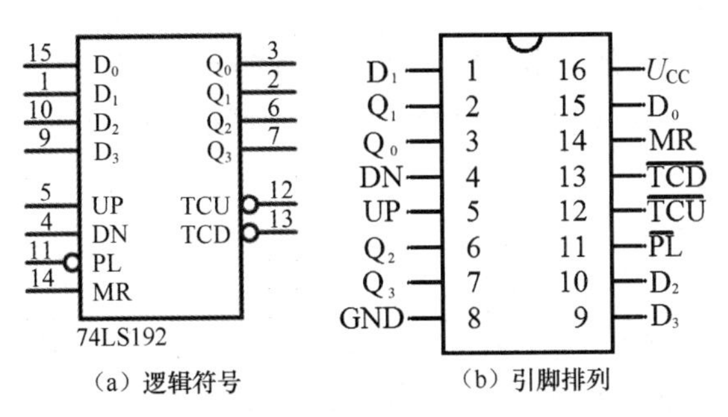

图 7-35 74LS192 逻辑符号及引脚排列

② 引脚说明。

$\overline{TCU}$ 进位输出端（低电平有效）

$\overline{TCD}$ 借位输出端（低电平有效）

UP 加计数时钟输入端（上升沿有效）

DN 减计数时钟输入端（上升沿有效）

MR 异步清除端

$\overline{PL}$ 异步并行置入控制端（低电平有效）

Q_3～Q_0 并行数据输出端

D_3～D_0 并行数据输入端

③ 元件功能。

a. 异步清除。当清除端（MR）为高电平时，不管时钟（UP、DN）的状态如何，都可完成清除功能。

b. 异步预置。当置入控制端（PL）为低电平时，不管时钟（UP、DN）的状态如何，输出端（Q_3～Q_0）都可预置成与数据输入端（D_3～D_0）相一致的状态。

c. 同步计数。在 UP、DN 上升沿作用下，Q_3～Q_0 同时变化，从而消除了异步计数器中出现的计数尖峰。当进行加计数或减计数时，可分别利用 UP 或 DN，此时另一个时钟应置为高电平。

当计数上溢出时，进位输出端（$\overline{TCU}$）输出一个低电平脉冲，其宽度为 UP 低电平部分的低电平脉冲；当计数下溢出时，借位输出端（$\overline{TCD}$）输出一个低电平脉冲，其宽度为 UP 低电平部分的低电平脉冲。

当把 $\overline{TCD}$ 和 $\overline{TCU}$ 分别连接后一级的 DN、UP，即可进行级联。

小 结

（1）双稳态触发器是组成时序逻辑电路的基本单元，它是一种具有记忆功能的逻辑器件，有两种相反的、稳定的输出状态。

触发器的逻辑功能可用逻辑状态表来表示。

基本 RS 触发器没有时钟控制端；同步 RS 触发器的逻辑功能与基本 RS 触发器相同，时钟脉冲为高电平时触发，其输入端 R、S 都有约束条件。

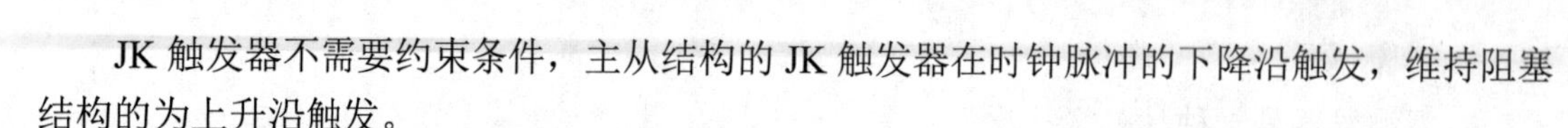

JK 触发器不需要约束条件，主从结构的 JK 触发器在时钟脉冲的下降沿触发，维持阻塞结构的为上升沿触发。

RS 触发器、JK 触发器、D 触发器可以相互转换，T 触发器一般由上述触发器转换得到。

（2）能够暂存数码（或指令代码）的数字部件称为寄存器。要存放数码或信息，就必须有记忆单元——触发器，每个触发器能存储一位二进制数码，存放 n 位二进制数码需要 n 个触发器。

寄存器能够存放数码。

移位寄存器不但能寄存数码，而且具有移位运算功能。每来一个时钟脉冲，触发器的状态便向左或右移动一位，也就是说，寄存的数码可以在移位脉冲的控制下依次进行移位。移位寄存器根据数据流向分单向移位（左移、右移）和双向移位。

（3）能够对脉冲进行计数的器件称为计数器。计数器是一种累计输入脉冲数目的逻辑部件。计数器具有分频作用，因此也称为分频器。

n 位二进制计数器最多能累计的脉冲个数为 2^n-1，这个数称为计数长度（或容量）。

异步计数器存在时延，级数越多，延迟时间越长，因此计数速度慢。

同步计数器将计数脉冲同时加到计数器中各触发器的 CP 端，使各触发器的状态变换与计数脉冲同步。

二进制计数器结构简单，但是人们对二进制数毕竟不如常用的十进制数那样习惯。所以在有些场合多采用十进制计数器。

（4）555 定时器是一种多用途的集成电路，只需外接少量阻容元件便可以构成施密特触发器、单稳态触发器和多谐振荡器等，它还可以组成其他很多实用电路。

（5）描述时序逻辑电路的方法有逻辑图、状态方程、激励方程、输出方程、状态转换真值表、状态转换图、波形图等。分析这种电路的关键是求出状态方程和状态转换真值表，从而分析其电路功能。同步时序逻辑电路的设计应根据要求求出最简状态编码表，用卡诺图求出状态方程和激励方程，由此画出逻辑电路图。

习题及思考题

1. 填空题

（1）根据逻辑功能不同，触发器可以分为 RS 触发器、______、______、T 触发器和 T′触发器。

（2）触发器的逻辑功能可以用功能表、驱动表、________、______和波形图来描述。

（3）规定 Q=1、$\overline{Q}$=0 的状态为触发器的_______状态；Q=0、$\overline{Q}$=1 的状态为触发器的_______状态。

（4）同步触发器输出状态的变化取决于时钟电平高低，这种工作方式称为_______触发方式。

（5）仅在 CP 脉冲的上升沿或下降沿到来时，触发器才能接收输入信号，并完成状态转换，这样的触发方式称为_______触发。

（6）时序逻辑电路的输出不仅取决于该时刻的输入，还与电路_______有关。

2. 判断题

（1）触发器是一种具有记忆功能的逻辑器件。（　　）

（2）触发器有两个稳定的状态：0、1，在一定条件下，这两个稳定状态可相互转换。（　　）

（3）触发器逻辑符号中 CP 端加“∧”表示边沿触发，不加“∧”表示电平触发。（　　）

（4）CP 端加“∧”且有“◦”表示下降沿触发；不加“◦”表示上升沿触发。（　　）

（5）D 触发器的特性方程为 $Q^{n+1}=D$。（　　）

（6）在时钟脉冲作用下，T 触发器仅具有保持功能，没有翻转功能。（　　）

3. 选择题

（1）下列电路中，不属于时序逻辑电路的是（　　）。

A. 译码器　　B. 移位寄存器　　C. 计数器　　D. 触发器

（2）与非门构成的基本 RS 触发器的约束条件是（　　）。

A. RS=1　　B. RS=0　　C. R+S=1　　D. R+S=0

（3）下列各种类型的触发器中，（　　）能组成移位寄存器。

A. 基本 RS 触发器　　B. 同步 RS 触发器　　C. 主从结构的触发器

D. 维持阻塞触发器　　E. CMOS 传输门结构的边沿触发器

（4）为了提高触发器的抗干扰能力，常选用（　　）的触发器。

A. 电平触发方式　　B.边沿触发方式　　C. 主从触发方式

（5）下列 JK 触发器构成了（　　）功能。

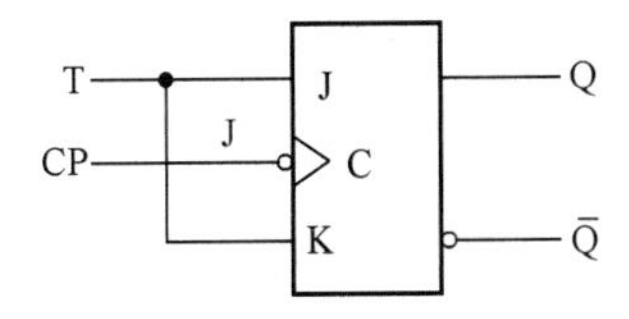

A. D 触发器　　B. RS 触发器　　C. T 触发器

4. 分析题

（1）为什么说双稳态触发器具有记忆功能？

（2）画出 RS 触发器、JK 触发器、D 触发器、T 触发器、T′触发器的逻辑符号并列出真值表。

（3）数码寄存器和移位寄存器有什么区别?

（4）已学过的各种类型触发器中，哪些能用作移位寄存器？哪些不能?

（5）某数据机床使用一个 16 位的二进制计数器，它最多能记忆多少个脉冲？

（6）什么叫同步计数器？什么叫异步计数器？其各有什么优缺点？

（7）$\overline{R_D}$ 和 $\overline{S_D}$ 端的输入信号如图 7-36 所示，设基本 RS 触发器的初始状态分别为 1 和 0 两种情况，试画出 Q 端的输出波形。

（8）R、S 端和 CP 端的输入信号波形如图 7-37 所示，设同步 RS 触发器的初始状态分别为 0 和 1 两种情况，试画出 Q 端的输出波形。

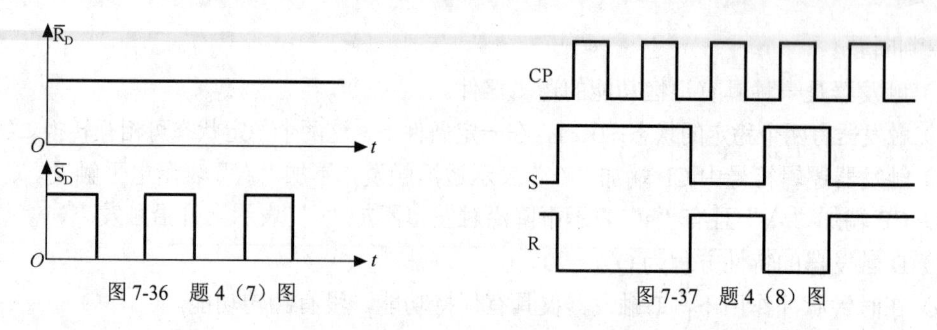

图 7-36　题 4（7）图　　　　图 7-37　题 4（8）图

（9）设主从 JK 触发器的初始状态为 0，当 J、K 端和 CP 端的输入信号波形如图 7-38 所示时，试分别画出图 7-38（a）、（b）、（c）、（d）4 种情况下 Q 端的输出波形图。

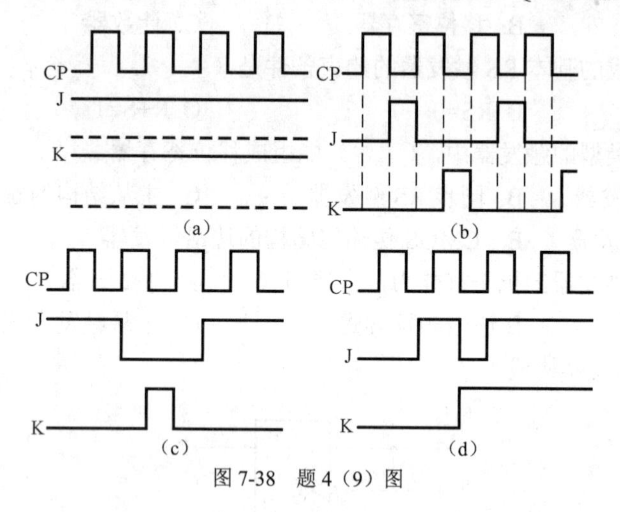

图 7-38　题 4（9）图

（10）已知维持阻塞 D 触发器的 D 和 CP 端电压波形如图 7-39 所示，试画出 Q 端的输出波形（设初态为 0）。

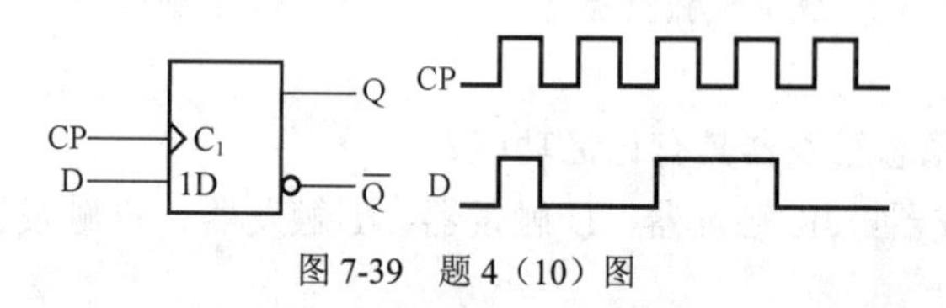

图 7-39　题 4（10）图

（11）设图 7-40 所示的各触发器的初始状态皆为 0，试画出在 CP 脉冲作用下各触发器输出端 Q_1～Q_{12} 的电压波形。

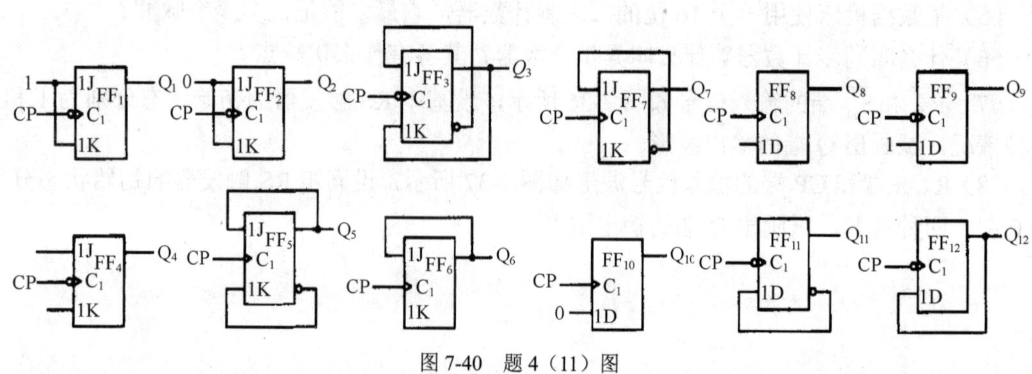

图 7-40　题 4（11）图

（12）在图 7-41 所示电路中，设各触发器的初态均为 0，试画出在 CP 和 D 脉冲作用下 Q_1、Q_2 端的波形。

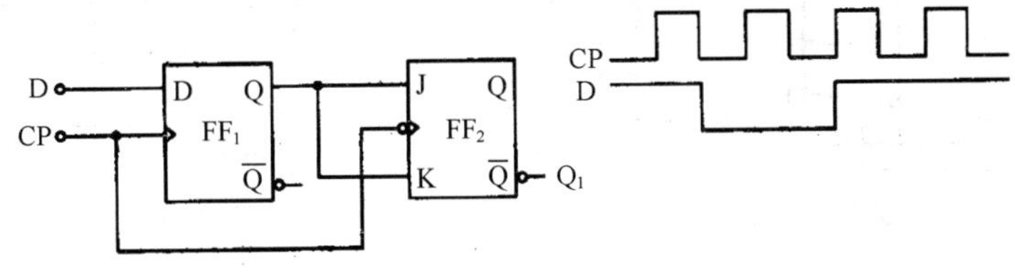

图 7-41　题 4（12）图

（13）在图 7-42 所示电路中，设各触发器初始状态均为 0，试画出在 X 和 CP 信号作用下 Q_1、Q_2 端的波形。

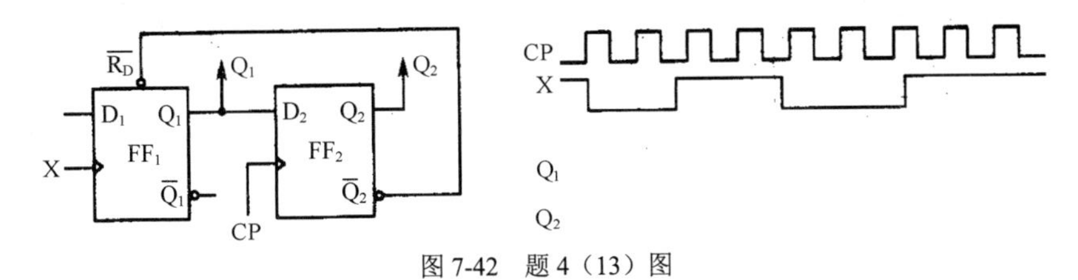

图 7-42　题 4（13）图

（14）试写出图 7-43（a）、（b）所示电路输出的函数表达式（Q_1^{n+1}，Q_2^{n+1}），并画出在图 7-43（c）给定信号作用下的电压波形图。

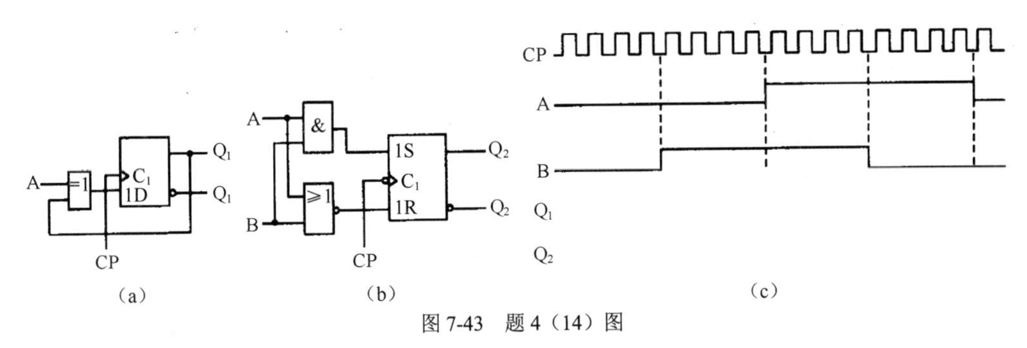

图 7-43　题 4（14）图

（15）图 7-44 所示为由触发器和门电路组成的“检 1”电路（所谓“检 1”就是只要在 CP＝1 时，输入是逻辑 1，Q 端就有一串连续的正脉冲，每个脉冲宽度等于 CP 脉冲低电平的时间），这个电路常用来检测数字系统中按规定的时间间隔是否有“1”状态出现。试分析其工作原理。

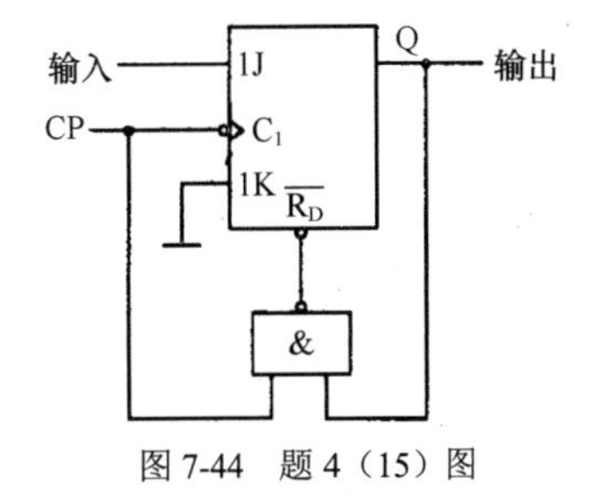

图 7-44　题 4（15）图

（16）分析图 7-45 所示时序电路的逻辑功能，写出其电路的驱动方程、状态方程、输出方程、状态转换表，并画出时序图。

（17）试用 D 触发器组成 4 位左移寄存器。

（18）试用 JK 触发器组成移位寄存器。

（19）试分析图 7-46 所示电路为几进制计数器，并画出电路中各触发器的输出波形图。

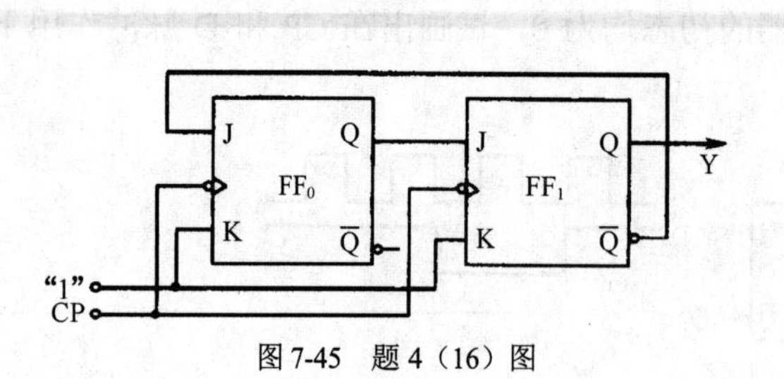

图7-45　题4（16）图

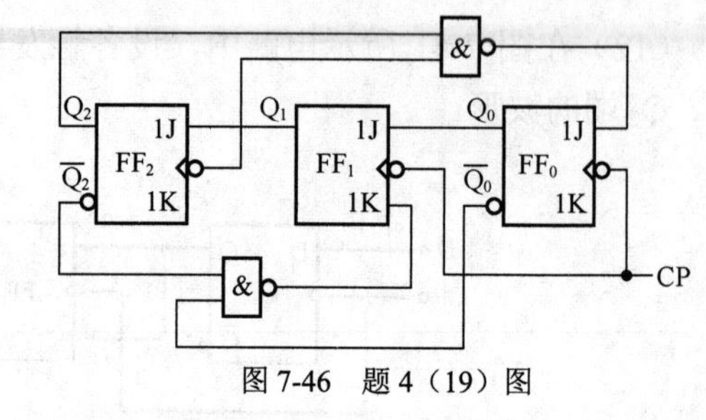

图7-46　题4（19）图

项目八 数/模与模/数转换电路

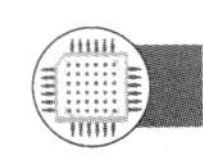

一、项目分析

随着计算机技术的发展，越来越多的场合使用计算机来存储、分析及处理信息。由于计算机只能识别和处理二进制数据，因此，必须先将其他形式的信号转换为计算机可以识别的二进制信息（也就是数字量）。实现这一转换的器件就是模/数转换器，简称“A/D 转换器”。而计算机处理之后产生的数字量往往需要转换为模拟量电压、电流才能驱动负载（如电动机、电磁阀）。实现数字量到模拟量转换的器件就是数/模转换器，简称“D/A 转换器”。

思维导图

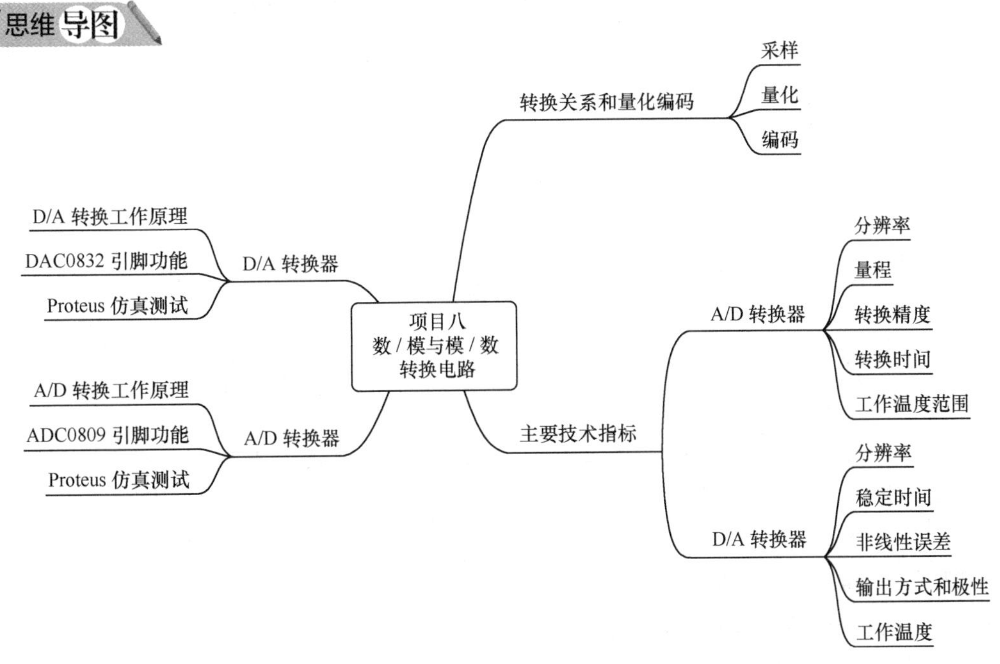

知识点

① D/A、A/D 转换的工作原理；

② A/D、D/A 转换器的作用、分类和主要指标；

③ DAC0832、ADC0809 的使用。

① 会选择A/D、D/A转换器的类型；

② 会仿真测试A/D、D/A转换器的功能。

① 培养积极思考，全方位分析问题、解决问题的能力；

② 加强职业创新意识，培养自主创新的大国工匠精神。

二、相关知识

（一）A/D与D/A转换电路概述

A/D转换电路的种类很多，根据其工作原理不同，可以分为逐次逼近式、双积分式、并行、Σ-Δ 型等。使用中，要根据应用场合的不同，选择合适的类型。比如，转换精度高，则转换速度通常较低；转换精度高，转换速度又不低，那么价格往往会比较高。在要求不高的场合可选择逐次逼近式，这种类型的A/D转换电路分辨率适中、转换速度较快且价格不高。

D/A转换电路根据输出信号的类型不同，分为电流输出型和电压输出型。按内部结构的不同，又可分为电阻串型、乘法型、Δ-Σ 型等。在精度要求比较高的场合，多采用乘法型。

需要注意的是，A/D、D/A转换电路的分辨率受其参考电压的精度和稳定性的影响较大，在使用中，通常考虑由高精度稳压电源作为其工作所需的参考电压。

（二）转换关系和量化编码

将模拟量转换为数字量的过程，主要包含了信号的采样、量化和编码等功能。

1. 采样

如图8-1所示，有一个周期性动作的理想开关S：当开关S闭合时，$e^*(t)=e(t)$；当开关S断开时，$e^*(t)=0$。

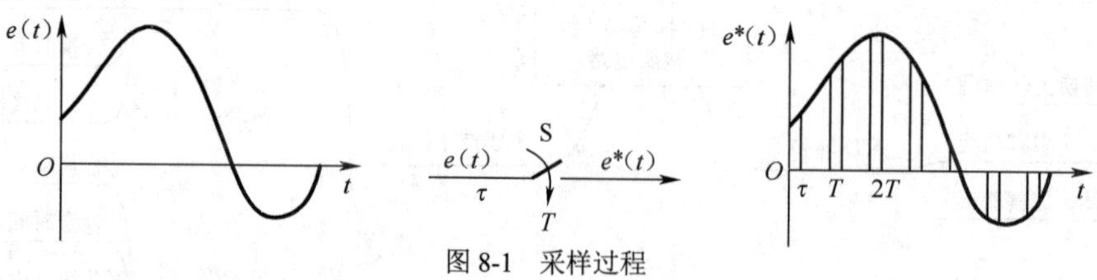

图8-1 采样过程

若理想开关维持闭合的时间为τ（非常小），则

在第一次开关闭合时，也就是$t=0\sim\tau$，可认为：$e^*(0)\approx e(\tau)=A_0$

在第二次开关闭合时，也就是$t=T\sim T+\tau$，可认为：$e^*(T)\approx e(T+\tau)=A_1$

……

在第k次开关闭合时，也就是$t=kT\sim kT+\tau$，可认为：$e^*(kT)\approx e(kT+\tau)=A_k$

由此可见，只要恰当地控制开关S通、断，就可得到模拟输入信号$e(t)$在任意一个时刻kT（$k=0, 1, 2, \cdots$）的幅值$e^*(kT)$或A_k，这就是采样。采样就是将连续的模拟信号在

时间上离散化，即

$$e(t) \rightarrow e^*(kT) \text{ 或 } e(t) \rightarrow A_k$$

2. 量化

量化就是将采样得到的信号幅值 A_k 按一定的规则变换为一个整数值。

如图 8-2（a）所示，在 t_1、t_2、t_3、t_4、t_5、…、t_9 时刻，依次采样到了信号的幅值：A_1、A_2、A_3、A_4、A_5、…、A_9。

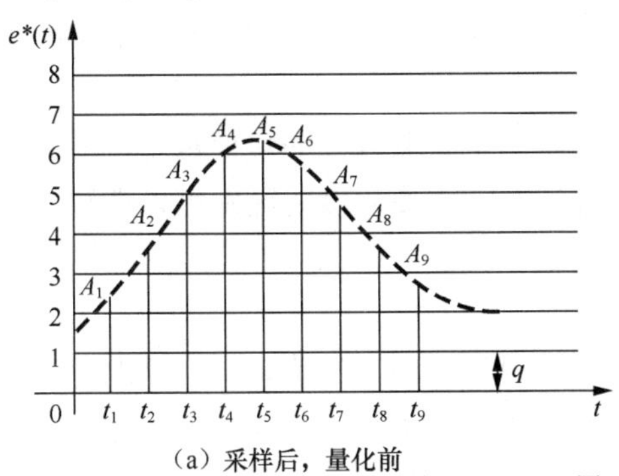

（a）采样后，量化前

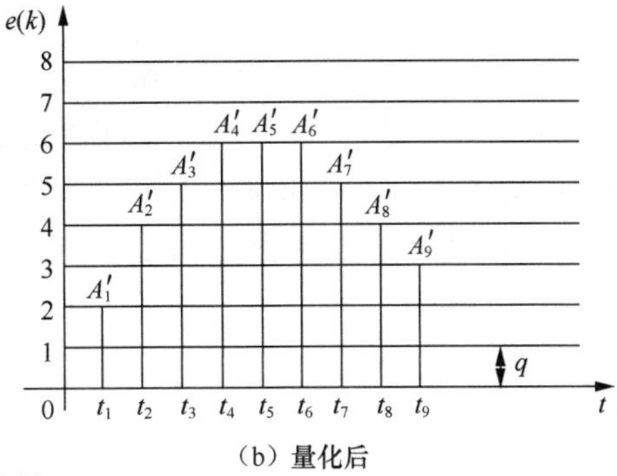

（b）量化后

图 8-2　量化过程

量化就是将 A_1、A_2、A_3、A_4、A_5、…，变换为 0、1、2、3、4、5、6、7、8 中的一个整数，如图 8-2（b）所示。具体数据见表 8-1。

表 8-1　量化和编码

采样到的模拟量幅值	量化	整数 D	编码
A_1	A_1/q	2	0010
A_2	A_2/q	4	0100
A_3	A_3/q	5	0101
⋮	⋮	⋮	⋮
A_9	A_9/q	3	0011

其中，q 为量化单位。量化可以描述为：幅值 A_k 约等于多少个 q，如 $A_1 \approx 2q$，$A_9 \approx 3q$。

由此可见，量化就是：幅值 $A_k \rightarrow$ 整数 D，可用一个等式描述为

$$D = \text{int}[A_k/q + 0.5] \tag{8-1}$$

式中，int [⋯]表示取整，按“四舍五入”方式取整。由于量化过程涉及了取整运算，因此，在量化过程中必然会引入一定的误差，这称为量化误差。

3. 编码

按照某种二进制的编码规则，对量化得到的数值进行编码。如在表 8-1 中，以 4bit 二进制按照 8421 码的编码规则对量化后的数值进行编码。

（三）主要技术指标

1. A/D 转换器的主要技术指标

（1）分辨率

分辨率通常用数字量的二进制位数表示分辨率，比如 8bit、10bit、12bit，位数越多，分辨率越高。

比如，一个分辨率为 8bit 的 A/D 转换器，能识别输入产生的最小变化量为：满量程的

$1/2^8$。如果此时满量程为5V，则当输入电压产生0.0195V的变化（$5V/2^8=0.0195V$），A/D转换器输出的数字量将随之发生变化。

（2）量程

量程为A/D转换器所能接收的输入电压范围，或者说，A/D转换器所能转换的电压范围。比如，5V、10V、–5～+5V等。

（3）转换精度

A/D转换器的转换精度是一个综合指标，与分辨率有关，但还要考虑其他因素的影响：

转换精度=分辨率+非线性误差+温漂+…

所以，并不是分辨率越高，转换精度就一定越高。为了获取较高的转换精度，要具备以下条件：稳定性很好的电源、限制环境温度变化。分辨率和转换精度的区别可以理解为：分辨率是A/D转换器在理论上能达到的转换精度。

（4）转换时间

完成一次A/D转换所需要的时间，一般为几微秒至几百毫秒。通常，转换精度越高，所需要的转换时间就越长。所以，要综合考虑实际精度需要和成本，选择合适的A/D转换器。

（5）工作温度范围

应根据应用场合选择合适的型号，若超过工作温度，便不能保证转换器的精度。

2. D/A转换器的主要技术指标

（1）分辨率

分辨率通常用输入数字量的二进制位数表示。如8位D/A转换器，分辨率为8bit，也可定义为

$$\text{分辨率} \approx V_{FSR}/2^N \approx V_{REF}/2^N \tag{8-2}$$

式中，V_{FSR}为输出模拟量的满量程；V_{REF}为D/A转换器工作的基准电压、参考电压。

（2）稳定时间

稳定时间又称建立时间，即当输入端发生满量程变化时，D/A转换器得到稳定的输出值所需要的时间。一般为几十纳秒到几微秒，时间滞后小，通常可忽略其造成的延时影响。

（3）非线性误差

非线性误差是指D/A转换器的实际输入、输出特性与理论值之间的偏离程度。理论上D/A转换器的输出与输入之间是线性的，但由于构成D/A转换器的元器件本身存在非线性，导致D/A转换器实际上的输出与输入之间是非线性的。

（4）输出方式和极性

D/A转换器有电流输出和电压输出方式。比如，输出电流0～10mA、4～20mA，输出电压0～5V。电压输出又可分为单极性输出和双极性输出。

（5）工作温度

根据应用场合选择合适的型号，才能保证D/A转换器的精度。

（四）D/A转换器

1. 工作原理

D/A转换器的基本工作原理：利用权电阻网络，对数字量中的每一位，按权值分别转换

为模拟量，再通过叠加，得到总的模拟量的输出。因此，实现 D/A 转换的核心是权电阻网络。下面以 T 型权电阻网络为例介绍 D/A 转换器的工作原理。

图 8-3 所示的电路中，有一个 n 位的数字量：D_{n-1}、D_{n-2}、…、D_2、D_1、D_0。当某一位的值为 1，则对应的开关接入集成运算放大器的反相输入端（–），若为 0，则接入同相输入端（+）。比如：

若 $D_{n-1}=1$，则 D_{n-1} 对应的开关接入集成运算放大器的反相输入端（–）；

若 $D_{n-1}=0$，则 D_{n-1} 对应的开关接入集成运算放大器的同相输入端（+）。

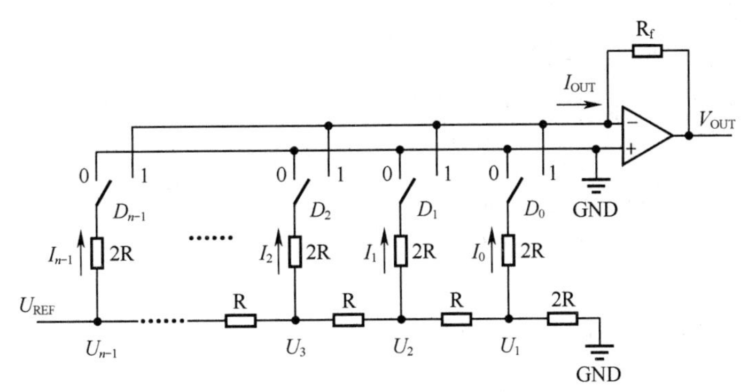

图 8-3 T 型 D/A 转换器原理框图

从电路的连接关系可以发现以下内容。

（1）不管开关接入的是集成运算放大器输入端的同相端还是反相端，都相当于接地。因此，开关的动作前后，电阻 2R 上流过的电流 I_{n-1} 并没有变化。

（2）各支路电阻 2R 上的电流分别为：

$$I_{n-1}=\frac{U_{REF}}{2R}$$

$$I_{n-2}=\frac{1}{2}\frac{U_{REF}}{2R}=\frac{U_{REF}}{4R}$$

$$\vdots$$

$$I_0=\frac{U_{REF}}{2^n R}$$

由叠加定理，可知总电流：$I_{OUT}=D_{n-1}I_{n-1}+D_{n-2}I_{n-2}+\cdots+D_0 I_0$，则

$$I_{OUT}=\frac{U_{REF}}{2^n R}\left(D_{n-1}2^{n-1}+D_{n-2}2^{n-2}+\cdots+D_0 2^0\right)$$

而 $U_{OUT}=-I_{OUT}R_f$，则 $U_{OUT}=-\frac{U_{REF}}{2^n R}\left(D_{n-1}2^{n-1}+D_{n-2}2^{n-2}+\cdots+D_0 2^0\right)$

若取 $R_f=R$，则

$$U_{OUT}=-U_{REF}D/2^n \tag{8-3}$$

由此可见，若基准电压 U_{REF} 保持恒定，则输入的数字量 D 与输出的模拟电压 U_{OUT} 之间成比例关系。式中 n 是数字量的位数。

2. DAC0832 芯片

DAC0832 芯片是一款低功耗、单一电源供电的电流输出型 D/A 转换器，分辨率为 8bit。

其主要引脚如图8-4所示。

（1）主要引脚功能

① 8数字量输入端：DI7～DI0。

② 电流输出端：IOUT1、IOUT2。使用中，通常会将IOUT2接地，IOUT1连接集成运算放大器，实现I/V变换。

③ 反馈电阻RFB，与IOUT1、IOUT2和集成运算放大器构成负反馈电路，使得输出电压为

$$u_o = -\frac{V_{REF}}{255}D \tag{8-4}$$

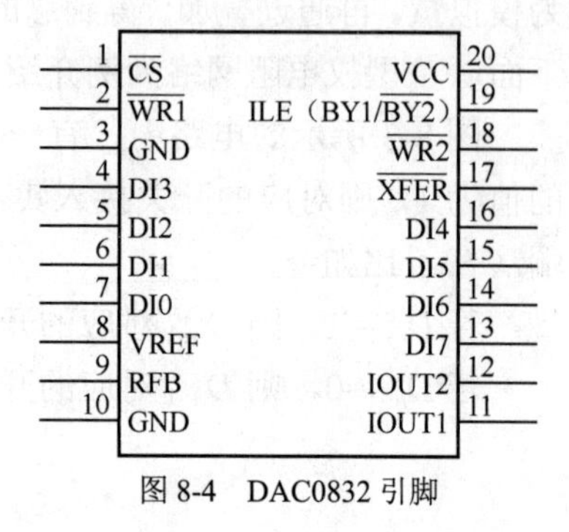

图8-4　DAC0832引脚

④ 基准电压VREF，接高精度基准电压源+5V。

⑤ 控制信号。

两级缓冲：$\overline{CS}$、$\overline{WR1}$、ILE构成第一级缓冲；$\overline{WR2}$、$\overline{XFER}$构成第二级缓冲。两级缓冲可实现多个D/A转换芯片的同步工作。

（2）功能测试

DAC0832芯片转换功能测试电路如图8-5所示。

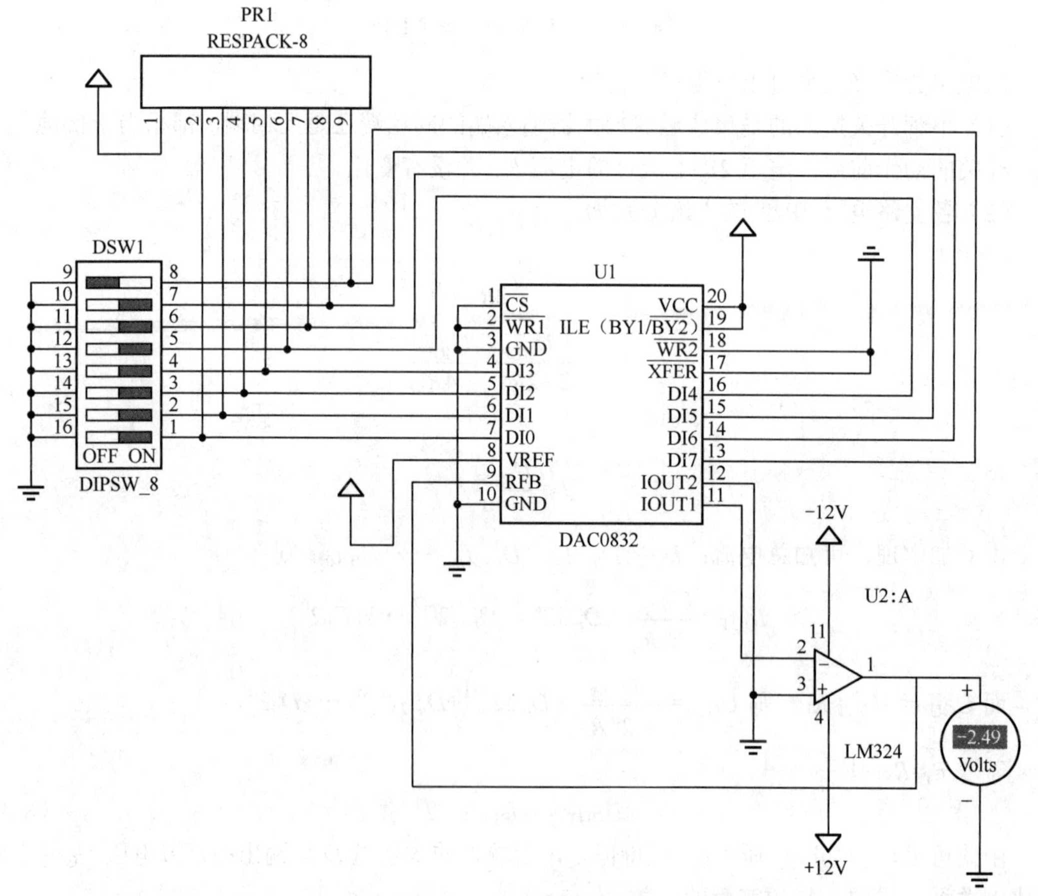

图8-5　DAC0832功能测试

电路仿真的目的是加深对D/A转换器应用的理解，已对仿真电路图做了简化处理，说明

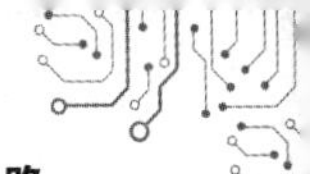

如下：

① 利用拨码开关的通断“模拟”D/A 转换器输入端数字量的改变；

② 没有设计高精度基准稳压电源，直接用电源电压 V_{CC}=+5V，仿真中影响不大；

③ 没有设置放大器调零和调量程电路；

④ 直通式。

如图 8-5 所示，拨动开关改变输入端数字量（DI7～DI0），观察输出端电压的变化。当输入数字量为 10000000B 时，输出的模拟电压为–2.49V。

（五）A/D 转换器

1. 工作原理

以逐次逼近式 A/D 转换器为例，了解 A/D 转换器的基本工作原理。

如图 8-6 所示，一个 5bit 的 A/D 转换器（数字量输出范围：0～31），取量化单位 $q \approx U_{REF}/2^5$，若假定 ADC 的基准电压 U_{REF} =8V，则图中的 D/A 转换电路将数字量 D 转换为模拟电压：

$$u_D = D\frac{U_{REF}}{2^5} = \frac{D}{4} \tag{8-5}$$

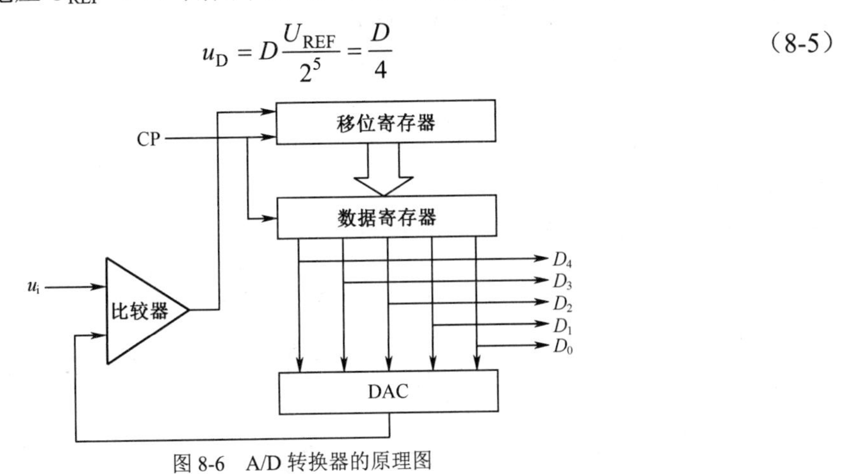

图 8-6　A/D 转换器的原理图

逐次逼近式 ADC 的“逐位比较、逐位取舍”的工作过程见表 8-2。当输入的模拟电压 u_i=1.5V 时，A/D 转换器的输出 $D_4\ D_3\ D_2\ D_1\ D_0$=00110。

表 8-2　　逐次逼近式 ADC 工作过程（u_i=1.5V 时）

模拟量输入	移位寄存器	D/A 转换输出	A/D 转换输出				
u_i	$D_4\ D_3\ D_2\ D_1\ D_0$	$u_D > u_i$，对应位清 0	D_4	D_3	D_2	D_1	D_0
1.5V	1 0 0 0 0	4 >1.5，D_4=0	0	1	0	0	0
	0 1 0 0 0	2 >1.5，D_3=0	0	0	1	0	0
	0 0 1 0 0	1 <1.5，D_2=1	0	0	1	1	0
	0 0 1 1 0	1.5 =1.5，D_1=1	0	0	1	1	1
	0 0 1 1 1	1.6 >1.5，D_0=0	0	0	1	1	0

2. ADC0809 芯片

ADC0809 是一款 8 通道、低功耗、逐次逼近式 A/D 转换器，分辨率为 8bit。其芯片的原理图如图 8-7 所示。

（1）主要引脚的功能

① 8 通道输入：IN7～IN0。

可通过地址线 ADDC、ADDB、ADDA 电平的改变（000～111），选择输入通道（IN0～IN7）。

② 8bit 数字量输出端：OUT1～OUT8。

③ 参考电压 VREF（+）、VREF（−）：接高精度基准电压源+5V。A/D 转换的结果与输入的模拟电压大小有关，还与参考电压的大小和精度有关。

$$D = 255 \times \frac{u_{\mathrm{i}}}{U_{\mathrm{REF}}} \tag{8-6}$$

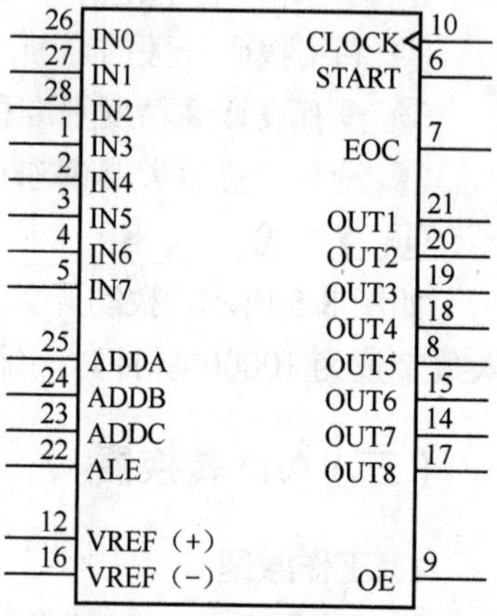

图 8-7 ADC0809 芯片原理图

④ 地址锁存允许信号 ALE：高电平时，选通地址锁存器，将 ADDC～ADDA 3 位地址信号送入锁存器；低电平时，锁存，此时即使 ADDC～ADDA 引脚上的电平发生了变化，也不会影响地址锁存器。

⑤ CLOCK：时钟输入端（≤640kHz）。

⑥ OE：输出允许。

⑦ START：（下降沿）启动 A/D 转换。

⑧ EOC：A/D 转换结束 EOC 引脚输出高电平。

（2）功能测试

ADC0809 转换功能测试电路如图 8-8 所示。

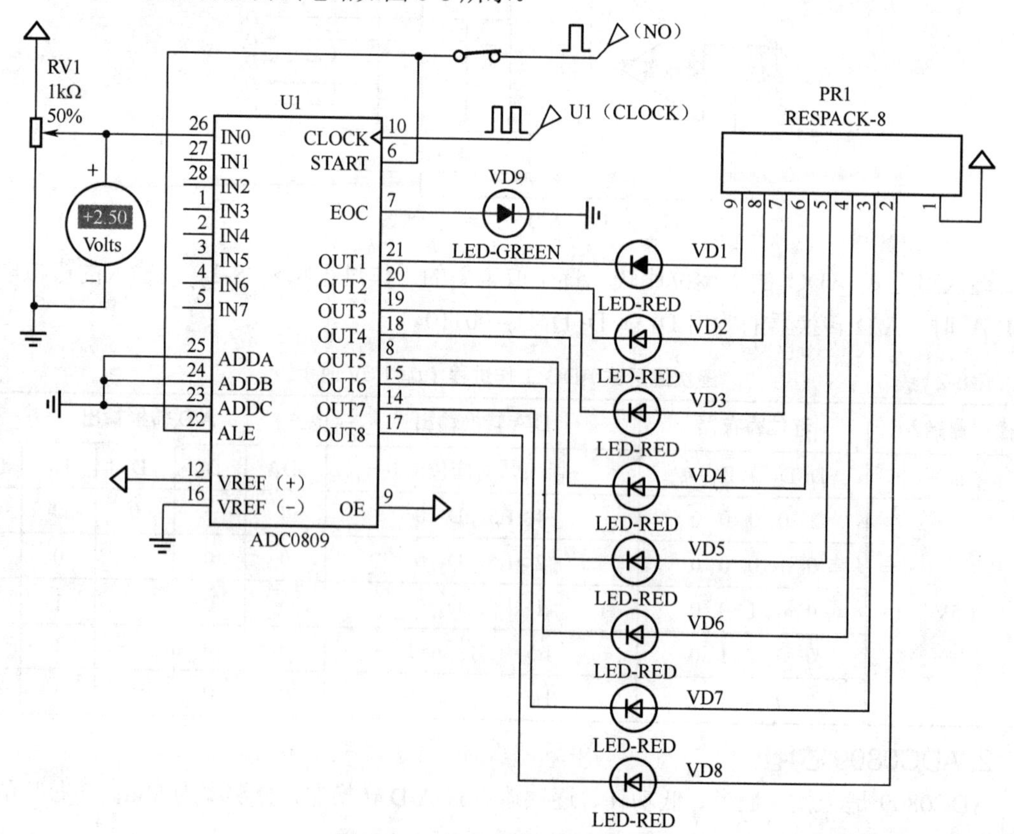

图 8-8 ADC0809 转换功能测试电路

仿真电路的目的是加深对 A/D 转换器应用的理解，已在测试电路中做了简化处理，说明如下：

① 利用电位器“模拟”输入电压的改变；

② 没有设计高精度基准稳压电源，直接用电源电压 U_{CC}=+5V，仿真中影响不大。

如图 8-8 所示，通过改变电位器的阻值大小来改变输入模拟电压的大小，观察输出数字量的变化。当输入为 2.5V 时，输出端为 01111111B。需要注意的是，每次改变输入电压后，要重新接通一次单脉冲，因为 START 引脚需要有一个不少于 100ns 的正脉冲才能启动 A/D 转换器。

三、拓展知识

数字信号处理基础

随着人工智能时代的到来，数字化、智能化已经逐渐渗透到各行各业中。目前为止，数字系统经历了：分立元件，中小规模集成电路，大规模、超大规模集成电路，专用集成电路（Application Specific Integrated Circuit，ASIC）等多个发展阶段。随着大规模、超大规模集成电路的出现，使得 CPU 的制造成为可能。而 CPU 作为通用计算机的处理核心，“通用”意味着 CPU 必须具备处理各式各样指令的能力，必须具有中断处理能力，能处理来自多个设备的请求。也就是说，CPU 为了能够识别、译码这些功能复杂的指令并产生相应的控制逻辑，在硬件电路结构上必须具有非常复杂的逻辑控制阵列。可以这么说，在计算效率和通用性上，CPU 以工作效率的降低为代价实现了其功能的通用性。

相比于功能复杂的 CPU 而言，ASIC 的出现是为了处理大量简单重复的任务，可以认为它是以某一固定的模式处理数据，能效高、功耗低、可靠性高。正如 CPU 改变了当年庞大的计算机一样，ASIC 芯片也大幅改变了人工智能设备的面貌，满足了其对实时性高、体积小、功耗低、数据保密性好等要求。如今 ASIC 广泛应用在世界各地的私有数据中心、公共云和联网设备等。但 ASIC 是为了某种特定的用途而设计的，其功能受底层逻辑限制，无法灵活更改。为此，人们又将目光投向了 FPGA（Field-Programmable Gate Array，现场可编程门阵列），它是在 PAL、GAL、CPLD 等可编程器件的基础上进一步发展的产物。作为专用集成电路（ASIC）领域中的一种半定制电路，FPGA 既解决了定制电路的不足，又克服了原有可编程器件门电路数有限的缺点。

FPGA 的结构示意图如图 8-9 所示。可由用户通过软件进行配置和编程，更改 FPGA 的每个单元的运算逻辑和单元之间的连接方式，来完成某种特定的数字电路的功能。FPGA 可以反复擦写，因此系统升级时，不需更改 PCB 板，只需更新程序，使硬件设计工作成为软件开发工作，大大提高了数字系统实现的灵活性，缩短了系统设计的周期，并降低了成本。它是当今数字系统设计的主要硬件平台。

就目前而言，CPU、ASIC、FPGA 各有各自的特点和适用的场合，并没有哪一种是独树一帜、无可替代的。比如，随着 FPGA 的发展，机器人感知部件的数据运算倾向于由 FPGA 来承担。但在目前的各类应用中，FPGA 多作为 CPU 的协处理器。至于今后谁将占据主导地位，这与电路的设计目的、计算机体系结构的革新、人工智能的发展趋势等有很大的关系。

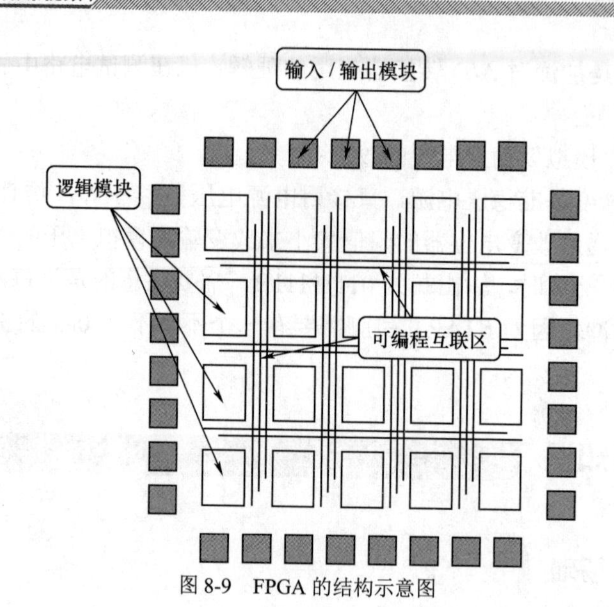

图 8-9　FPGA 的结构示意图

小　结

1．A/D 转换器的主要功能是将模拟量输入转换为相应的数字量输出。A/D 转换器的种类繁多，比如根据其工作原理不同，可以分为逐次逼近式、双积分式、并行、Σ-Δ 型等。使用中，要根据应用场合的不同，选择合适的 A/D 转换器类型。A/D 转换器的主要技术指标有分辨率、量程、转换精度、转换时间、工作温度范围等。

2．D/A 转换器的主要功能是将数字量转换为模拟电压或电流输出。根据输出类型 D/A 转换器分为电流输出型和电压输出型。其在实际使用中，也要根据应用场合，选择合适的类型。D/A 转换器的主要技术指标有分辨率、稳定时间、非线性误差、输出方式和极性、工作温度范围等。

3．从原理上来说，采样是将连续的模拟量在时间上离散。量化是将采样后的模拟量，用量化单位，在幅值上量化，转换为一个整数值。编码是按照一定的编码规则（比如，BCD 码、格雷码、余 3 码等）将量化后的数值表达为一串二进制信息。

4．D/A 转换器的核心是权电阻网络。利用权电阻网络，对数字量中的每一位，按权值分别转换为模拟量，再通过叠加，得到总的模拟量的输出。

5．逐次逼近式 A/D 转换器的基本工作原理是“逐位比较、逐位取舍”。

6．Proteus 仿真软件中验证、测试 D/A 转换器（DAC0832 芯片）、A/D 转换器（ADC0809 芯片）功能，加深对 D/A 转换器、A/D 转换器转换原理、转换功能的理解。

习题及思考题

1．填空题

（1）A/D 转换器将输入的____量转换为____量的输出。

（2）D/A 转换器将输入的____量转换为____量的输出。

（3）通常，A/D 转换的过程包括采样、____和____。

（4）DAC0832 是分辨率为____位的 D/A 转换器，其输入与输出之间的关系式可表述为____。

（5）已知 ADC0809 具有 8bit 数字量输出端，则其分辨率为____。

2．判断题

（1）采样是将时间上连续的模拟信号，转换成时间上离散的模拟量。（　　）

（2）量化会引入量化误差。（　　）

（3）分辨率越高，A/D 转换器的转换精度一定越高。（　　）

（4）在选择 A/D 转换器时，无须考虑使用现场的温度。（　　）

（5）转换时间是指完成一次 A/D 转换所需要的时间。（　　）

3．选择题

（1）下列器件中，可将模拟信号转换为数字信号的是（　　）。

A. D/A 转换器　　B. 采样保持器　　C. A/D 转换器

（2）设满量程输入为 1V，A/D 转换器的输出 8bit 二进制，则分辨率为（　　）V。

A. 0.0039　　B. 0.039　　C. 0.39

（3）有一个 T 型权电阻网络的 8bitD/A 转换器，最大输出电压为 10V，则当输入的数字量为 10000000 时，其输出的电压约为（　　）V。

A. 2.5　　B. 4.5　　C. 5

4．分析题

（1）A/D 转换器的主要技术指标有哪些？

（2）计算机控制系统中为何通常要设置 A/D 转换器、D/A 转换器？

（3）某个分辨率为 5bit 的逐次逼近式 A/D 转换器，若 u_i=3V 时，则 A/D 转换器的输出为多少？

（4）某个电流输出型的 5bitD/A 转换器（T 型电阻网络），已知其参考电源 U_{REF}=10V，R=R_f=10kΩ。试分析：

① 该 D/A 转换器的输出电流为多少？

② 当输入为 10010 时，输出的电压为多少？

③ 输出电压为 4.5V 时，输入的数字量是多少？

附　录

附录一　半导体分立器件型号命名方法（GB/T 249—2017）

1. 型号组成原则

半导体分立器件型号的 5 个组成部分的基本意义如下：

第一部分　第二部分　第三部分　第四部分　第五部分

第五部分：用汉语拼音字母表示规格号

第四部分：用阿拉伯数字表示序号

第三部分：用汉语拼音字母表示器件的类型

第二部分：用汉语拼音字母表示器件的材料和极性

第一部分：用阿拉伯数字表示器件的电极数目

注：场效应管、半导体特殊器件、复合管、PIN 管、激光器件的型号命名只有第三、第四、第五部分。

2. 型号组成部分的符号及其意义

第一部分		第二部分		第三部分		第四部分	第五部分
用阿拉伯数字表示器件的电极数目		用汉语拼音字母表示器件的材料和极性		用汉语拼音字母表示器件的类型		用阿拉伯数字表示序号	用汉语拼音字母表示规格号
符号	意义	符号	意义	符号	意义		
2	二极管	A	N 型，锗材料	P	小信号管		
		B	P 型，锗材料	V	混频检波管		
		C	N 型，硅材料	W	电压调整管和电压基准管		
		D	P 型，硅材料	C	变容管		
3	三极管	A	PNP 型，锗材料	Z	整流管		
		B	NPN 型，锗材料	L	整流堆		
		C	PNP 型，硅材料	S	隧道管		
		D	NPN 型，硅材料	U	光电管		

续表

第一部分		第二部分		第三部分		第四部分	第五部分
用阿拉伯数字表示器件的电极数目		用汉语拼音字母表示器件的材料和极性		用汉语拼音字母表示器件的类型		用阿拉伯数字表示序号	用汉语拼音字母表示规格号
符号	意义	符号	意义	符号	意义		
3	三极管	E	化合物材料	K	开关管		
				X	低频小功率晶体管（f_a<3MHz，P_c<1W）		
				G	高频小功率晶体管（$f_a \geqslant$3MHz，P_c<1W）		
				D	低频大功率晶体管（f_a<3MHz，$P_c \geqslant$1W）		
				A	高频大功率晶体管（$f_a \geqslant$3MHz，$P_c \geqslant$1W）		
				T	闸流管		
				CS	场效应晶体管		
				BT	特殊晶体管		
				FH	复合管		
				PIN	PIN 型管		
				GJ	激光二极管		

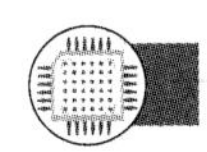

附录二　常用半导体器件的参数

1. 半导体二极管

（1）检波与整流二极管

参　数		最大整流电流	最大整流电流时的正向压降	最高反向工作电压	最高工作频率	用　途
符号		I_{om}	U_F	U_{RM}	f_M	
单位		mA	V	V	kHz	
型号	2AP1	16	≤1.2	20	150×10^3	检波及小电流整流
	2AP2	16		30		
	2AP3	25		30		
	2AP4	16		50		
	2AP5	16		75		
	2AP6	12		100		
	2AP7	12		100		
	2CP10	100	≤1.5	25	50	整流
	2CP11			50		
	2CP12			100		
	2CP13			150		
	2CP14			200		
	2CP15			250		
	2CP16			300		

续表

参　数		最大整流电流	最大整流电流时的正向压降	最高反向工作电压	最高工作频率	用　途
符号		I_{om}	U_F	U_{RM}	f_M	
单位		mA	V	V	kHz	
型号	2CP17 2CP18 2CP19 2CP20 2CP21	300	≤1	350 400 500 600 100	3	整流
	2CZ11A 2CZ11B 2CZ11C 2CZ11D 2CZ11E 2CZ11F 2CZ11G 2CZ11H	1000	≤1	100 200 300 400 500 600 700 800	3	用于频率为3kHz以下的整流设备中。使用时，2CZ11管子应加60mm×60mm×1.5mm的铝散热片，2CZ12型管子应加120mm×120mm×3mm的铝散热片
	2CZ12A 2CZ12B 2CZ12C 2CZ12D 2CZ12E 2CZ12F 2CZ12G	3000	≤0.8	50 100 200 300 400 500 600	3	

（2）稳压二极管

参　数		稳定电压	稳定电流	最大耗散功率	最大稳定电流	动态电阻	用　途
符号		U_Z	I_Z	P_{ZM}	I_{Zmax}	r_Z	
单位		V	mA	mW	mA	Ω	
测试条件		工作电流等于稳定电流	工作电压等于稳定电压	−60～+50℃	−60～+50℃	工作电流等于稳定电流	
型号	2CW11	3.2～4.5	10	250	55	≤70	用于稳压电路
	2CW12	4～5.5	10	250	45	≤50	
	2CW13	5～6.5	10	250	38	≤30	
	2CW14	6～7.5	10	250	33	≤15	
	2CW15	7～8.5	5	250	29	≤15	
	2CW16	8～9.5	5	250	26	≤20	
	2CW17	9～10.5	5	250	23	≤25	
	2CW18	10～12	5	250	20	≤30	
	2CW19	11.5～14	5	250	18	≤40	
	2CW20	13.5～17	5	250	15	≤50	
	2DW7A	5.8～6.6	10	200	30	≤25	
	2DW7B	5.8～6.6	10	200	30	≤15	
	2DW7C	6.1～6.5	10	200	30	≤10	

（3）开关二极管

参数		反向击穿电压	反向工作峰值电压	反向压降	反向恢复时间	零偏压电容	反向漏电流	最大正向电流	正向压降	用途
单位		V	V	V	ns	pF	μA	mA	V	
型号	2AK1	30	10	≥10	≤200	≤1		≤100		用于开关电路
	2AK2	40	20	≥20	≤200	≤1		≤150		
	2AK3	50	30	≥30	≤150	≤1		≤200		
	2AK4	55	35	≥35	≤150	≤1		≤200		
	2AK5	60	40	≥40	≤150	≤1		≤200		用于开关电路、逻辑电路、高频电路等
	2AK6	75	50	≥50	≤150	≤1		≤200		
	2CK1	≥40	30	30	≤150	≤30	≤1	100	≤1	
	2CK2	≥80	60	60	≤150	≤30	≤1	100	≤1	
	2CK3	≥120	90	90	≤150	≤30	≤1	100	≤1	
	2CK4	≥150	120	120	≤150	≤30	≤1	100	≤1	
	2CK5	≥180	180	150	≤150	≤30	≤1	100	≤1	
	2CK6	≥210	210	180	≤150	≤30	≤1	100	≤1	

2. 半导体三极管

（1）部分3AX型低频小功率锗管型号和主要参数

型号	集电极最大耗散功率 P_{CM}/mW	集电极最大允许电流 I_{CM}/mA	反向击穿电压			反向饱和电流		共发射极电流放大系数 $h_{fe}(\beta)$	最高允许结温 T_{JM}/℃	用途
			集－基 $U_{(BR)CBO}$/V	集－射 $U_{(BR)CEO}$/V	射－基 $U_{(BR)EBO}$/V	集－基 I_{CBO}/μA	集－射 I_{CEO}/μA			
3AX21	100	30	≥30	≥12	≥12	≤12	≤325	30～85	75	用于低频放大及功放电路
3AX21A	100	30	≥30	≥9	≥10	≤20		20～200	75	
3AX22	125	100	≥30	≥18	≥18	≤12	≤300	40～150	75	
3AX22A	125	100	≥30	≥10	≥12	≤15		20～200	75	
3AX31A	125	125	≥20	≥12	≥10	≤20	≤1000	30～200	75	
3AX31B	125	125	≥30	≥18	≥10	≤10	≤750	50～150	75	
3AX31C	125	125	≥40	≥25	≥20	≤6	≤500	50～150	75	
3AX31D	100	30	≥30	≥12	≥10	≤12	≤750	30～150	75	
3AX31E	100	30	≥30	≥12	≥10	≤12	≤500	20～250	75	
3AX45A	200	200	≥20	≥10	≥7	≤30	≤1000	40～200	75	
3AX45B	200	200	≥30	≥15	≥10	≤15	≤750	30～250	75	
3AX45C	200	200	≥20	≥10	≥7	≤30	≤1000	≥20	75	
3AX61	500	500	≥50	≥30		≤100		≥50	85	
3AX62	500	500	≥50	≥30		≤100		≥20	85	
3AX63	500	500	≥80	≥60		≤100			85	

h_{fe}的分档标记

管顶色点	红	橙	黄	绿	蓝	紫	灰	白	黑
3AX21～24	20～35	30～40	35～50	50～65	65～85	85～115	115～150	150～200	115～200
3AX31	20～30	30～40	40～50	50～65	65～85	85～115		>115	
3AX45	20～30		40～50	50～65	65～85	85～115			

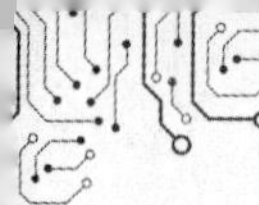

（2）部分 3DX 型小功率管型号和主要参数

型号	集电极最大耗散功率 P_{CM}/mW	集电极最大允许电流 I_{CM}/mA	反向击穿电压			反向饱和电流		共发射极电流放大系数 $h_{fe}(\beta)$	最高允许结温 T_{JM}/℃	用途
			集－基 $U_{(BR)CBO}$/V	集－射 $U_{(BR)CEO}$/V	射－基 $U_{(BR)EBO}$/V	集－基 I_{CBO}/μA	集－射 I_{CEO}/μA			
3DX2A	500	100	≥30	≥15		≤5	≤25	10～20	150	用于低频功率放大电路
3DX2B	500	100	≥40	≥30		≤5	≤25	10～20	150	
3DX2C	500	100	≥30	≥15		≤5	≤25	20～30	150	
3DX2E	500	100	≥30	≥15		≤5	≤25	≥30	150	
3DX3A	200	30	≥30	≥15		≤3	≤10	9～20	150	
3DX3B	200	30	≥40	≥30		≤3	≤10	9～20	150	
3DX3C	200	30	≥30	≥15		≤3	≤10	20～30	150	
3AX3E	200	30	≥30	≥15		≤3	≤10	≥30	150	

（3）部分 3AD 型和 3DD 型低频小功率管型号和主要参数

型号	集电极最大耗散功率 P_{CM}/mW	集电极最大允许电流 I_{CM}/mA	反向击穿电压			反向饱和电流		共发射极电流放大系数 $h_{fe}(\beta)$	最高允许结温 T_{JM}/℃	用途
			集－基 $U_{(BR)CBO}$/V	集－射 $U_{(BR)CEO}$/V	射－基 $U_{(BR)EBO}$/V	集－基 I_{CBO}/μA	集－射 I_{CEO}/μA			
3AD6A	1	2	50	18	20	≤400	≤2500	≥12	90	用于低频功率放大电路
3AD6C	10（加散热片）	2	70	30	20	≤300	≤2500	≥12	90	
3AD30A	2（加散热片）	4	50	12	20	≤500	≤15mA	12～100	85	
3AD30C	20（加散热片）	4	70	24	20	≤500	≤10mA	12～100	85	
3DD2	3（加散热片）	0.5			≥4	≤50		≥10	175	
3DD3	5（加散热片）	0.75			≥4	≤100		≥10	175	
3DD5	25.5（加散热片）	2.5			≥4	≤300		≥10	175	
3DD6A	50	5		30	≥4	≤500		≥10	175	
3DD6E	50	5		100	≥4	≤500		≥10	175	

（4）部分 3AG 型和 3DG 型高频小功率管型号和主要参数

型号	集电极最大耗散功率 P_{CM}/mW	集电极最大允许电流 I_{CM}/mA	反向击穿电压			反向饱和电流		共发射极电流放大系数 $h_{fe}(\beta)$	最高允许结温 T_{JM}/℃	特征频率 f_T/MHz	用途
			集－基 $U_{(BR)CBO}$/V	集－射 $U_{(BR)CEO}$/V	射－基 $U_{(BR)EBO}$/V	集－基 I_{CBO}/μA	集－射 I_{CEO}/μA				
3AG55A	150	50		≥15		≤8	≤500	30～200	75	≥100	用于高频放大和振荡电路
3AG55B	150	50		≥15		≤8	≤500	30～200	75	≥200	
3AG55C	150	50		≥15		≤8	≤500	30～200	75	≥300	
3DG6A	100	20	≥30	≥15	≥4	≤0.1		10～200	150	≥100	
3DG6B	100	20	≥45	≥20	≥4	≤0.01		20～200	150	≥150	
3DG6C	100	20	≥45	≥20	≥4	≤0.01		20～200	150	≥250	
3DG6D	100	20	≥45	≥30	≥4	≤0.1		20～200	150	≥150	
3DG12	700	300	≥20	≥15	≥4	≤10		20～200	175	≥100	
3DG12B	700	300	≥60	≥45	≥4	≤1		20～200	175	≥200	
3DG27A	1000	300	≥75	≥75	≥5	≤1		≥10	175	≥100	

（5）部分 3AK 型和 3DK 型开关管型号和主要参数

型号	集电极最大耗散功率 P_{CM}/mW	集电极最大允许电流 I_{CM}/mA	反向击穿电压		集－基反向饱和电流 I_{CBO}/μA	饱和压降		开关参数		共发射极电流放大系数 $h_{fe}(\beta)$	特征频率 f_T/MHz	用途
			集－射 $U_{(BR)CEO}$/V	射－基 $U_{(BR)EBO}$/V		集－射 U_{CES}/V	基－射 U_{CES}/V	开启时间 t_{on}/ns	关闭时间 t_{off}/ns			
3AK20A	50	20	12	3	≤5	≤0.4	≤0.5	≤100	≤150	30～150	≥100	用于高频放大和振荡电路
3AK20B	50	20	12	3	≤5	≤0.35	≤0.5	≤80	≤100	30～150	≥150	
3DK2A	200	30	20	4	≤0.1	≤0.35	≤1	30	60	≥20	150	
3DK2B	200	30	20	4	≤0.1	≤0.35	≤1	20	40	≥20	200	
3DK4	700	800	15	4	≤1	≤1	≤1.5	50	100	20～200	100	
3DK4C	700	800	30	4	≤1	≤1	≤1.5	50	50	20～200	100	
3DK7F	300	50	15	5	≤0.1	<0.3	≤0.9	45	40	20～200	120	

3. 绝缘栅场效应管

参数	符号	单位	型号			
			3DO4	3DO2（高频管）	3DO6（开关管）	3CO1（开关管）
饱和漏极电流	I_{DSS}	μA	0.5×10^3～15×10^3		≤1	≤1
栅源夹断电压	$U_{GS(OFF)}$	V	≤|−9|			
开启电压	$U_{GS(TH)}$	V			≤5	−3～−2

续表

参数	符号	单位	型号			
			3DO4	3DO2（高频管）	3DO6（开关管）	3CO1（开关管）
栅源绝缘电阻	R_{GS}	Ω	≥10^9	≥10^9	≥10^9	≥10^9
共源小信号低频跨导	g_m	μA/V	≥2000	≥4000	≥2000	≥500
最高振荡频率	f_M	MHz	≥300	≥1000		
最高漏源电压	$U_{DS(BR)}$	V	20	12	20	
最高栅源电压	$U_{GS(BR)}$	V	≥20	≥20	≥20	≥20
最大耗散功率	P_{DSM}	mW	1000	1000	1000	1000

4. 单结晶体管

参数	符号	单位	测试条件	型号			
				BT33A	BT33B	BT33C	BT33D
基极电阻	R_{BB}	kΩ	U_{BB}=3V	2～4.5	2～4.5	>4.5～12	>4.5～12
分压比	η		I_E=0A				
峰点电流	I_P	μA	U_{BB}=20V	0.45～0.9	0.45～0.9	0.3～0.9	0.3～0.9
谷点电流	I_V	mA	U_{BB}=20V	<4	<4	<4	<4
谷点电压	U_V	V	U_{BB}=20V	>1.5	>1.5	>1.5	>1.5
饱和压降	U_V	V	U_{BB}=20V	<3.5	<3.5	<4	<4
反向电流	U_{ES}	μA	U_{BB}=20V	<4	<4	<4.5	<4.5
E、B_1之间	I_{EO}	μA	I_{EO}=1μA	<2	<2	<2	<2
反向电压	U_{EBIO}	V	U_{EBO}=20V	≥30	≥60	≥30	≥60
耗散功率	P_{B2M}	mW	I_{EO}=1μA	300	300	300	300

5. 晶闸管

参　数	符号	单位	型号				
			KP5	KP20	KP50	KP200	KP500
正向重复峰值电压	U_{FRM}	V	100～3000	100～3000	100～3000	100～3000	100～3000
反向重复峰值电压	U_{FRM}	V	100～3000	100～3000	100～3000	100～3000	100～3000
导通时平均电压	U_F	V	1.2	1.2	1.2	1.2	1.2
正向平均电压	I_F	A	5	20	50	200	500
维持电流	I_H	MA	40	60	60	100	100
控制极触发电压	U_G	V	≤3.5	≤3.5	≤3.5	≤4	≤0
控制极触发电流	I_G	mA	5～70	5～100	8～150	10～250	20～300

附录三 KP 型晶闸管元件额定参数

1. KP 型晶闸管元件主要额定值

参数 单位 系列	通态平均电流 $I_{T(AV)}$	断态重复峰峰值电压 U_{DRM}、反向重复峰值电压 U_{RRM}	断态不得复平均电流 $I_{DS(AV)}$、反向不重复平均电流 $I_{RS(AV)}$	额定结温 I_{TM}	门极触发电流 I_{CT}	门极触发电压 U_{GT}	断态电压临界上升率 dv/dt	通态电流临界上升率 di/dt	浪涌电流 I_{TSM}
	A	V	mA	C	mA	V	V/μs	A/μs	A
序号	1	2	3	4	5	6	7	8	9
KP1	1	100～3000	≤1	100	3～30	≤2.5			20
KP5	5	100～3000	≤1	100	5～70	≤3.5			90
KP10	10	100～3000	≤1	100	5～100	≤3.5			190
KP20	20	100～3000	≤1	100	5～100	≤3.5			380
KP30	30	100～3000	≤2	100	8～150	≤3.5			560
KP50	50	100～3000	≤2	100	8～150	≤3.5			940
KP100	100	100～3000	≤4	115	10～250	≤4	25～1000	25～500	1880
KP200	200	100～3000	≤4	115	10～250	≤5			3770
KP300	300	100～3000	≤8	115	20～300	≤5			5650
KP400	400	100～3000	≤8	115	20～300	≤5			7540
KP500	500	100～3000	≤8	115	20～300	≤5			9420
KP600	600	100～3000	≤9	115	30～350	≤5			11160
KP800	800	100～3000	≤9	115	30～350	≤5			14920
KP1000	1000	100～3000	≤10	115	40～400	≤5			18600

2. KP 型晶闸管元件的其他特性参数

参数 单位 系列	断态重复平均电流 $I_{DR(AV)}$、反向重复平均电流 $I_{RR(AV)}$	通态平均电压 $U_{T(AV)}$	维持电流 I_H	门极不触发电流 I_{GD}	门极不触发电压 U_{CD}	门极正向峰值电流 I_{GFM}	门极反向峰值电压 U_{GRM}	门极正向峰值电压 U_{GTM}	门极平均功率 $P_{G(AV)}$	门极峰值功率 P_{GM}	门极控制开通时间 t_{Rt}	电路换向关断时间 t_q
	mA	V	mA	mA	V	A	V	V	W	W	μs	μs
序号	1	2	3	4	5	6	7	8	9	10	11	12
KP1	<1	实测值①		0.4	0.3	–	5	10	0.5	–	典型值②	典型值②
KP5	<1			0.4	0.3	–	5	10	0.5	–		
KP10	<1		1		0.25	–	5	10	1	–		
KP20	<1		1		0.25	–	5	10	1	–		
KP30	<2		1		0.15	–	5	10	1	–		
KP50	<2		1		0.15	–	5	10	1	–		
KP100	<4		1		0.15	–	5	10	2	–		
KP200	<4		1		0.15	–	5	10	2	–		
KP300	<8		1		0.15	4	5	10	4	15		
KP400	<8		1		0.15	4	5	10	4	15		
KP500	<8		1		0.15	4	5	10	4	15		
KP600	<9		–		–	4	5	10	4	15		
KP800	<9		–		–	4	5	10	4	15		
KP1000	<10		–		–	4	5	10	4	15		

注：① U_T 出厂上限值由各厂根据合格产品试验自定；②同类产品中最有代表的数值。

附录四 Proteus 软件操作说明

1. Proteus 简介

Proteus 是英国 LabCenter Electronics 公司开发的 EDA 工具软件。Proteus 不仅是模拟电路、数字电路、模/数混合电路的设计与仿真平台，更是目前世界上较先进、完整的多种型号微控制器系统的设计与仿真平台。它真正实现了在计算机上完成从原理图设计、电路分析与仿真、单片机代码调试与仿真、系统测试与功能验证到形成 PCB 板的完整的电子设计、研发过程。Proteus 从 1989 年问世至今，经过了 30 多年的使用、发展和完善，功能越来越强，性能越来越好。

Proteus 软件具有以下特点。

（1）实现了单片机仿真和 SPICE 电路仿真相结合，具有模拟电路仿真、数字电路仿真、单片机及其外围电路组成的系统的仿真、RS232 动态仿真、I^2C 调试器、SPI 调试器、键盘和 LCD 系统仿真的功能。

（2）支持主流单片机系统的仿真。目前支持的单片机类型有 ARM 系列、8051 系列、AVR 系列、PIC10/12/16/18/24 系列、8086 系列以及各种外围芯片。

（3）提供软件调试功能。其在硬件仿真系统中具有全速、单步、设置断点等调试功能，可以同时观察各个变量、寄存器等的当前状态，因此在该软件仿真系统中，也必须具有这些功能；它同时支持第三方的软件编译和调试环境，如 Keil C51 等软件。

（4）具有强大的原理图绘制功能。

总之，Proteus 软件是一款集单片机和 SPICE 分析于一身的仿真软件，功能极其强大。

2. Proteus 的基本操作

（1）仿真过程

其设计流程图如附录图 4-1 所示。

（2）选取元器件

进入到器件库中有两种方式。

① 单击对象选择器上方的【P】按钮（快捷键 P）。

② 在编辑窗口空白处单击鼠标右键，选择【Place】→【Component】→【From Libraries】命令进入器件库。

进入库以后，直接在【Keywords】对话框中输入名称或描述进行查找，比如输入 741，再选择【Operational Amplifiers】类，就可以得到附录图 4-2 所示的查询结果。

可以通过鼠标右键勾选在库浏览器结果列表中显示的信息，比如类别、子类、生产厂商及库等信息。

最后，双击选中器件，该器件将会添加到对象选择器中，如附录图 4-3 所示。

按照上面介绍的方法添加一些电阻，电阻阻值有 1kΩ、10kΩ、12kΩ、15kΩ、56kΩ、68kΩ 及 100kΩ（直接在 Keyword 栏输入阻值进行查找）。

可以先在关键词中输入“1k”，然后选择【Resistors】目录以进一步过滤出描述中含有“1k”的电阻，这样可以快速地找到合适的器件。

（3）放置元器件，布局，如附录图 4-4 所示。

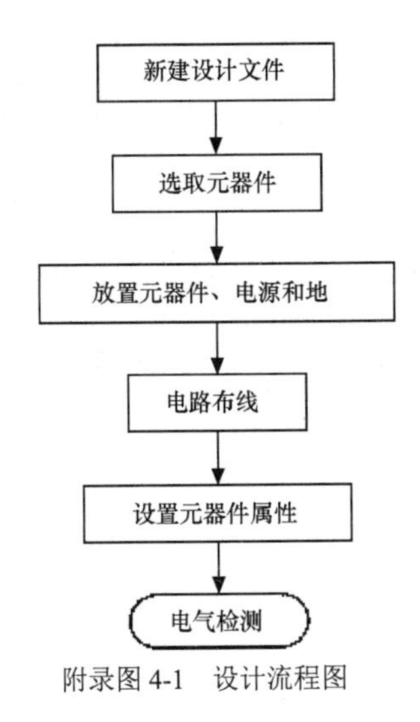

附录图 4-1 设计流程图

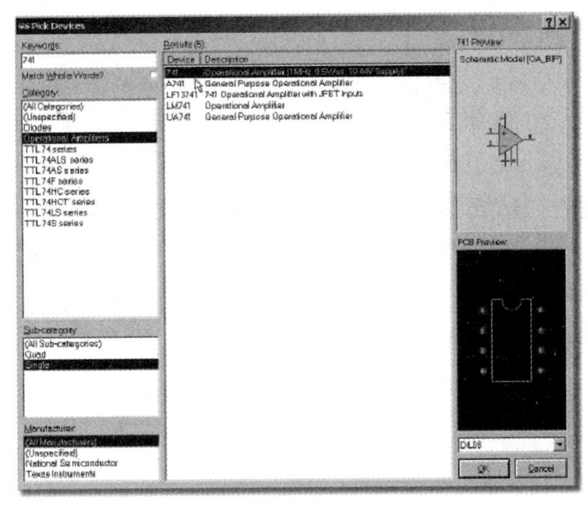

附录图 4-2 查询器件库

附录图 4-3 添加器件

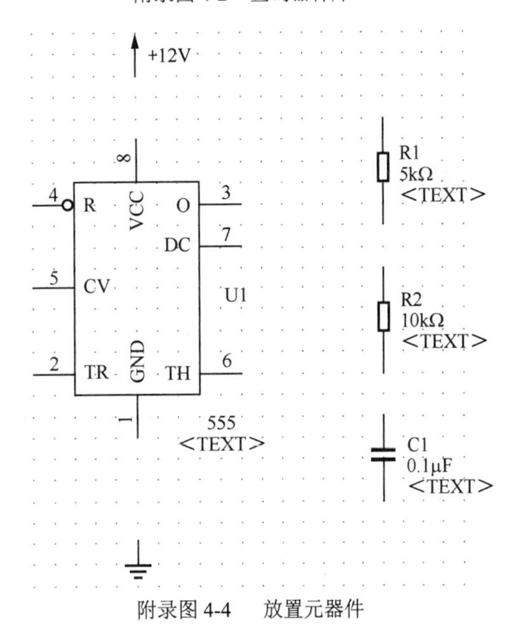

附录图 4-4 放置元器件

（4）电路连线

将元件放置到合适的位置之后，在元件间进行布线，如附录图 4-5 所示。系统默认实时捕捉和自动布线有效。相继单击元器件引脚间、线间等要连线的两处，会自动生成连线。

实时捕捉：在实时捕捉有效的情况下，当光标靠近引脚末端或线时该处会自动感应出一个“×”，表示从此点可以单击画线。

自动布线：在前一指针着落点和当前点之间会自动预画线，在引脚末端选定第一个画线点后，随指针移动自动有预画线出现，当遇到障碍时，会自动绕开。

（5）设置元器件属性

Proteus 库中的元器件都有相应的属性，要设置、修改它的属性，可单击鼠标右键选中所需设置的元器件（高亮显示）后，再单击元器件打开其属性窗口，进行修改、设置。

（6）电气检查

单击工具栏中的按钮，进行电气检查。

（7）仿真

① 图表。单击工具箱中的图标，会在对象选择器中出现各种仿真分析所需的图表。图中仿真分析图表包括模拟、数字、混合、频率、转移曲线、噪声、失真、傅里叶、直流扫描参数、交流扫描参数等图表。

图表在仿真中起了非常重要的作用，它不仅是显示媒介，还起着仿真中约束条件的作用。通过多个不同类型的图表（电压、数字、阻抗等）得到不同的测试图形，对电路进行不同侧面的分析。做瞬态分析需要一个模拟图表（取名模拟是为了与数字图表区分）。混合模式图表可以同时做模拟和数字的分析。

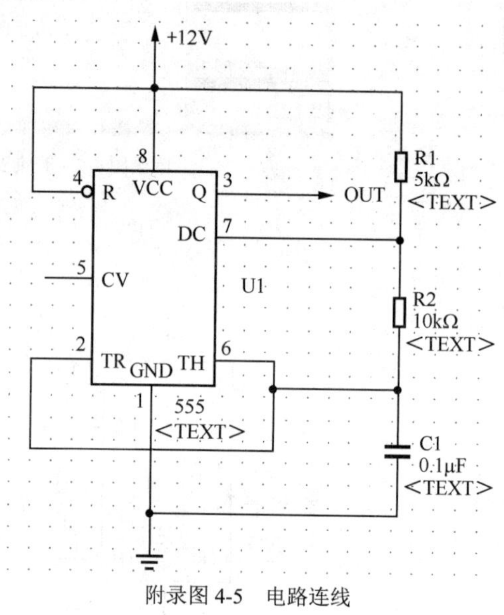

附录图 4-5 电路连线

放置图表的过程：在工具栏中选择【GRAPH】按钮，对象选择器显示分析的图形列表。选择【ANALOGUE】类型，在编辑窗口中用鼠标左键拖曳出一个合适大小的图表窗口，就可以像往常那样选中图表、对它进行大小和位置调整。

在图表中添加激励及探针有以下 3 种方式。

（a）选中探针/激励，将其拖曳进图表当中，系统会自动识别出添加的探针/激励。对于模拟分析，图线可能分别对应于左或右坐标，探针/激励要加在靠近坐标的一侧。

（b）使用【GRAPH】菜单中的【ADD TRACE】命令，在对话框的探针选项中选择【探针】命令。

（c）如果在原理图中已经有了选中的探针，使用【ADD TRACE】命令时，系统会快速添加探针/激励。

在开始仿真前，有必要设定仿真时间，ISIS 会捕捉仿真时间内的波形。在此例中，电路输入的是 10kHz 的方波（周期为 100μF），在图表编辑窗口中有【START】、【STOP】时间选项，将其中默认的【STOP】时间由 1s 改为 100μs。

② 激励源。测试电路需要合适的输入。Proteus 带的激励源可以提供所需要的信号。

单击【GENERATOR】按钮，对象选择器中会列出支持的激励源。对于这个电路，我们需要一个脉冲发生器。选择脉冲的类型后，在编辑窗口中选择放置位置，单击鼠标左键确认，再进行连线。

激励源的操作和 ISIS 的元件操作是一样的，在选取放置时也可以进行编辑、移动、旋转、删除等操作；另外，激励源可以放置在已经存在的导线上，也可以放置好后再连线。在连线时激励源终端名称会自动命名。

最后，编辑激励源，得到想要的脉冲（此处设置高电平为 10mV，脉冲宽度为 0.5s）。

ISIS 手册中的 Generators and Probes，对各种激励源都有一个详细的介绍。在原理图中激励源的数目是没有限制的。

③ 电压电流探针。输入使用激励源，在需要监测的地方放置探针。在【Tools】栏中选中探针类型（本例选用的是电压探针），放置在连线上，也可以放置好后再连线。

探针放置和 Proteus 中的其他元件是一样的，在选中探针后，可以对其进行编辑、移动、旋转等操作。

（8）产生报告

原理图绘制完毕后，ISIS 就可以输出多种报告了，如网络表、器件清单、电器规则检查报告等。这些输出命令都在【Tools（工具）】菜单下。输出报告显示为弹出视窗，并可以保存为文件或复制到剪贴板。

器件清单可以使器件统计变得简单，给 PCB 器件采购带来很大方便。

因为样例电路并不是一个完整的设计，网表产生和使用也会有一些不确定的状态，电气规则检查时会产生一些错误。网络表在进行 ISIS 和 ARES 切换时也有关键的作用。

（9）保存与打印

在任何时刻都可以选择【File（文件）】菜单下的【Save（保存）】命令保存设计，也可以将设计另存为其他名字的文件。

如果要打印原理图，首先使用【File（文件）】菜单下的【Printer Setup（打印机设置）】命令对打印机进行配置，选择好打印机；再单击【Print（打印）】命令，对话框右侧有图纸预览，在【Print】对话框中对打印份数、打印大小、打印位置等选项进行设置后，即可打印图纸。

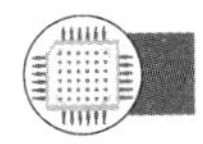

附录五 基本测量仪器仪表的使用

一、EM 系列函数发生器的使用

EM 系列函数发生器能产生正弦波、方波、三角波、脉冲波、锯齿波等波形，频率范围宽，最高可达 5MHz；具有直流电平调节、占空比调节、VCF 功能；具有 TTL 电平、单次脉冲输出、输出频率数字显示、频率计可外测等优点；该系列函数发生器还具有优良的幅频特性，方波上升时间小于或等于 50ns。下面对这种仪器的使用和内部结构做简单的介绍。

1. EM 系列函数发生器的面板说明

EM 系列函数发生器的面板如附录图 5-1 所示。

① 电源开关（POWER），开关按入时通电。

② 功能开关（FUNCTION），波形选择。

～：正弦波。

Q：方波和脉冲波（占空比可变）。

N：三角波和锯齿波（占空比可变）。

③ 频率微调 FREQ VAR，频率复盖范围 10 倍。

④ 分挡开关（RANGE－Hz），10Hz～2MHz，分 6 挡选择。

⑤ 衰减器 ATT，开关按入时衰减 30dB。

⑥ 幅度（AMPLITUDE），幅度可调。

⑦ 直流偏移调节（DC OFF SET）。

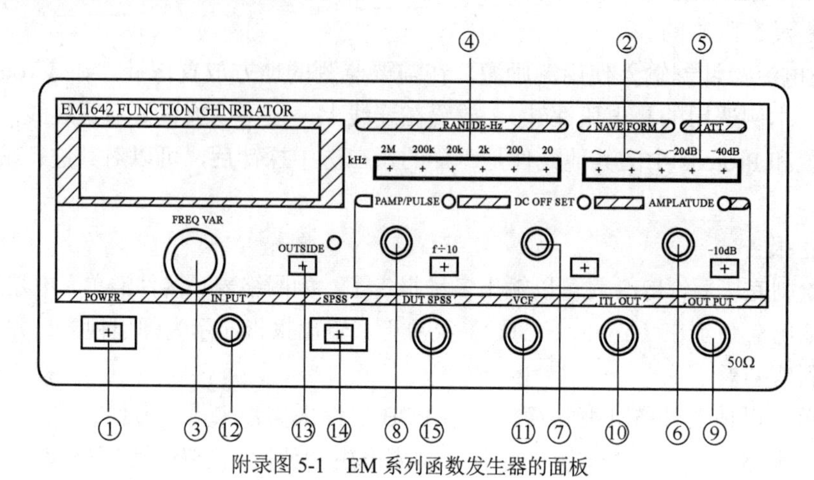

附录图 5-1　EM 系列函数发生器的面板

当开关按入时，直流电平为–10～+10V 连续可调；

当开关拉出时，直流电平为零。

⑧ 占空比调节（RAMP/PULSE）。

当开关拉出时，占空比为 50%；

当开关按入时，占空比在 10%～90%间连续可调。

频率为指示值/10。

⑨ 输出（OUTPUT），波形输出端。

⑩ TTL 电平（TTLOUT），只有 TTL 电平输出端，峰峰值幅度 3.5V。

⑪ VCF，控制电压输入端。

⑫ IN PUT，外测频输入。

⑬ OUTSIDE，测频方式（内/外）。

⑭ SPSS，单次脉冲开关。

⑮ OUT/SPSS，单次脉冲输出。

2. EM 系列函数发生器的使用步骤

（1）将仪器接入 AC 电源，按下电源开关。

（2）选波形：按下所需要波形的功能开关。

（3）调频率：按④分挡开关选择频率，旋转按钮③可进行频率微调。

（4）调幅度：旋转⑥调节幅度至需要的输出幅度。

（5）调占空比：若所选波形为脉冲波和锯齿波，需要调节占空比时，拉出并转动⑧，此时频率显示值÷10，其他状态时关掉。

（6）其他设置：a. 当需要小信号输出时，按⑤衰减器；

b. 直流偏移调节，拉出并转动⑦可调节直流电平，开关按入时电平为零。

3. EM系列函数发生器的使用注意事项

（1）把仪器接入AC电源之前，应检查AC电源是否和仪器所需的电源电压相适应。

（2）仪器预热10 min后方可使用。

（3）不要将大于10V（DC/AC）的电压加至输出端和脉冲端。

（4）不要将超过10V的电压加至VCF端。

二、交流电压毫伏表及低频信号发生器的使用

1. 交流电压毫伏表的使用

附录图5-2所示为通用型电压表，适用于30μV～300V、10Hz～1MHz交流信号电压的有效测量。

此仪器的使用步骤如下。

（1）按下电源开关。

（2）使用机械零位调整将表头调整归零（若为零位则免去调整）。

（3）接通电源。按下电源开关，电源指示灯亮，仪器开始工作。需预热10 min以保证性能稳定。

（4）将通道输入端鳄鱼夹接入待测信号，若测量高电压，黑柄鳄鱼夹接地。

（5）先将量程开关置于适当量程，再加入测量信号。若测量电压未知，应将量程开关置最大挡，然后逐级减小量程。

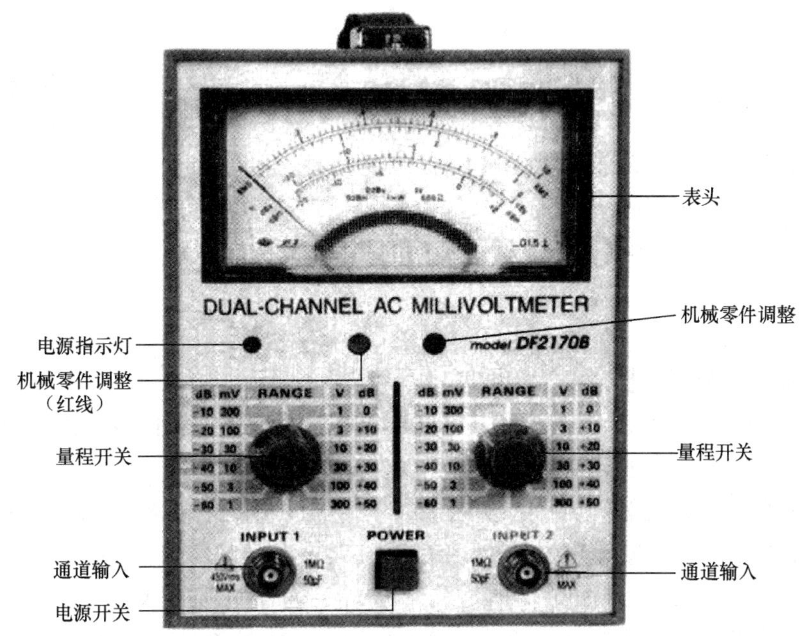

附录图5-2 通用型电压表

2. 低频信号发生器的使用

低频信号发生器如附录图5-3所示。

低微信号发生器的使用步骤如下所述。

（1）打开电源指示灯亮预热10min。

（2）将频率校准旋钮调至 1.0 位置。

（3）选择要输出的频率范围及输出波形。

（4）调节输出幅值旋钮至指定输出电压位置。

（5）用鳄鱼夹夹住需输入信号的位置，进行信号输入。

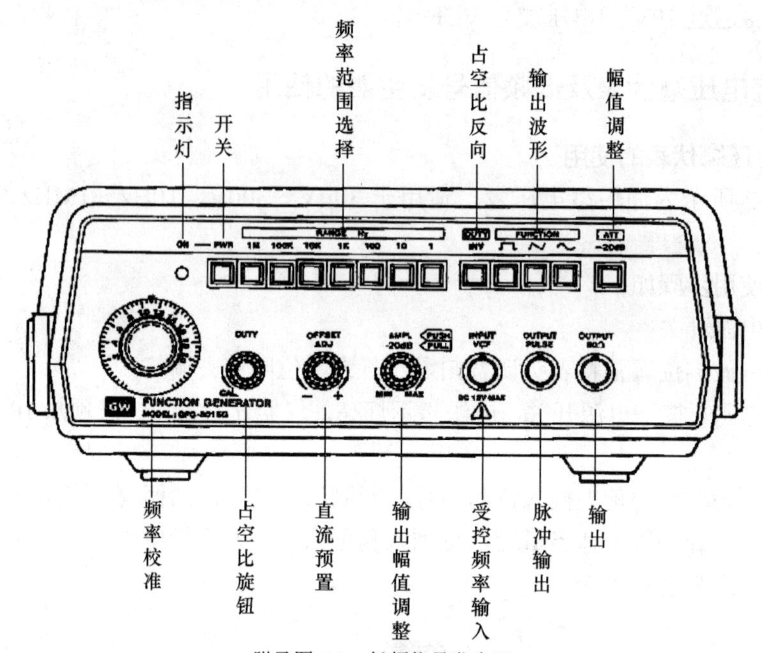

附录图 5-3　低频信号发生器

三、示波器的使用

1. 示波器的分类及基本组成

（1）示波器可分为通用示波器、多束示波器、取样示波器、记忆存储示波器、专用或特殊示波器 5 类。实验中使用的是固纬 652G 双踪通用示波器。

（2）基本组成。

① 示波管：一般用阴极射线管（CRT）显示波形。

② 垂直系统（Y 通道）：其作用是使示波器具有放大微弱被测信号电压的能力，使之达到适当的幅度，以驱动示波管的电子束做垂直偏转。

③ 水平系统（X 通道）：其作用是产生锯齿波电压并放大，以驱动示波管的电子束进行水平扫描，触发同步电路以保证荧光屏上显示的波形稳定。

④ Z 系统：其作用是在扫描正程时加亮光迹，在扫描回程时消隐光迹。

⑤ 电源：其作用是将市电转换成各种高低电压，以满足各组成部分正常工作的需要。

2. 固纬 652G 双踪通用示波器面板上的主要开关和旋钮

固纬 652G 双踪通用示波器如附录图 5-4 所示。

① 2V、1kHz 标准测试输出口：示波器的显示标准。

② 亮度调节旋钮：调节显示屏的清晰度。

③ 聚焦调节旋钮：调节显示屏的清晰度。

④ 辉度旋钮：调节显示屏的清晰度。

⑤ 指示灯。

⑥ 开关。

⑦、⑪ *Y* 轴选择范围（V/格）：被测信号电压的范围选择。

⑧、⑫ 输入耦合方式（AC，DC）转换键：根据输入端耦合状态改变。

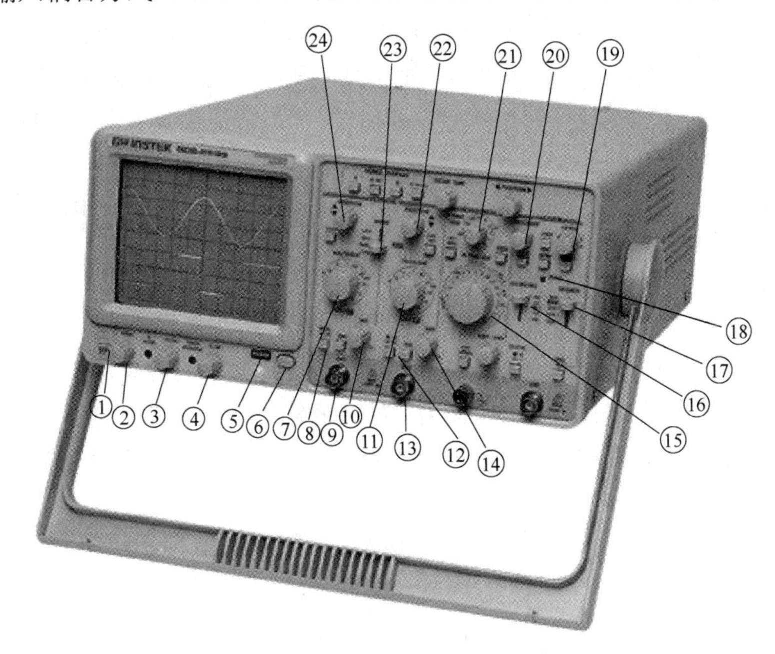

附录图 5-4　固纬 652G 双踪通用示波器

⑨ *X-Y* 第一输入端：示波器的信号输入口。

⑬ *X-Y* 第二输入端：示波器的信号输入口。

⑭、⑩ 校准旋钮：辅助校准。

⑮ *X* 轴频率范围：输入信号频率范围选择。

⑯ 选择使用状态。

⑰ 输入源信号选择。

⑱ 选择启动线路状态。

⑲ 波形稳定旋钮。

⑳ 波形调整旋钮。

㉑ 扫描线水平位移旋钮：调节波形位置。

㉒、㉔ 扫描线垂直位移旋钮：调节波形位置。

㉓ 状态选择（第一\第二\单\双踪）。

3. 示波器的使用

（1）打开电源，预热 5min。

（2）调节亮度、聚焦（如显示屏幕上无扫描线显示，调节扫描线水平和垂直旋钮）。

（3）将第一或第二输入端输入口的示波器探头夹在 1kHz、2V 的标准测试输出口上进行校准调节（探头黑端接地）。

（4）调节校准旋钮，使测试输出信号波形标准地输出在显示屏上。

① 在使用示波器时，首先应检查电源，符合示波器的电压为220V。

② 接通电源，预热10min，使机内各元器件都接近或达到正常工作温度后再开始调节或定性观测；若要进行定量观测，则需预热几十分钟。

③ 调节“辉度”与“聚焦”旋钮，使屏幕上的亮度和大小适宜（太亮会损伤荧屏，人的眼睛也易疲劳。亮点也不要长时间停在一个地方）；再调节扫描速度和水平扩展旋钮，以及“*X*移位”与“*Y*移位”旋钮，使荧屏上出现长度和位置均合适的“时间基线”。对于双踪示波器，还要将显示方式置为“Y2”，同样调出第二条“时间基线”，这时示波器已进入工作状态。

④ 示波器进入工作状态后，即可输入被测信号，然后调节垂直增益微调旋钮（VARCONTROLS），改变波形的幅度。

⑤ 暂时停用示波器时，不必切断电源，只需将辉度旋钮旋小即可。因为示波器内有高压电路，频繁开关电源会损伤元器件。

⑥ 示波器采用探头输入，这样可以提高示波器的输入阻抗，减小它对被测电路的影响。使用示波器探头时应注意以下几点。

a. 必须根据测试的具体要求选用探头类型。例如，如测量低频高压电路应选用电阻分压器探头。示波器的技术说明书都给出了配用的探头的输入阻抗和各通道的输入阻抗值。

b. 探头与示波器应配套使用，不能互换，不然会导致分压比误差增加或高频补偿不当，造成被测信号波形失真。

c. 低电容探头的电容器应定期校正，其方法是将探头接到“校正信号”输出端，以良好的方波电压通过探头加到示波器上。若高频补偿良好，则应显示方波；否则应可微调。

参考文献

[1] 黄军辉，张文梅，傅沈文．电工技术[M]．2 版．北京：人民邮电出版社，2012.
[2] 君兰工作室．新版电工技能——从基础到实操[M]．北京：科学出版社，2014.
[3] 何军．电工电子技术项目教程[M]．2 版．北京：电子工业出版社，2014.
[4] 吕国泰，吴项．电子技术[M]．2 版．北京：高等教育出版社，2007.
[5] 申凤琴．电工电子技术及应用[M]．3 版．北京：机械工业出版社，2016.
[6] 周元兴．电工与电子技术基础[M]．北京：机械工业出版社，2007.
[7] 程周．电工与电子技术[M]．北京：中国铁道出版社，2010.
[8] 林平勇，高嵩．电工与电子技术（少学时）[M]．4 版．北京：高等教育出版社，2016.
[9] 冯满顺．电工与电子技术[M]．2 版．北京：电子工业出版社，2009.
[10] 杨凌．电工电子技术[M]．3 版．北京：化学工业出版社，2015.
[11] 陈国联，王建华，夏建生．电子技术[M]．西安：西安交通大学出版社，2002.
[12] 王楠，倪勇，莫正康．电力电子应用技术[M]．4 版．北京：机械工业出版社，2014.
[13] 黄军辉，傅沈文．电子技术[M]．3 版．北京：人民邮电出版社，2016.

目录

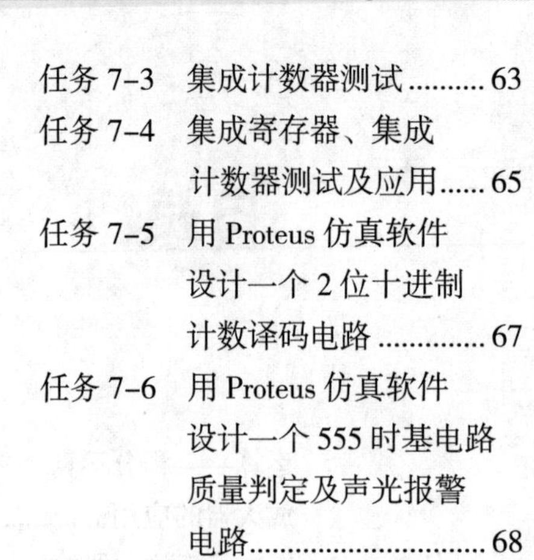

实训项目一 半导体器件的认识

任务 1-1 二极管的测量

1. 实施要求

① 使用万用表判断二极管的极性。

② 使用万用表检测二极管的好坏。

2. 实施步骤

（1）二极管的极性识别

① 从外观上识别。如图 S1-1 所示，二极管的正、负极一般都在外形上标出，有的直接标注了二极管的图形符号，可以直接判断其正、负极；有的二极管则在负极端标有色点。比较常用的普通二极管是在负极端用标注环标出负极。

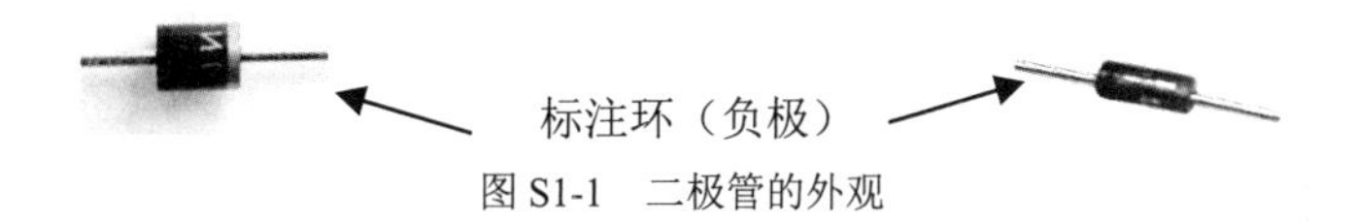

图 S1-1 二极管的外观

② 使用万用表判断。用万用表的 $R\times100\Omega$挡或 $R\times1\text{k}\Omega$挡可判断二极管的极性。将红、黑表笔分别同时搭接二极管的两个引脚，观察万用表指针的偏转情况；然后对调表笔，重新测量。两次测量中，指针偏转大的一次，黑表笔所接的引脚是二极管的正极，红表笔所接的引脚是二极管的负极。

（2）二极管的检测

使用万用表除了可以判断二极管的极性外，还可以检测二极管的好坏。

使用万用表的 $R\times100\Omega$挡，将表笔分别任意接二极管的正、负极，先读出一电阻值；然后交换表笔再测一次，又测得一电阻值。其中，测得阻值小的一次为正向电阻，阻值大的一次为反向电阻。对于硅材料的二极管，正常情况下的正向阻值应为

几千欧，反向电阻接近∞。

正、反向阻值相差越多表明二极管的性能越好。如果正、反向阻值相差不大，则不宜选用该二极管；如果测得的正向电阻太大，也表明二极管性能变差，若正向阻值为∞，表明二极管已经开路；若测得的反向电阻很小，甚至为零，说明二极管已击穿。

使用万用表进行二极管检测时应选用 R×100Ω或 R×1kΩ挡，不宜选用 R×1Ω、R×10Ω或 R×10kΩ挡。因为 R×1Ω、R×10Ω挡电流较大，R×10kΩ挡电压较高，都容易造成管子损坏。

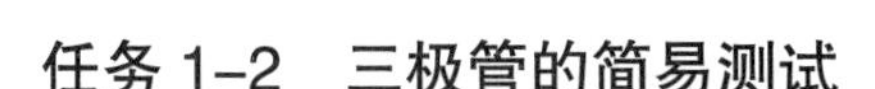

任务 1-2 三极管的简易测试

1. 实施要求

用万用表检测三极管的电极和参数。

2. 实施步骤

万用表正端（+）的表笔（红笔）对应于表内电池的负极，而负端（–）的表笔（黑笔）对应于电池的正极。

（1）用万用表检测三极管的电极和参数

用万用表的欧姆挡可判断出三极管的 3 个电极并检测出一些参数。

① 判断基极 B 和三极管类型。将万用表拨到 R×100Ω 或 R×1kΩ挡，这时，若将黑表笔接到某一假定基极 B 引脚上，红笔先后接到另两个引脚上，如果两次测得的电阻都很大（或都很小），而对换表笔后，测得的电阻都很小（或都很大），可确定所做的假设是正确的。如果两次测得的电阻值为一大一小，则可确定所做的假设是错误的。这时，可再重新假定一引脚为基极 B，重复上述的测试。

基极确定后，将黑表笔接基极，红表笔分别接其他两极，如果测得的电阻值较小，则此三极管是 NPN 型的；反之为 PNP 型的。

② 判断集电极 C 和发射极 E。已知三极管为 NPN 型管，将黑表笔接假设的 C 极，红笔接假设的 E 极，并用手指碰到 C、B 两极（不能使 C、B 直接接触）。通过人体，相当于在 C、B 之间接入偏置电阻。读出 C、E 间的电阻值，如图 S1-2（a）所示，然后将红、黑表笔反接，并与前一次的读数比较。如果第一次阻值小，则原来的假定是正确的，即黑表笔接的为 C 极，红表笔接的为 E 极。因为 E、C 间电阻较小，说明通过万用表的电流较大，偏置正确。同理，若三极管为 PNP 型管，将黑表笔接假设的 E 极，红笔接假设的 C 极，并用手指碰到 C、B 极（但不能使 C、B 直接接触），如图 S1-2（b）所示。读出 E、C 间的电阻值，然后将红、黑两表笔反接，并与前一次的值比较。如果第一次阻值小，则原来的假定是正确的，即黑表笔接的为 E 极，红表笔接的为 C 极。

③ 检测穿透电流 I_{CEO} 的大小。用万用表测穿透电流 I_{CEO} 的连接方法为，将基极 B 开路，测量 C、E 极间的电阻，若为 NPN 管，则黑表笔接 C 极，红表笔接 E 极；若为 PNP 管，则黑表笔接 E 极，红表笔接 C 极。若电阻值较大（例如千欧级），则说明穿透电流 I_{CEO} 较小，管子能正常工作。

④ 检测电流放大系数 β 的大小。用万用表检测三极管的电流放大系数 β 的连接方法为：在 B、C 之间接入人体电阻或 100kΩ电阻，测 C、E 间的电阻值，若人体电阻或 100kΩ电阻在接入前、后两次测得的电阻相差越大，则 β 越大。这种方法一般适用于检测小功率管的 β 值。

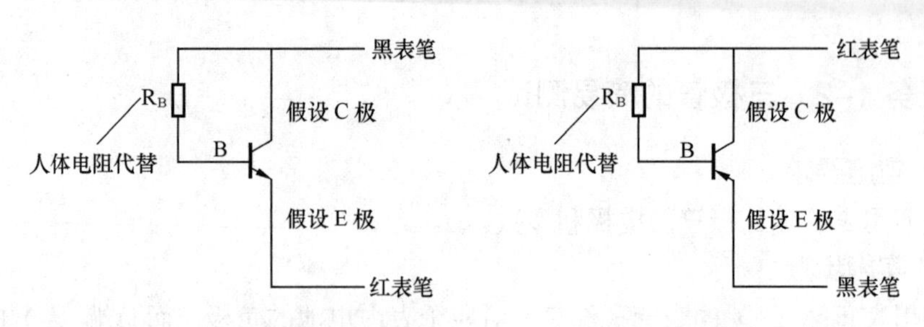

（a）NPN 型三极管的测量电路　　（b）PNP 型三极管的测量电路

图 S1-2　三极管判别 E、C 电极电路

⑤ 判别三极管的制造材料。对于 NPN 型管，黑表笔接 B 极，红表笔接 C 极或 E 极，若表针位置在表盘中间偏右一点的地方，则所测管为硅管；若表针位置在欧姆刻度线零偏左一点的地方，则为锗管。对于 PNP 型管，红表笔接 B 极，黑表笔接 C 极或 E 极，表针位置在表盘中间偏右一点的地方，则所测的管子为硅管；若表针位置在欧姆路线零位偏右一点地方，则为锗管。

（2）三极管的特性曲线实验测试

三极管传输特性曲线的测试，可自行设计电路的参数并连接电路，调整 R_B，改变 I_B 的电流，测量 U_{BE}、U_{CC} 和 I_C，利用 I_B、U_{CC} 和 I_C 画出三极管的传输特性曲线。

注　意

① 万用表的黑表笔为表内电池的正极，红表笔为表内电池的负极，切勿与表面上所标的极性符号相混淆。

② 万用表在测量电阻前要进行调零。方法：两表短接，调节调零旋钮，使表针指示欧姆刻度线的零位，以确保测量精度（即准确性）。

③ 三极管是非线性元件，用万用表测出的阻值与表的型号、挡位有关，没有准确读数。

④ 在不知管子的型号的情况下，一般都不用 $R\times1\Omega$挡或 $R\times10\Omega$挡，以免引起判断极性错误。但对于一些大功率的三极管，由于电流大，故可选 $R\times10\Omega$挡。在判断 C、E 极，检查 I_{CEO}、β 的大小时，若测量值不明显，可选用 $R\times1k\Omega$挡进行测量（有些表没有 $R\times10k\Omega$挡，可选用 $R\times1k\Omega$挡）。判断管子是硅管还是锗管用 $R\times100\Omega$挡或 $R\times1k\Omega$挡。

（3）在路检测二极管、三极管、稳压二极管的好坏

因为在实际电路中，三极管的偏置电阻或二极管、稳压二极管的周边电阻一般都比较大，大都在几百欧甚至几千欧以上，因此，我们可以用万用表的 $R\times10\Omega$或 $R\times1\Omega$挡来在路检测 PN 结的好坏。在路测量时，用 $R\times10\Omega$挡测 PN 结应有较明显的正反向特性（如果正反向电阻相差不太明显，可改用 $R\times1\Omega$挡来测），一般正向电

阻在 $R\times10\Omega$挡测时，表针应指示在 200Ω左右；在 $R\times1\Omega$挡测时，表针应指示在 30Ω左右（根据不同表型可能略有出入）。如果测量出来的正向阻值太大或反向阻值太小，都说明这个 PN 结有问题，即这个管子有问题。这种方法对于维修时特别有效，可以非常快速地找出坏管，甚至可以测出尚未完全坏掉但特性变坏的管子。例如，当用小阻值挡测量某个 PN 结时显示正向电阻过大，如果把它焊下来用常用的 $R\times1k\Omega$挡再测，可能还是正常的，其实这个管子的特性已经变坏，不能正常工作或不稳定了。

（4）测稳压二极管

我们通常所用到的稳压二极管的稳压值一般都大于 1.5V，而指针式万用表的 $R\times1k\Omega$以下的电阻挡是由表内的 1.5V 电池供电，这样，用 $R\times1k\Omega$以下的电阻挡测量稳压二极管就如同测普通二极管一样，具有完全的单向导电性。但指针式万用表的 $R\times10k\Omega$挡是用 9V 或 15V 电池供电的，在用 $R\times10k\Omega$挡测稳压值小于 9V 或 15V 的稳压二极管时，反向阻值就不会是∞，而是有一定阻值，但这个阻值还是要远远高于稳压二极管的正向阻值的。如此，我们就可以初步估测出稳压二极管的好坏。但是，好的稳压二极管还要有个准确的稳压值，无专业条件时可用另一块指针式万用表来估测。

方法：先将一块指针式万用表置于 $R\times10k\Omega$挡，其黑、红表笔分别接稳压二极管的阴极和阳极，这时就可模拟出稳压二极管的实际工作状态，再取另一块表置于电压挡 $V\times10V$ 或 $V\times50V$（根据稳压值）上，并将红、黑表笔分别搭接到刚才那块表的黑、红表笔上，这时测出的电压值基本上约等于这个稳压二极管的稳压值了。因为第一块表对稳压二极管的偏置电流相对正常使用时的偏置电流稍小，所以测出的稳压值会偏大一点，但基本相差不大。不过这个方法只可估测稳压值小于指针式万用表高压电池电压的稳压二极管。如果稳压二极管的稳压值太高，只能用外加电源的方法来测量（因此我们在选用指针式万用表时，选用高压电池电压为 15V 的要比 9V 的更适用）。

（5）测三极管

通常我们测三极管要用 $R\times1k\Omega$挡，不管是 NPN 管还是 PNP 管，也不管是小功率、中功率还是大功率三极管，测其 BE 结、CB 结都应呈现出与二极管完全相同的单向导电性；反向电阻无穷大，正向电阻在 10kΩ左右。为进一步估测管子特性的好坏，必要时还应变换电阻挡位进行多次测量。方法：将万用表置 $R\times10\Omega$挡测 PN 结正向导通电阻都在 200Ω左右；置 $R\times1\Omega$挡测 PN 结正向导通电阻都在 30Ω左右（以上为 47 型表测得的数据，其他型号表大概略有不同，可多试测几个好管总结一下，做到心中有数），如果读数偏大太多，可以断定管子的特性差。还可将表置于 $R\times10k\Omega$挡再测，耐压再低的管子（基本上三极管的耐压都在 30V 以上），其 CB 结反向电阻也应在∞，但其 BE 结的反向电阻也可能会有，表针会因此稍有偏转（一般不会超过满量程的 1/3，根据管子的耐压不同而不同）。同样，在用 $R\times10k\Omega$挡测 EC 间（对 NPN 管）或 CE 间（对 PNP 管）的电阻时，表针可能略有偏转，但这不表示管子是坏的。但在用 $R\times1k\Omega$以下挡测 CE 或 EC 间电阻时，表头指示应为无穷大，否则管子就有问题。应该说明一点的是，以上测量的三极管是针对硅管而言的，对锗管不适用；另外，所说的“反向”是针对 PN 结而言，对 NPN 管和 PNP 管方向实际上是不同的。

对于常见的进口型号的大功率塑封管，其 C 极基本都是在中间。中、小功率管有的 B 极可能在中间。例如，常用的 9014 三极管及其系列的其他型号三极管、2SC1815、2N5401、2N5551 等三极管，其 B 极有的就在中间，当然也有 C 极在中间的。所以在维修更换三极管时，尤其是这些小功率三极管，不可不加思考就按原样直接安装上，一定要先测量一下。

实训项目二 直流稳压电源的制作

任务 2-1 可调式稳压电源电路的制作

1. 实施要求

认识制作的可调式稳压电源电路的组成，熟悉其中各元件的作用并能用文字表述；认识多元件并学会元件检测的方法。

2. 实施步骤

（1）电路原理图

可调式稳压电源电路原理图如图 S2-1 所示。

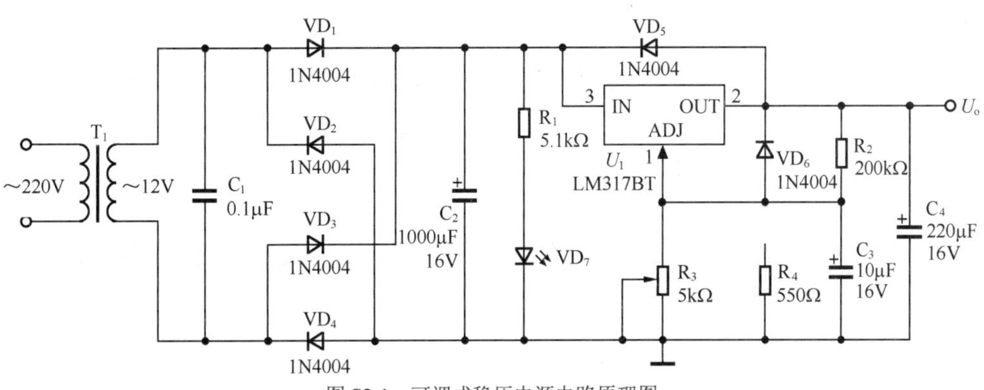

图 S2-1 可调式稳压电源电路原理图

（2）各部分电路组成及元件作用

可调式稳压电源各部分电路组成及元件作用如图 S2-2 所示。

本电路是由 LM317 可调式集成稳压管所构成的 1.2～15.6V 的可调式稳压电路，由变压电路、整流电路、滤波电路、稳压电路和再滤波电路 5 部分构成。

① 变压电路：变压器 T_1 将 220V 的市电转化为 12V 送入电路。

电容 C_1：滤高频、抗干扰。

② 整流电路：由 4 个二极管构成桥式整流电路，将 12V 的交流电转换成脉动直

流电输出。

③ 滤波电路：电解电容 C_2 实现滤波，并将信号从 R_1 输出。

发光二极管 VD_7：用于显示整流滤波后是否有输出。

④ 稳压电路：集成芯片 LM317 实现稳压输出。

可变电阻 R_3：通过调节阻值改变受控端电压，实现稳压输出可调。

二极管 VD_6：当输出短路时，C_3 上的电压被 VD_6 泄放掉，从而实现反偏保护。

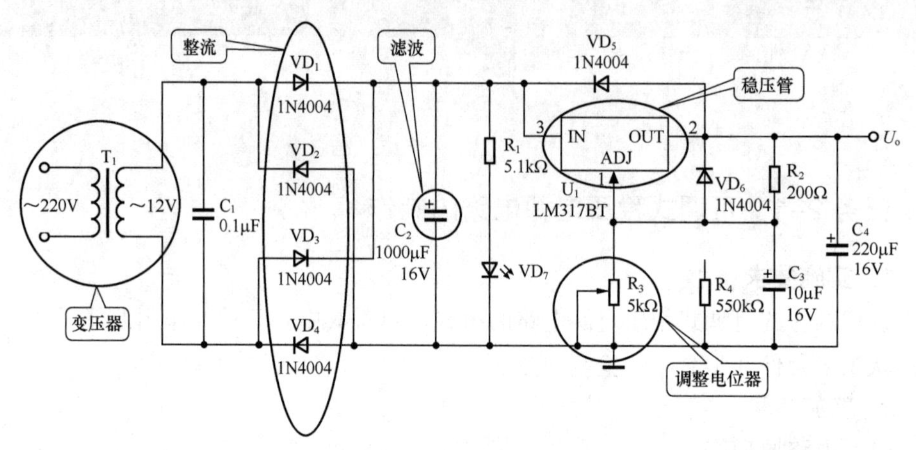

图 S2-2　电路组成及元件作用

二极管 VD_5：当输入短路时，C_4 等元件上储存的电压通过 VD_5 泄放，用于防止内部调整管反偏。

电容 C_3：防止当 R_3 从 0 迅速变到最大时，稳压管 1 脚电压突变，提高它的纹波抑制能力。

⑤ 再滤波电路：滤除杂波。

电容 C_4：用来改善 IC 的瞬态响应。

另外，当输出大电流时，会因温度过高而截止，必须加适当面积的散热器。

任务 2–2　电路板设计、制作和元件检测

1. 实施要求

运用 Protel 软件完成电路 PCB 图的设计，熟悉手工制作 PCB 板的流程，并会制作 PCB 板；学会使用万用表等工具检测二极管、电阻、电容等元件，判别其好坏及极性，填写元件检测表；掌握集成芯片 LM317 的性能及参数指标。

2. 实施步骤

（1）元件检测

① 清点元件：根据元件清单准确清点并按元件类型归类整理。

② 集成芯片 LM317 简介。集成芯片 LM317 是由美国国家半导体公司生产的三端可调稳压器集成电路。国内和世界各大集成电路生产商均有其同类产品可供选用，是使用极为广泛的一类串联集成稳压器。它不仅具有固定式三端稳压电路的最简单形式，而且具有输出电压可调的特点；此外，还具有调压范围宽、稳压性能好、噪声低、纹波抑制比高等优点。它的主要性能参数如下。

输出电压：DC1.25～37V。　　输出电流：5mA～1.5A。

最大输入/输出电压差：DC40V。　　最小输入/输出电压差：DC3V。

使用环境温度：–10～+85℃。

芯片内部具有过热、过流、短路保护电路。

图 S2-3 给出了几种常用（不同封装形式）的 LM317 的外形及引脚排列图。

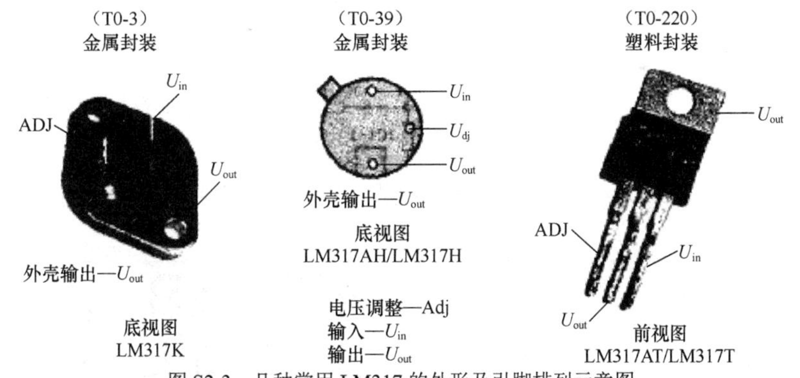

图 S2-3　几种常用 LM317 的外形及引脚排列示意图

由于输出端（2 脚）与调节输入端（3 脚）之间的电压保持在 1.25V，所以可以通过调整接在输出端与地之间的分压电阻 R_1 和 R_2 来改变 ADJ 端的电位，以达到调节输出电压的目的。

原理：R_1 两端的 1.25V 恒定电压产生的恒定电流流过 R_1 和 R_2，在 R_2 上产生的电压加到 ADJ 端。此时，输出电压 U_o 取决于 R_1 和 R_2 的比值，当 R_2 阻值增大时，输出电压升高，即 $U_o = 1.25\left(1+\frac{R_1}{R_2}\right)$，如图 S2-4 所示。

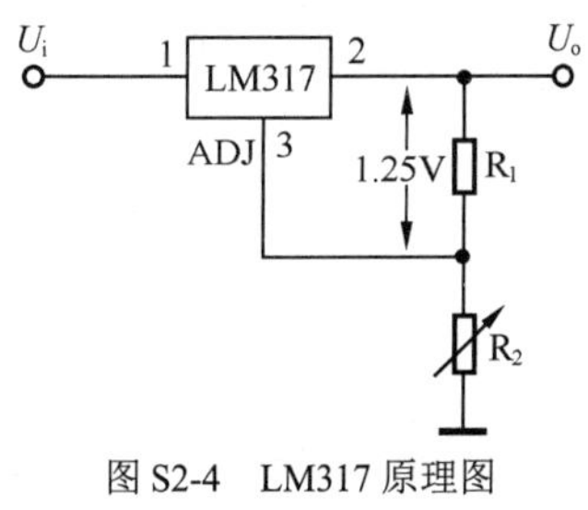

图 S2-4　LM317 原理图

③ 判别和检测：对元器件进行判别与检测，测量元件尺寸，并记录在表S2-1中。

表 S2-1　　　　　　　　　　　　元器件判别与检测

<table>
<tr><td colspan="2">元器件</td><td colspan="6">识别及检测内容</td><td colspan="3">元件尺寸</td><td>作用</td></tr>
<tr><td colspan="2" rowspan="4">电阻器
3支</td><td colspan="3">色环（最后一位为误差）</td><td>标号</td><td colspan="2">标称值（含误差）</td><td colspan="3">引脚最短间距/mil①</td><td></td></tr>
<tr><td colspan="3">红黑棕金</td><td></td><td colspan="2"></td><td colspan="3"></td><td></td></tr>
<tr><td colspan="3">绿棕红金</td><td></td><td colspan="2"></td><td colspan="3"></td><td></td></tr>
<tr><td colspan="3">绿绿棕金</td><td></td><td colspan="2"></td><td colspan="3"></td><td></td></tr>
<tr><td rowspan="5">电
容
器</td><td rowspan="2">瓷片
电容</td><td>标号</td><td colspan="2">数码标志</td><td colspan="3">容量值/μF</td><td colspan="3">引脚最短间距/mil</td><td></td></tr>
<tr><td></td><td colspan="2">103</td><td colspan="3"></td><td colspan="3"></td><td></td></tr>
<tr><td rowspan="3">电解
电容</td><td></td><td colspan="2"></td><td colspan="3"></td><td colspan="3"></td><td></td></tr>
<tr><td></td><td colspan="2"></td><td colspan="3"></td><td colspan="3"></td><td></td></tr>
<tr><td></td><td colspan="2"></td><td colspan="3"></td><td colspan="3"></td><td></td></tr>
<tr><td colspan="2" rowspan="2">稳压管
1支</td><td></td><td colspan="5">面对标注面，引脚向下，画出管外形示意图，标出引脚名称</td><td>厚度</td><td>宽度</td><td>引脚间距</td><td></td></tr>
<tr><td>U_1</td><td colspan="5"></td><td></td><td></td><td></td><td></td></tr>
<tr><td colspan="2" rowspan="5">二极管</td><td rowspan="3">VD_1～VD_6</td><td></td><td colspan="3">测量阻值</td><td>测量挡位</td><td colspan="3">引脚最短间距</td><td rowspan="5"></td></tr>
<tr><td>正向</td><td colspan="3"></td><td></td><td colspan="3" rowspan="2"></td></tr>
<tr><td>反向</td><td colspan="3"></td><td></td></tr>
<tr><td rowspan="2">发光二极管
VD_7</td><td>正向</td><td colspan="3"></td><td></td><td colspan="3" rowspan="2"></td></tr>
<tr><td>反向</td><td colspan="3"></td><td></td></tr>
</table>

注：①表中的“mil”为英制单位，$1\text{mil}=25.4\times10^{-6}\text{m}$。

（2）制板

① PCB图设计：根据所测的元件大小，利用Protel DXP 软件完成电路PCB图的设计。

② 拓图：将绘制完成的PCB图（底板图）复写在敷铜板的铜膜面上，如图S2-5所示。

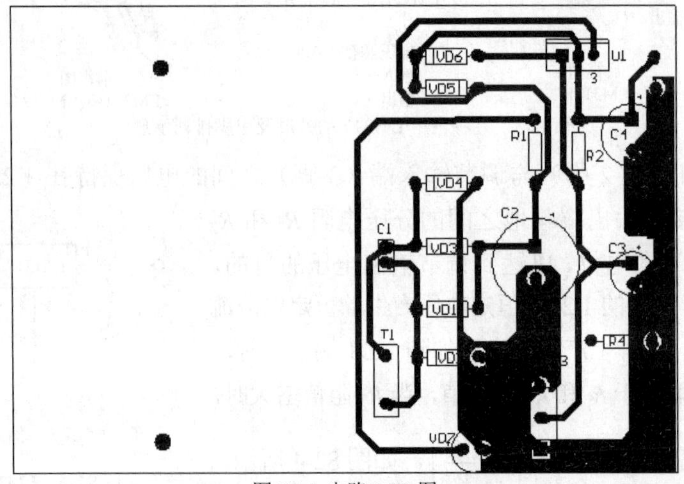

图S2-5 电路PCB图

注 意

敷铜板边缘与电路板边框对齐。

③ 描图：为能把敷铜板上需要的铜膜保留下来，需涂防腐蚀层予以保护。用油漆将保留区域涂满；导线用一定宽度的单线；焊盘用圆点。

注 意

a. 图 S2-5 中黑色部分就是需要保留的铜膜，即实际的导线。

b. 油漆要够宽够厚；焊盘位置要突出。

c. 修板：待油漆干后，按照 PCB 图对其进行适当的修整，避免短路、断路等情况，油漆线应尽量直、宽、厚，地线、电源线应尽量宽。

④ 蚀刻：将要蚀刻的印制电路板浸没在 $FeCl_3$ 溶液（1 份药品配 2 份水，体积比）中，未涂上保护漆的那部分铜膜将被逐渐腐蚀掉。

注 意

a. 腐蚀操作时，要注意掌握时间。一般使用新配制溶液在室温下约 20min 就能完成，旧液需时较长，若超过 2h 或溶液变成绿色，则需更换溶液。

b. 尽量避免溶液洒落在桌面、衣服和皮肤上。

⑤ 清洗、钻孔、去膜、打磨、涂助焊剂。

清洗：腐蚀好的印制电路板应立即取出用清水冲洗干净，避免出现黄色的沉迹。

去膜：一般用热水浸泡后可将油漆除去（也可用小刀将油漆刮掉），残余的可用天那水（乙酸异戊酯）清洗，然后晾干。

钻孔：选择合适的钻头按电路图要求的位置打孔，孔的直径一般取 1mm 即可。

注 意

a. 钻头要磨锋利，避免钻孔边缘铜膜翘起。

b. 本电路中需安装变压器，安装孔需用 3mm 的钻头打孔。

c. 四周的安装孔也需用 3mm 的钻头打孔。

打磨、涂助焊剂：将除去油漆的敷铜板用砂纸打磨光亮后立即涂一层松香酒精溶剂（酒精、松香粉末的质量比为 3∶1）。待酒精挥发后，电路板上就能均匀地留下一层松香膜，既是助焊剂，也是保护膜——保护铜膜不被空气氧化。

任务 2-3 电路装配与调试

1. 实施要求

熟悉手工焊接技巧，学会手工焊接 PCB 板；学会电路调试的基本方法，并完成电路的调试，实现电路功能并填写调试内容信息。

2. 实施步骤

（1）装配、焊接

① 元件试安装。元件试安装是指将所有元件按照布局安装在电路板上，并观察元件安装的总体情况是否合理。

元件试安装时有下面两个方面需要注意。

（a）安装在相应封装位置的元件的型号或参数是否准确。

（b）有极性的元件其引脚是否安装正确。

本电路试安装时要留意：各电阻不能随意调换；二极管、电解电容具有极性，其引脚需正确安装，不可弄反正、负极；集成块 LM317。电位器各引脚功能不同，不能混淆。

② 安装、焊接。将试安装时装上的各个元件取下，然后重新依次安装在电路板上。每安装一个元件，便将之焊接固定在 PCB 板上，再接着安装下一个元件并焊接。

安装焊接参考顺序如下。

（a）高度低、体积小的元件先安装、焊接。

（b）高度较高、体积大的元件后安装、焊接。

（c）无须焊接的固定件最后安装。

③ 整机装配。最后，将焊接好的电路板、连线、电器（设备）面板以及电器（设备）外壳连接组装起来，形成一个可以使用的成品。

（2）电路调试与检测

电路安装焊接完毕后，需要进行检查与调试，检验电路是否能产生预定的功能。一般的电路调试步骤如下。

① 电路板检查。对照装配图检查元件的位置、极性是否准确。检查 PCB 底板是否有漏焊、错焊、虚焊等情况。

② 接通电源。接入 220V 市电，观察发光二极管的状态，如果被点亮，说明电源正常连入电路，整流、滤波部分工作正常；反之，需检测发光二极管或前级电路。

③ 装入 IC。断开电源，将集成芯片 LM317 插入 IC 座。

④ 调试功能。将电位器旋至最大，万用表选择直流电压 50V 挡；将电路再次接入 220V 市电，输出电压正、负极分别接万用表的红、黑表笔，再缓慢地旋动电位器，观察万用表的指针变化。若出现故障，应通过各种方法排除。

（3）电路测试与原理分析

① 电路功能。电路能输出 1.2～15.6V 的直流电。

② 电路分析。

（a）输入信号测试：变压器副边输出端（即图 S2-6 中的 A、B）连接双踪示波器，观察波形并记录。

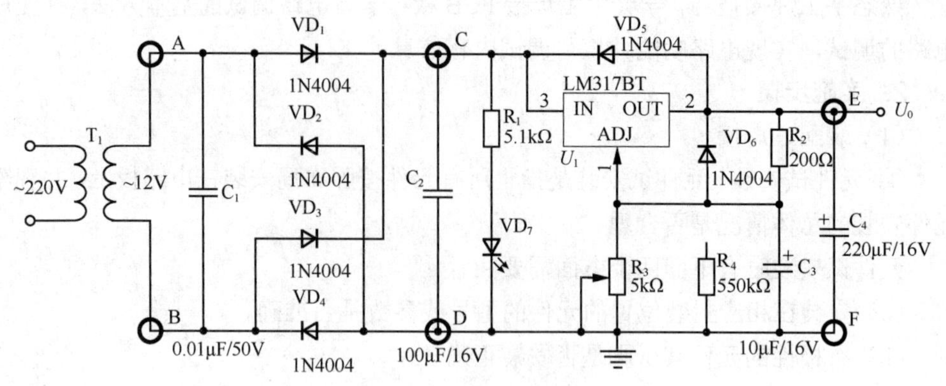

图 S2-6　测试点示意图

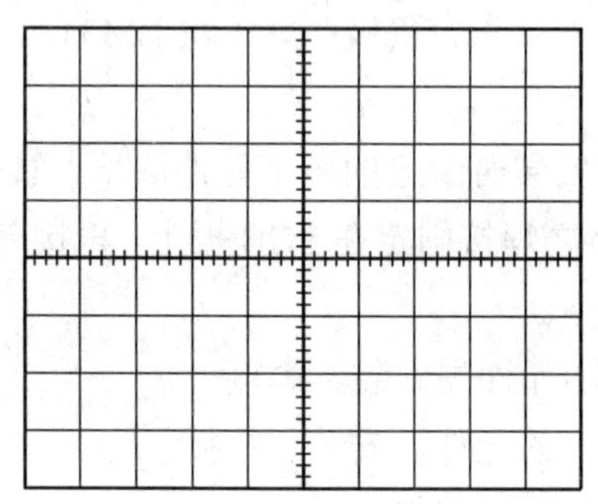

信号类型：____________________；

信号幅值：V_{P-P} =________________；

信号周期：T=________________ 。

（b）整流、滤波后信号测试：将整流、滤波后的信号（即图 S2-6 中的 C、D）连接双踪示波器，观察并记录；再用万用表测量两点间电压。

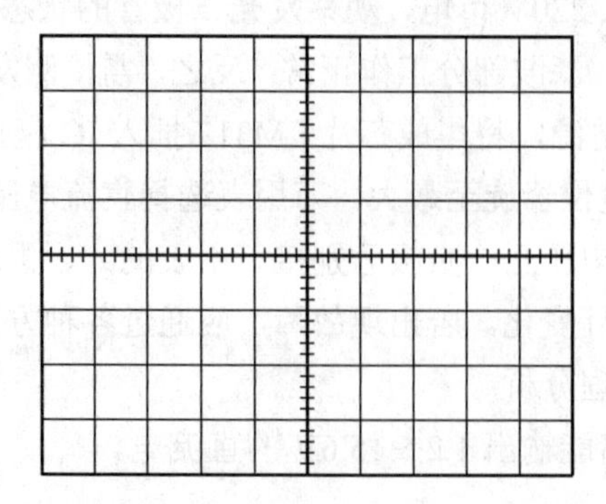

信号类型：______________________；

信号幅值：V=________________；

信号周期：T=__________________ 。

分析：从所测得的两个波形可知，4 个二极管和电容组成的桥式整流滤波电路部分，实现了整流、滤波功能，将交流电转化为直流电，且两电压值大小符合桥式整流滤波电路的输入、输出电压之间的关系式：$U_{CD} \approx 1.2U_{AB}$；还可将 VD_2 或 VD_4 二极管短路，比较波形的变化，体会桥式、半波整流的不同。

（c）稳压输出测试：将电路的输出端（即图 S2-6 中的 E、F）接万用表的红、黑表笔，同时连接双踪示波器，旋动电位器，观察信号波形和万用表指针的变化并记录。

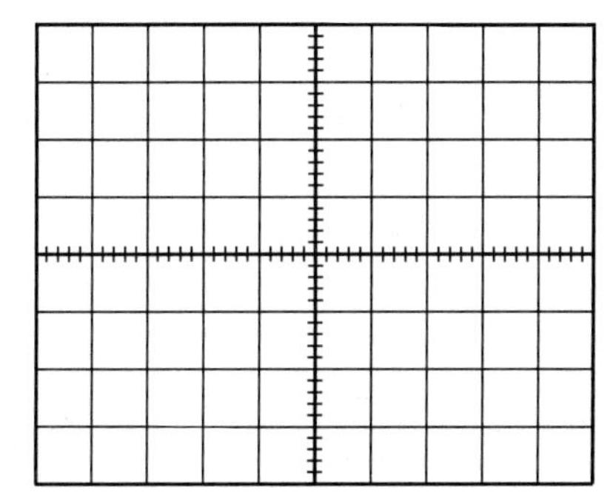

分析：可比较稳压管断路前后所测得的波形，波形的变化表现了稳压的效果。测试点示意图如图 S2-6 所示。

实训项目三 分立元件放大电路的设计

任务 3-1 使用 Multisim 测试共发射极放大电路

1. 实施要求

① 能设置静态工作点；

② 会分析输入信号的变化对放大电路输出的影响；

③ 会测量放大电路的放大倍数、输入电阻和输出电阻。

2. 实施步骤

（1）静态工作点的设置

首先，在 Multisim 电路窗口创建图 S3-1 所示的电路，运行仿真开关，双击示波器图标，可看到图 S3-2 所示的输出波形。

然后，双击电阻 R_3 图标，改变元件参数为 R_3=27kΩ，可看到输出波形如图 S3-3 所示。很显然，由于 R_3 增大，三极管基极偏压增大，致使基极电流、集电极电流增大，工作点上移，输出波形出现了饱和失真。

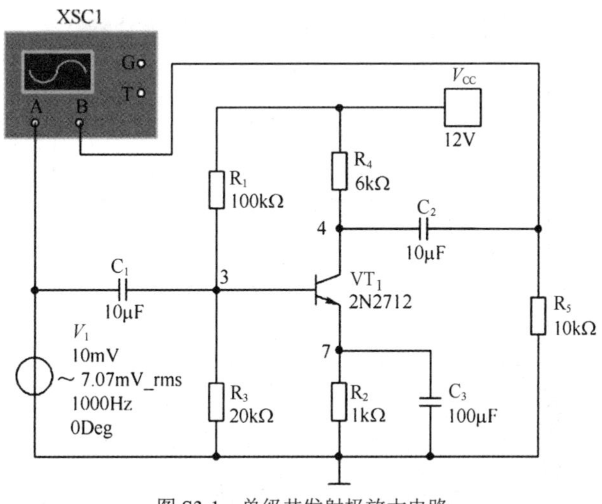

图 S3-1 单级共发射极放大电路

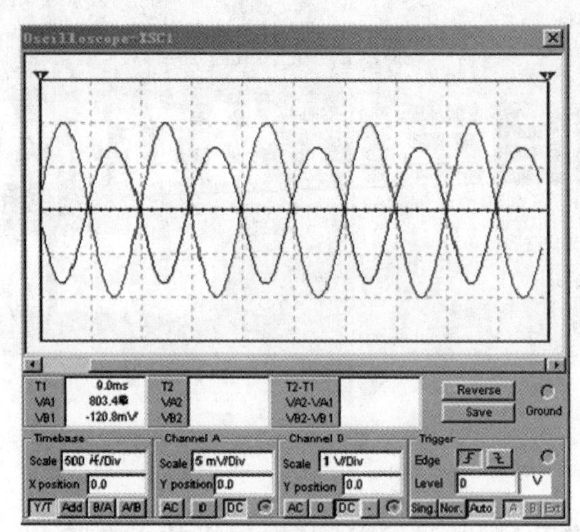

图 S3-2　共发射极放大电路输出波形 1

在电路窗口单击鼠标右键，在弹出的快捷菜单中单击【Show】命令，选择【Show Node Names】命令。启动【Simulate】菜单中【Analysis】下的【DC Operating Point】命令，在弹出的对话框中的【Output Variables】页将节点 3、4、7 作为仿真分析节点。单击【Simulate】按钮，可获得仿真结果如下：$V_3 = 1.81598\text{V}$，$V_4 = 4.8422\text{V}$，$V_7 = 1.20401\text{V}$。

（2）输入信号的变化对放大电路输出的影响

当图 S3-1 所示电路的输入信号幅值为 5mV 时，测得的输出波形如图 S3-4 所示。改变输入信号幅值，使其分别为 10mV、15mV、20mV，输出将出现不同程度的非线性失真，即输出波形上宽下窄；当输入信号幅值为 21mV 时，输出严重失真，如图 S3-5 所示。由此说明，由于三极管的非线性，图 S3-1 所示共发射极放大电路仅适合于小信号放大，当输入信号太大时，会出现非线性失真。

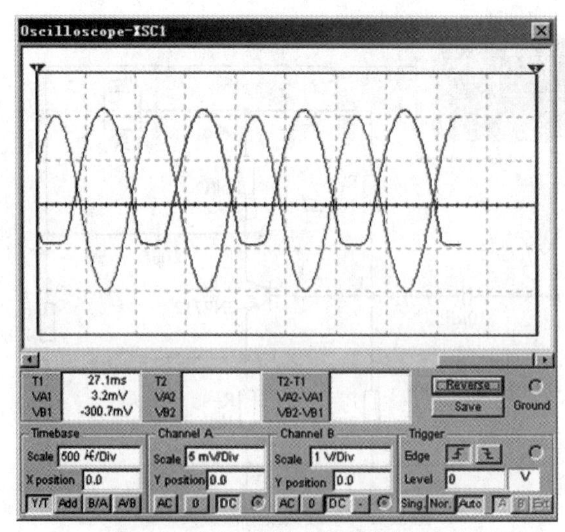

图 S3-3　共发射极放大电路输出波形 2

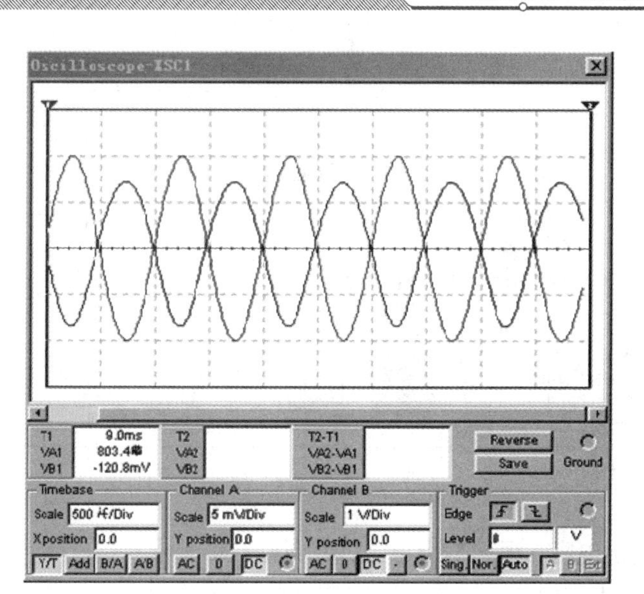

图 S3-4　改变输入时的输出波形 1

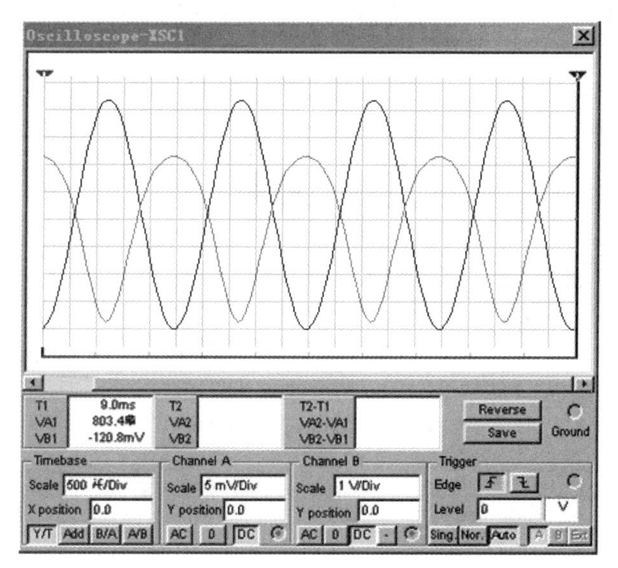

图 S3-5　改变输入时的输出波形 2

（3）测量放大电路的放大倍数、输入电阻和输出电阻

放大倍数、输入电阻和输出电阻是放大电路的重要性能参数，下面利用 Multisim 仪器库中的数字万用表对它们进行测量。

① 测试放大倍数。在图 S3-1 所示电路中，双击示波器图标，从示波器上观测到输入、输出电压值，计算电压放大倍数 $A_u = U_o/U_i$。

② 测量输入电阻。在输入回路中接入电压表和电流表（设置为交流 AC），如图 S3-6 所示。运行仿真开关，分别从电压表 XMM2 和电流表 XMM1 上读取数据，则 $R_{if} = U_i/I_i$，它是频率为 1kHz 时的输入电阻。

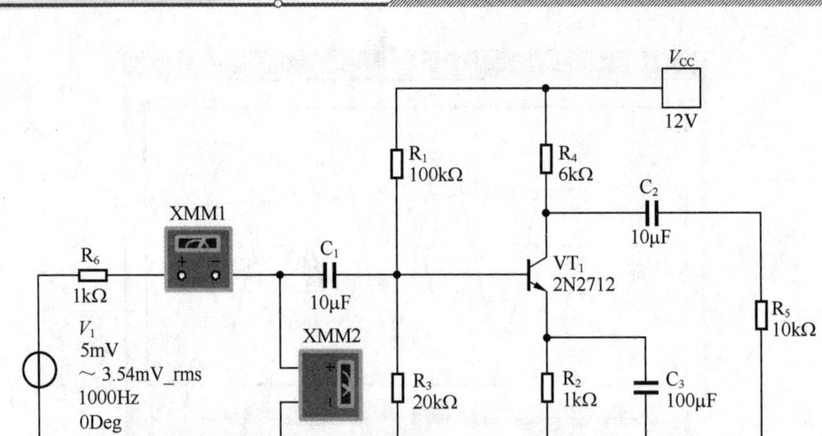

图 S3-6　输入电阻测试电路

③ 测量输出电阻。根据输出电阻计算方法，将负载开路，信号源短路，在输出回路中接入电压表和电流表（设置为交流 AC），如图 S3-7 所示。从电压表 XMM2 和电流表 XMM1 上读取数据，则 $R_{of}=U_o/I_o$，它是频率为 1kHz 时的输出电阻。

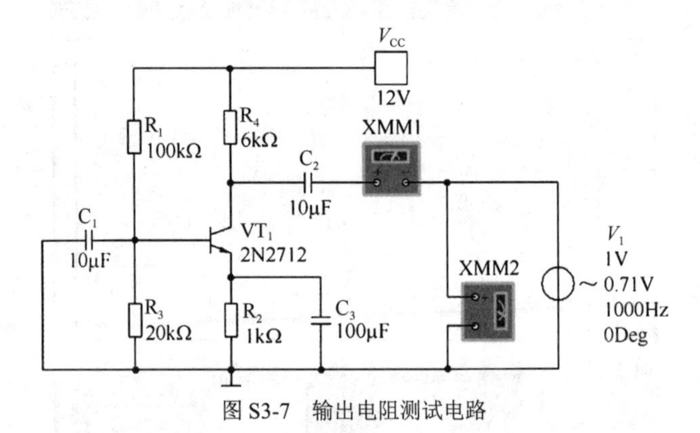

图 S3-7　输出电阻测试电路

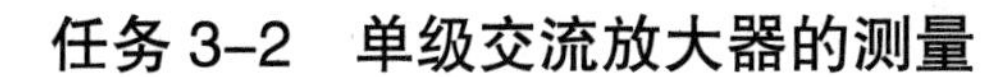

任务 3–2　单级交流放大器的测量

1. 实施要求

① 学习放大电路静态工件点的测试方法；

② 学习调整静态工作点的方法；

③ 熟悉常用电子仪器的使用方法。

2. 实施步骤

（1）调节静态工作点

按图 S3-8（a）所示电路连好电源线，将输入端对地短路，调节电位器 R_W，使 $U_C=U_{CC}/2$，测量静态工作点 U_C、U_E、U_B 的数值，记入表 S3-1 中，并计算 I_B、I_C。

为了计算 I_B、I_C，在测 R_w 的阻值时，应将它与三极管断开，并且切断电源。

按下式计算静态工作点：

$$I_B=\frac{U_{CC}-U_B}{R_B} \qquad I_C=\frac{U_{CC}-U_C}{R_C}$$

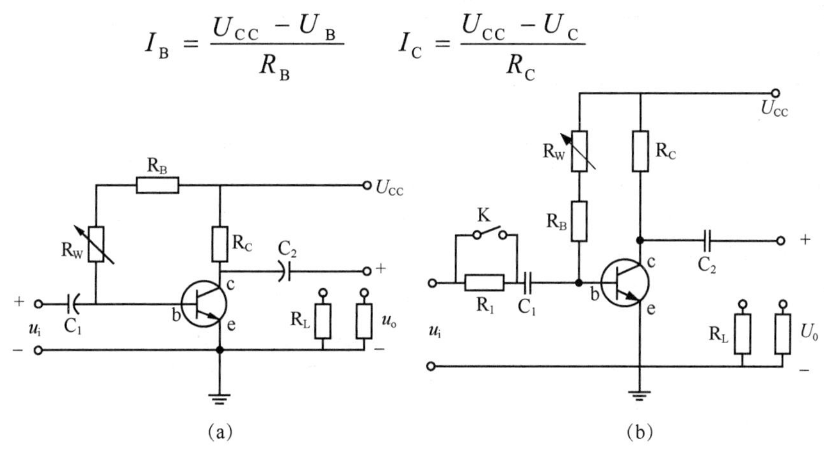

图 S3-8　单级交流放大器测试电路

（2）测量电压放大倍数

在实验步骤（1）的基础上，将输入端与地断开，并接入 $f=1\text{kHz}$、$U_i=5\text{mV}$ 的正弦波信号，用毫伏表测量输出电压的幅值，用示波器观察输入电压的输出电压波形，计算电压放大倍数：$A_u=U_o/U_i$，并将数据填写入表 S3-2 中。

（3）观察负载电阻对放大倍数的影响

在实验步骤（2）的基础上，将负载电阻 4.3kΩ换成 8.2kΩ，重新测定放大倍数。

表 S3-1　测量及计算结果（一）

U_C	U_E	U_B	I_B	I_C	R_w

表 S3-2　测量及计算结果（二）

R_L	U_i	U_o	A

（4）测量输入电阻和输出电阻

如图S3-8（b）所示，调整R_W到一个合适的阻值，使$U_C = 3V$，测试U_B、U_E、R_W的值作为理论计算的参考数据。输入信号不变（将开关K打开），串入R_1电阻，分别测出电阻R_1两端对地信号的电压U_i及U_i'，按下式计算出输入电阻R_i。

$$R_i = \frac{U_i'}{U_i - U_i'} R_1$$

测量负载电阻R_L开路时的输出电压U_{oo}和接入R_L时的输出电压U_o，然后按下式计算出输出电阻R_o。

$$R_o = \frac{(U_{oo} - U_o) \times R_L}{U_o}$$

将测量数据及实验结果填入表S3-3、表S3-4中。

表S3-3　　测量及计算结果（三）

R_L	U_i	U_o	A

表S3-4　　测量及计算结果（四）

U_i	U_i'	R_i	U_{oo}	U_o	R_o

（5）观察静态工作点对放大性能的影响

将观察结果分别填入表S3-5、表S3-6中。

表S3-5　　观察结果（一）

阻值	波形	何种失真
正常		
R_W减小		
R_W增大		

表S3-6　　观察结果（二）

R_W	U_E	U_B	U_o

输入信号不变，用示波器观察正常工作时输出电压U_o的波形并描画下来。

逐渐减小R_W的值，观察输出电压的变化，在输出电压波形出现明显削顶失真时，将失真的波形描画下来，并说明是哪种失真。如果$R_W = 0$时电压波形仍不出现失真，可以加大输入信号U_i，直到出现明显失真波形。

逐渐增大R_W的值，观察输出电压的变化，在输出电压波形出现明显削顶失真形时，将失真波形描画下来，并说明是哪种失真时。如果$R_W = 470\text{k}\Omega$后电压波形仍不出现失真，可以加大输入信号U_i，直到出现明显失真波形。

调节R_W使输出电压波形不失真且幅值为最大（这时的电压放大倍数最大），测量此时的静态工作点U_C、U_B、R_W和输出电压。

任务 3–3　使用 Multisim 测试差动放大电路

1. 实施要求

① 会测试差模放大特性；

② 会测试共模抑制特性。

2. 实施步骤

（1）了解差动放大电路

差动放大电路是由两个电路参数完全相同的单管放大电路，通过发射极耦合在一起的对称式放大电路，具有两个输入端和两个输出端。如图 S3-9 所示为一个典型的恒流源差动放大电路，其中，三极管 VT_1、VT_2 构成差动放大电路的两个输入管，VT_1、VT_2 的集电极 V_{c1}、V_{c2} 构成差动放大电路的两个输出端，三极管 VT_3、VT_4 构成恒流源电路。

静态时，U_i=0，由于电路对称，双端输出电压为 0。

差模输入时，$U_{i1} = -U_{i2}$，$U_{id} = U_{i1} - U_{i2}$。若采用双端输出，则负载 R_1 的中点电位相当于交流零电位，差模放大倍数 A_{ud} 与单级放大倍数 A_{ud1}、A_{ud2} 相同，即 $A_{ud} = A_{ud1} = -A_{ud2}$；若采用单端输出，则 $A_{ud} = A_{ud1}/2$。共模输入时，$U_{ic} = U_{i1} = U_{i2}$，$U_{c1} = U_{c2}$，双端输出时输出电压为 0，共模放大倍数 A_{uc}=0，共模抑制比 $K_{CMR} = \infty$。

（2）测试差模放大特性

在 Multisim 电路窗口连接图 S3-9 所示的电路，其中，$U_{i1} = U_3$、$U_{i2} = 0$，这是一组任意输入信号，但我们可以将这组任意信号分解为一对差模信号和一对共模信号。双击【示波器】图标，从示波器中观测到的单端输出时的波形如图 S3-10 所示。由示波器可测得输入电压 $U_i = 10$ mV 时，输出电压 $U_o = -45.6$mV，由此可计算出单端输出时差模电压放大倍数 $A_{ud} = U_o/U_i$。因为 $A_{ud} > 1$，故差动放大电路对差模信号具有放大作用。

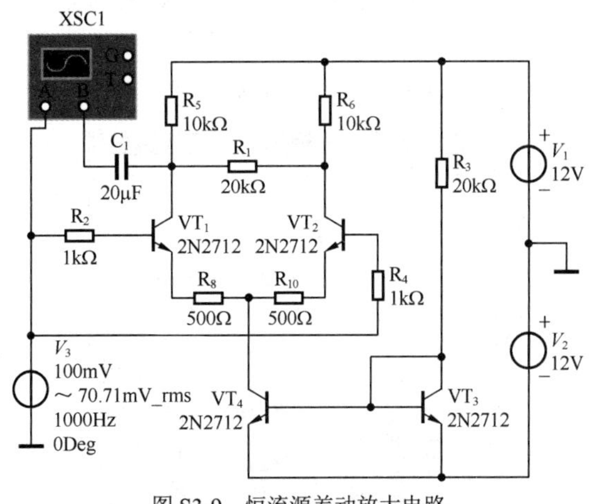

图 S3-9　恒流源差动放大电路

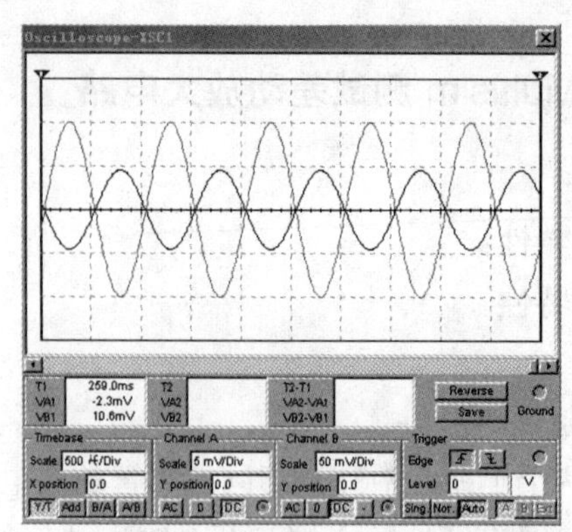

图 S3-10　差动放大电路在输入差模信号时的输出波形

3. 测试共模抑制特性

在 Multisim 电路窗口连接图 S3-11 所示电路，其中三极管 VT_1、VT_2 的两输入端并接在一起，为共模输入信号。

双击示波器图标，从示波器观测到单端输出时的输出波形如图 S3-12 所示。由示波器可测得输入电压 U_i=10mV 时，输出电压 U_o=－0.975mV。由此可计算出单端输出时共模电压放大倍数 $A_{uc}=U_o/U_i$。因为 $A_{uc} \ll 1$，故差放电路对共模信号具有抑制作用。

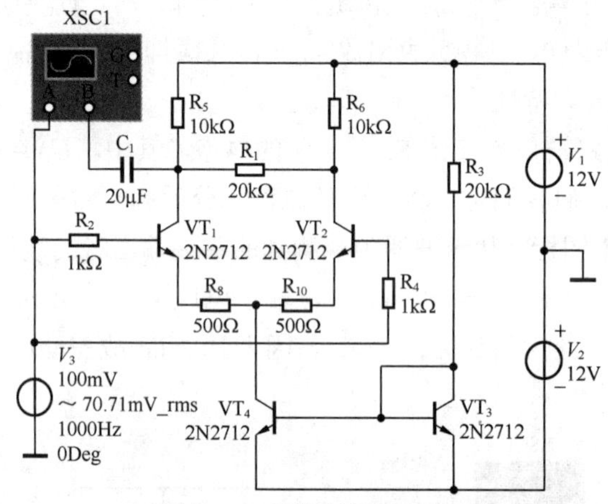

图 S3-11　共模特性测试电路

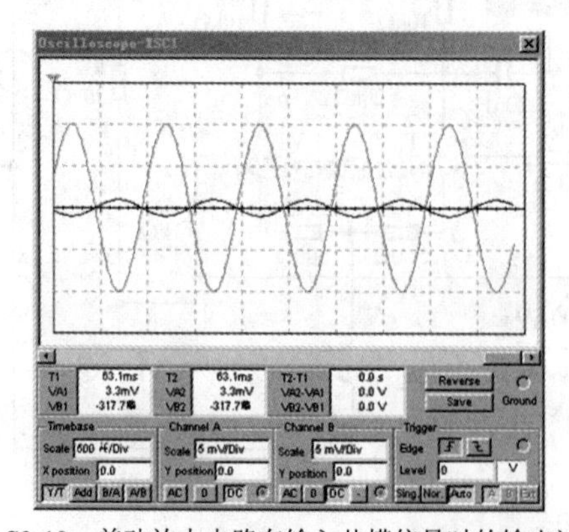

图 S3-12　差动放大电路在输入共模信号时的输出波形

实训项目四 集成运算放大电路的应用

任务 4-1 集成运算放大器 LM358 的测试

1. 集成运算放大器 LM358 的测试要求

（1）电路组成及使用范围

集成运算放大器 LM358 内含两个独立、高增益、内部频率补偿的双运算放大器，适合电源电压范围很宽的单电源使用，也适用于双电源工作模式，在推荐的工作条件下，其电源电流与电源电压无关。它的使用范围包括传感放大器、直流增益模块和其他所有可用单、双电源供电的使用运算放大器的场合。

（2）主要参数和外部引脚图

① 主要参数及特点。

电压增益高，约为 100dB，即电压放大倍数约为 10^5。

单位增益频带宽，约为 1MHz。

电源电压范围宽，单电源为 3～32V、双电源为±（1.5～15）V。

低功耗电流，适合电池供电。

低输入失调电压，约为 2mV。

共模输入电压范围宽。

差模输入电压范围宽，并且等于电源电压范围。

输出电压摆幅大，为 0～U_{CC}。

② 外部引脚图。集成运算放大器 LM358 的外部引脚图如图 S4-1 所示，IN(+)为同相输入端，IN(–)为反相输入端，OUT 为输出端。可通过实验来发现集成运算放大器 LM358 的应用，其测试电路如图 S4-2 所示。

2. LM358 的测试实施步骤

（1）接线

选择合适的电阻，参考图 S4-2 所示的测试电路图完成接线。

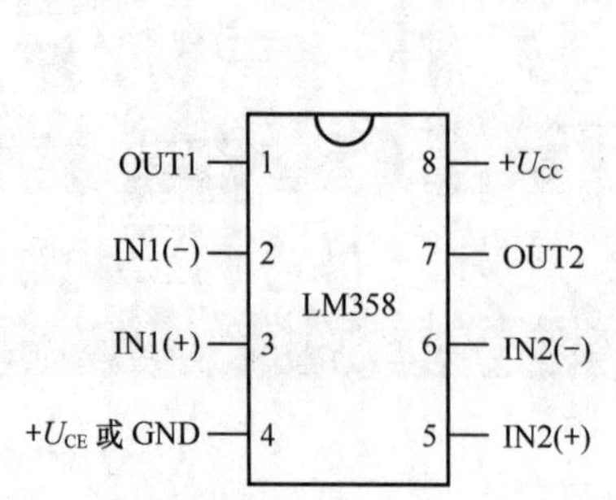

图 S4-1　集成运算放大器 LM358 的引脚分布图

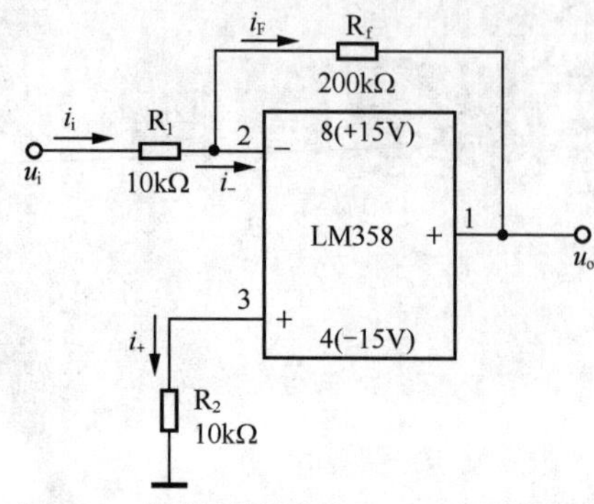

图 S4-2　集成运算放大器 LM358 的测试电路

（2）电路测试

给定输入电压 u_i=50mV，分别将电阻 R_f 从 10kΩ调至 200kΩ，同时依次调整 $R_2=R_1//R_f$，分别测试集成运算放大器 LM358 的输出电压 u_o，并将结果填在表 S4-1 内。

表 S4-1　　集成运算放大器 LM358 的测试记录表

R_f/kΩ	10	30	50	80	100	150	200
U_o/V							

（3）结果分析

分析集成运算放大器 LM358 输出电压 U_o 与反馈电阻 R_f 的关系，验证 $u_o=-\frac{R_f}{R_1}\times u_i$ 。

任务 4-2 用集成运算放大器实现信号的加法运算——加法器的制作

1. 加法器的制作要求

（1）用反相比例运算电路实现加法运算，电路如图 S4-3 所示，将 u_{i1}、u_{i2} 视为信号源。

（2）用同相比例运算电路实现加法运算，电路如图 S4-4 所示，将 u_{i1}、u_{i2} 视为信号源。

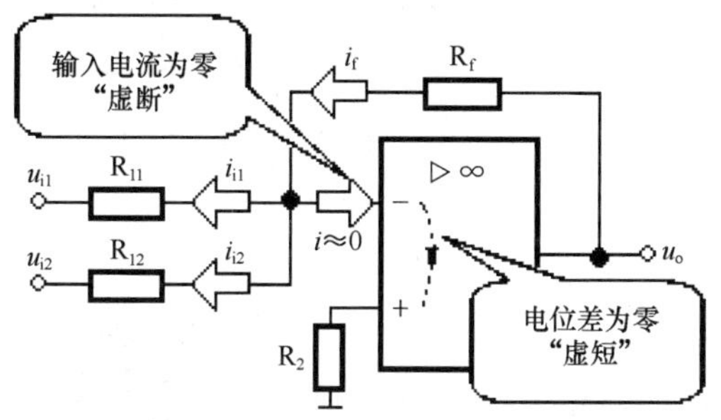

图 S4-3 用反相比例运算电路构成加法器

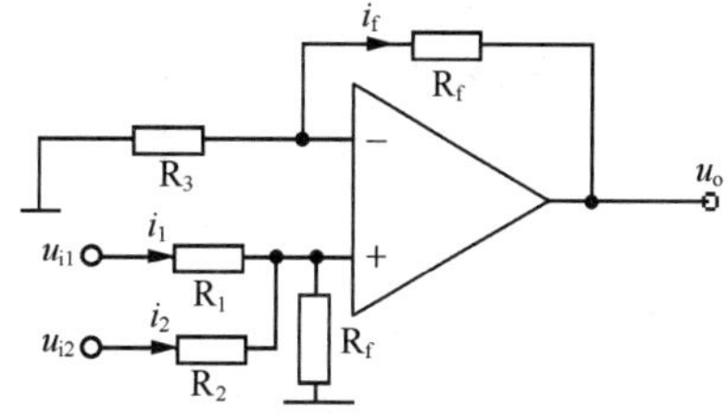

图 S4-4 用同相比例运算电路构成加法器

2. 实施步骤

（1）接线

在实验箱上选择合适的电阻，并分别参考图 S4-3、图 S4-4 所示电路完成接线。

（2）电路测试

给定输入电压 u_{i1}=50mV、u_{i2}=50mV，分别将电阻 R_f 依次从 10kΩ调至 200kΩ，同时依次调整 $R_2=R_1//R_f$。

① 参照电路图 S4-3，调整 $R_{11}=R_{12}=R_1$，分别测试反相比例运算电路构成加法器的输出电压 u_o。

② 参照电路图 S4-4，调整 $R_1=R_2=R=2R_3$，分别测试同相比例运算电路构成加法器的输出电压 u_o。

（3）结果分析

① 分析同相比例运算电路构成加法器的输出电压 u_o 与反馈电阻 R_f 的关系，验证

$$u_o=u_{o1}+u_{o2}=-\frac{R_f}{R_1}(u_{i1}+u_{i2})$$

② 分析同相比例运算电路构成加法器的输出电压 u_o 与反馈电阻 R_f 的关系，验证

$$u_o=\frac{R_f}{R}(u_{i1}+u_{i2})$$

任务 4-3　用集成运算放大器实现信号的减法运算——减法运算放大器的制作

1. 减法运算放大器的制作要求

如果同相、反相两个输入端都有信号输入，则为差动输入，可完成减法运算。差动比例运算电路的输出电压与输入电压之差成比例关系。差动比例运算电路如图 S4-5 所示。

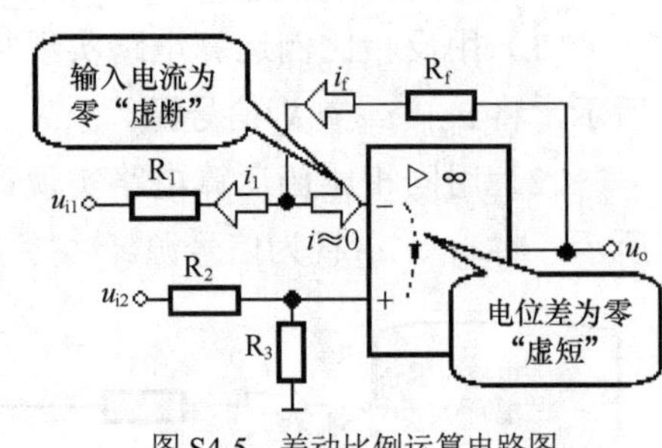

图 S4-5　差动比例运算电路图

2. 实施步骤

（1）接线

在实验箱上选择合适的电阻，参考图 S4-5 所示完成接线。

（2）电路测试

给定输入电压 u_{i1}=50mV、u_{i2}=50mV，分别将电阻 R_f 从 10kΩ 调至 200kΩ，调整 R_1=R_2=R=2R_3，当 R_f=R_3、R_1=R_2 时分别测减法运算放大器的输出电压 u_o。

（3）结果分析

分析减法运算放大器的输出电压 u_o 与反馈电阻 R_f 的关系，验证

$$u_o = \frac{R_f}{R_1}(u_{i2} - u_{i1})$$

任务4–4　用集成运算放大器实现信号的积分运算——积分运算放大器的应用

1. 积分运算器的制作要求

输出电压与输入电压成积分关系的电路称为积分运算电路。由集成运算放大器构成的积分运算电路如图 S4-6 所示。

$$u_o = u_C = \frac{1}{C_f}\int i_f \mathrm{d}t = \frac{1}{C_f}\int u_i \mathrm{d}t = -\frac{1}{R_1 C_f}\int u_i \mathrm{d}t$$

当输入信号 u_i 为直流信号 U 时，输出 $u_o = -\frac{U}{R_1 C_1}t$ 。

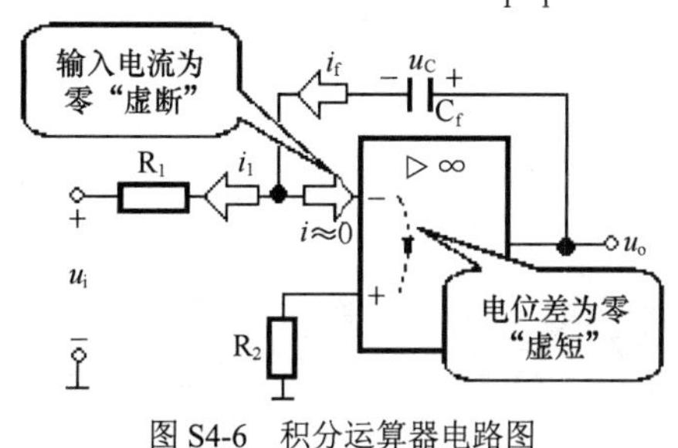

图 S4-6　积分运算器电路图

2. 实施步骤

（1）画图

使用 Proteus 仿真软件，选择合适的电阻按图 S4-6 所示完成接线，结果如图 S4-7 所示。

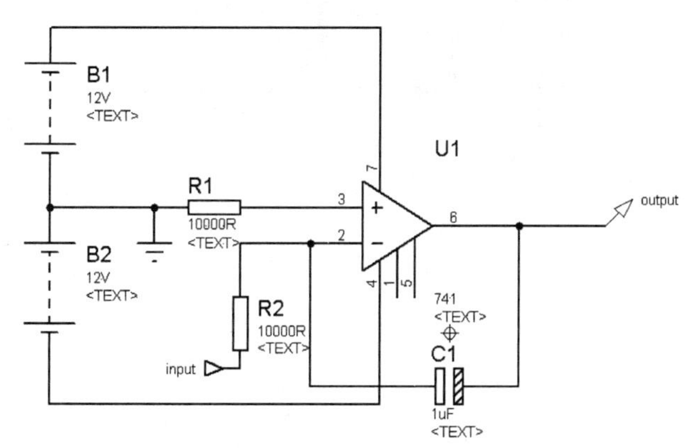

图 S4-7　Proteus 接线图

（2）仿真测试

使用 Proteus 仿真软件，给输入端 u_i 输入 1V 方波，用示波器观察积分运算放大器的输出电压 u_o 的波形，如图 S4-8 所示。

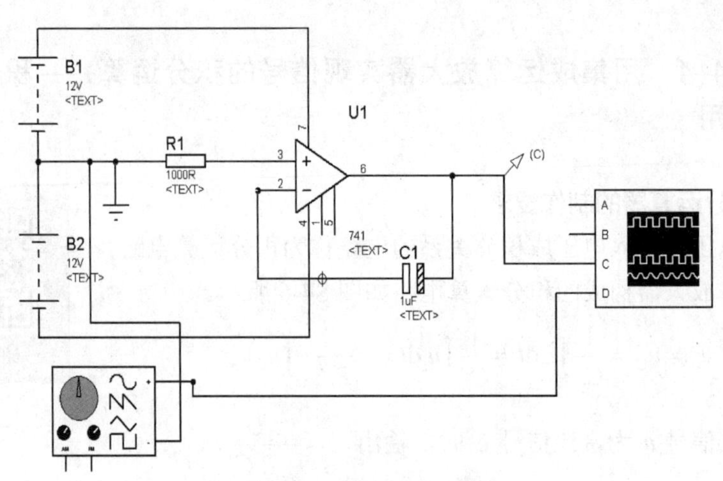

图 S4-8　仿真测试效果图

（3）结果分析

结果显示积分运算放大器会把方波转换成锯齿波，如图 S4-9 所示。

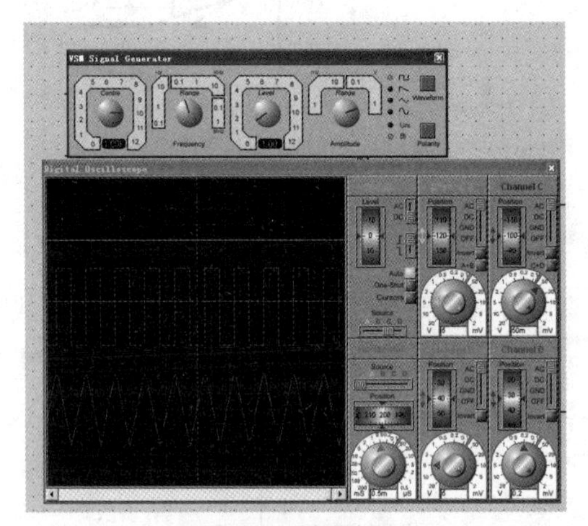

图 S4-9　测试结果

任务 4–5　集成运算放大器的非线性应用——零电压比较器的应用

1. 零电压比较器的制作要求

（1）电压比较器的特性分析

在如图 S4-10 所示电路中，U_R 为参考电压，u_i 为输入电压，运算放大器工作于开环状态。根据理想运算放大器工作在开环时的特点，当 $u_i<U_R$ 时，$u_o=+U_{opp}$；当 $u_i>U_R$ 时，$u_o=-U_{opp}$。$u_i=U_R$ 为转折点，为状态变化的门限电平。可见，图 S4-10 所示电路可用来比较输入电压和参考电压的大小，称为电压比较器。因为图 S4-10 所示电路为一个门限电平的比较器，所以也称为单门限比较器，其电压传输特性如图 S4-11 所示。

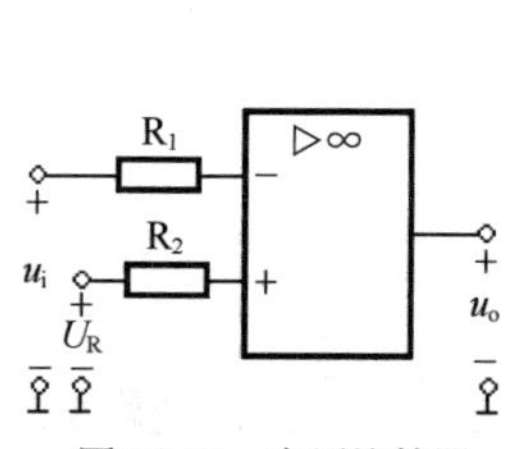

图 S4-10　电压比较器

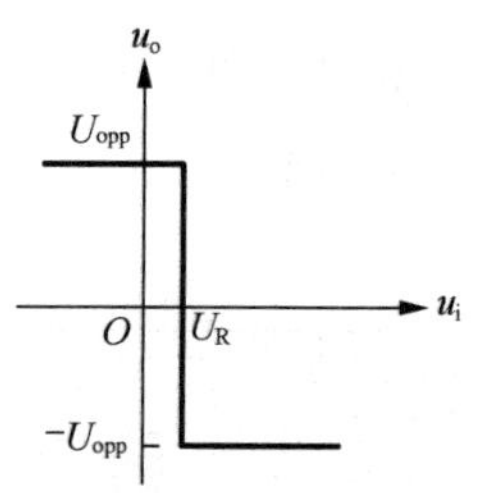

图 S4-11　电压传输特性

（2）零电压比较器的特性分析

当基准电压 $U_R=0$ 时，则成为零电压比较器，即输入电压和零电平比较，称为过零比较器。其电路如图 S4-12 所示，电压传输特性如图 S4-13 所示。

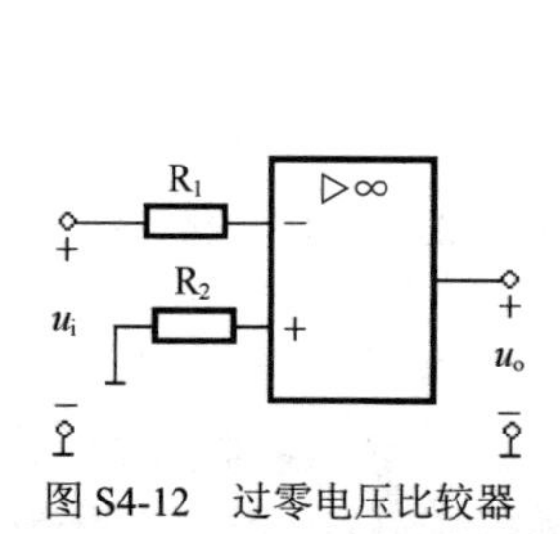

图 S4-12　过零电压比较器

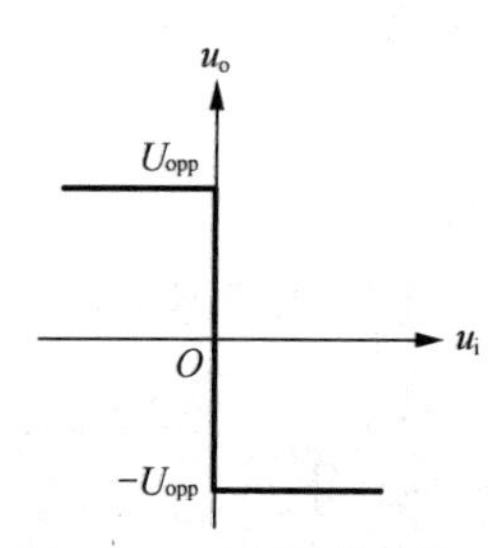

图 S4-13　电压传输特性

2. 实施步骤

（1）画图

使用 Proteus 仿真软件，选择合适的电阻按图 S4-10 所示完成接线，结果如图 S4-14 所示。

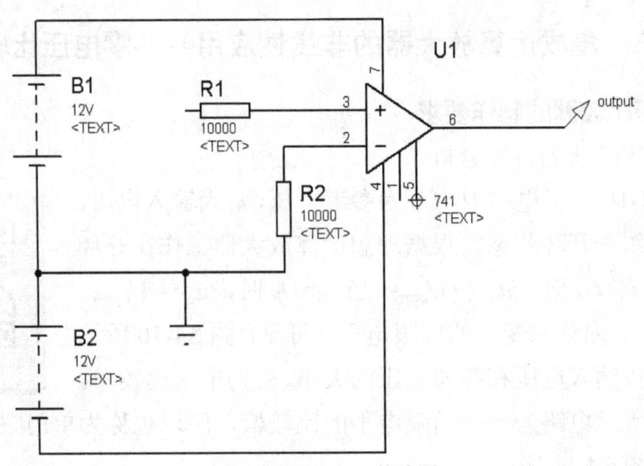

图 S4-14　Proteus 接线图

（2）仿真测试

使用 Proteus 仿真软件，给输入端 u_i 输入 1V 正弦波（1000Hz），用示波器观察零电压比较器的输出电压 u_o 的波形，如图 S4-15 所示。

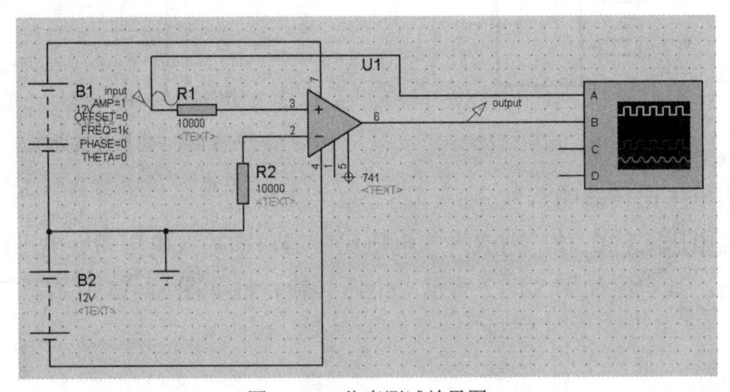

图 S4-15　仿真测试效果图

（3）结果分析

结果显示零电压比较器可以把正弦波转换成方波，如图 S4-16 所示。

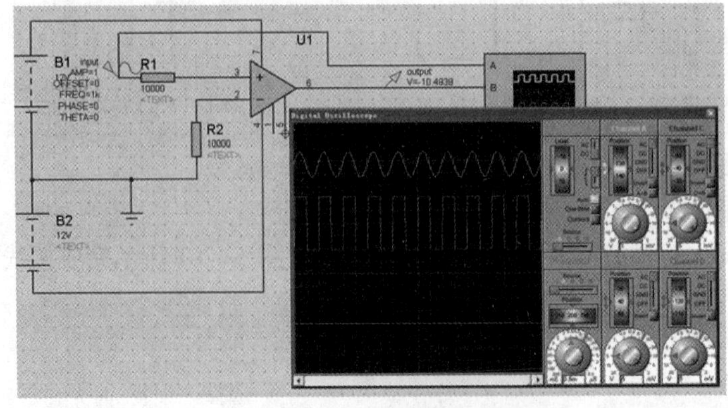

图 S4-16　测试结果

任务 4–6　音频放大电路中间级的制作

1. 音频放大电路中间级的制作要求

要求该电路采用两级集成运算放大器作放大之用，电压放大倍数达到 50 以上。

（1）音频放大电路中间级的电路结构

中间级音调控制电路由集成运算放大器 LM358，电阻 R_6～R_{14}，电容 C_4、C_8、C_{12}～C_{17}，电位器 R_{p2} 组成。其中，集成运算放大器 LM358（A_1）组成的同相输入放大器构成电压放大部分，电容 C_{14} 至 C_{15} 之间的阻容网络构成音调控制部分，如图 S4-17 所示。

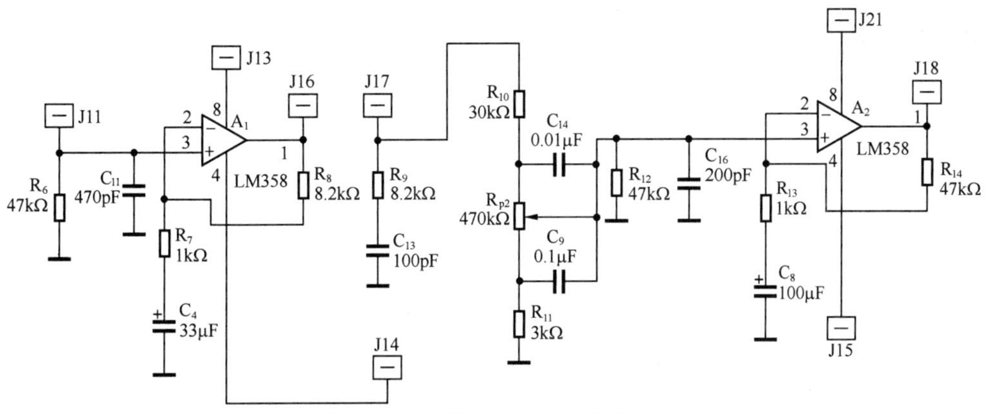

图 S4-17　音频放大电路的中间级原理图

（2）音频放大电路中间级的电路原理分析

A_2 的作用是音调控制部分对信号衰减的补偿。音调控制作用是通过 RC 衰减器对高低频率信号的衰减倍数的不同来升或降高、低音信号的。R_{p2} 为低音控制电位器，其滑动端由上端移至下端时，低频衰减逐渐加大，输出信号中的低频成分随之减小。

在电路中，运用瞬时极性法可判别出中间级两级放大电路为负反馈，通过反馈电阻 R_8 和 R_{14} 反馈交直流信号，可稳定电路的静态和动态特性。反馈信号和输入信号在不同端口的反馈为串联反馈，可有效提高电路的输入电阻、输出端反馈电压信号，从而减小输出电阻。综上所述，该电路所采用的反馈类型为电压串联负反馈，对信号的放大起到了很好的优化作用。

2. 实施步骤

（1）安装

① 安装前应认真理解电路原理，弄清印制电路板上的元件与电路原理图 S4-17 的对应关系，并对所装元器件预先进行检查，确保元器件处于良好状态。

② 将器件清单的电阻、电容、电位器、集成运算放大器 LM358 等元件按图 S4-17 所示的电路在实验板上焊好。

（2）电路测试

① 检查印制电路板上的元器件安装、焊接准确无误。

② 复审无误后通电，用万用表测试该放大电路各静态工作点的数值并记录，通过比较计算值和测量值判别安装有无错误。若出现数值异常，可通过修改电路中相应元器件的参数重新进行静态工作点的测试，直至正确。

③ 在电路输入端接入信号发生器，正确连接双踪示波器，并输出一定频率的正弦交流信号，观察双踪示波器的输入、输出波形并记录波形曲线；计算该电路的电压放大倍数并和计算值比较，观察是否吻合，若有偏差，分析其中的原因。

④ 将反馈电阻 R_8 断开，结合调试步骤③重新测定所有参数，体会负反馈对电路放大功能的影响。

实训项目五　振荡电路的设计和测量

任务 5-1　正弦波信号发生器的仿真

1. 实施要求

① 理解 RC 正弦波振荡电路的组成和振荡的条件；

② 能设计 RC 正弦波振荡电路中元件的参数；

③ 根据给定的频率，能设计一个 RC 桥式振荡器；

④ 能设计出一定参数的正弦波振荡电路，并加以仿真。

2. 实施步骤

（1）电路原理图

选择二极管非线性元件稳幅 RC 桥式振荡原理电路，如图 S5-1 所示。

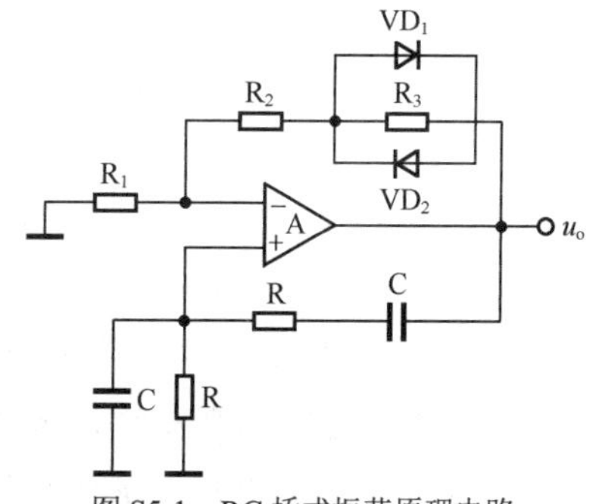

图 S5-1　RC 桥式振荡原理电路

（2）判断电路能否振荡

① 相位：若相位条件不满足，则肯定不是正弦波振荡器。

② 方法：瞬时极性法。

（3）电路元件参数设计

① 振荡频率：此电路的振荡频率为 $f_0=\dfrac{1}{2\pi RC}$。

② 起振幅值条件：$A_u=1+\dfrac{R_f}{R_1}\geqslant 3$，即 $R_f\geqslant 2R_1$。其中，$R_f=R_2+R_3$。

③ 各元件参数选择。

设计一个 10kHz 的正弦波振荡器，根据式（5-10），可得

$$RC=\frac{1}{2\pi f_0}=\frac{1}{2\pi\times 10\times 10^3}\approx 1.59\times 10^{-5}(\text{s})$$

我们选择电容 C 为 1000pF，则 R=15.9kΩ。当然这种选择不是唯一的，根据幅值平衡条件，有 R_f/R_1=2，考虑到起振条件，应有 R_f/R_1>2，其中 $R_f=R_2+R_3$。选择

R_1=10 kΩ、R_f=21 kΩ，再将 R_f 分为 16 kΩ 与 5.1 kΩ 两个电阻串联，在 5.1 kΩ 电阻上正反向并联二极管 1N4148，以便起到稳幅作用。随着振荡器输出幅度越来越大，二极管开始导通，当 5.1 kΩ 电阻与两个二极管并联后的总电阻等于 4 kΩ 时，即 R_f=16 + 4 = 20(kΩ)时，将输出一个稳定的正弦波信号，约 4.5ms 后可以由示波器可以看到产生的起振波形。

（4）电路的仿真及调试

在 Proteus 软件中，RC 正弦波振荡器的仿真如图 S5-2 所示。

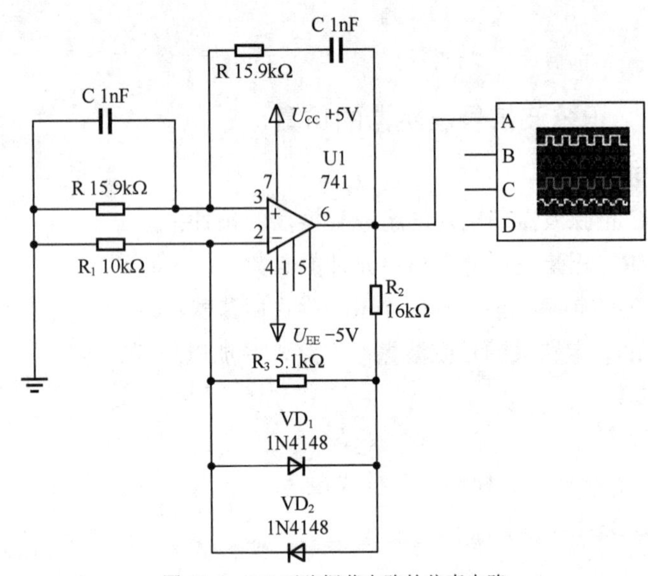

图 S5-2　RC 正弦振荡电路的仿真电路

双击示波器图标可以看到 RC 正弦波振荡器的起振过程和最终输出的波形，实测频率为 9.5513kHz，与理论设计值有 4.5%的误差（可允许范围）。

用示波器输出端观察输出波形。用频率计或示波器测量所产生的正弦信号的频率，用示波器观测并记录运算放大器反相、同相端电压 u_-、u_+和输出电压 u_o 的波形幅值与相位关系，测出 f_0，将测试值与理论值进行比较，并将结果记录于表 S5-1 中。

表 S5-1　　调试、测试结果记录表

测试值				计算值（理论值）
u_+	u_-	u_o	f_0	f_0
u_+与 u_o 的相位关系：				
u_-与 u_o 的相位关系：				

任务 5–2　正弦波振荡电路的实际测量

1. 实施要求

① 进一步理解 RC 正弦波振荡电路的组成和基本工作原理；

② 学会 RC 正弦波振荡电路的搭接和测量方法；

③ 培养学生分析电路、解决实际问题的能力。

2. 实施步骤

（1）实验器材

万用表、示波器、直流稳压电源。

（2）电路原理图

RC 桥式振荡电路的原理图如图 S5-3 所示。

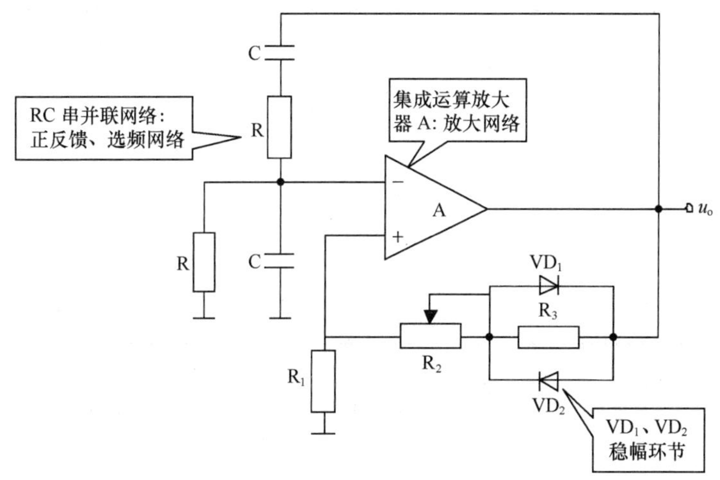

图 S5-3　RC 桥式振荡电路原理图

（3）具体步骤

① 按表 S5-2 准备配套的电子元件及材料明细。

表 S5-2　配套电子元件及材料明细表

序　号	元器件代号	名　称	型 号 参 数	数　量
1	R	电阻器	RT—0.125—15.9kΩ±5%	2
2	R_1	电阻器	RT—0.125—10kΩ±5%	1
3	R_3	电阻器	RT—0.125—5.1kΩ±5%	1
4	R_2	电阻器	RT—0.125—16kΩ±5%	1
5	C_1、C_2	电容器	CL11—63V—1000pF±1%	2
6	VD_1、VD_2	二极管	1N4148	2
7	IC1	运算放大器	LM741	1

② 按原理图接线、测试并记录。按工艺要求搭接电路。应注意，集成运算放大器的引脚和正、负电源，二极管的正、负不要接错，并通过引线引出集成运算放大器的正、负电源端，输出端以及公共接地端。

（a）电路搭接好后，反复检查搭接电路，在确定电路连接无误的情况下，将集成运算放大器接上正、负直流稳压电源，用示波器接输出端观察输出波形，调节 R_2 使电路起振且使波形失真最小，并观察电阻 R_2 的变化对输出波形的影响。

（b）用示波器测量所产生正弦波信号的频率，测出 f_0，将测试的 f_0 值与理论值进行比较，将结果记录于表 S5-3 中。

（c）用示波器观测并记录运算放大器反相、同相端电压 u_+、u_-和输出电压 u_o 的波形。

表 S5-3　　调试、测试结果记录表

测试值				计算值（理论值）
u_+	u_-	u_o	f_0	f_0

波形记录：

实训项目六 组合逻辑电路的设计

任务 6-1 逻辑门电路测试

1. 实施要求

① 能熟练使用数字芯片；

② 会测试与门、或门、非门、与非门、或非门等基本逻辑门电路的逻辑功能；

③ 巩固对摩根定理的认识。

2. 实施步骤

（1）实验设备及元器件

① 数字电路实验箱，万用表。

② 集成芯片。

74LS08	四 2 输入与门	1 片
74LS32	四 2 输入或门	1 片
74LS00	四 2 输入与非门	1 片
74LS20	双 4 输入与非门	1 片
74LS02	四 2 输入或非门	1 片

（2）操作步骤

① 测试基本逻辑门电路的逻辑功能。

（a）选用 4 个二输入与门 74LS08 一片，按图 S6-1 所示接线，输入端接逻辑电平开关 S_1、S_2，输出端接电平显示发光二极管（LED）VD_1～VD_8 中的任意一个。

（b）将电平开关 S_1、S_2 分别按图 S6-1 所示位置，观察输出端的状态，并测量相应的电压，记录在表 S6-1 中。

（c）选用或门、与非门、或非门等芯片，参照步骤（a）、（b），测试其逻辑功能。

（d）测试 4 个二输入与非门 74LS20 的逻辑功能，按图 S6-2 所示接线，完成表 S6-2。

表 S6-1 实验数据（一）

输入		输出		
A	B	Y=A·B	Y	电压/V
0	0	0		
0	1	0		
1	0	0		
1	1	1		

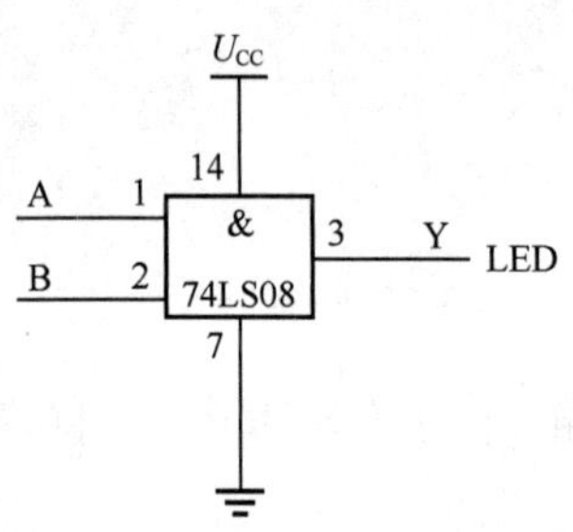

图 S6-1 二输入与门 74LS08 接线图

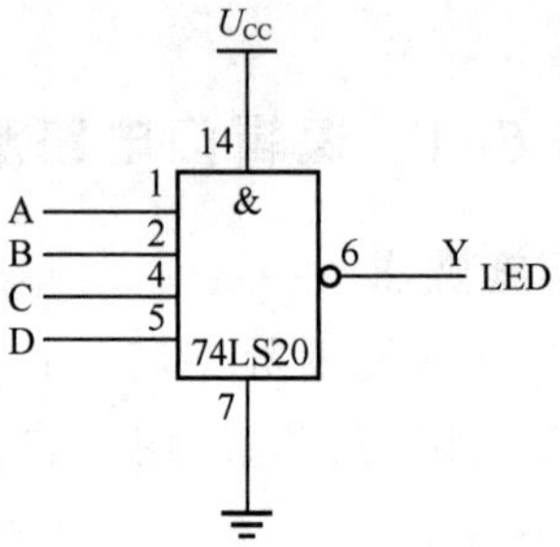

图 S6-2 二输入与非门 74LS20 接线图

表 S6-2 实验数据（二）

输入				输出		
A	B	C	D	$Y=\overline{ABCD}$	Y	电压/V
0	0	0	0	1		
0	0	0	1	1		
0	0	1	1	1		
0	1	1	1	1		
1	1	1	1	0		

② 验证摩根定理

（a）与非门在输入端加非门得到或门。参照图 S6-3 所示接线，完成表 S6-3。

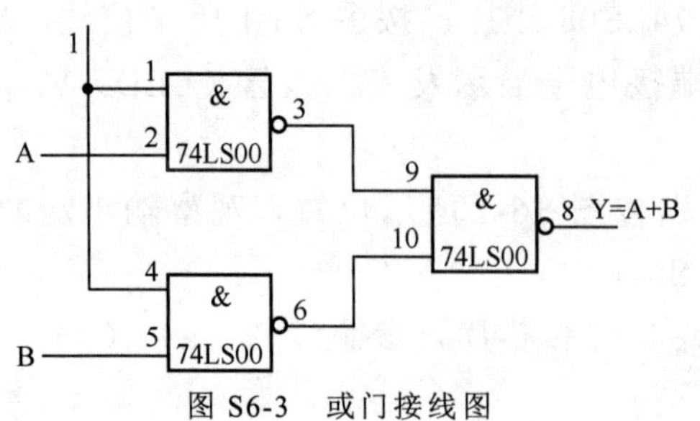

图 S6-3 或门接线图

表 S6-3 实验数据（三）

输入		输出	
A	B	Y = A + B	Y
0	0	0	
0	1	1	
1	0	1	
1	1	1	

（b）或门在输入端加非门，得到与非门。参照图 S6-4 所示接线，完成表 S6-4。

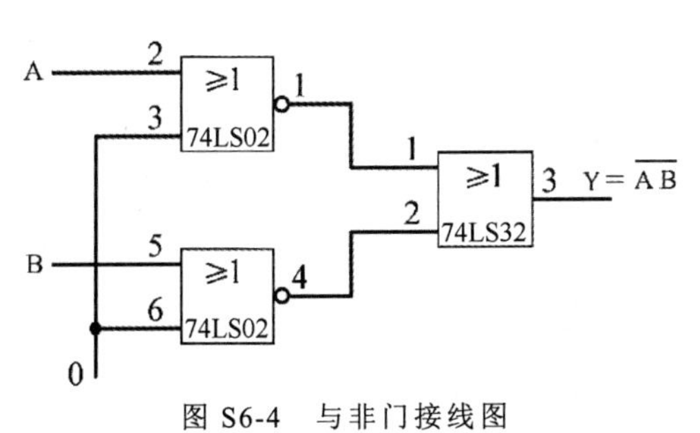

图 S6-4　与非门接线图

表 S6-4　实验数据（四）

输入		输出	
A	B	Y= $\overline{AB}$	Y
0	0	1	
0	1	1	
1	0	1	
1	1	0	

任务 6-2　组合逻辑电路测试

1. 实施要求

① 能准确测试验证奇偶校验器、原码/反码转换器、多数表决器的逻辑功能；

② 熟悉组合逻辑电路的特点，会进行分析和设计。

2. 实施步骤

（1）实验设备及元器件。

① 数字电路实验箱，万用表。

② 集成芯片。

74LS08	四 2 输入与门	1 片
74LS32	四 2 输入或门	1 片
74LS00	四 2 输入与非门	1 片
74LS20	双 4 输入与非门	1 片
74LS86	四 2 输入异或门	1 片

（2）操作步骤

① 测试 4 位奇偶校验器的逻辑功能。

（a）用四 2 输入异或门 74LS86 构成 4 位奇偶校验器有两种接法，如图 S6-5 和图 S6-6 所示。按图 S6-5 所示接线，然后按表 S6-5 所示要求改变输入端 A、B、C、D 的状态，测试输出端 Y 的状态，并记录在表 S6-5 中。

（b）改用图 S6-6 所示接法，重复上述步骤。

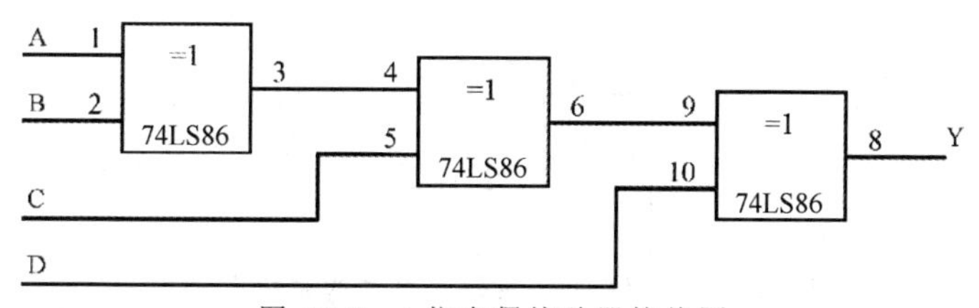

图 S6-5　4 位奇偶校验器接线图

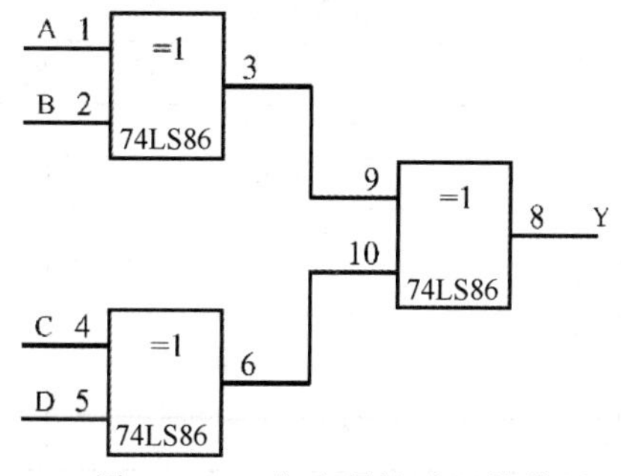

图 S6-6　4 位奇偶校验器接线图

表 S6-5　　实验数据（五）

输入				输出	
				图 S6-5	图 S6-6
A	B	C	D	Y	Y
0	0	0	1		
0	0	1	1		
0	1	1	1		
1	1	1	1		
1	1	1	0		
1	1	0	0		
1	0	0	0		

② 测试4位原码/反码转换器的逻辑功能。

4位原码/反码转换器的逻辑电路图如图 S6-7 所示。

先接线，然后按表 S6-6 要求改变输入端 A、B、C、D 的状态，测试 M=0 和 M=1 时的输出结果，完成表 S6-6。

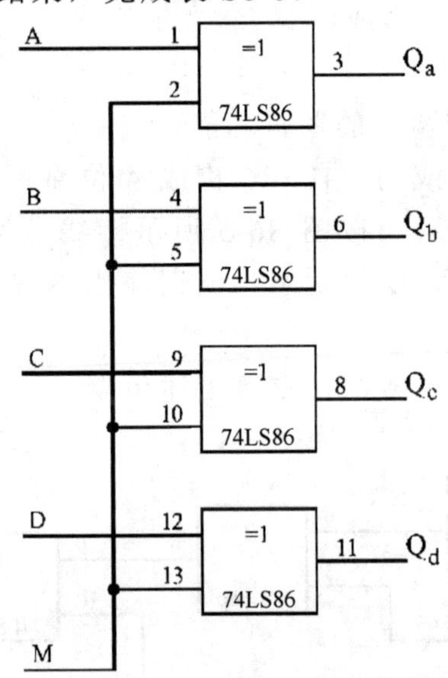

图 S6-7　4位原码/反码转换器的逻辑电路图

表 S6-6　　实验数据（六）

输入	输出	
	M = 0	M = 1
A B C D	$Q_aQ_bQ_cQ_d$	$Q_aQ_bQ_cQ_d$
0 0 0 0		
0 0 0 1		
0 0 1 1		
0 1 1 1		
1 1 1 1		

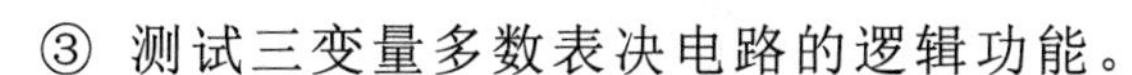

③ 测试三变量多数表决电路的逻辑功能。

三变量多数表决电路的最简与或表达式为

$$Y=AB+BC+AC$$

由此确定的逻辑电路图如图 S6-8 所示，其由与门和或门构成。

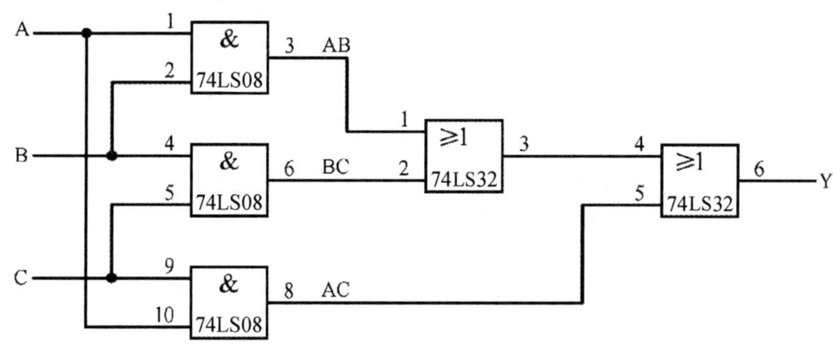

图 S6-8　三变量多数表决逻辑电路图

实际电路设计中多使用与非门来实现。因而，可将逻辑表达式利用摩根定理变换为

$$Y=\overline{\overline{AB+BC+AC}}$$

$$Y=\overline{\overline{AB}\cdot\overline{BC}\cdot\overline{AC}}$$

其逻辑电路图如图 S6-9 所示。

分别按图 S6-8 和图 S6-9 所示接线、测试，完成表 S6-7。

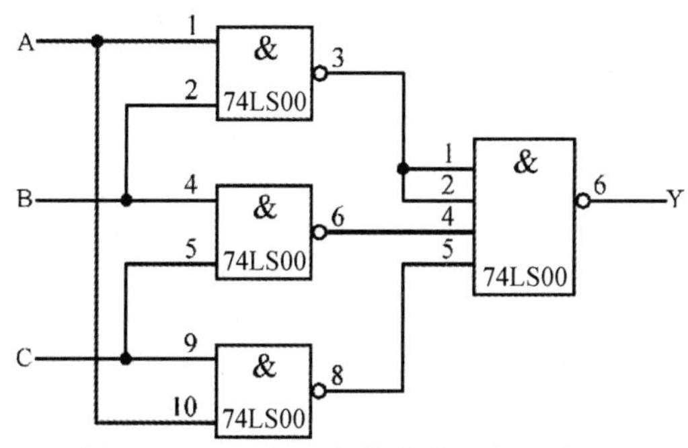

图 S6-9　三变量多数表决逻辑电路图

表 S6-7　实验数据（七）

输　入	输　出	
	图 S6-8	图 S6-9
A　B　C	Y	Y
0　0　0		
0　0　1		
0　1　0		
0　1　1		
1　0　0		
1　0　1		
1　1　0		
1　1　1		

任务 6-3　加法器测试及应用

1. 实施要求

① 熟悉二进制数的运算规律；

② 学习半加器和全加器的操作、测试，验证其逻辑功能。

2. 实施步骤

（1）实验设备及元器件

① 数字电路实验箱，万用表。

② 集成芯片。

74LS00	四 2 输入与非门	1 片
74LS86	四 2 输入异或门	1 片

（2）操作步骤

① 测试用异或门和与非门构成的半加器的逻辑功能。

半加器的逻辑表达式为

$$S_i=A_i \oplus B_i$$

$$C_i=A_i \cdot B_i$$

可知，半加器和位 S_i 是 A_i、B_i 的异或，而进位 C_i 是 A_i、B_i 相与，因此，半加器可用一个异或门和两个与非门构成。参照图 S6-10 所示接线，完成表 S6-8 所示的半加器的逻辑功能测试。

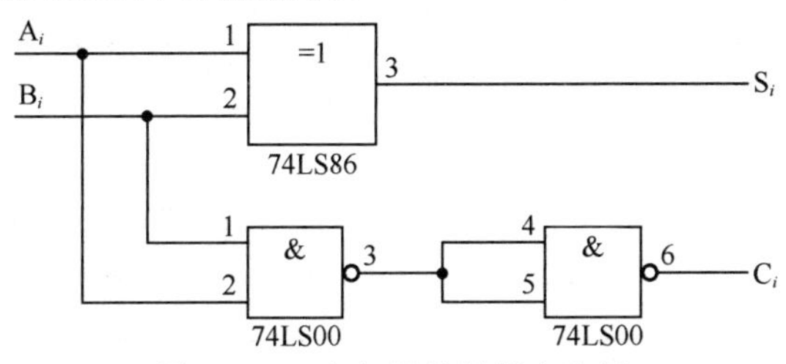

图 S6-10　半加器的逻辑电路图

表 S6-8　实验数据（八）

输入		输出	
A_i	B_i	S_i	C_i
0	0		
0	1		
1	0		
1	1		

② 测试用异或门和与非门构成的全加器的逻辑功能。

半加器的逻辑表达式为

$$S_i=A_i \oplus B_i \oplus C_{i-1}$$

$$C_i=(A_i \oplus B_i) \cdot C_{i-1}+A_i \cdot B_i$$

由此构成的逻辑电路图如图 S6-11 所示。

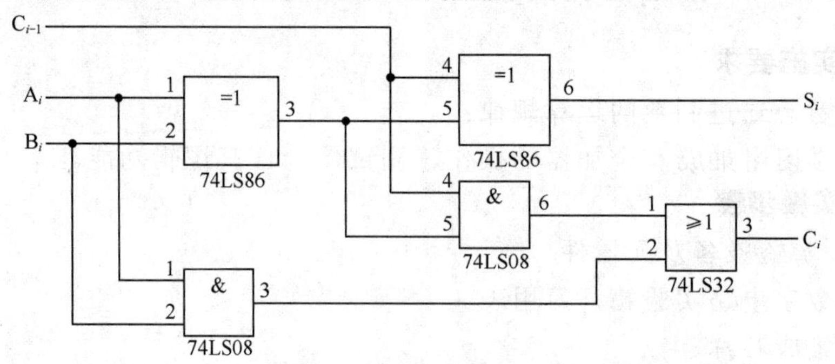

图 S6-11 全加器的逻辑电路图

将进位的逻辑表达式利用摩根定理作变换，得

$$C_i = \overline{\overline{(A_i \oplus B_i)\cdot C_{i-1} + A_i \cdot B_i}}$$

$$C_i = \overline{\overline{(A_i \oplus B_i)\cdot C_{i-1} + A_i \cdot B_i}}$$

因此，全加器可用两个异或门和三个与非门构成，如图 S6-12 所示。根据图 S6-12 所示接线，完成表 S6-9 所示的全加器的逻辑功能测试。

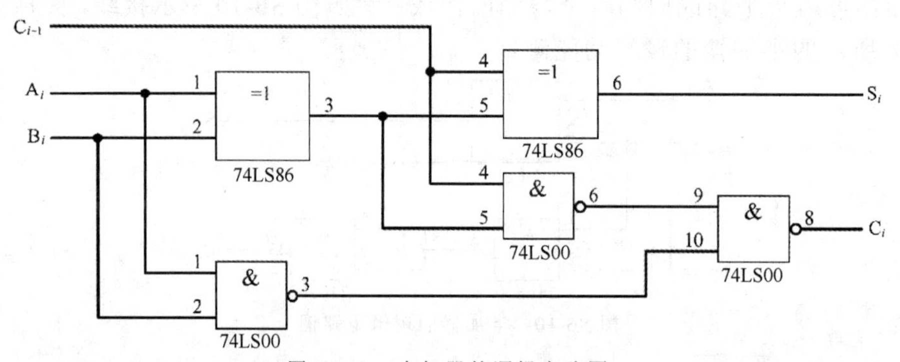

图 S6-12 全加器的逻辑电路图

表 S6-9 全加器的真值表

输入			输出	
A_i	B_i	C_{i-1}	S_i	C_i
0	0	0		
0	0	1		
0	1	0		
0	1	1		
1	0	0		
1	0	1		
1	1	0		
1	1	1		

任务 6-4　译码器测试及应用

1. 实施要求

① 能熟练测试规模集成译码器；

② 会使用集成译码器实现组合逻辑函数。

2. 实施步骤

（1）实验设备及元器件

① 数字电路实验箱，万用表。

② 集成芯片。

74LS138　　3 线-8 线译码器　　1 片

74LS20　　双 4 输入与非门　　1 片

（2）操作步骤

① 3 线-8 线译码器 74LS138 逻辑功能的测试。3 线-8 线译码器 74LS138 的逻辑符号如图 S6-13 所示。试测试其逻辑功能，完成表 S6-10。

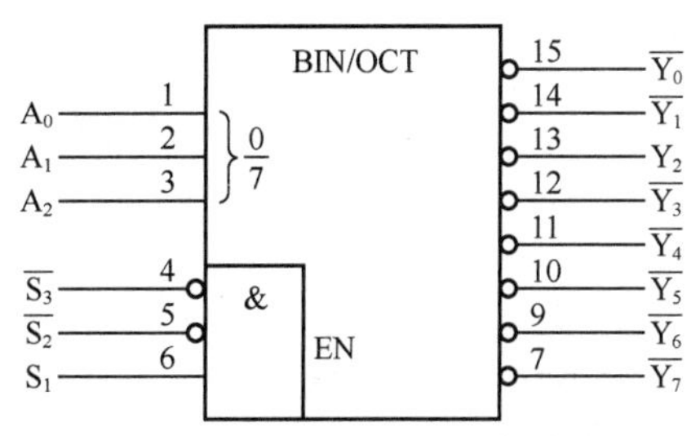

图 S6-13　74LS138 的逻辑符号

表 S6-10　　3 线-8 线译码器 74LS138 的逻辑功能表

S_1 $\overline{S_2}$ $\overline{S_3}$	A_2 A_1 A_0	$\overline{Y_0}$	$\overline{Y_1}$	$\overline{Y_2}$	$\overline{Y_3}$	$\overline{Y_4}$	$\overline{Y_5}$	$\overline{Y_6}$	$\overline{Y_7}$
0 × ×	× × ×								
× 1 1	× × ×								
1 0 0	0 0 0								
1 0 0	0 0 1								
1 0 0	0 1 0								
1 0 0	0 1 1								
1 0 0	1 0 0								
1 0 0	1 0 1								
1 0 0	1 1 0								
1 0 0	1 1 1								

② 用译码器实现全加器。用 3 线-8 线译码器 74LS138 和与非门 74LS20 实现全加器，电路如图 S6-14 所示。

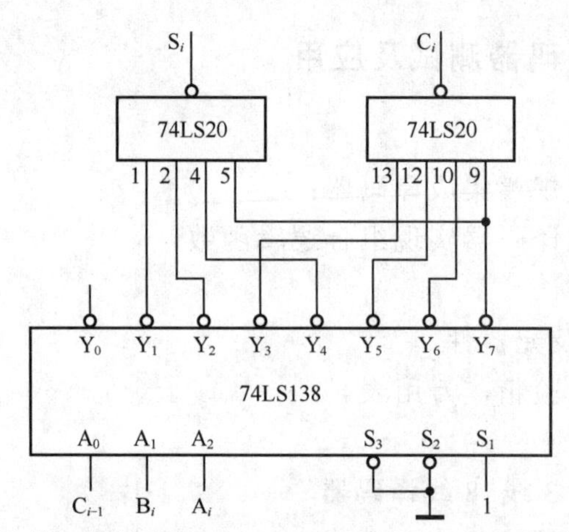

图 S6-14　用 3 线-8 线译码器 74LS138 和与非门 74LS20 实现全加器电路图

参照图 S6-13，按图 S6-14 所示接线，写出输出端 S_i、C_i 的逻辑函数式，测试其逻辑功能，完成表 S6-9。

任务 6–5　用 Proteus 仿真测试译码器的逻辑功能

1. 实施要求

① 能熟练使用 Proteus 仿真软件；

② 验证 3 线–8 线译码器 74LS138 的逻辑功能，用发光二极管指示输出。

2. 实施步骤

（1）打开软件 Proteus。

（2）选择合适的元器件，放入面板中，如图 S6-15 所示。

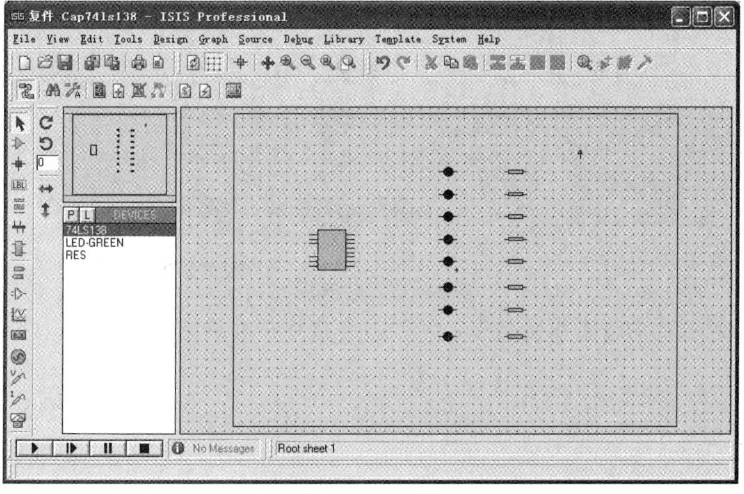

图 S6-15　画图

（3）根据芯片特点对元器件进行连线，如图 S6-16 所示。

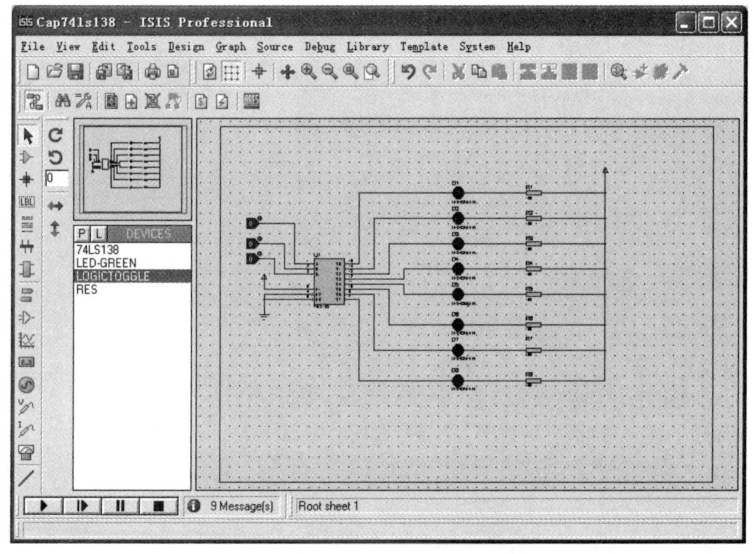

图 S6-16　元器件连线

（4）在输入端输入相应的高低电平信号，对应的二极管发光。

如输入 CBA = 000 时，二极管 VD_1（图 S6-17 中 D1）发光；

如输入 CBA = 101 时，二极管 VD_6（D6）发光，仿真图如图 S6-17 所示。

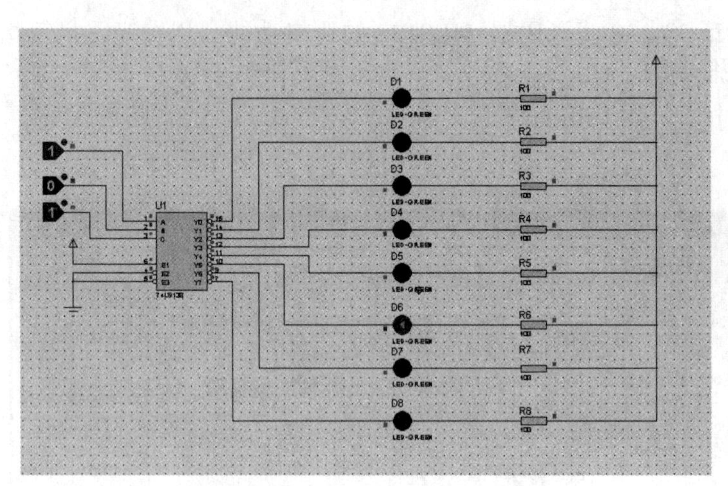

图 S6-17　仿真图

注：CBA 其他的 6 种组合情况，请学习者自行仿真调试。

任务 6-6　用两片 74LS138 构成一个 4 位二进制译码器

1. 实施要求

① 能熟练使用 Proteus 仿真软件；

② 学习 4 线-16 线译码器的工作原理及构成方法。

2. 实施步骤

（1）打开 Proteus 软件。

（2）选择合适的元器件，放入面板中，如图 S6-18 所示。

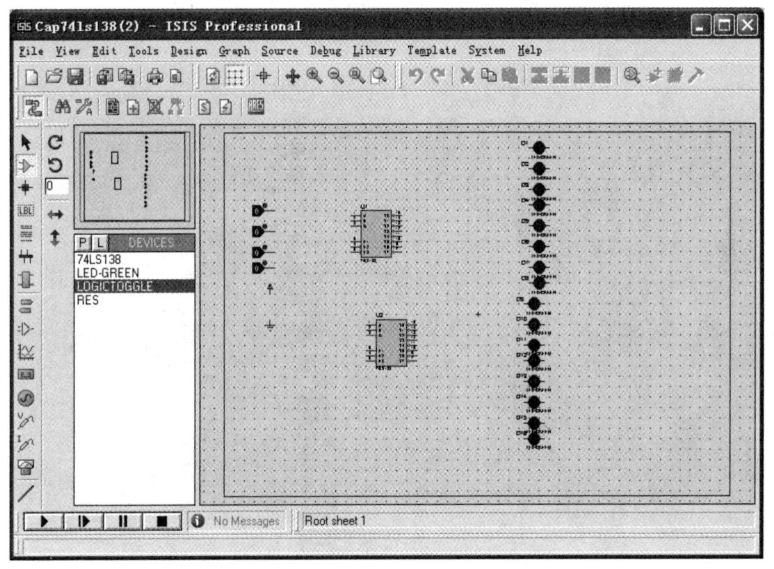

图 S6-18　画图

（3）根据芯片特点对元器件进行连线，如图 S6-19 所示。

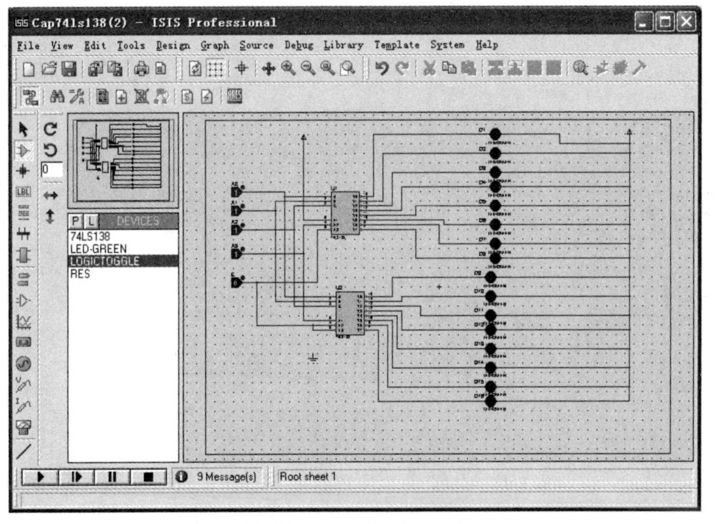

图 S6-19　元器件连线

（4）逻辑功能仿真。

根据两片 CT74LS138 构成的 4 线-16 线译码器的特点，仿真过程如下所述。

① 当 E = 1 时，两个译码器都不工作，输出的 16 个二极管都不发光。

② 当 E = 0 时，译码器工作。

如输入 $A_3A_2A_1A_0 = 0000$ 时，二极管 VD_1（D1）发光；

如输入 $A_3A_2A_1A_0 = 1000$ 时，二极管 VD_9（D9）发光；

如输入 $A_3A_2A_1A_0 = 1011$ 时，二极管 VD_{12}（D12）发光，仿真图如图 S6-20 所示。

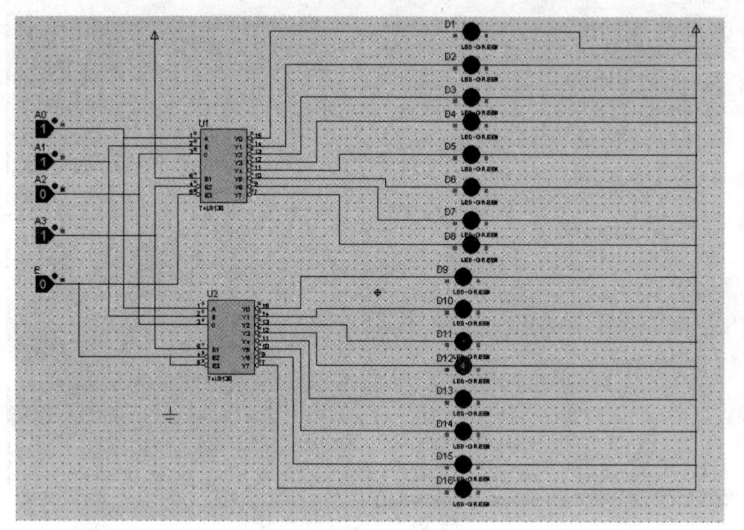

图 S6-20　仿真图

注：$A_3A_2A_1A_0$ 其他的 15 种组合情况，请学习者自行仿真调试。

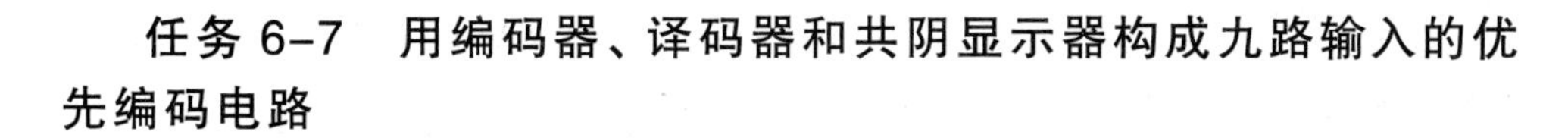

任务 6-7　用编码器、译码器和共阴显示器构成九路输入的优先编码电路

1. 实施要求

① 能熟练使用 Proteus 仿真软件；

② 会用优先编码器实现优先编码设计。

2. 实施步骤

（1）打开软件 Proteus。

（2）选择合适的元器件，放入面板中，如图 S6-21 所示。

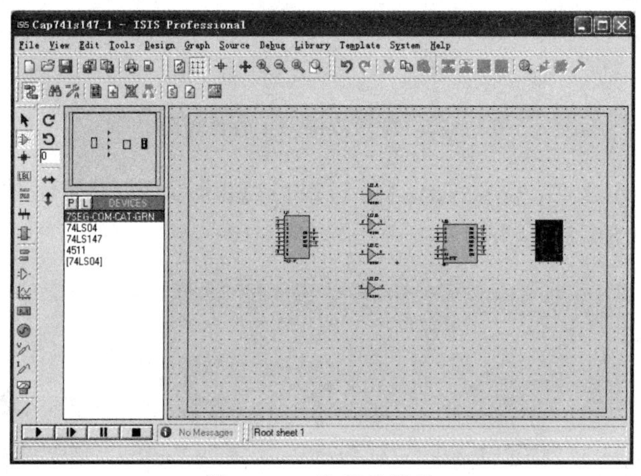

图 S6-21　选择元器件

（3）根据芯片特点对元器件进行连线，如图 S6-22 所示。

（4）逻辑功能仿真。根据 CT74LS147 优先编码器的特点，仿真过程如下所述。

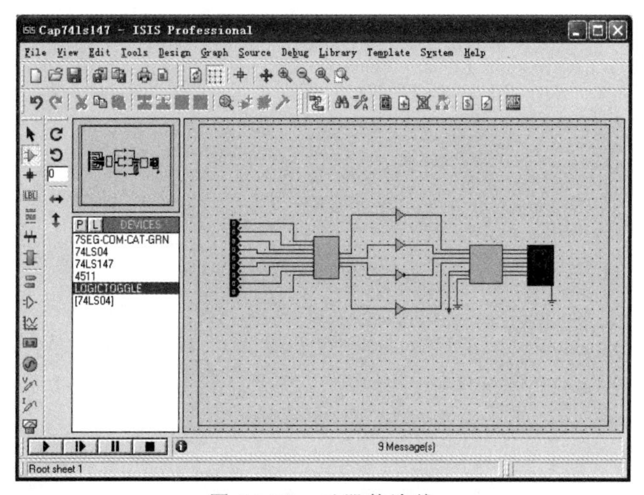

图 S6-22　元器件连线

如输入 $A_9A_8A_7A_6A_5A_4A_3A_2A_1$=10×××××××时（×表示既可为 0 也为 1），共阴显示器显示结果为 8。

如输入 $A_9A_8A_7A_6A_5A_4A_3A_2A_1$=111110×××时（×表示既可为 0 也为 1），共阴显示器显示结果为 4，仿真图如图 S6-23 所示。

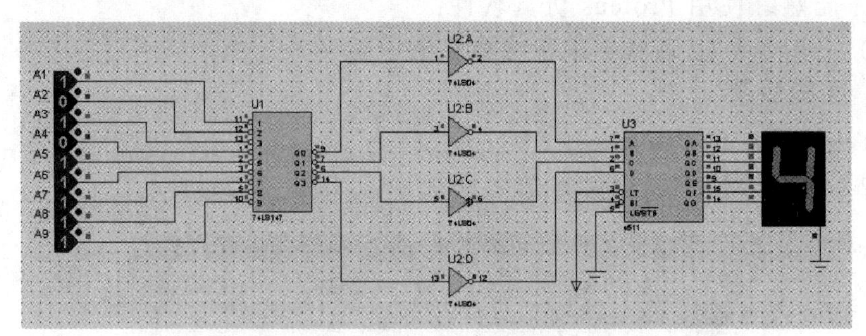

图 S6-23　显示结果为 4 的仿真图

如输入 $A_9A_8A_7A_6A_5A_4A_3A_2A_1$=111111111 时，共阴显示器显示结果为 0，仿真图如图 S6-24 所示。

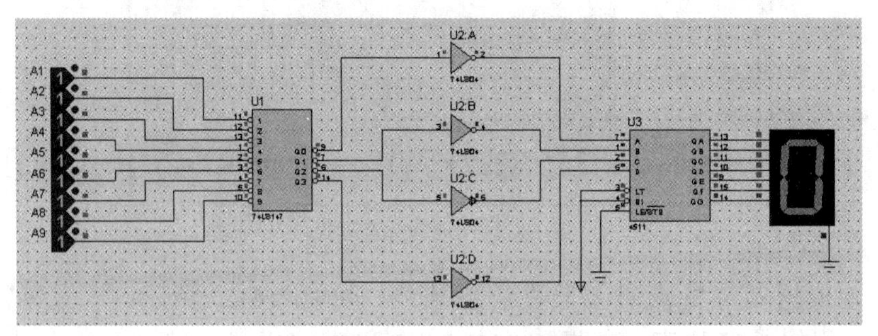

图 S6-24　显示结果为 0 的仿真图

实训项目七 时序逻辑电路的设计

任务 7–1 触发器测试

1. 实施要求

① 熟悉 RS 触发器、D 触发器、JK 触发器的逻辑功能和特点，掌握它们的测试方法；

② 学会正确使用触发器集成芯片的方法，熟悉异步输入信号 $\overline{R_D}$ 、$\overline{S_D}$ 的作用；

③ 掌握不同触发器的相互转换方法。

2. 实施步骤

（1）实验设备及元器件

① 双踪示波器。

② 集成芯片。

74LS00	四 2 输入与非门	1 片
74LS74	双 D 触发器	1 片
74LS112	双 JK 触发器	1 片

（2）操作步骤

① 测试基本 RS 触发器逻辑功能。

（a）选用四 2 输入与非门 74LS00 两片，按图 S7-1 所示接线，构成基本 RS 触发器。

（b）按下面的顺序在 $\overline{S_D}$ 、$\overline{R_D}$ 端加信号。

$$\overline{S_D}=0、\overline{R_D}=1；\overline{S_D}=1、\overline{R_D}=1；\overline{S_D}=1、\overline{R_D}=0；\overline{S_D}=1、\overline{R_D}=1$$

观察并记录触发器的 Q、$\overline{Q}$ 端的状态，将结果填入表 S7-1 中，并说明在上述各种输入状态下，触发器执行的功能。

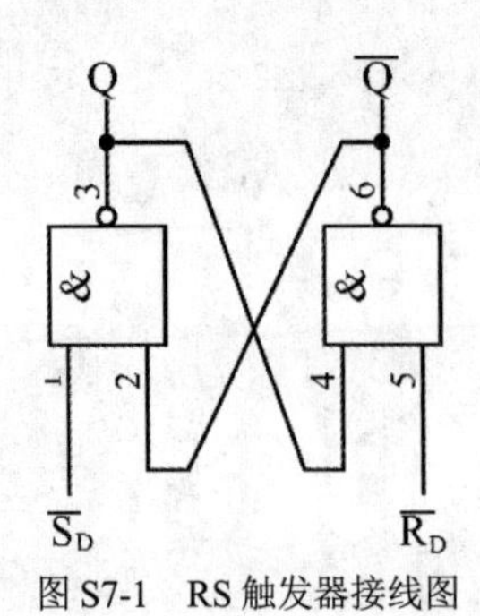

图 S7-1　RS 触发器接线图

表 S7-1　RS 触发器逻辑功能表

$\overline{S_D}$	$\overline{R_D}$	Q	$\overline{Q}$	逻辑功能
0	1			
1	1			
1	0			
1	1			

（c）分别在 $\overline{S_D}$ 端接低电平，$\overline{R_D}$ 端加脉冲；$\overline{S_D}$ 端接高电平，$\overline{R_D}$ 端加脉冲；连接 $\overline{R_D}$、$\overline{S_D}$ 端并加脉冲信号。观察并记录上述 3 种情况下，Q、$\overline{Q}$ 端的状态，从中总结出基本 RS 触发器的 Q 或 $\overline{Q}$ 端的状态改变与输入端 $\overline{S_D}$、$\overline{R_D}$ 的关系。

（d）$\overline{S_D}$、$\overline{R_D}$ 都接低电平时，观察 Q、$\overline{Q}$ 端的状态；当 $\overline{S_D}$、$\overline{R_D}$ 同时由低电平跳变为高电平时，注意观察 Q、$\overline{Q}$ 端的状态。重复 3～5 次，看 Q、$\overline{Q}$ 端的状态是否相同，以正确理解“不定”状态的含义。

② 测试维持-阻塞型 D 触发器的逻辑功能。选用双 D 型正边沿维持-阻塞型触发器 74LS74，其逻辑符号如图 S7-2 所示。

（a）分别在 $\overline{S_D}$、$\overline{R_D}$ 端加低电平，观察并记录 Q、$\overline{Q}$ 端的状态。

（b）令 $\overline{S_D}$、$\overline{R_D}$ 端为高电平，D 端分别接高、低电平，用点动脉冲作为 CP，观察并记录当 CP 为 0、↑、1、↓时，Q 端状态的变化。

（c）当 $\overline{S_D}=\overline{R_D}$=1、CP=0（或 CP=1）时，改变 D 端信号，观察 Q 端的状态是否变化。

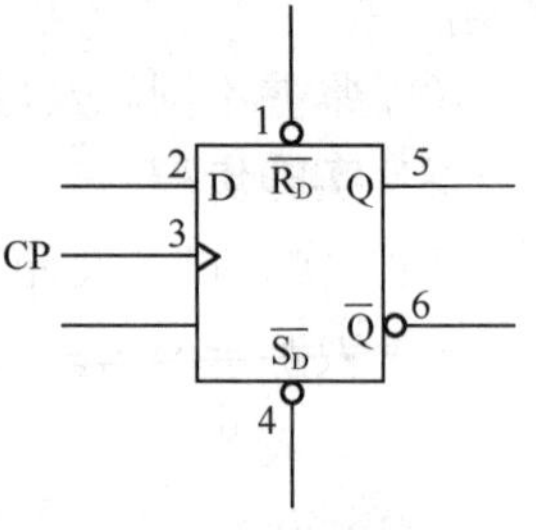

图 S7-2　D 触发器逻辑符号

整理上述实验数据，将结果填入表 S7-2 中。

表 S7-2　D 触发器逻辑功能表

$\overline{S_D}$	$\overline{R_D}$	CP	D	Q^n	Q^{n+1}
0	1	×	×	0	
				1	
1	0	×	×	0	
				1	
1	1	0	×	0	
				1	
1	1	↑	0	0	
				1	
1	1	↑	1	0	
				1	
1	1	1	×	0	
				1	
1	1	↓	×	0	
				1	

（d）令$\overline{S_D}=\overline{R_D}=1$，将 D 和$\overline{Q}$端相连，CP 加连续脉冲，用双踪示波器观察并记录 Q 相对于 CP 的波形。

③ 测试负边沿 JK 触发器的逻辑功能。选用双 JK 负边沿触发器 74LS112，其逻辑符号如图 S7-3 所示。

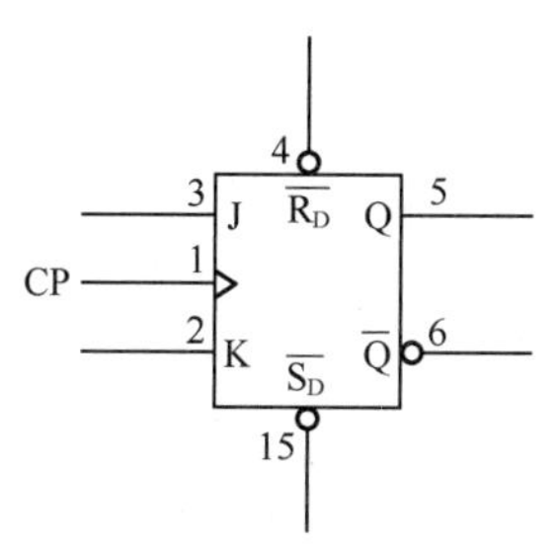

图 S7-3 双 JK 负边沿触发器 74LS112 逻辑符号

（a）自拟实验步骤，测试其功能，完成表 S7-3。

（b）若令 J = K = 1（即转换为 T′触发器），CP 端加连续脉冲，用双踪示波器观察 Q～CP 的波形，和 D 触发器的 D 和$\overline{Q}$端相连时观察到的 Q～CP 波形相比较，有何异同点？

④ 触发器的相互转换

（a）将双 D 触发器 74LS74 转换成 T′触发器，写出特性方程，画出实验电路图。

（b）将 T′触发器的 CP 端加连续脉冲，用双踪示波器观察并记录 Q～CP 的波形，并与上面步骤③（b）中观察到的 T′触发器的 Q～CP 波形相比较，又有何异同点？

表 S7-3 双 JK 负边沿触发器 74LS112 逻辑功能表

$\overline{S_D}$	$\overline{R_D}$	CP	J	K	Q^n	Q^{n+1}
0	1	×	×	×	0	
					1	
1	0	×	×	×	0	
					1	
1	1	↓	0	0	0	
					1	
1	1	↓	0	1	0	
					1	
1	1	↓	1	0	0	
					1	
1	1	↓	1	1	0	
					1	

任务 7-2　移位寄存器型计数器测试

1. 实施要求

① 掌握环形计数器、扭环形计数器等移位寄存器型计数器的逻辑功能和特点；

② 掌握时序逻辑电路的特点及其分析、设计和测试方法。

2. 实施步骤

（1）实验设备及元器件

集成芯片：

74LS00	四 2 输入与非门	1 片
74LS10	三 3 输入与非门	1 片
74LS175	四 D 触发器	1 片

（2）操作步骤

① 测试自循环移位寄存器——环形计数器的逻辑功能。

（a）将四 D 型触发器 74LS175 按图 S7-4 所示连接组成一个 4 位环形计数器。

（b）将 $Q_1Q_2Q_3Q_4$ 初始状态置为 1000，用单脉冲计数，记录各触发器状态。

（c）改为连续脉冲计数，并将其中一个状态为“0”的触发器置为“1”（模拟干扰信号作用的结果），观察计数器能否正常工作并分析原因。

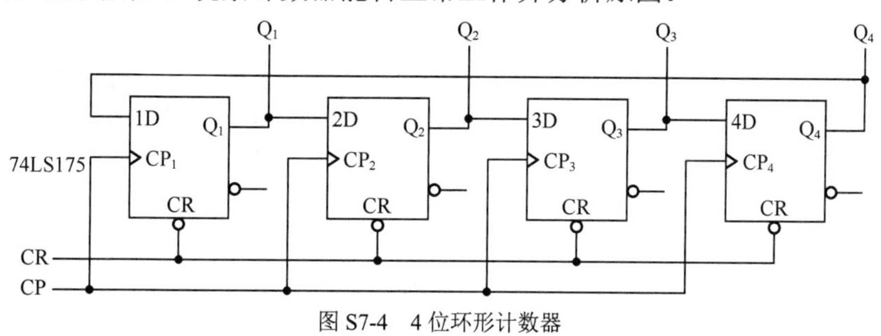

图 S7-4　4 位环形计数器

② 测试自启动环形计数器。

（a）按图 S7-5 所示连接电路，组成一个 4 位环形计数器。

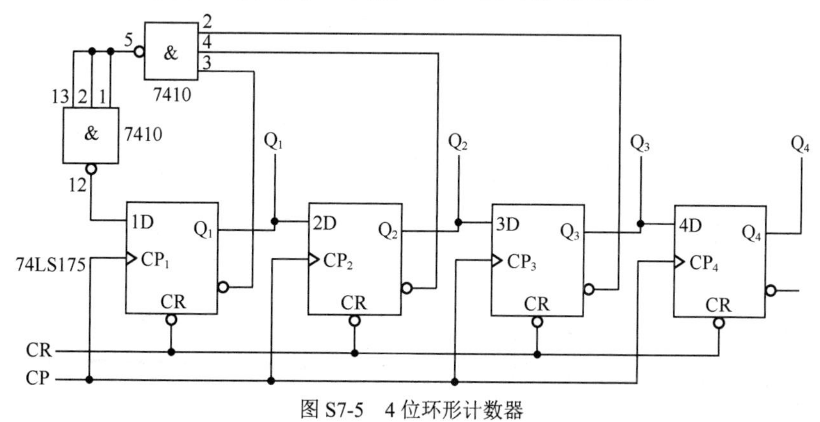

图 S7-5　4 位环形计数器

（b）重复①的步骤，对比实验结果，总结自启动的重要性。

③ 测试扭环形计数器

（a）按图 S7-6 所示连接电路，组成一个 4 位扭环形计数器。

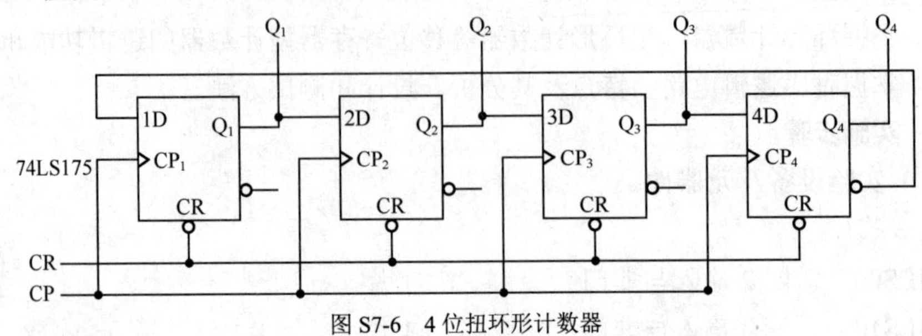

图 S7-6　4 位扭环形计数器

（b）重复①的步骤，对比实验结果，总结自启动的重要性。

（c）本计数器不能自启动，试作改进，设计成能自启动的扭环型计数器。画出电路图，并验证。

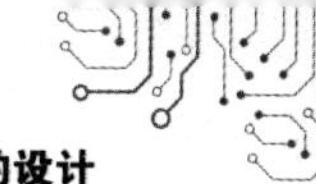

任务 7–3　集成计数器测试

1. 实施要求

① 熟悉集成计数器各控制端的作用，掌握其逻辑功能测试和使用方法；

② 掌握集成计数器构成任意进制计数器的设计方法。

2. 实施步骤

（1）实验设备及元器件

集成芯片：

74LS00　　四 2 输入与非门　　1 片

74LS290　　二-五-十进制异步计数器　　2 片

（2）操作步骤

① 测试集成计数器 74LS290 的逻辑功能。参照图 S7-7、图 S7-8 设计 8421BCD 码十进制计数器和 5421BCD 码十进制计数器，测试其逻辑功能并分别填入表 S7-4。

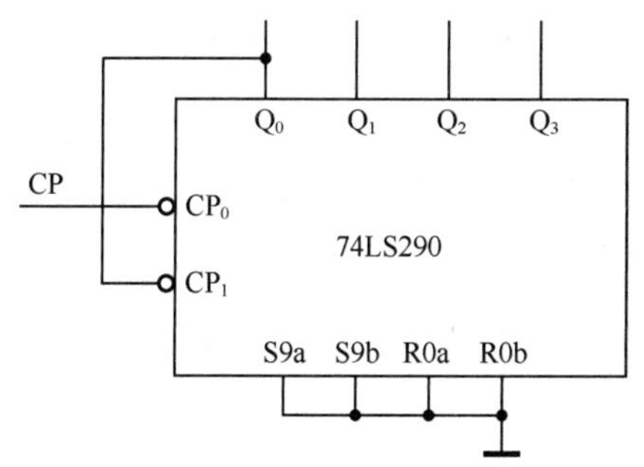

图 S7-7　8421BCD 码十进制计数器

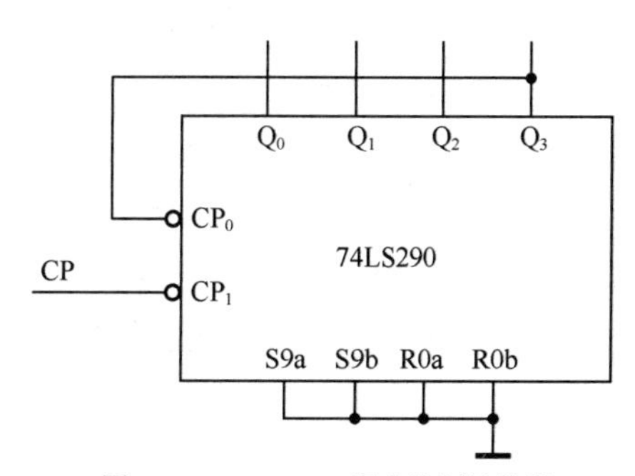

图 S7-8　5421BCD 码十进制计数器

② 设计任意进制计数器。

（a）采用反馈归零法，可用二-五-十进制异步计数器 74LS290 设计任意模计数器。图 S7-9 所示实现的是模 6 计数器。试对此进行验证。

表 S7-4　　逻辑功能表

计数	输出			
CP	Q_3	Q_2	Q_1	Q_0

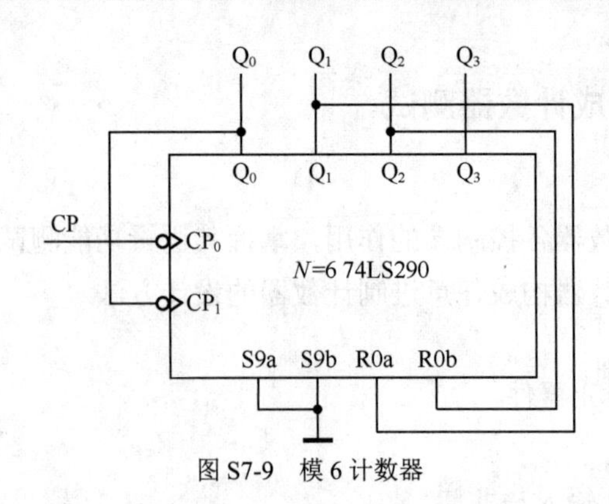

图 S7-9　模 6 计数器

（b）计数器的级连。为实现大容量的 N 进制计数器，可将多片计数器级连使用。图 S7-10 所示是由模 6 计数器和模 10 计数器级连构成的 6×10=60 进制计数器，试验证。

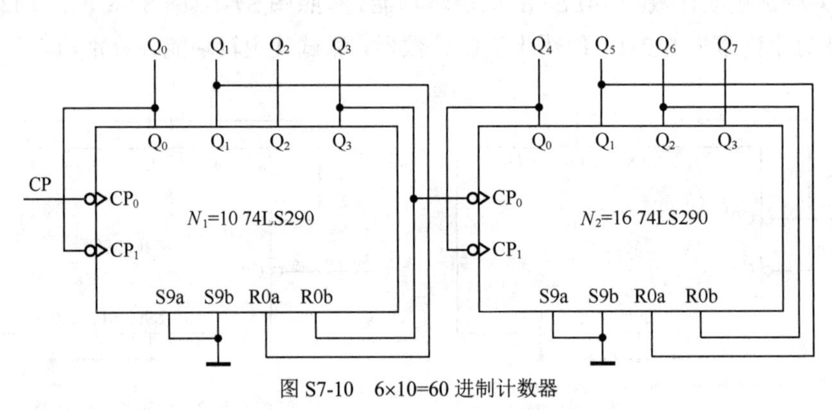

图 S7-10　6×10=60 进制计数器

任务 7-4　集成寄存器、集成计数器测试及应用

1. 实施要求

① 进一步熟悉和了解中规模集成寄存器芯片的功能测试及应用电路，掌握集成寄存器的使用方法。

② 进一步熟悉和了解中规模集成计数器芯片的功能测试及应用电路，掌握集成计数器构成任意进制计数器的设计方法。

2. 实施步骤

（1）实验设备及元器件

集成芯片：

74LS194	4 位双向移位寄存器	2 片
74LS160	十进制同步计数器	2 片
74LS161	十六进制同步计数器	2 片
74LS20	双 4 输入与非门	1 片

（2）操作步骤

① 移位寄存器的应用。用两片 4 位双向移位寄存器 74LS194 芯片构成 8 位移位寄存器，画出电路图，并测试其功能。

② 十进制/十六进制同步计数器 74LS160/161 的应用。

（a）按图 S7-11 所示接线，CP 用点动脉冲输入，$Q_3Q_2Q_1Q_0$ 接发光二极管显示。测出芯片的计数长度，并画出其状态转换图（注意：采用 74LS160 或 74LS161，计数长度不同）。

（b）按图 S7-12 所示接线，用点动脉冲作为 CP 的输入，十进制同步计数器 74LS160 芯片（Ⅱ）、（Ⅰ）的输出端分别接发光二极管，或七段 LED 数码管的输入端。观察在点动脉冲作用下，发光二极管状态或 LED 显示的数字的变化，说明电路实现的是几进制计数器。

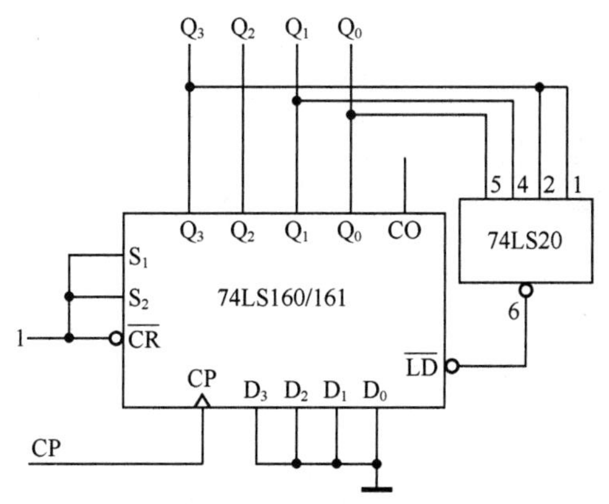

图 S7-11　十进制同步计数器接线图

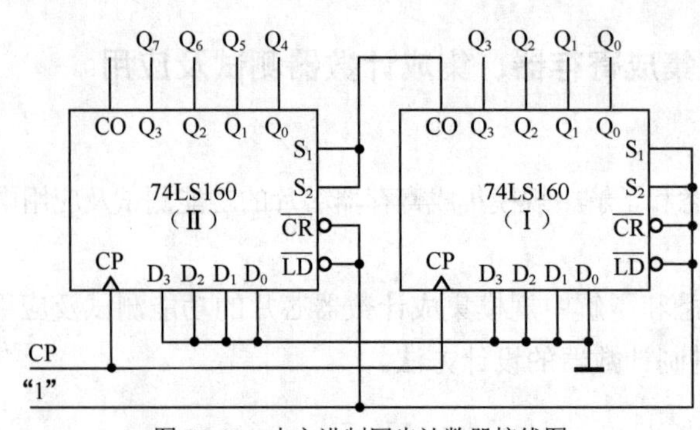

图 S7-12 十六进制同步计数器接线图

请在空白位置画出其状态转换图：

（c）如果采用十六进制同步计数器 74LS161 芯片实现与上述步骤（b）中相同进制的计数器，电路应如何改动？画出电路图，并用实验验证。

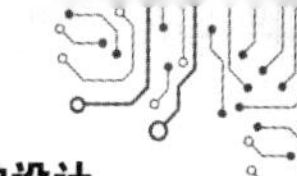

任务 7–5　用 Proteus 仿真软件设计一个 2 位十进制计数译码电路

1. 实施要求

① 掌握 Proteus 仿真软件的基本功能和操作；

② 利用 74LS192 和 74LS248 设计一个 2 位十进制计数译码显示电路；

③ 掌握集成计数器和译码器的应用。

2. 实施步骤

① 打开软件 Proteus，选择合适的元器件放入面板中。

② 按照设计要求连接线路。

③ 接入时钟信号和计数脉冲，观察数码管显示效果，判断设计是否正确。参考电路如图 S7-13 所示。

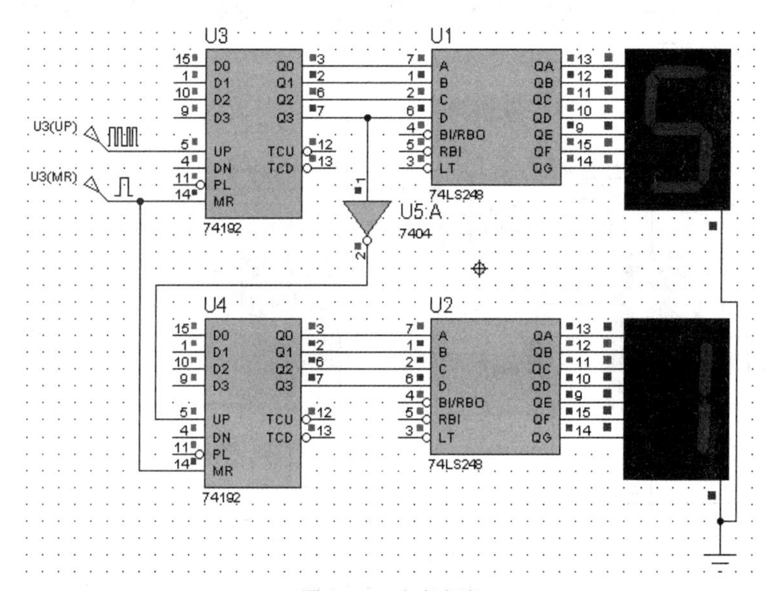

图 S7-13　参考电路

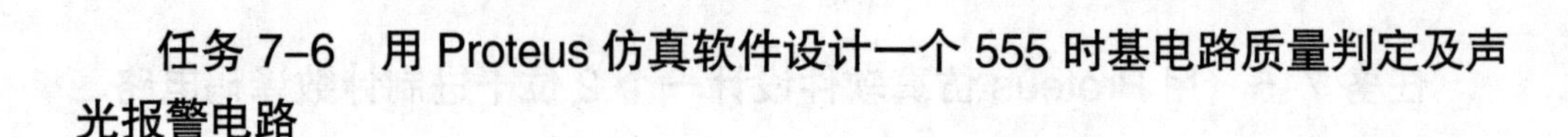

任务 7–6　用 Proteus 仿真软件设计一个 555 时基电路质量判定及声光报警电路

1. 实施要求

① 掌握 Proteus 仿真软件的基本功能和操作；

② 巩固 555 时基电路组成多谐振荡器的知识；

③ 熟悉 555 时基电路的工作原理及应用。

2. 实施步骤

① 打开软件 Proteus，选择合适的元器件放入面板中。

② 按照设计要求连接线路。

③ 检查无误后，运行仿真，此时可看到发光二极管 LED 闪动，小喇叭同时会发出“嘟、嘟…”的报警声，说明两只 555 时基电路是好的，否则说明 555 电路是坏的。参考电路如图 S7-14 所示。

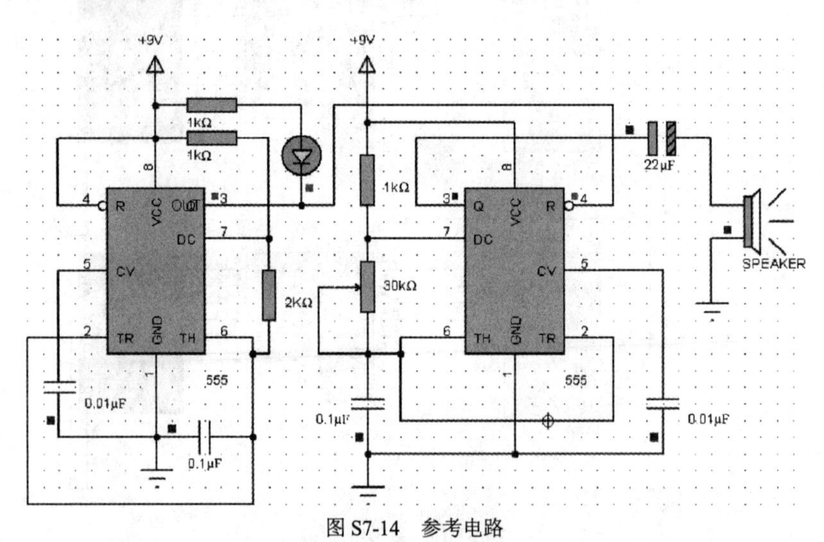

图 S7-14　参考电路

实训项目八　项目综合设计

任务 8-1　模拟电子技术项目综合设计（双电源单声道扩音机电路装调）

（一）实训目的

本实训内容是集成功率放大器扩音机电路的装调，简单实用。它是“模拟电子技术”课程的实训项目，对巩固和提高学生掌握低频电子技术知识十分有利。本实训可以让学生感受电子电路装调的全过程，提高学生综合运用电子技术知识的能力，激发学习兴趣。通过本实训能使学生深刻体验到制作电子电路的乐趣，使同学们对电子技术应用的认识有一个质的飞跃，为后续课程的实训及今后工作打下良好基础。本实训也可作为电子竞赛的基本培训内容。通过本实训电路的制作还应达到以下目的：

① 学习电子电路的识图方法；

② 掌握焊接应用集成电路电子元件的实操方法；

③ 加深对集成运算放大器应用于线性放大电路的了解；

④ 掌握调试集成运算放大器线性放大电路的基本方法。

（二）扩音机电路的工作原理

1．集成功率放大器的应用

（1）TDA2030A 音频集成功率放大器简介

TDA2030A 是目前使用较为广泛的一种集成功率放大器，与其他功放相比，它的引脚和外部元件都较少，如图 S8-1 所示。

音频集成功率放大器 TDA2030A 性能稳定，并在内部集成了过载和热切断保护电路，能适应长时间连续工作。由于其金属外壳与负电源引脚相连，因而在单电源使用时，金属外壳可直接固定在散热片上并与地线（金属机箱）相接，无须绝缘，使用很方便。

OTL 扩音机电路中的功放电路

音频集成功率放大器 TDA2030A 应用于收录机和有源音箱中，作音频功率放大器，也可用作其他电子设备中的功率放大；因其内部采用的是直接耦合，也可以作直流放大。

它的主要性能参数如下。

电源电压 U_{CC}：±（3～18）V。

输出峰值电流：3.5A。

输入电阻：>0.5MΩ。

静态电流：<60mA（测试条件：U_{CC}=±18V）。

电压增益：30dB。

频响 B_W：0～140kHz

（2）利用集成功率放大器制作音频放大电路输出级电路的结构及原理分析

图 S8-2 所示的电路是双电源时音频集成功率放大器 TDA2030A 的典型应用电路。输入信号 u_i 由同相端输入，为了保持两输入端直流电阻的平衡，使输入级偏置电流相等，选择 R_3=R_1。VD_1、VD_2 起保护作用，用来泄放 R_L 产生的感生电压，将输出端的最大电压钳位在（U_{CC}=+0.7V）和（$-U_{CC}$=−0.7V）上。C_3、C_4 为去耦电容，用于减小电源内阻对交流信号的影响。C_1、C_2 为耦合电容。

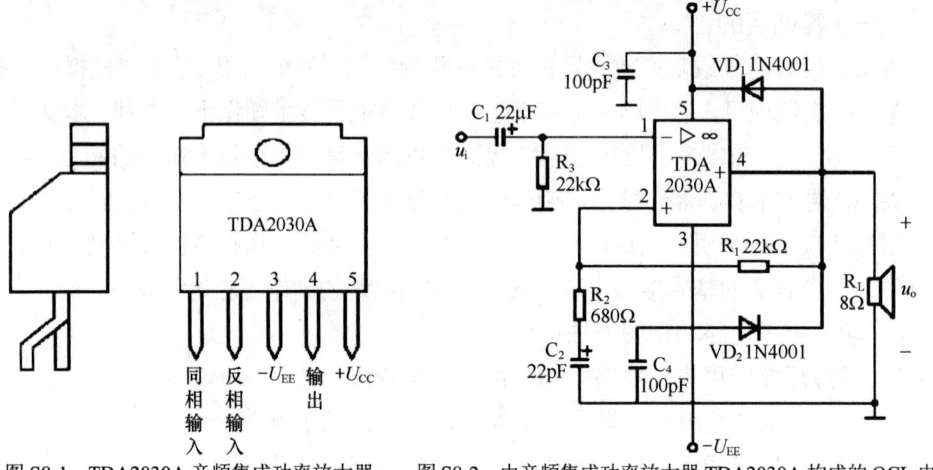

图 S8-1 TDA2030A 音频集成功率放大器　　图 S8-2 由音频集成功率放大器 TDA2030A 构成的 OCL 电路

2．电路原理图

扩音机电路参考原理图如图 S8-3 所示。

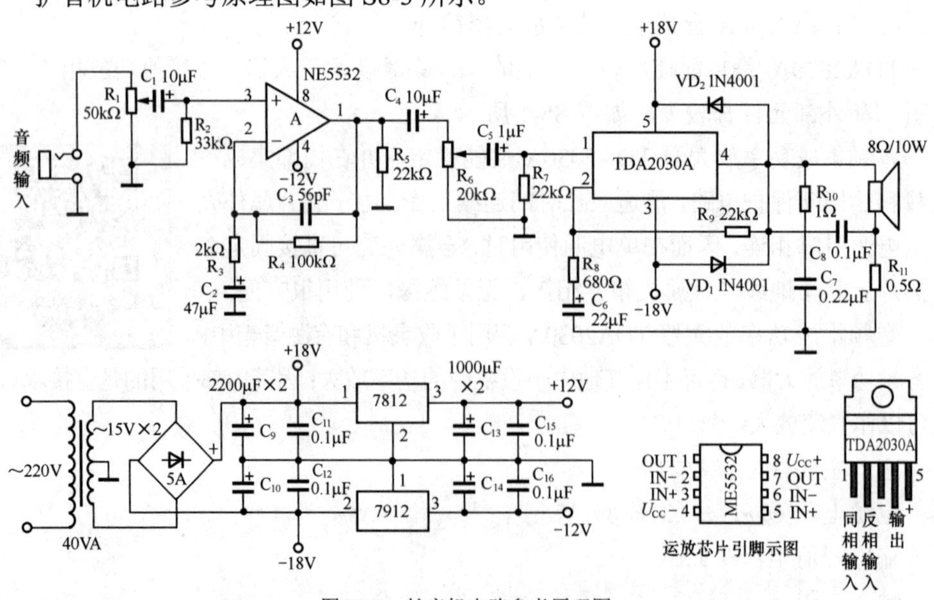

图 S8-3 扩音机电路参考原理图

（三）Proteus 仿真

① 打开软件 Proteus，选择合适的元器件放入面板中；

② 根据电路原理图及芯片特点对元器件进行连线；

③ 仿真图如图 S8-4 所示。

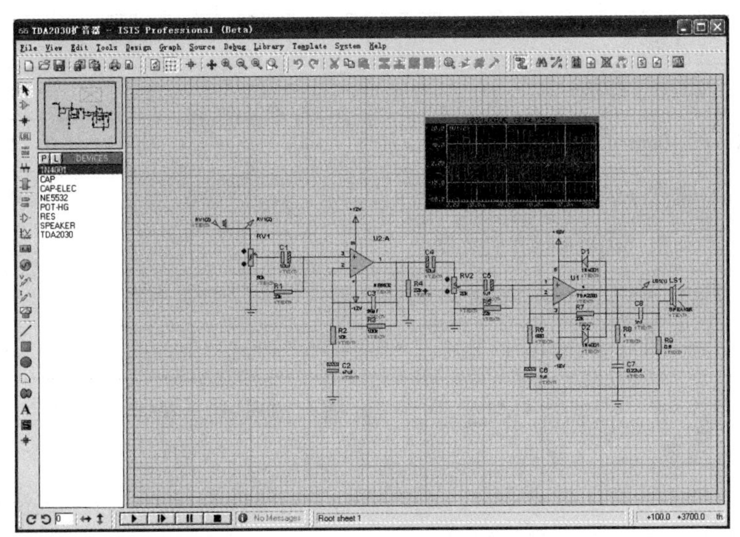

图 S8-4　用 Proteus 软件仿真扩音机电路

（四）实物制作

1．元器件及工具

扩音机电路的元器件清单，见表 S8-1。

表 S8-1　　元器件清单

器件名称	数量
运算放大器 NE5532	1 片
运算功率放大器 TDA2030A	1 片
二极管 1N4001	2 只
整流桥 5A	1 只
8 脚 IC 插座	1 只
三端稳压器 7810、7910	各 1 只
电解电容　2200μF/ 25V、1000μF /25V 10μF / 25V	各 2 只
电解电容　47μF/25V、22μF/25V、1μF/25V	各 1 只
小电容 104（CBB 或安规电容）	5 只
小电容 224、560（独石电容）	各 1 只
1/4W 电阻：100kΩ/1 只、33kΩ/1 只、22kΩ/3 只、2kΩ/1 只、680Ω/1 只 1/2W 电阻：1Ω/1 只；2W 电阻：0.5Ω/1 只	共 9 只

续表

器件名称	数量
可调电阻 0～50 kΩ	1只
电位器 20kΩ/0.25W	1只
接线端子 2 位、3 位	各1只
音频输入（2 插头、1 插座）	1套
环氧万能板　约 10cm×12 cm	1块
单支导线若干（规格ϕ0.3mm 左右）	0.5m
8Ω/20W 大功率电阻（调试时用作假负载）	共用
无源喇叭箱（8Ω，额定功率 10～15W）	共用
电源变压器（220V/12V×2、40W 以上）	共用

工具：万用表、低频信号发生器、示波器、毫伏表、30W 电烙铁、小剪钳等。

2．制作步骤

① 用万用表对变压器及电容、电阻等电子元器件的标值进行测试及筛选。

② 对照电路原理图，尽量以最优方案在万能板上正确摆放元器件的位置。

③ 按实验电路原理图在万能实验板上将元器件焊好。注意：音频集成功率放大器 TDA2030A 的焊接时间不可过长；NE5532 只焊 IC 插座，不焊芯片，以免焊接过程烧坏芯片；电路板焊好后才能把集成运算放大器 NE5532 对应插入 IC 插座；焊接过程尽量做到不走飞线；保证焊接质量，做到不虚焊、不假焊；电解电容正、负极不能错，否则可能爆电容，这是由于反接后漏电流过大发热所致。

④ 焊接完成后，清理干净焊板表面；对照电路原理图目测有无缺焊或短路等现象。

⑤ 检查无误后把电源接上。暂不接入喇叭。

⑥ 用万用表直流电压 50V 挡检测供电电源部分的各点电压，确认正常。

⑦ 测试电源电压无误后，用万用表直流电压 50V 挡分别测量集成运算放大器 NE5532 及音频集成功率放大器 TDA2030A。看各脚的直流工作电压是否正确；然后用万用表直流电压 1V 挡测量音频集成功率放大器 TDA2030A 的 4 脚静态直流电压必须约为 0 V（＜30 mV）。否则，万万不可接入喇叭，以免烧坏。

⑧ 检查无误后，进入仪表室开始调试。

在输出端接上 8Ω/20W 的假负载；从低频信号发生器取 1kHz、5mV 的正弦信号电压从电路板 U_i 处输入；用示波器分别在 U_i 输入处、NE5532 输出处（$C4$）和 DA2030A 输出处（4 脚）观察波形；通过用毫伏表测出假负载上的交流输出信号电压或从示波器上测出被放大正弦波的峰—峰值，测算出电压放大倍数及输出功率（8Ω负载时输出功率可达 8W 以上；4Ω负载时输出功率可达 16W）；将波形描绘下来供实验报告使用。

⑨ 仪表测试完成后，输出端去掉假负载，接上大功率音箱。

⑩ 从收音机线路输出端口或其他音频设备引出音频信号，把该信号从 U_i 端送入本扩音机，音箱即可放出强劲悦耳的音乐（注意，输入的音频信号不可过大，否则容易令运算放大器产生阻塞现象，造成饱和失真）。

3．故障排除方法（见表 S8-2）

表 S8-2　　故障排除

故障现象	无　声	噪　声　大	自　激	失　真
故障原因及检修方法	① 首先检查电源电压是否正常，输入信号线及音箱接线是否短路、断路； ② 可从后级开始逐级用小螺丝刀触碰 R_6、R_1 电位器的动触头，喇叭会发出“咔嚓”的响声，且越往前级声音越大。由此可判断故障所在部位； ③ 检测 TDA2030A 各引脚的直流电压，5 脚应为 18V，4 脚应为 0V。NE5532 的 8、4 脚电压应为 ±12V； ④ TDA2030A 很可能因焊接时间过长而烧坏，此时应换芯片	① 检查电源滤波电容 C_9、C_{10}、C_{13}、C_{14} 是否漏焊、虚焊； ② 增大上述的电源滤波电容，可加至 4700μF； ③耦合电容 C_5 采用小电容可减少噪声冲击； ④ NE5532、TDA2030A 非正货，先天质量差或因焊接时间过长损坏，此时应再换芯片	① “嗡”声或“突、突…”汽船声等低频自激可加大电源滤波电容； ② 低频自激可检查负反馈回路是否脱焊，或加大负反馈（减小负反馈电阻）； ③ 尖声啸叫等高频自激可检查 C_{11}、C_{12}、C_{15}、C_{16} 是否断路或失效； ④ 高频自激也可检查 R_{10}、C_7 组成的滤波网络是否断路	本电路中的TDA 2030A 具有良好的抑制谐波失真、过渡失真等能力； ① 本机的失真多为饱和失真，其现象是小音量输出声音尚可，大功率输出时音质明显变差。其原因是电源电压偏低造成饱或顶部削波失真。更换为高电压输出、大功率变压器可解决该问题； ② 瞬态失真，缺少了电流负反馈，检查 C_8 是否断路

4．实物图

扩音机电路的实物图如图 S8-5 所示。

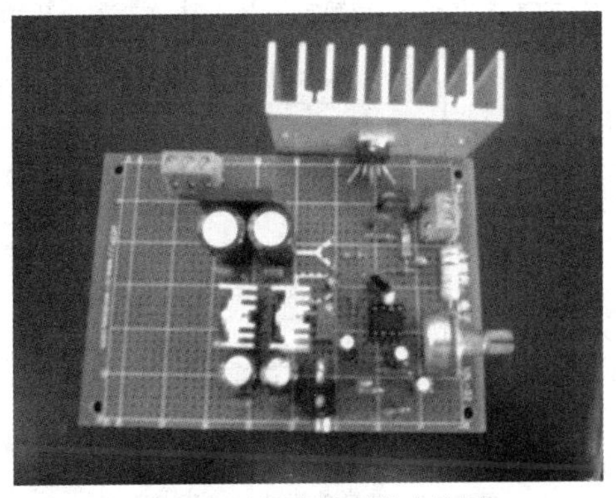

图 S8-5　扩音机电路的实物图

任务8-2 数字电子技术项目综合设计（脉冲计数译码显示电路制作）

（一）实训目的

本电路为100进制计数译码显示电路，简单实用。它是“数字电子技术”课程中集555时基电路、多谐振荡器、计数器、译码器、数码显示器等多方面知识于一体的实训项目，对巩固和提高学生掌握的数字电子技术知识极为有利。让学生从实训中感受电路制作的乐趣和成就感，进而激发其学习兴趣也是本实训的目的。本实训电路可作为电子竞赛的基本培训内容进行实训。它可直接作为工程控制项目的计数显示电路使用，比如工厂流水线上产品产量的统计计数；或某控制场合的转速计数；或作为数字电子时钟的基本部件等，具有十分广泛的实用价值。通过电路组合的联想还可激发学生的无穷创意，从而使同学们对数字电子技术应用的认识有一个质的飞跃。通过本实验电路的制作还应达到以下目的。

① 熟悉555时基电路及计数器、译码器、数码显示器的工作原理及应用。

② 掌握Proteus仿真软件的使用方法。

③ 掌握焊接集成电路电子元件的实操方法和调试数字电路的基本方法。

（二）电路原理图

本设计项目的电路图如图S8-6所示。

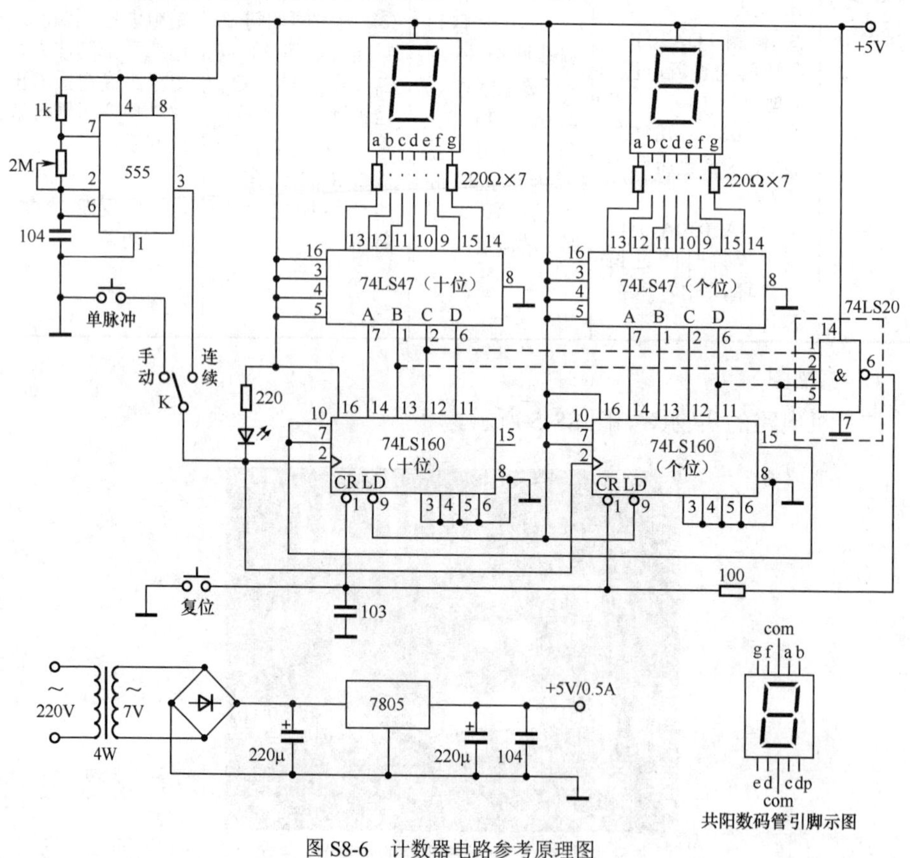

图S8-6 计数器电路参考原理图

（三）用 Proteus 软件仿真

1．选择元器件

打开 Proteus 软件，选择合适的元器件放入面板中，如图 S8-7 所示。

2．对元器件进行连线

根据电路原理图及芯片特点对元器件进行连线，如图 S8-8 所示。

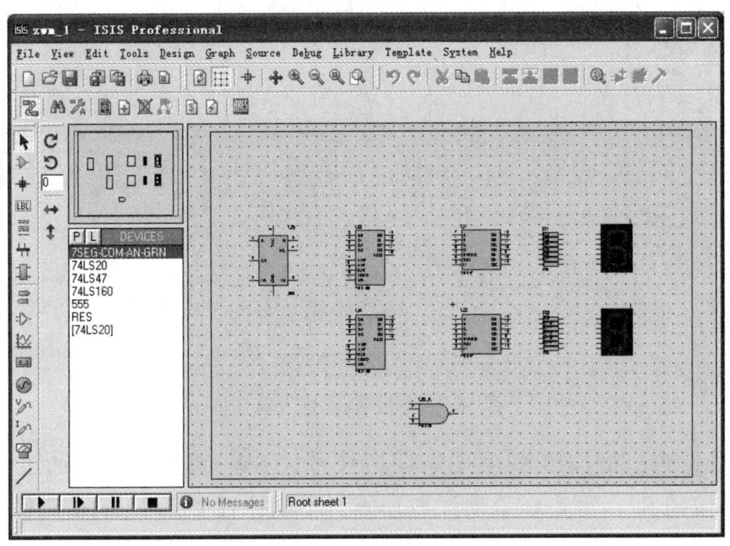

图 S8-7　选择合适的元器件

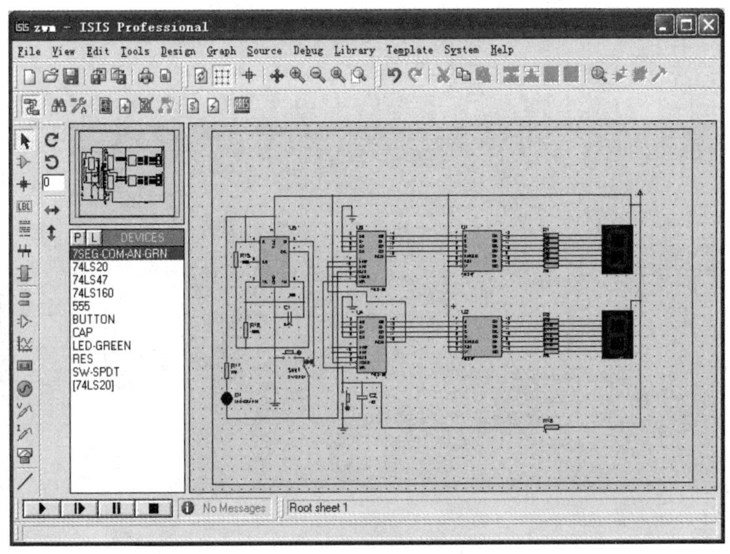

图 S8-8　元器件连线图

3．仿真过程

① 复位锁定功能。将按钮 S2 闭合，对电路进行仿真，此时共阳数码 LED 只显示为 00，如图 S8-9 所示。

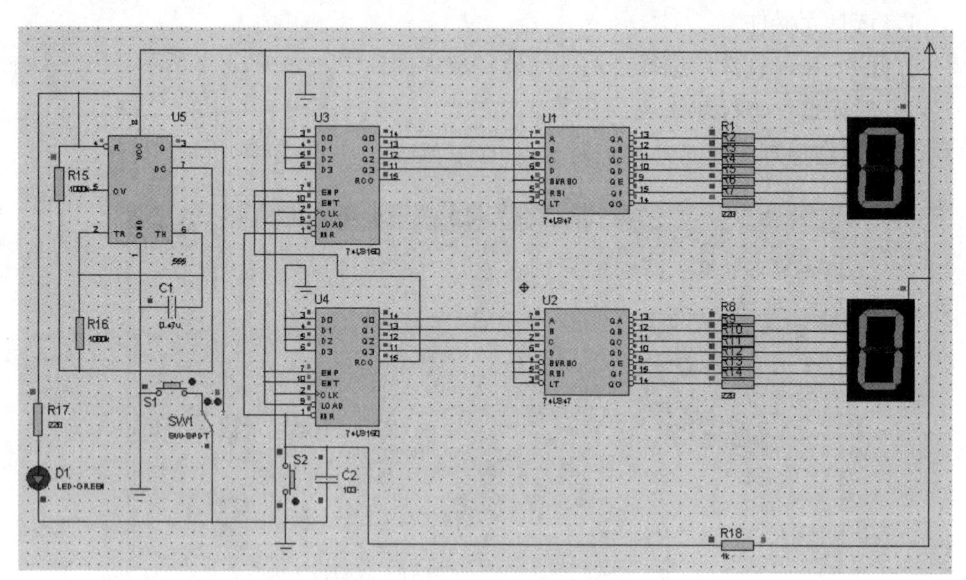

图 S8-9　复位锁定功能仿真图

② 手动计数：将按钮 S2 闭合，将两位开关 SW1 接通左边，通过操作（即接通和断开）按钮 S2，可实现手动计数功能。手动计数显示 15 的仿真图如图 S8-10 所示。

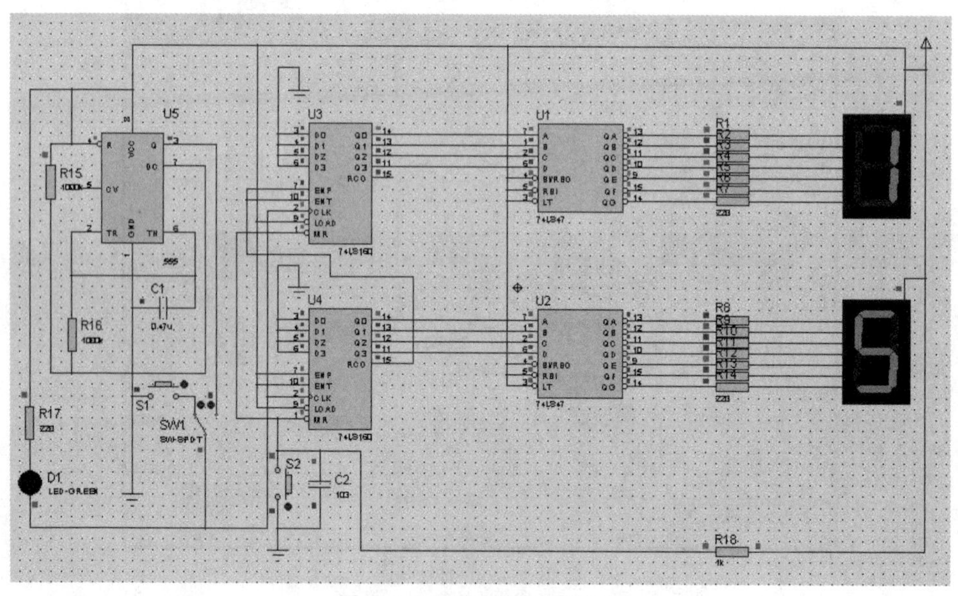

图 S8-10　手动计数功能仿真图

③ 连续计数：将按钮 S2 闭合，将两位开关 SW1 接通右边，可实现自动连续计数功能，计数范围为 00～99，且具有循环特征。连续计数显示 79 的仿真图如图 S8-11 所示。

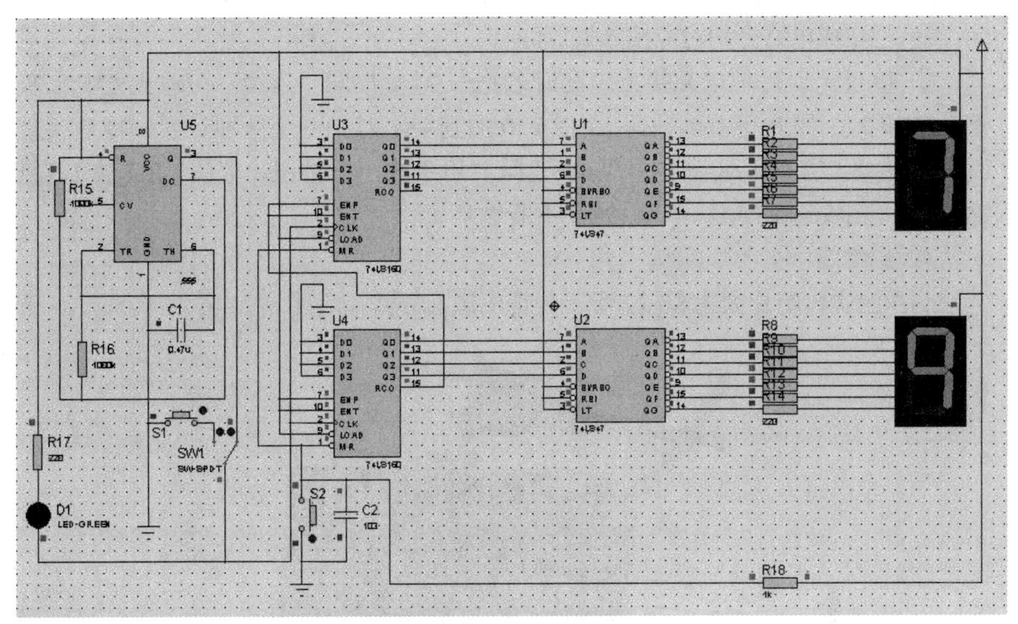

图 S8-11　连续计数功能仿真图

（四）实物制作

1．元器件及工具

脉冲计数译码显示电路的元器件清单，见表 S8-3。

表 S8-3　　元器件清单

编号	器 件 名 称	数量/套	编号	器 件 名 称	数量/套
1	555 时基电路	1 只	12	1/4W 电阻 100Ω	1 只
2	8 脚 IC 插座	1 只	13	1/4W 电阻 220Ω	15 只
3	14 脚 IC 插座	1 只	14	1/4W 电阻 2MΩ	1 只
4	6 脚 IC 插座	4 只	15	可调电阻 0～2MΩ	1 只
5	集成电路 74LS160	2 片	16	发光二极管（红色）	1 只
6	集成电路 74LS47	2 片	17	小按钮	2 只
7	集成电路 74LS20	1 片	18	单刀双掷小开关	1 只
8	数码显示器 LED	2 只	19	电源接口	1 只
9	PCB 板	1 块	20	104 瓷介电容	2 只
10	103 瓷介电容	2 只	21	单支导线（约ϕ0.3mm）	2 根
11	1/4W 电阻 1kΩ	1 只			

工具：万用表、30W 电烙铁、小剪钳等。

2．制作步骤

① 首先须用万用表对变压器、数字 LED、电容、电阻等元器件以及对已制作好的 PCB 进行检查测试。

② 按实验电路原理图在 PCB 板上把元器件焊好（注意不可把集成电路直接焊入，只把 IC 插座焊上即可）。

③ 把集成电路分别对应插入IC插座。

④ 检查无误后把电源接上。此时若把开关K拨向“连续”可看到发光二极管LED闪动；同时可看到数码LED从0加到99，对100个脉冲计数归零后又重复加法计数；若开关K拨向“手动”，只要用手按一下按钮，数码LED加1，直加至99，归零后又重复计数。如此不断循环。

3．实物图

制作的实体图片如图S8-12所示（带电源部分）。

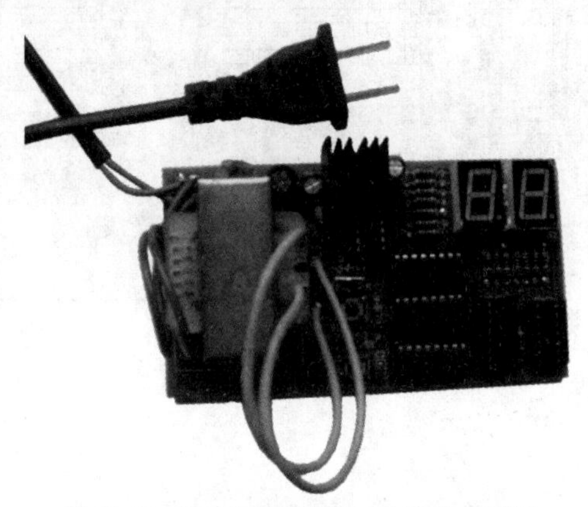

图S8-12　脉冲计数译码显示电路的实物图